油气藏地质及开发工程国家重点实验室资助

辽东湾地区油气成藏规律与勘探方向研究

徐国盛　周东红　田立新　等著

科学出版社

北　京

内 容 简 介

本书应用油气成藏动力学的原理和方法，重点对辽东湾地区油气成藏的主要控制因素进行系统剖析，从而深化对辽东湾地区油气成藏规律的认识，对勘探新领域和新目标的发现具有重要的现实意义，对我国类似地区的油气勘探也将具有重要的参考价值，并进一步丰富和完善含油气盆地石油地质理论。

本书可供从事油气勘探与开发的地质工作人员及工程技术人员，以及高等院校相关专业师生参考使用。

图书在版编目(CIP)数据

辽东湾地区油气成藏规律与勘探方向研究／徐国盛等著．—北京：科学出版社，2014.3
（油气藏地质及开发工程丛书）
ISBN 978-7-03-039758-4

Ⅰ.①辽… Ⅱ.①徐…②周…③田… Ⅲ.①东湾—油气藏形成—研究
②辽东湾—油气田—油气勘探—研究 Ⅳ.①P618.13

中国版本图书馆 CIP 数据核字（2014）第 026127 号

责任编辑：杨 岭 黄 桥／责任校对：郭瑞芝
责任印制：邝志强／封面设计：墨创文化

科学出版社 出版
北京东黄城根北街 16 号
邮政编码：100717
http://www.sciencep.com

成都创新包装印刷厂 印刷
科学出版社发行 各地新华书店经销

*

2014 年 3 月第 一 版　开本：787×1092 1/16
2014 年 3 月第一次印刷　印张：19 3/4
字数：470 000

定价：89.00 元
（如有印装质量问题，我社负责调换）

本书作者

徐国盛　　周东红　　田立新
袁海锋　　郭永华　　罗小平
王应斌　　吴昌荣　　徐长贵
熊晓军　　李　坤　　王　军
郭　军

前　言

目前，油气成藏研究不再是单方面的，而是综合利用地质、地球物理、地球化学手段和计算机模拟技术，在盆地演化历史中和输导格架下，通过能量场演化及其控制的化学动力学、流体动力学和运动学过程分析，恢复沉积盆地油气形成、演化、运移过程和总结油气聚集规律的综合性研究。这就形成了成藏动力学这样一门特色学科。近年来，由于油气勘探的深入和多学科联合研究的开展，成藏动力学在流体输导系统、盆地能量场演化与流体流动样式、油气成藏机理与充注历史分析、油气成藏模式等各个方面都取得了重要进展。油气成藏综合研究主要从以下几个方面进行：①结合地质、地球物理和计算机模拟技术研究构造发育历史、层序格架中的沉积演化和时空展布，数值模拟预测岩石性质和储层的孔渗性；②研究盆地的生、储、盖、运、圈、聚、保等成藏基本条件；③进行油-源对比追踪确定各油气藏与各源层的关系；④进行油气充注期次及油气运移方向研究；⑤结合隐蔽油气藏成藏机理的特殊性，分析成藏条件与成藏地质作用的匹配关系，恢复油气成藏过程，建立油气成藏模式，总结油气成藏规律。

本书针对辽东湾地区具体的地质情况，先后展开了区域地质背景及勘探历程研究、烃源岩特征资源潜力及油气源对比研究、温压场特征及其与油气分布关系研究、储盖特征及组合与展布研究、油气输导体系及输导效率研究、郯庐断裂带构造结构及其油气成藏效应作用的研究、典型油气田解剖及油气成藏规律研究、油气成藏主控因素及勘探方向研究。本书应用油气成藏动力学的原理和方法，重点对辽东湾地区油气成藏的主要控制因素进行系统剖析，从而深化对辽东湾地区油气成藏规律的认识，对勘探新领域和新目标的发现具有重要的现实意义，对我国类似地区的油气勘探也将具有重要的参考价值，并进一步丰富和完善含油气盆地石油地质理论。

本书首先明确辽东湾地区的主力烃源岩，定量分析评价各套烃源岩的地球化学特征及其差异性，通过原油和各套烃源岩的生物标志物特征的精细对比，确定各油气田的油气来源和生烃洼陷，评价各套烃源岩对油气成藏的相对贡献；并建立富烃凹陷的定量评价指标体系，计算辽东湾地区主要重点凹陷-辽中凹陷各次洼东三段、沙一段、沙三段三套主力烃源岩层的油气资源量。

在对辽东湾地区温压场特征进行的研究中，定性分析油气分布所处的温压带。辽东湾地区地温随埋深的增加而升高，呈较稳定的直线带状对应关系分布态势。中区平均地温梯度比北区、南区偏高。局部高地温梯度异常区沿辽西低凸起成串珠状分布，其延伸方向与辽东湾地区 NE 向主断裂方向一致。辽东湾地区异常压力主要分布在东营组二段下至沙河街组一段、三段，油气藏主要分布于异常高压带内部或异常高压带边缘的常压及过度压力带。

在研究区内，含油气碎屑岩储层主要发育在古近系，在新近系的明化镇组和馆陶组分布较少。古近系储层分布于全区但展布特征复杂，宏观上砂体的分布明显受控于当时岩相古地理平面展布。微观上储集层物性随着深度的增大逐渐变差，且非均质性强。还发育有基底型潜山油气藏，其中主要为变质岩储层，裂缝是该类储层油气富集与产出的关键因素。辽东湾地区北部幅度大、范围广的东二段下-沙一段超压体系，岩性与超压双重封盖条件极为优越，沙三段烃源岩生成的丰富油气难以突破此套区域超压盖层，被封盖在其下，使沙一段、沙二段、潜山成为主要的成藏层系。

辽东湾地区输导体系可划分为六种类型：①断层型输导体系；②不整合型输导体系；③砂体输导体系；④断层-砂体输导体系；⑤断层-不整合输导体系；⑥断层-砂体不整合输导体系。研究区以砂体-断层输导体系为主，断层对油气的运移与聚集起着决定性的作用。而对潜山油气藏其断层-不整合输导体系的作用尤为突出。辽东湾地区断裂系统具有"主次分明、动静结合"的特点，对油气运聚起着重要的控制作用。在动态上，Ⅰ、Ⅱ级断裂活动性强，对油气主要起到了垂向上的输导作用，难以形成油气聚集，但在其活动性较弱的部位同样具有聚集和保存油气的能力；而Ⅲ级断裂活动速率较低，主要起到汇聚油气的作用。在静态上，断层的封闭性是油气富集的主控因素之一。综合使用 SGR 泥岩断层泥比值和断面所能封闭的烃柱高度值等方法定量计算断层的封堵性。

剖析了郯庐断裂带（辽东湾段）对烃源岩的发育与演化、储层的分布与质量、圈闭的类型与规模、油气的运移与聚集等方面的重要影响。郯庐断裂在不同地段的断裂活动时间、断裂组合形式、断裂性质以及断裂规模不同，造成不同地段油气藏类型和规模也不同。郯庐断裂对油气成藏具有特殊性控制作用，表现为"走滑聚烃、主干定带、派生控藏"的特征。

本书最后对典型油气田（凸起带油气田 JZ20-2N、JZ20-2、JZ25-1S 及凹陷带油气田 JZ21-1、JZ31-6、JX1-1、LD27-2）进行剖析，恢复了凸起带和凹陷带典型油气藏的成藏过程，建立了凸起带和凹陷带的成藏模式。凸起带油气成藏遵循"接力供烃、油气'叠层'式成藏"的规律，凹陷带的油气成藏遵循"走滑富烃、油气'树丛'式成藏"的规律。辽东湾地区油气成藏主要受以下因素控制：烃源岩演化决定油气藏的烃类流体性质、生油洼陷控制油气富集区的展布、圈闭有效性控制油气的分布层位和油气藏规模、断裂体系控制油气的运聚和侧向封堵。

本书分为八章。其中，前言由徐国盛编著；第 1 章由田立新编著；第 2 章由罗小平、郭永华编著；第 3 章由周东红、熊晓军编著；第 4 章由王应斌、郭军编著；第 5 章由徐长贵、王军编著；第 6 章由吴昌荣、李坤编著；第 7 章由袁海锋、徐国盛编著；第 8 章由徐国盛、徐长贵编著。最后，由徐国盛、周东红、田立新修改定稿。另外，龚德瑜、毛敏、梁家驹、张成富、段亮、何玉、王霄、杨成、刘文俊等做了大量的基础研究与图件制作工作。另外，中国海洋石油有限公司天津分公司的领导和有关技术专家如周心怀、李建平、孙书滨、李果营、王飞龙、吴奎、黄晓波、吴俊刚、郭涛等也为本书出版提供了技术支持并付出了辛勤的劳动。对贵公司领导及工作人员的支持与帮助，在此表示衷心的感谢。

作者希望本书能对从事油气田勘探与开发地质工作人员和工程技术人员有所帮助，也可作为大专院校及企业在职教育培训教材。

鉴于作者水平有限，书中不当之处在所难免，敬请广大读者批评指正。

徐国盛

2013 年 4 月

目 录

前言
第1章 区域地质概况及勘探历程 ······1
  1.1 区域地质特征 ······2
    1.1.1 区域构造特征 ······2
    1.1.2 区域沉积特征 ······3
  1.2 区域地层特征 ······10
    1.2.1 地层发育特征 ······10
    1.2.2 地层分布特征 ······11
  1.3 勘探历程 ······18
第2章 烃源岩特征资源潜力及油气源对比 ······19
  2.1 烃源岩的有机质丰度特征 ······19
    2.1.1 东二下段烃源岩有机质丰度 ······19
    2.1.2 东三段烃源岩有机质丰度 ······21
    2.1.3 沙一段烃源岩有机质丰度 ······23
    2.1.4 沙三段烃源岩有机质丰度 ······25
  2.2 烃源岩有机质类型特征 ······27
    2.2.1 东营组烃源岩有机质类型 ······27
    2.2.2 沙河街组烃源岩有机质类型 ······30
  2.3 主要烃源层热演化史恢复与展布特征 ······31
    2.3.1 门限深度的确定 ······31
    2.3.2 烃源岩热演化史恢复模型的建立基础 ······34
    2.3.3 烃源岩成熟度横向展布及演化特征 ······36
    2.3.4 烃源岩成熟度平面展布及演化特征 ······41
  2.4 辽中凹陷资源潜力及富烃凹陷特征 ······44
    2.4.1 基础地质参数的平面图分布特征 ······45
    2.4.2 资源量计算基础参数的确定 ······46
    2.4.3 辽中凹陷油气资源量的计算 ······49
  2.5 辽中富烃凹陷评价 ······50

  2.5.1 富烃（油、气）凹陷概念与研究意义 ································· 50
  2.5.2 富烃（油、气）凹陷形成条件与基本特征 ······················· 50
  2.5.3 富烃（油、气）凹陷评价体系 ·· 58
  2.5.4 辽中凹陷富烃（油、气）与渤海湾盆地其他凹陷对比 ········· 63
 2.6 辽中凹陷主要构造油气源对比分析 ·· 65
  2.6.1 LD27-2 油气地球化学特征及油气源分析 ························· 65
  2.6.2 LD10-1 原油地球化学特征及油源研究 ···························· 71
  2.6.3 SZ36-1 油气地球化学特征及油气源分析 ························· 74
  2.6.4 JZ21-1、JZ21-1S 原油地球化学特征及油源对比 ··············· 81
 2.7 小结 ·· 85

第 3 章 温压场特征及其与油气分布关系 ··· 87
 3.1 现今地温场特征 ·· 87
  3.1.1 地温场纵向分布特征 ··· 87
  3.1.2 地温场平面分布特征 ··· 88
 3.2 现今地压场特征 ·· 90
  3.2.1 现今地层压力的计算方法 ··· 90
  3.2.2 地压纵向分布特征 ·· 93
  3.2.3 地压场平面分布特征 ··· 97
 3.3 压力与油气分布的关系 ·· 100
  3.3.1 JZ20-2 气田压力与油气成藏的关系 ······························· 101
  3.3.2 JZ21-1 及 JZ16-4 油气田压力与油气成藏的关系 ············ 102
  3.3.3 JZ25-1S 油气田压力与油气成藏的关系 ·························· 103
  3.3.4 JX1-1 油气田压力与油气成藏的关系 ····························· 105
 3.4 地温-地压系统特征 ·· 106
  3.4.1 沉积盆地实际地温-地压系统模式 ································· 107
  3.4.2 辽中凹陷典型构造区地温-地压系统及油气层分布特征 ··· 108
 3.5 小结 ·· 111

第 4 章 储盖特征及生储盖组合 ·· 112
 4.1 储层特征 ·· 112
  4.1.1 储层的物性特征 ·· 112
  4.1.2 储层的宏观展布特征 ··· 117
  4.1.3 储层综合评价 ·· 120
 4.2 盖层特征 ·· 121

4.2.1　盖层的宏观发育特征 …………………………………………………… 121
　　4.2.2　盖层超压封闭特征 ……………………………………………………… 121
　　4.2.3　盖层封闭能力综合评价 ………………………………………………… 125
4.3　生储盖组合特征 …………………………………………………………………… 130
4.4　小结 ………………………………………………………………………………… 132

第5章　油气输导体系 …………………………………………………………………… 133
5.1　断层输导体系 ……………………………………………………………………… 133
　　5.1.1　断裂系统的分布特征 …………………………………………………… 133
　　5.1.2　断层活动速率与油气运聚的关系 ……………………………………… 135
　　5.1.3　断裂系统对油气的封闭机理 …………………………………………… 138
5.2　不整合输导体系 …………………………………………………………………… 143
　　5.2.1　不整合空间结构的划分 ………………………………………………… 143
　　5.2.2　不整合输导体系实例分析 ……………………………………………… 144
5.3　砂体输导体系 ……………………………………………………………………… 147
5.4　输导体系的时空配置 ……………………………………………………………… 149
5.5　小结 ………………………………………………………………………………… 152

第6章　郯庐断裂带（辽东湾段）对油气成藏的作用 ………………………………… 153
6.1　郯庐断裂带（辽东湾段）结构解剖 ……………………………………………… 156
　　6.1.1　郯庐断裂带（辽东湾段）平面展布特征 ……………………………… 157
　　6.1.2　郯庐断裂带（辽东湾段）剖面结构特征 ……………………………… 159
　　6.1.3　郯庐断裂带（辽东湾段）分段差异 …………………………………… 164
　　6.1.4　郯庐断裂带（辽东湾段）构造样式 …………………………………… 168
6.2　郯庐断裂带（辽东湾段）演化特征 ……………………………………………… 170
　　6.2.1　郯庐断裂带（辽东湾段）分段演化特征 ……………………………… 171
　　6.2.2　郯庐断裂带（辽东湾段）活动强度 …………………………………… 174
　　6.2.3　郯庐断裂带（辽东湾段）活动期次 …………………………………… 174
6.3　郯庐断裂带（辽东湾段）的油气成藏效应 ……………………………………… 176
　　6.3.1　影响烃源岩发育与演化 ………………………………………………… 176
　　6.3.2　影响储层分布与质量 …………………………………………………… 177
　　6.3.3　影响圈闭类型与规模 …………………………………………………… 179
　　6.3.4　影响油气运移与聚集 …………………………………………………… 181
6.4　辽东湾与周边地区油气构造特征对比 …………………………………………… 186
6.5　小结 ………………………………………………………………………………… 189

第 7 章 典型油气田成藏解剖及油气成藏规律 191
7.1 低凸起带油气成藏特征 191
7.1.1 JZ20-2N 油气田油气成藏解剖 191
7.1.2 JZ20-2 油气田油气成藏解剖 195
7.1.3 JZ25-1S 油气田油气成藏解剖 205
7.2 凹陷带油气成藏特征 211
7.2.1 JZ21-1 油气田油气成藏解剖 211
7.2.2 JZ31-6 油田油气成藏解剖 225
7.2.3 JX1-1 油田油气成藏解剖 232
7.2.4 LD27-2 油田油气成藏解剖 245
7.3 辽东湾油气成藏模式及成藏规律 251
7.4 小结 254

第 8 章 油气成藏主控因素及勘探方向 255
8.1 辽东湾地区油气分布特征 255
8.1.1 油气平面分布特征 256
8.1.2 油气纵向分布特点 261
8.2 油气成藏主控因素 262
8.2.1 源岩对油气成藏的控制作用 263
8.2.2 圈闭对油气成藏的控制作用 265
8.2.3 断裂对油气成藏的控制作用 266
8.2.4 输导体系对油气成藏的控制作用 274
8.3 油气勘探方向 278
8.3.1 LD22-1 构造-LD27-1 构造勘探成效 279
8.3.2 JZ17-23 构造带的勘探前景 285
8.4 小结 291

参考文献 292
索引 302

第1章 区域地质概况及勘探历程

辽东湾坳陷位于渤海湾盆地东北部海域，呈北东向长条形展布（图1-1），其东西两侧分别与胶辽隆起、燕山褶皱带相邻，南北分别与渤中坳陷、下辽河断陷盆地相接，面积约11 000 km²。在构造区划上，该区为渤海湾盆地的一个次级构造单元——下辽河坳陷在海域的延伸部分。经过近半个世纪的勘探，辽东湾坳陷共发现了14个大油气田和29个含油气构造，获各级石油地质储量 13×10^8 t，天然气地质储量 535×10^8 m³。

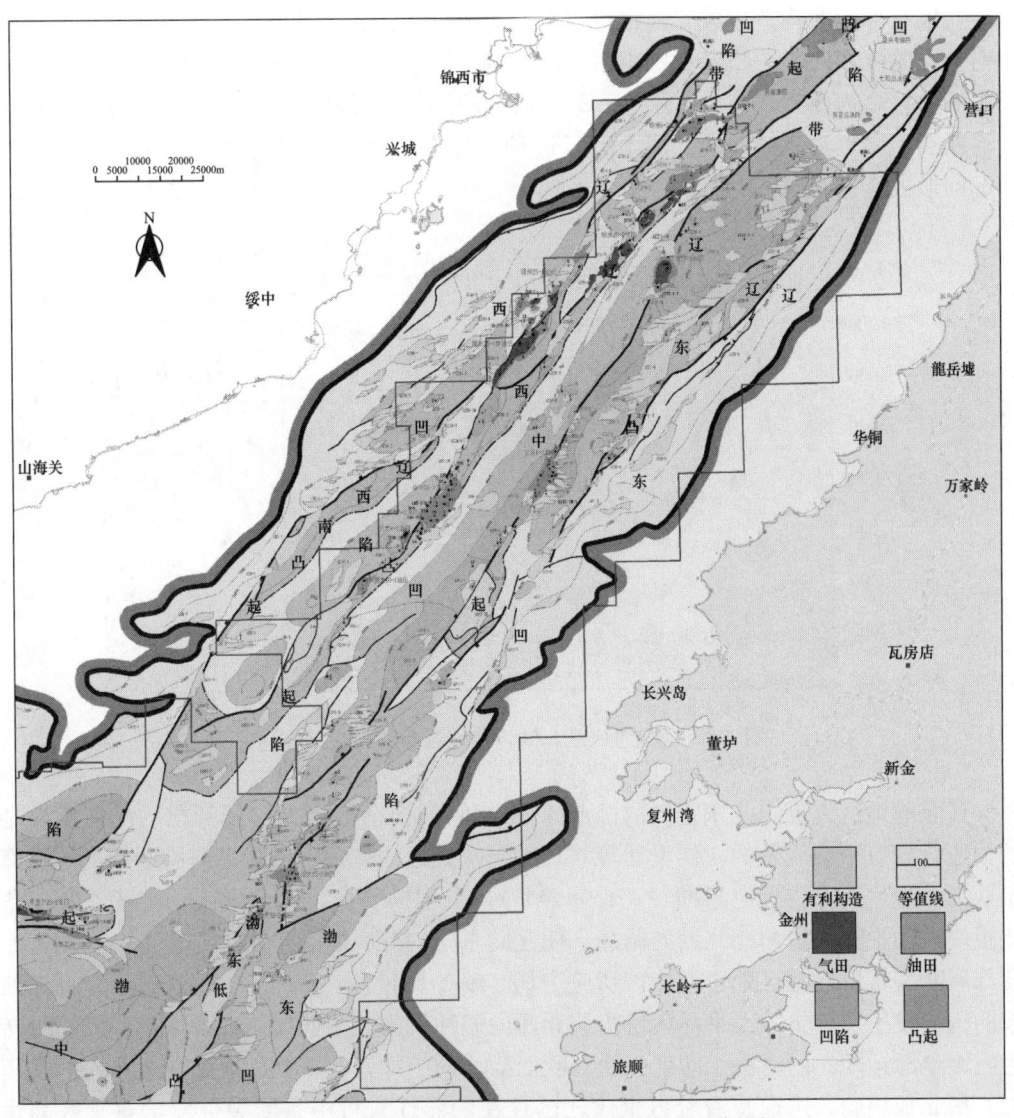

图1-1 辽东湾地区地理位置及古近纪构造区划图

1.1 区域地质特征

1.1.1 区域构造特征

根据目前的研究成果，辽东湾地区古近纪划分为三凹两凸共五个次级构造单元，自西向东分别是辽西凹陷、辽西凸起、辽中凹陷、辽东凸起、辽东凹陷。各构造单元均呈北东—南西向展布，且相互平行（图1-1）。其中，辽中凹陷面积最广、地层厚度最大、埋藏最深，是三个凹陷中规模最大的，辽西凹陷次之，辽东凹陷规模最小。与辽东凸起相比，辽西凸起在分布范围、纵向的连续性等方面显得规模更大（图1-1），而且后者的发育时代也要比前者早。实际上，辽东凹陷曾属于东断西超的辽中凹陷的一部分，只是在盆地东部走滑构造形成和演化过程中产生了辽东凸起，使它们分隔开来并各自成为相对独立的沉积凹陷。凸起和凹陷多以陡倾的深断裂为界，这种深断裂通常发育在凹陷的东侧，且多为西倾（图1-1和图1-2）。辽东凹陷的西界断裂与辽西凹陷和辽东凹陷的边界断裂不同，为东倾断裂（图1-2）。这种差异与郯庐断裂带的晚期走滑运动及辽东凸起的形成有关。

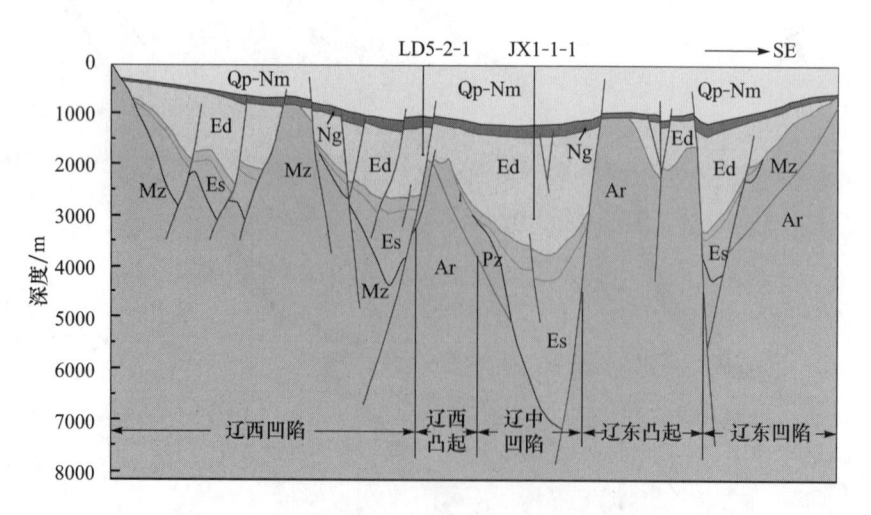

图1-2 辽东湾地区LZ185测线新生界构造剖面图

辽东湾地区古近纪北东走向的凸起-凹陷相间的构造格局是与其所在的渤海湾盆地的构造背景有密切联系的。侯贵廷等（1998）从大地构造角度分析渤海湾盆地的构造背景认为，中生代至古近纪早期（251～42Ma），由于扬子板块向北楔入，持续作用于华北板块，太平洋板块向北北西向俯冲，使北北东向的郯庐断裂带发生左旋走滑运动，致使郯庐断裂带以西地区处于左旋剪切应力场。晚始新世沙三期（42Ma之后）太平洋西岸的构造发生了转折，太平洋板块由北北西向俯冲转为北西西向俯冲，使郯庐断裂带转为右旋走滑运动。同时由于印度板块对欧亚板块的俯冲，对华北板块施加北东向的挤压力，华北板块向东逃逸并沿着古生代就已存在的燕辽太行中条断裂带发生右旋张剪运动,沧县隆起从太行山隆起分离形成渤海湾盆地西部的走滑构造带,致使渤海湾盆地处于右旋剪切拉分伸展的应力场中(侯贵廷,1998)。由以上分析可见,晚始新世以来(42Ma之后),在渤海湾盆地东侧为营潍走滑构造带,西侧为黄骅-德州-东明走滑构造带,在两个走滑构造带之间形成了拉分伸展区,渤海湾盆地成为走滑拉分盆地,叠合在中生代盆地之上。渐新世东营期(32.8~25Ma),渤海湾盆地东西两侧的走滑构造系统加剧了走滑运动,在盆地的局部派生了挤压应力场,伸展作用减弱,而反转构造和花状构造在走滑构造带上比较发育。之后,盆地便进入了坳陷阶段。关于渤海湾盆地及辽东湾地区的盆地类型及形成的构造动力学机制可能有其他不同的解释,但盆地形成的大地构造背景的认识是基本一致的。

辽东湾古近纪的构造演化可划分为三个阶段:第一阶段是古新世-始新世中期($Ek-Es^3$)的伸展张裂陷阶段(56~38Ma);第二阶段为始新世晚期-渐新世早期(Es^2-Es^1)的第一裂后热沉降阶段(32.8~38Ma);第三阶段为渐新世东营期的走滑拉分与地幔和上、下地壳的非均匀不连续伸展叠加的再次裂陷阶段(32.8~24.6Ma)。其中,第一阶段又分为两个裂陷幕,分别为古新世-始新世早期($Ek-Es^4$)的裂陷Ⅰ幕(56~42Ma)和始新世中期(Es^3)的裂陷Ⅱ幕(42~38Ma)(表1-1)。

表1-1 渤海含油气区古近纪构造演化阶段划分

地质年代		地层	年龄/Ma	盆地构造演化阶段	构造沉降速率	盆地成因动力学机理
古近纪	渐新世	东营组	E_3d^1	28.1	裂陷Ⅲ幕	100m/Ma	右旋走滑拉分伴随幔隆和上、下地壳的非均匀不连续伸展
			E_3d^2	30.3		100m/Ma	
			E_3d^3	32.8		190m/Ma	
		沙河街组	E_3s^1	38.0	第一裂后热沉降阶段	80m/Ma	岩石圈热沉降
			E_3s^2				
	始新世		E_2s^3	42.0	裂陷Ⅱ幕	220m/Ma	北北西-南南东方向的拉张伸展伴随幔隆
			E_2s^4		裂陷Ⅰ幕	150m/Ma	
		孔店组	E_2k^1	65.0			
			E_2k^2				
	古新世		E_1k^3				
前第三纪				前第三系基底		

1.1.2 区域沉积特征

辽东湾古近系的沉积地质特征主要是受盆地构造格局及断裂的活动控制。常之瑞、赵澄林等、王存志等和米立军等都曾针对辽东湾不同区块的沉积特征进行了较为细致的工作。

(1)孔店组和沙四段沉积时期,盆地处于裂陷Ⅰ幕,是盆地形成的初始裂陷期,辽东湾地区为一系列小且彼此分隔的裂谷,统一盆地未形成,辽东湾由相互分割的小断陷组成。沉积局限在辽西凹陷和辽中凹陷,凹陷边缘主要发育小规模的扇三角洲和近岸水下扇沉积，中部为滨浅湖、浅湖沉积（图 1-3）。

图 1-3 辽东湾地区孔店-沙四段沉积相分布图

（2）沙三段沉积时期处于快速断陷期，水域面积逐渐变大，统一湖盆基本形成，南北连片、东西分隔。沉积体系以扇三角洲发育为特征，在边界断层的下降盘还发育近岸水下扇沉积。辽中凹陷和辽西凹陷沉积相以浅湖、半深湖为主，夹有重力流沉积（图 1-4）。

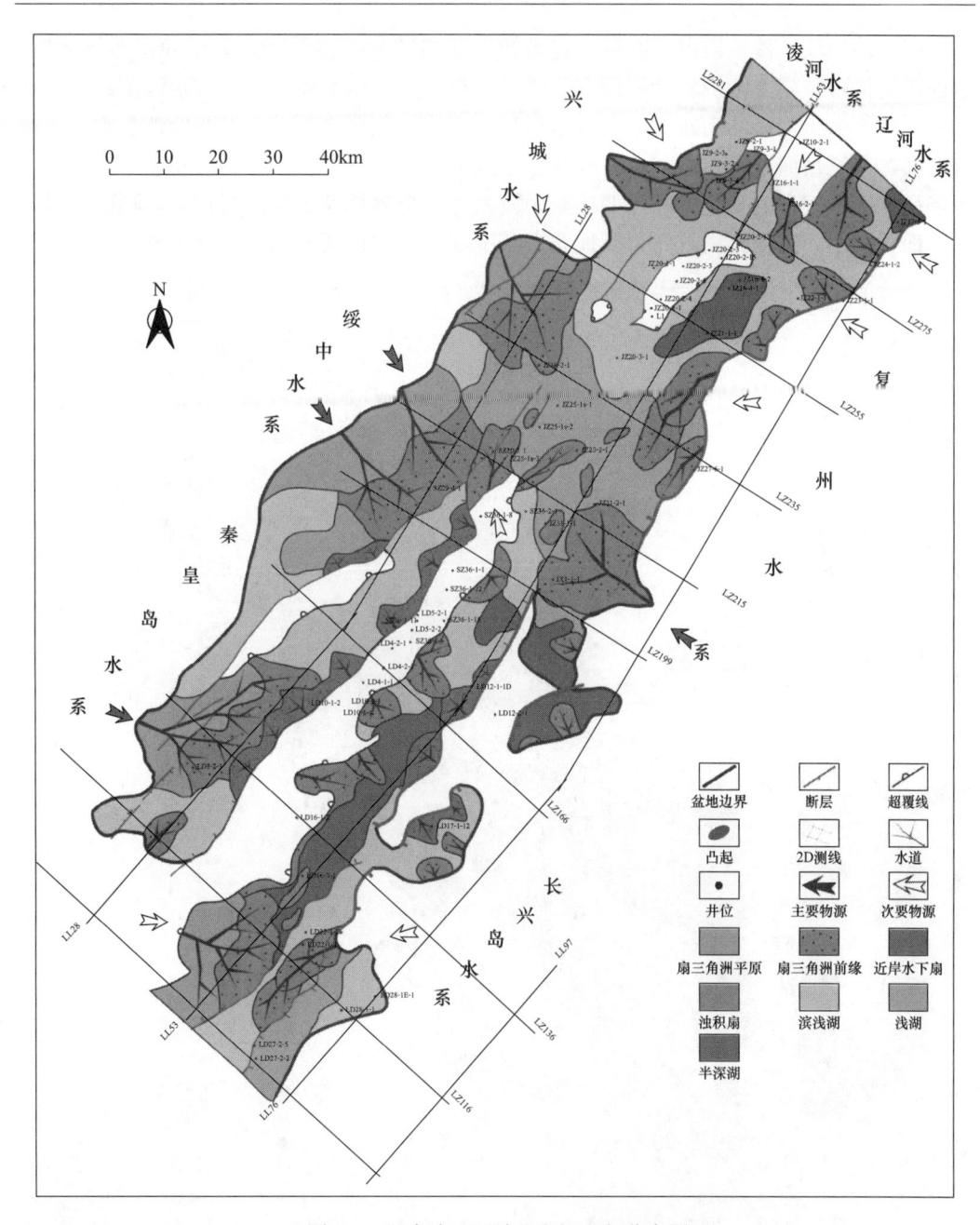

图 1-4　辽东湾地区沙三段沉积相分布图

盆地西侧兴城水系、绥中水系、秦皇岛水系和盆地东侧复州水系形成的扇三角洲规模较大。例如，绥中水系所控制的扇三角洲范围一直向辽西凹陷内部延伸至辽西低凸起西侧边界断层附近，南北长约30km，东西宽约25km，面积约750km²。复州水系在辽中凹陷的东侧发育有八个扇三角洲沉积朵叶体，它们的规模大小不一，但各自的进积范围均不越过辽中凹陷的中心地带。

（3）沙一段、沙二段沉积时期湖盆由快速断陷转为缓慢沉降，处于稳定热沉降期，盆地迅速扩张，湖盆范围较沙三段沉积时期明显扩大，但水体变浅，沉积以滨浅湖、浅湖相为主。由于构造活动减弱，盆地地形相对变缓。除绥中水系，东西两侧各水系仍继承性发育扇三角洲沉积体系，但规模较沙三段沉积时期有所扩大。该时期绥中水系的沉积特征发生了较大的变化，在辽西凹陷中段发育四个辫状河三角洲沉积体，除了北部的一个面积较小、延伸距离较短，其他几个范围都已达到辽西凹陷的东部边界（图1-5）。

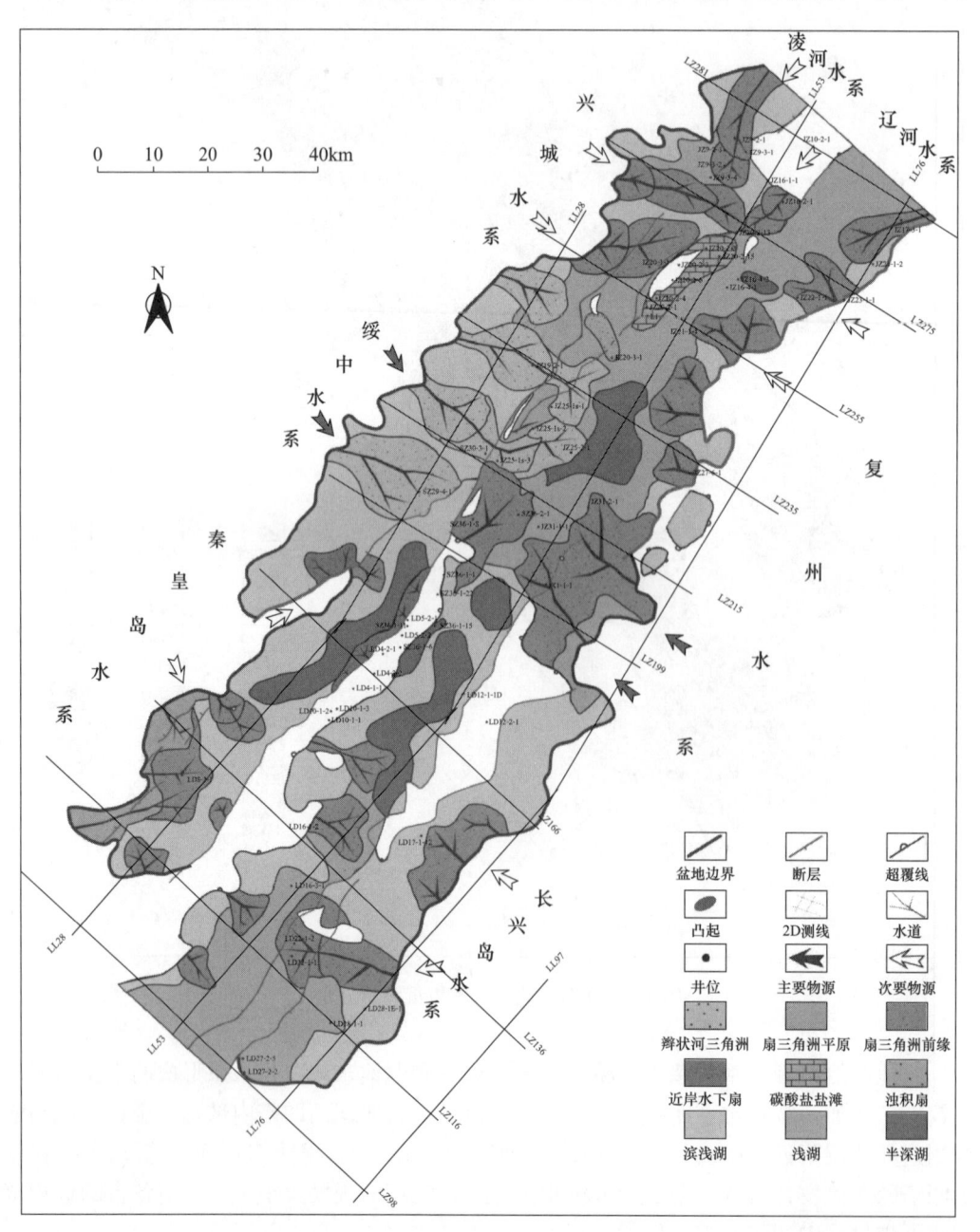

图1-5 辽东湾地区沙一、二段沉积相分布图

(4) 东三段沉积时期处于快速断陷期，随着断裂作用增强，辽东凹陷形成，盆地规模进一步扩大，湖水变深，沉积以滨浅湖、浅湖、半深湖为主，深水沉积中的砂岩夹层多为浊积扇和近岸水下扇沉积。此时断裂活动较强的主要是盆地内部辽西凸起和辽东凸起的边界断层，这造成了盆内凸起和凹陷间地形高差的增大，各凸起对沉积的控制作用非常明显，即便是没入水下的辽西凸起部分也对进入辽西凹陷的物源体系进一步向辽中凹陷内进积起到阻碍作用。另外，由于盆地内部的快速断裂作用导致湖平面快速上升及可容纳空间的迅速增大，各沉积体系向盆地内部进积的距离均受到限制，沉积体系的规模也相对变小，辽中凹陷各水系均为三角洲沉积体系（图1-6）。

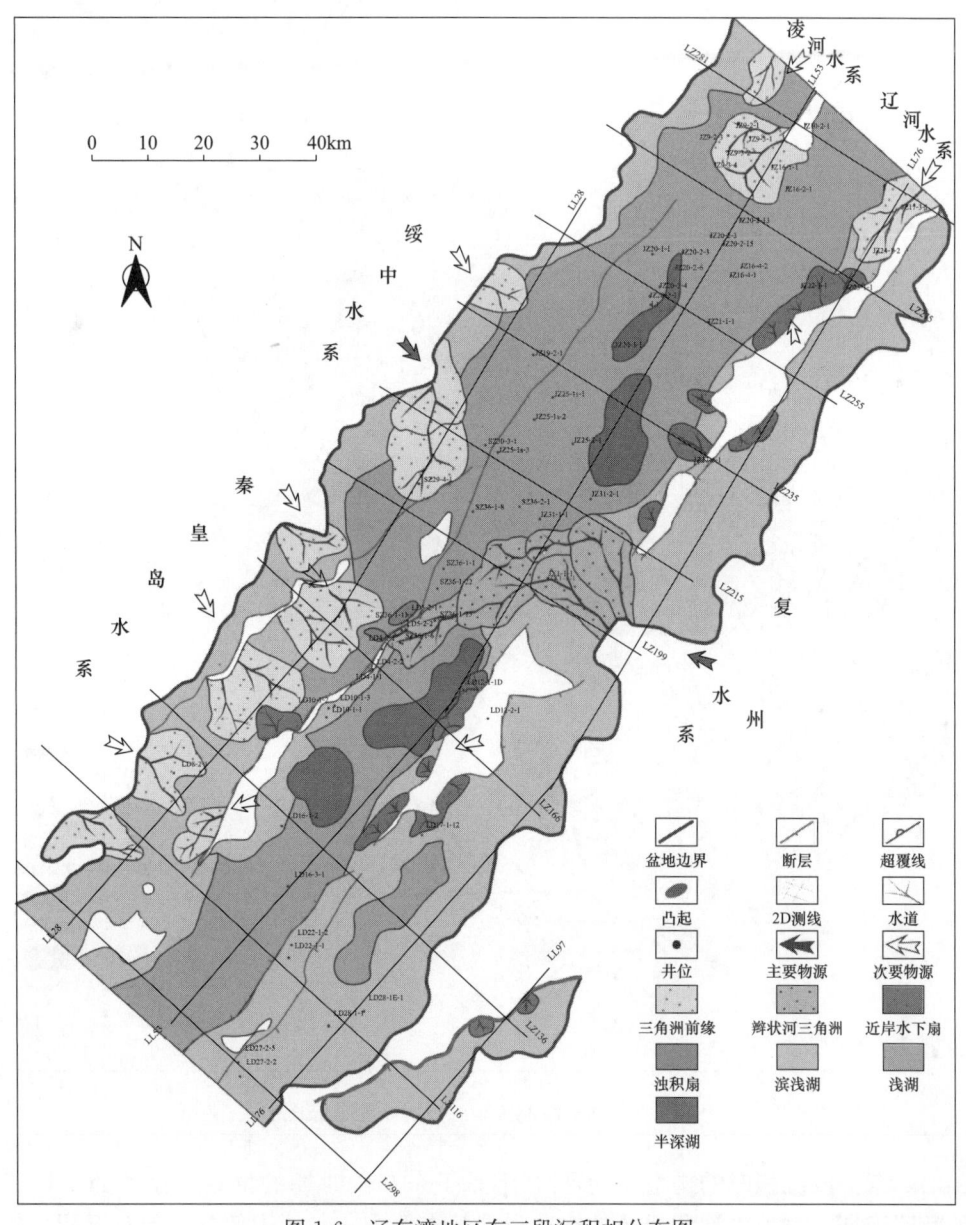

图1-6 辽东湾地区东三段沉积相分布图

（5）东二段沉积期继承了东三段沉积时的构造背景，但构造活动相对减弱，沉积速率也变慢，地形更趋于平缓，各凸起对沉积体系的分隔作用变弱，而盆地东西两侧的物源充足，使得辽东湾全盆范围广泛发育大型的三角洲沉积体系（图1-7）。

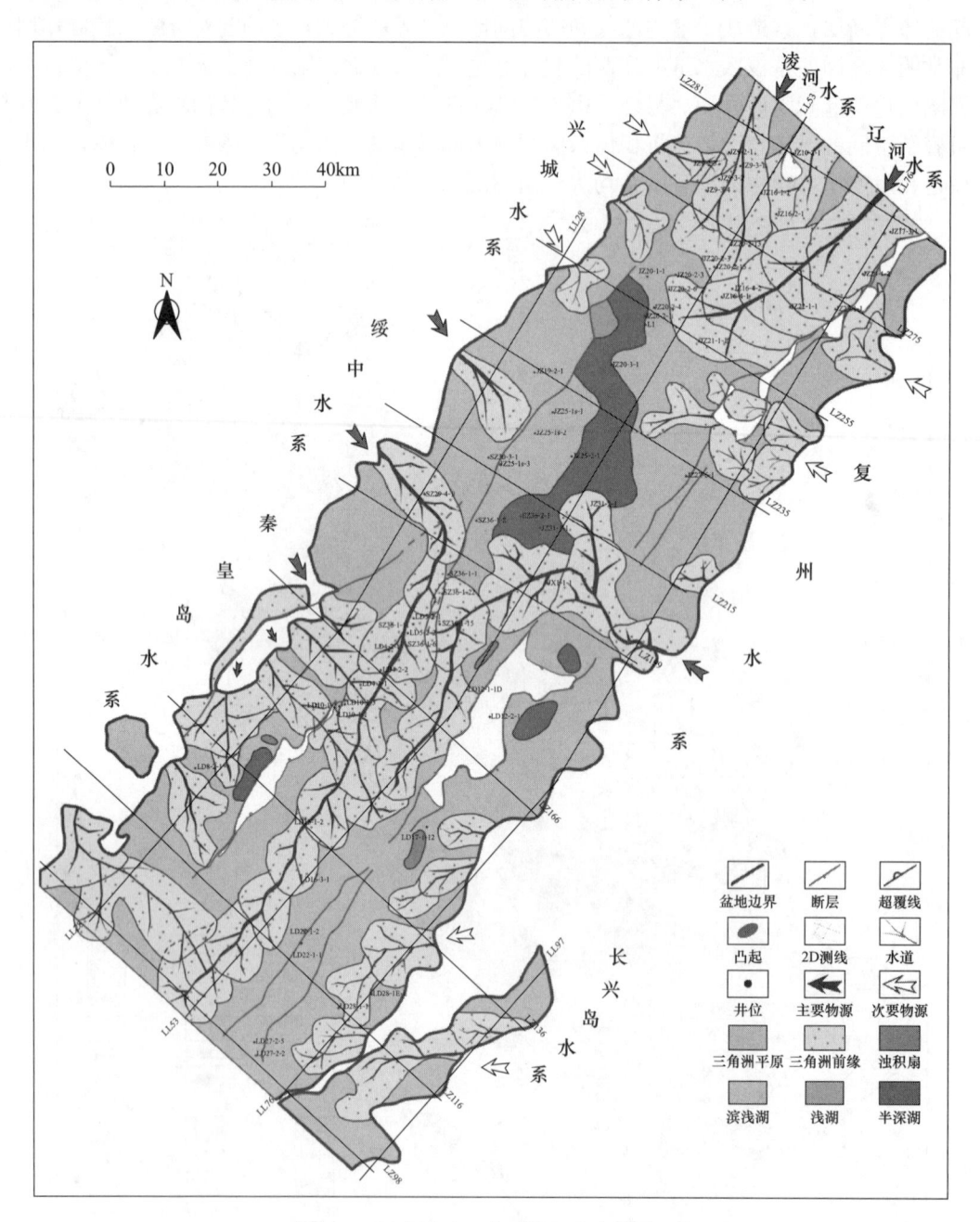

图1-7 辽东湾地区东二段沉积相分布图

（6）东一段沉积时的构造-地形特征继承了东二段时期的特点，盆地处于填凹补齐的断陷晚期，盆地内部和边缘的构造活动基本停止，盆地内部各凸起对沉积的控制作用也消失，西部的翘倾作用明显。在这种构造背景的控制下，辽东湾地区基本上是一个西高东低的缓坡背景。辽中凹陷地区由于来自西部的物源充足，各水系携带的碎屑物质由西部斜坡进入盆地后均呈面状散开，并彼此连片形成大规模的三角洲沉积体系。与西部的大规模三角洲沉积体系相比，来自盆地东侧的沉积体系规模较小（图1-8）。

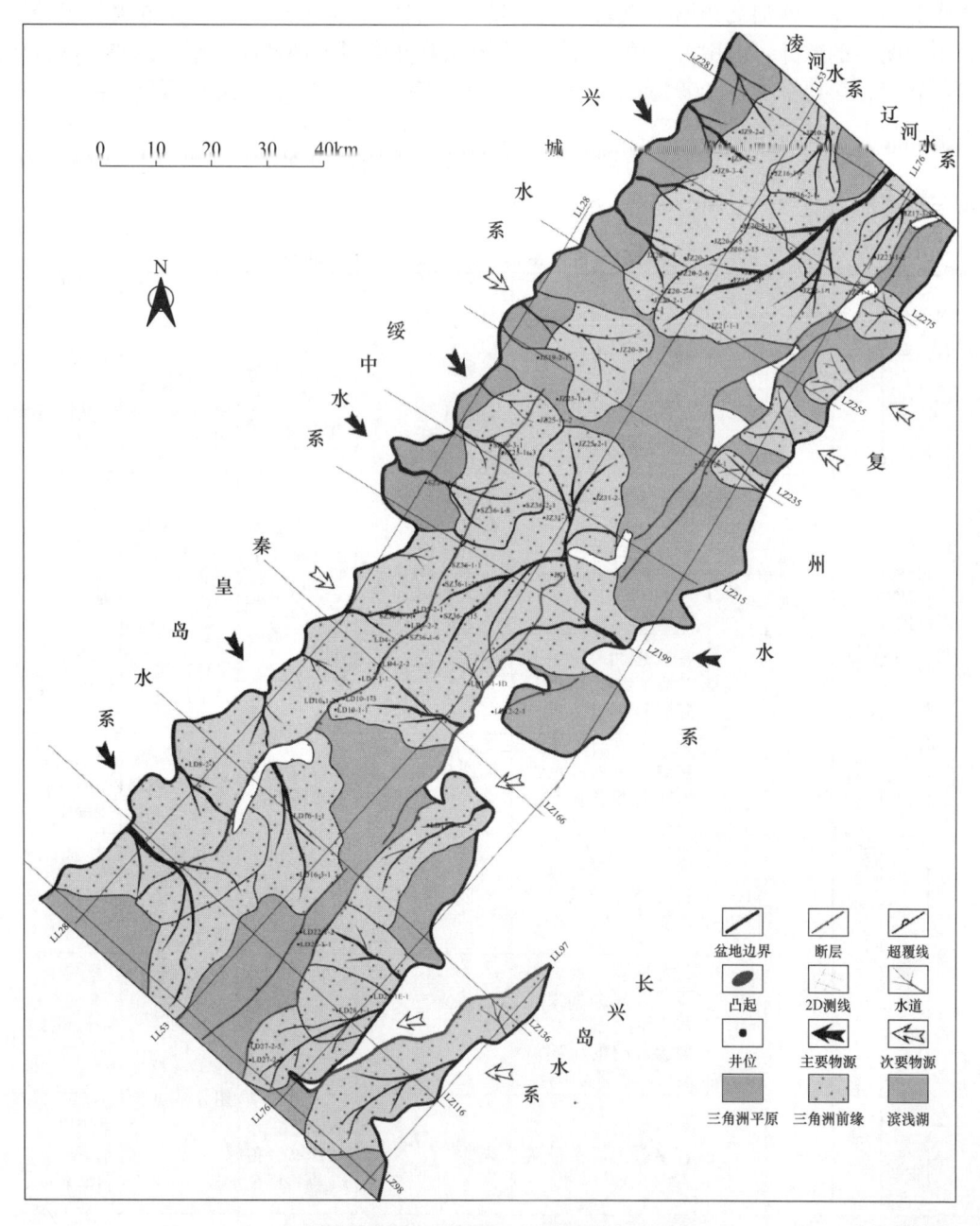

图1-8 辽东湾地区东一段沉积相分布图

1.2 区域地层特征

1.2.1 地层发育特征

辽东湾地区古近纪沉积的地层自下而上包括孔店组、沙河街组和东营组,其中,孔店组分为三段,沙河街组分为四段,东营组分为三段(表 1-2)。各组在古生物组合特征上有明显的差异,但用古生物资料划分东营组和孔店组内部各段时则有困难(巩福生等,1989;李建平等,2009)。东二段(E_3d^2)和东三段(E_3d^3)仅能从介形类组合特征的差异上区分,孢粉类和藻类组合仅能将东一段从东二段和东三段中区分出来而不能划分东二段和东三段。另外,目前还没有较好的古生物资料能够划分孔店组内部各段,甚至连孔店组与沙四段间的分界也难以在藻类组合上找到明显的特征(表 1-2)。

表 1-2 渤海海域古近系地层划分表(渤海石油研究院)

地质年代		地层		年龄/Ma	岩性	古生物组合			沉积环境
						介形类	孢粉类	藻类	
古近纪	渐新世	东营组	E_3d^1	28.1	灰、深灰、黄绿、灰褐色泥岩与浅灰、灰白色砂岩互层	化石稀少	水龙骨单缝孢属-戚粉属-椴粉属组合	光面球藻属-粒面球藻属组合	河流三角洲沼泽湖泊
			E_3d^2	30.3	灰、深灰、褐灰色泥岩夹薄层粉-细砂岩	细弯脊东营介-近三角华花介组合	榆粉属组合	皱面球藻属-网面球藻属组合	三角洲湖泊
			E_3d^3	32.8	深灰色泥岩夹砂岩透镜体	光亮西营介组合			湖泊
		沙河街组	E_3s^1	38.0	特殊岩性段,底部常为生物碎屑灰岩、碎屑云岩	惠民小豆介-具刺湖花介组合	栎粉属组合	薄球藻属-棒球藻属组合	湖泊碳酸盐生物滩
			E_3s^2		灰绿、灰灰褐色泥岩与中-粗砂岩互层	椭圆拱星介组合	麻黄粉属-芸香粉属组合	光面球藻属-盘星藻属组合	扇三角洲湖泊碳酸盐台地
	始新世		E_2s^3	42.0	深灰、黑灰、灰褐色泥岩夹灰-褐色油页岩	华北介组合	小亨氏栎粉-小栎粉组合	渤海藻属-付渤海藻属-细瘤面锥藻属组合	扇三角洲湖泊水下扇
			E_2s^4	65.0	灰色灰岩、云岩与膏岩互层局部夹深灰-褐色泥岩,高部位为红色的粗碎屑砂岩,底部为砾岩	光滑南星介组合	麻黄粉属-栎粉属组合	德夫兰藻属组合	干盐湖滩
		孔店组	E_2k^1		灰、灰绿、红色泥岩夹云岩,条带灰岩	未见化石	小刺鹰粉-水龙骨单缝孢属-桦科组合		洪积扇水下扇湖泊
			E_2k^2						
	古新世		E_1k^3						
前第三纪					前第三系基底				

从岩性上来看，基底地层为前第三系，主要包括太古界、中上元古界变质岩、花岗岩，古生界碳酸盐岩和中生界火成岩地层，且不同部位基底的时代和岩性不同。孔店组与沙四段相似，都是以泥岩与碳酸盐岩互层为主，且均夹有红色岩层，总体上为干旱环境下的小型湖泊沉积和冲积扇沉积。沙三段以暗色泥岩或油页岩为主，主要为湖泊环境，边缘发育扇三角洲或水下扇，是主力烃源岩发育层段；沙二段是灰色泥、页岩与中-粗砂岩互层沉积，发育湖泊、碳酸盐岩台地和扇三角洲各种沉积环境；沙一段为特殊岩性段，暗色泥岩和油页岩广泛发育，底部为生物碎屑灰岩、碎屑云岩，为湖泊和碳酸盐生物滩环境；东三段为深灰色泥岩夹砂岩透镜体，其沉积环境以湖泊为主，主要为区域盖层，但在辽中凹陷的深洼部位亦可成熟供烃；东二段发育厚层状中-细粒砂岩，主要为三角洲沉积，构成本区另外一套主力含油层系；东一段为灰、黄绿色泥岩与浅灰色砂岩互层，沉积环境主要为河流、三角洲和湖泊。新近系为裂后坳陷期沉积，自下而上为馆陶组和明化镇组，在全区为一套辫状河到曲流河的陆源粗碎屑沉积。

1.2.2 地层分布特征

（1）孔店组和沙四段沉积时期，辽东湾古近系沉积比较局限，只有辽西凹陷和辽中凹陷接受沉积，沉积中心位于辽中凹陷的中部，地层展布受盆地形态控制，呈北东—南西向分布。此时辽东凹陷还未形成，无孔店组和沙四段沉积地层分布。辽西凹陷南部有少量孔店组和沙四段沉积，集中在 LD8-2-1 井附近，最厚可超过 1000m。北部地层较发育，分布较零散，主要位于 JZ9-3 构造附近，向南至 JZ20-1 构造西侧，辽东湾北部 JZ9-2-5 井以北亦有部分沉积，且向北变厚。北部地区沉积最厚处可达 1200m。在辽西凹陷，这一时期的沉积中心位于中部 SZ29-4 构造处，地层沉积厚度可超过 1800m，由此可见在孔店组和沙四段时期，绥中水系就成为辽东湾的一个重要的沉积物来源。

在辽中凹陷，孔店组和沙四段沉积相对比较发育，具有两个沉积中心。沉积中心分别位于 JZ27-6-1 井西北处和 LD12-1-1 井东北处。在 JZ27-6-1 井西北处最厚沉积厚度超过 2200m。在 LD12-1-1 井处，该沉积层序也较发育，沉积厚度可达 2000m。在凹陷的北部 JZ16-4-2 井-JZ23-1-1 井一线向北有孔店组和沙四段沉积，沉积最厚处在 JZ17-3-1 井，超过 1800m。南部地层主要分布在 LD22-1-1 井附近和 LD16-1-1 井-LD16-3-1 井-LD17-1-1Z 井这一三角形区域内，沉积厚度最厚超过 1400m（图 1-9）。

（2）沙三段沉积时期，在辽东湾地区沙三段沉积范围明显扩大，主要沉积仍集中在辽西凹陷与辽中凹陷，与孔店组和沙四段不同的是在辽西凹陷，沙三段也有局部发育。整体沉积依然受盆地形态控制，沿边界断层和盆内两凸起的主要控制断层呈北东—南西向展布。

辽西凹陷沙三段沉积中心位于中部 SZ29-4 构造东北处，地层厚度可超过 1800m。南部 LD8-2-1 井以东地层沉积最厚，厚度超过 1600m。北部 JZ20-2-13 井-JZ9-2-5 井一线沉积最厚处超过 1400m。JZ16-2-1 井-JZ10-2-1 井一线为辽西凸起，无沙三段地层沉积。

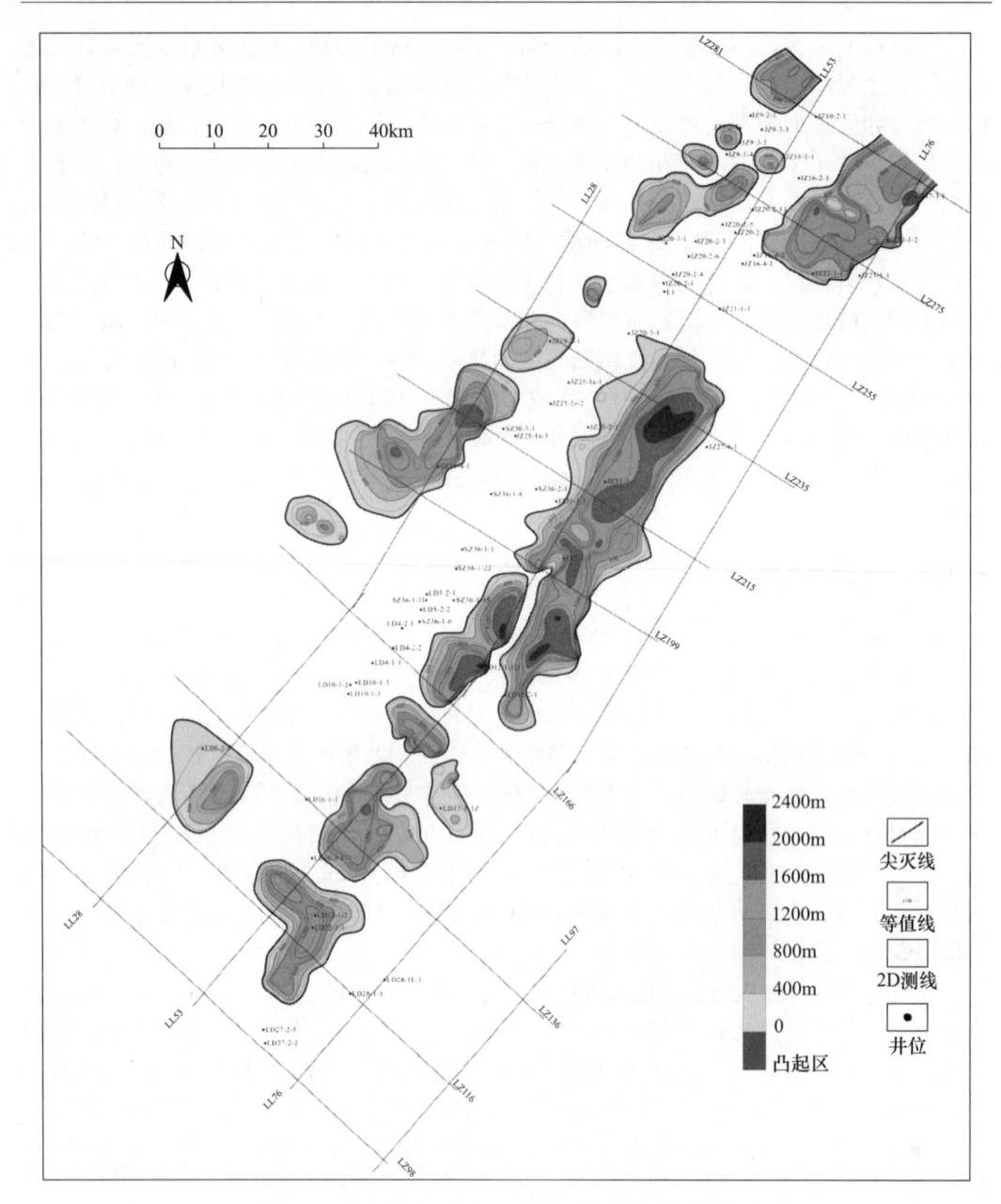

图 1-9 辽东湾地区孔店组和沙四段地层厚度展布图

辽中凹陷沙三段沉积非常发育，其沉积厚度普遍大于辽西凹陷，沉积中心主要有两处，一处位于中部的 LD12-1-1D 井西南处，地层最厚处可超过 2400m；另一处位于北部的 JZ20-1-1 井东部，沉积厚度超过 2200m。此外在 LD17-1-1Z 井西北处，该地层也较发育，沙三段最厚沉积为 2000m（图 1-10）。

（3）沙一段、沙二段沉积时期，盆地处于第一裂后热沉降阶段，盆地范围内沙一段、沙二段沉积广泛，但沉积厚度总体不大，全区平均厚度为 200～300m，最厚处为 600m 左右。沉积中心主要有三个，分别位于位于辽中凹陷北部（JZ20-1-1 井东北）、中

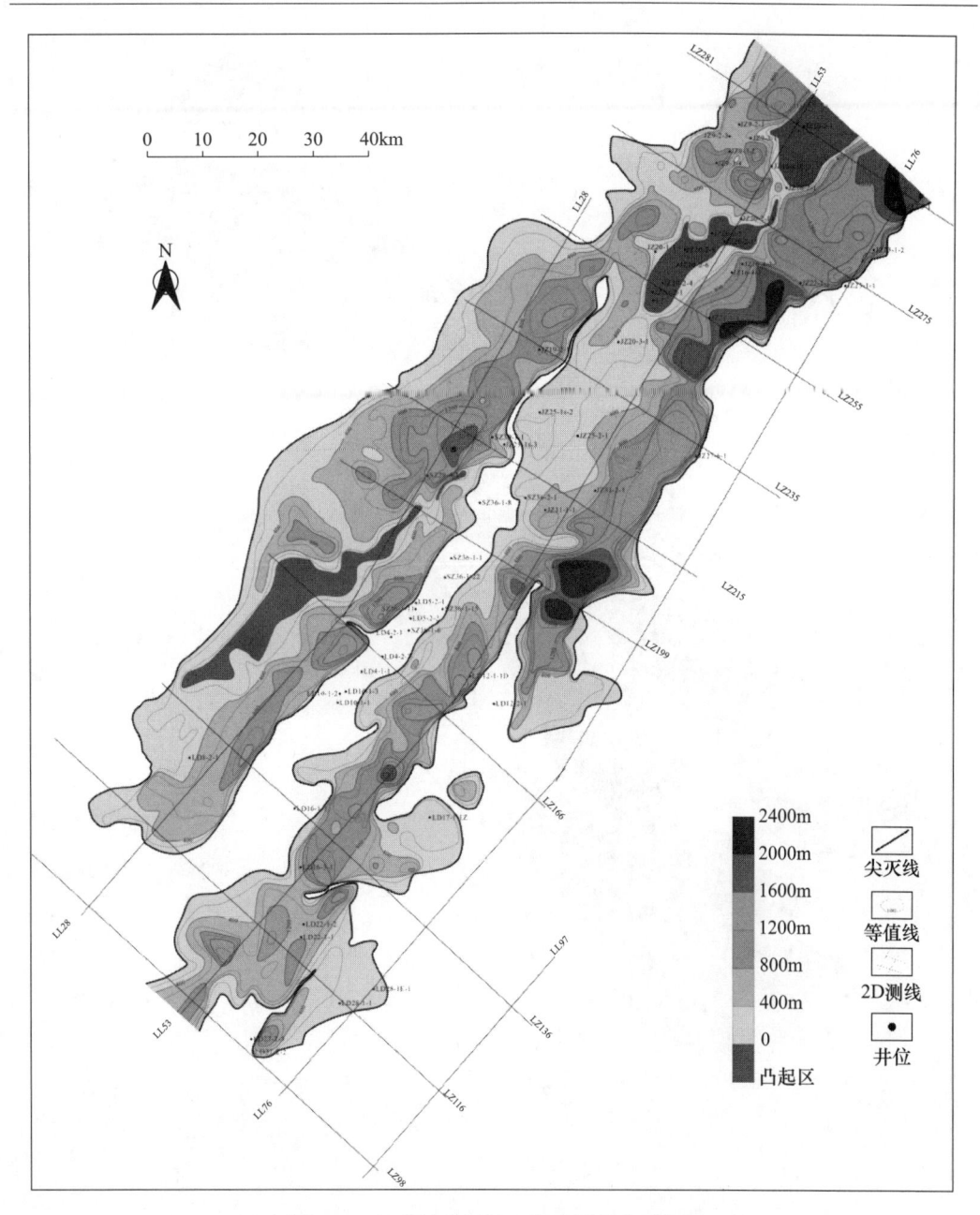

图 1-10 辽东湾地区沙三段地层厚度展布图

部（JX1-1-1 井南）和 LD17-2 构造西南。此时，盆内剥蚀区主要体现在辽西凸起，尤其是辽西凸起的南部隆起更为突出。辽东凸起雏形已经形成，但尚未与东部盆地边缘完全分离（图 1-11）。

（4）东三段沉积时期，断裂活动强烈，是辽东凸起的主要形成时期，盆地呈现出明显的三凹两凸形态。

在构造格局的限定下，比较而言，东三段沉积主要发育在辽中凹陷，辽西凹陷次

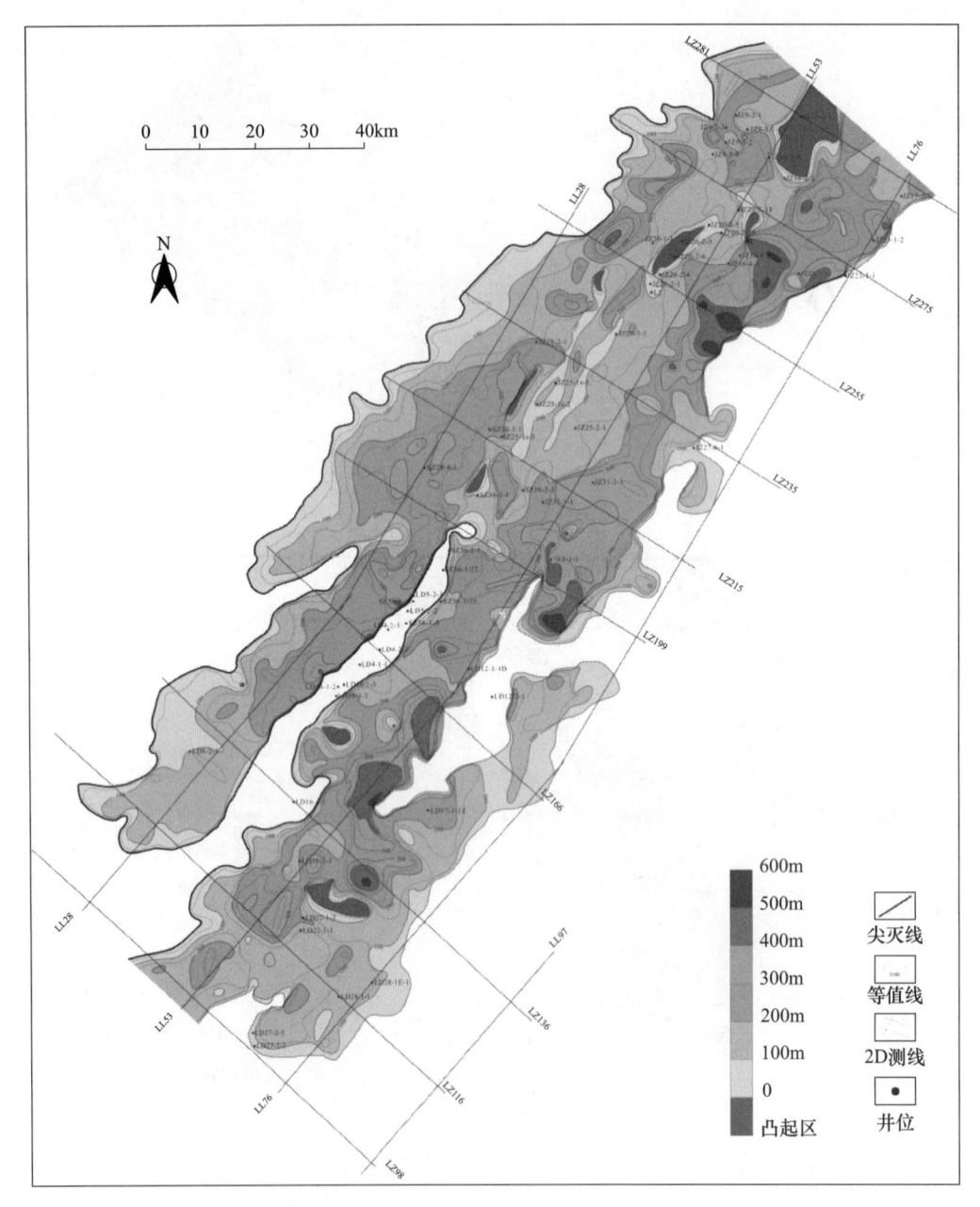

图 1-11 辽东湾地区沙一段、沙二段地层厚度展布图

之，辽东凹陷发育得最少。从南北方向来看，南部比北部沉积厚，沉积中心位于中部偏南的位置。辽中凹陷沉积中心在 LD17-2 构造西部，最厚处超过 2200m，厚层沉积分布广。在工区南部三个凹陷地层相接地带，LD22-1-2 井东北处地层厚可达 2000m，JX1-1-1 井西南处厚度超过 1800m。辽东凹陷沉积中心位于 LD17-1-1Z 东北处，也达到 1500m 左右，但地层分布极为局限。辽西凹陷东三段地层沉积普遍较薄，800m 以下地层分布范围最广，最厚不超过 1400m。LD4-2-2 井-LD4-1-1 井-LD10-1-3 井一线附近，东三段时期处于湖平面之上，遭受剥蚀或无沉积，辽西凸起的其他部位均在水下接受沉

积，因而可以说辽西凸起对东三段的控制强度减弱。而辽东凸起对东三段的沉积控制较强，截挡了东部物源向辽中凹陷的进入，只有在JX1-1-1井附近东部复州水系的物源进入辽中凹陷，形成一个比较大的辫状河三角洲沉积（图1-12）。

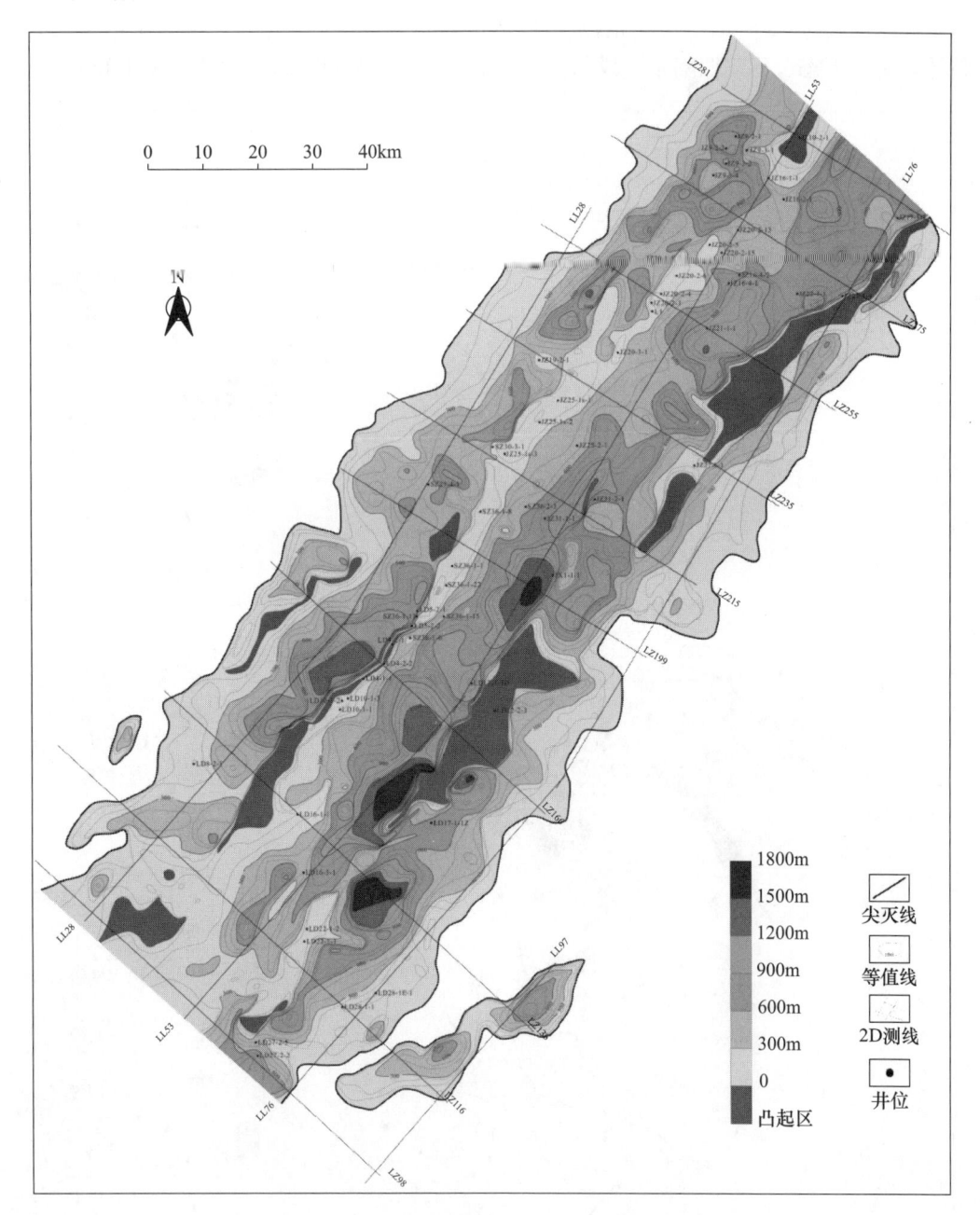

图1-12 辽东湾地区东三段地层厚度展布图

（5）东二段沉积时期，相对东三段来说，全区的沉积范围变化不大，但沉积厚度明显变薄。此时的剥蚀或无沉积区多位于辽东凸起，但较东三段而言，范围明显减小。辽西凸起仅在南部有小范围的剥蚀无沉积区，这更有利于说明辽东凸起比辽西凸起对东三段和东二段的控制作用强。

辽中凹陷北部东二段沉积中心在 JZ14-2-1 井南部和 JZ22-1-1 井西北部和东南部，最厚超过 1400m，南部有两个沉积中心，分别位于 LD17-1-1Z 井西北和 LD17-1-1Z 井西南，厚度超过 1300m。辽西凹陷东二段的沉积普遍在 600m 左右，沉积中心不明显，整体呈缓坡形态。辽东凹陷东二段的沉积地层较薄，一般在 300m 以下（图 1-13）。

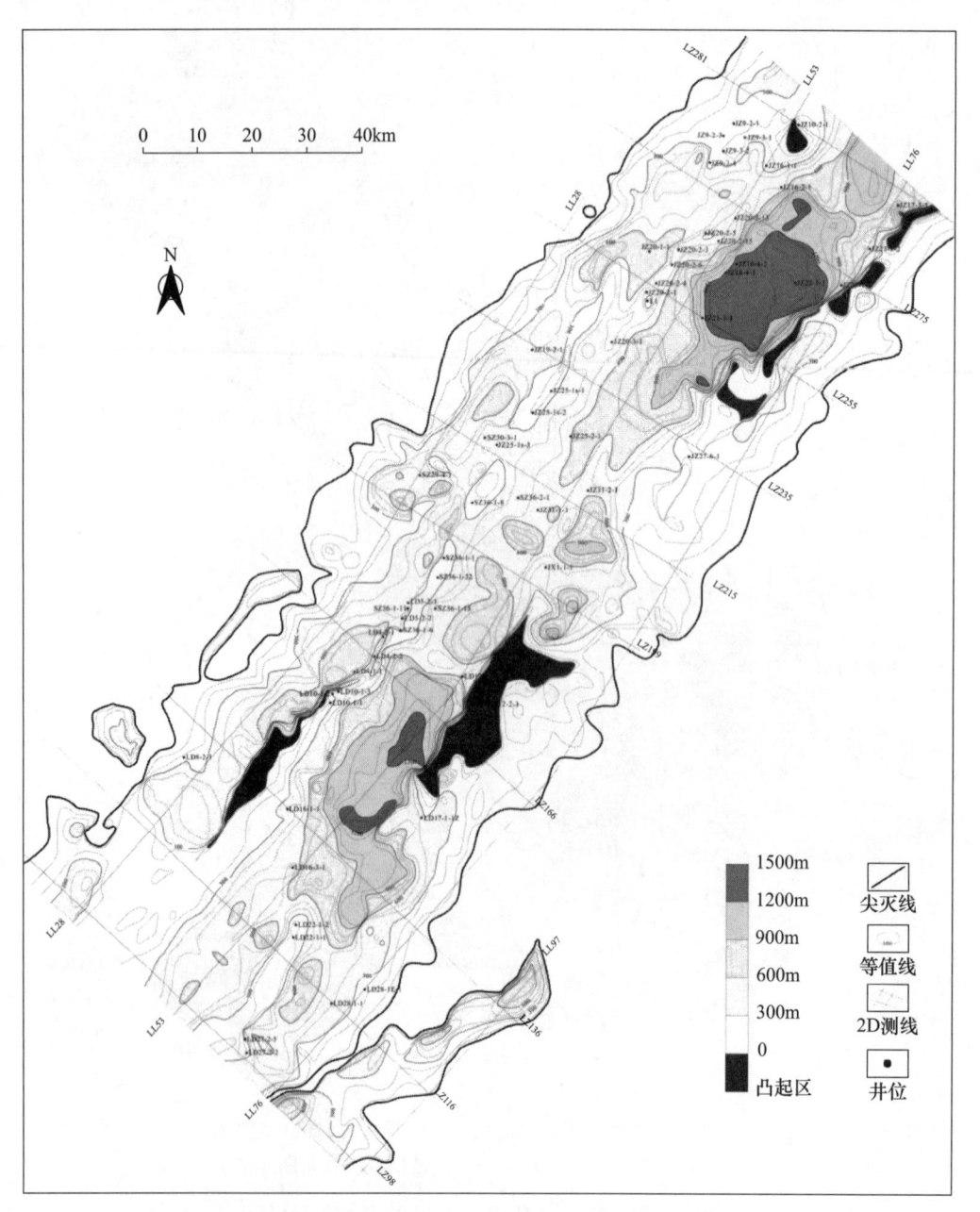

图 1-13 辽东湾地区东二段地层厚度展布图

（6）东一段沉积时期，在继承了东二段的沉积背景上，出露湖面的隆起区范围更小，且多集中在辽东凸起的中北部。东一段沉积范围更广，沉积中心北移到辽中凹陷的北部。

辽西凹陷东一段的沉积仍呈缓坡形，厚度在600m以下。辽中凹陷的沉积中心位于北部JZ20-1-1井附近处，最厚达1000m左右。辽东凹陷东一段沉积地层较薄，大多在400m左右，只有在JZ27-6-1井的东部有一700m左右的高值区（图1-14）。

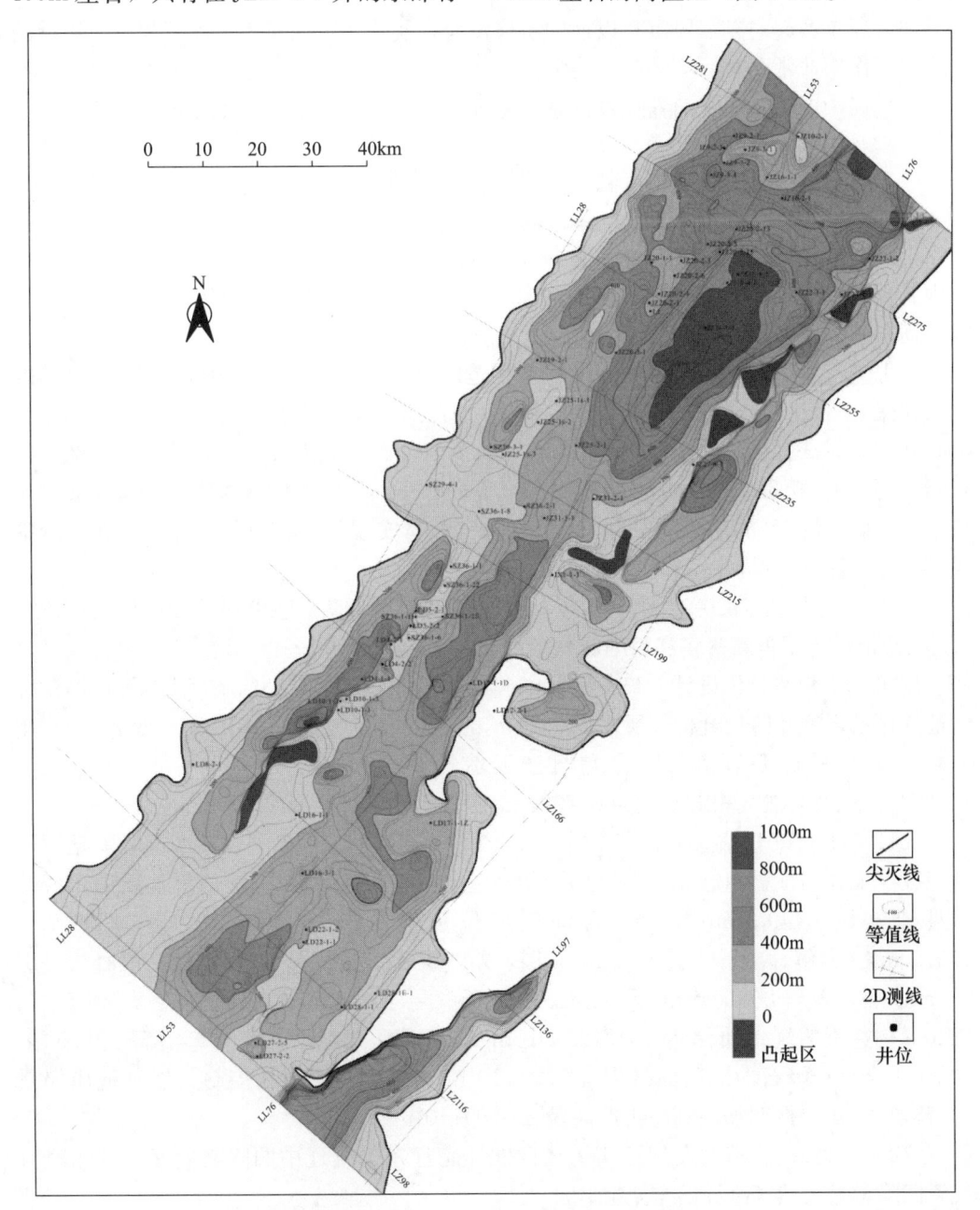

图1-14　辽东湾地区东一段地层厚度展布图

综上所述，可以总结出辽东湾盆地古近系地震沉积层序的空间展布具有如下特征。

（1）各地层的厚度分布具有分区性。这种分区与构造分区相似，受控于辽西凸起和辽东凸起的主干断裂。使得辽东湾盆地古近系的各地层厚度等值图也具有该层沉积时期的构造单元形态。这说明了构造对沉积的控制作用非常重要。

(2) 辽西凸起对东三段沉积以前的地层控制作用显著，而对东三段沉积及其以后的地层控制作用不明显。

(3) 辽东凸起对东三段沉积以前的层序没有控制作用，而对东三段沉积及其以后的层序控制作用非常明显。

(4) 辽中凹陷为辽东湾盆地古近系的主要沉积中心，且由南向东北发生迁移。

1.3 勘探历程

全区二维地震勘探程度基本已达 1km×1km，局部已达 0.5km×0.5km。目前，探区内叠合三维地震资料总面积达到 12622km²，加上正在采集的辽东构造带三维地震资料，辽东湾探区基本已实现三维满覆盖。

自 1979 年 3 月开始实施钻探 LD20-3 构造的 L5 井以来，截至 2011 年 11 月，辖区内已钻探 67 个构造，发现 13 个油气田和 33 个含油气构造，累计钻井 182 口，总进尺 444 003.7m，获各级石油地质储量 135 117.1×10⁴m³，天然气（含溶解气）1088.1×10⁸m³，其中，探明石油地质储量 82 179.5×10⁴m³，天然气（含溶解气）839.2×10⁸m³。辽东湾探区的勘探发现为渤海海域油气产量实现 3000×10⁴m³ 并再上新台阶提供了有力的储量支撑。

在 2009 年发现 JZ20-2N 油气田后，辽东湾勘探项目队对 JZ20-2 气田南端的 JZ20-3/5 构造带进行了重新落实和精细成藏条件研究。

JZ20-3/5 构造整体设计 3 口井。2009 年完成钻探 JZ20-5-1 井，在沙二段获得良好的油气显示，测井解释凝析气层厚度 20.1m，未见水；沙二段（2610.6～2618.6m）用 9.40mmP.C 进行 DST 测试，获得日产天然气 290 617m³，凝析油 114.2m³，压降 11.07%，地面天然气相对密度为 0.732，地面凝析油密度为 0.7762g/cm³。

2011 年 9 月 9 日钻探 JZ20-5-2 井，于 10 月 6 日完钻，完钻井深 2820m，完钻层位沙三段。录井油气显示较 JZ20-5-1 井活跃，主要分布在沙一段、沙二段地层中，录井共见油气显示 49.35m/23 层。含油气层位集中在沙一段和沙二段（2528.7～2651.0m）。共解释凝析气层 41.9m/11 层，差气层 2.9m/6 层。其中，沙一段凝析气层 1.5m/3 层，差气层 0.5m/1 层；沙二段凝析气层 40.4m/8 层，差气层 2.4m/5 层。JZ20-5 构造天然气地质储量 104.12×10⁸m³，凝析油 422.1×10⁴m³，溶解气 7.53×10⁸m³，合计三级石油地质储量为 333.8×10⁴m³，其中，探明加控制天然气地质储量 55.73×10⁸m³，探明加控制凝析油储量 225.9×10⁴m³。

JZ20-5 含油气构造的发现证实了辽西北洼是辽东湾继辽中凹陷之后又一"相对富气"凹陷，是天然气勘探的重要地区。

目前，DJZ20-2 气田（含 JZ20-2 气田）已经发现天然气（含溶解气）三级地质储量达到 500×10⁸m³，是渤海湾盆地最大的天然气田，这坚定了在辽东湾海域寻找大气田的信心。

第 2 章 烃源岩特征资源潜力及油气源对比

辽中凹陷钻井揭示了沙三段、沙一段和东三段及东二下段四套暗色泥岩地层，地震剖面解释可能还存在沙四段烃源岩。

2.1 烃源岩的有机质丰度特征

2.1.1 东二下段烃源岩有机质丰度

东二下段在辽中凹陷各次洼及辽西低凸起钻遇的井较多，主要为一套浅灰-深灰色泥页岩夹砂岩，对辽西低凸起，辽中凹陷北、中、南三个次洼有机质丰度四个指标（TOC、S_1+S_2、氯仿沥青"A"含量、总烃）进行统计，分析该套烃源岩有机质丰度特征（图2-1）。

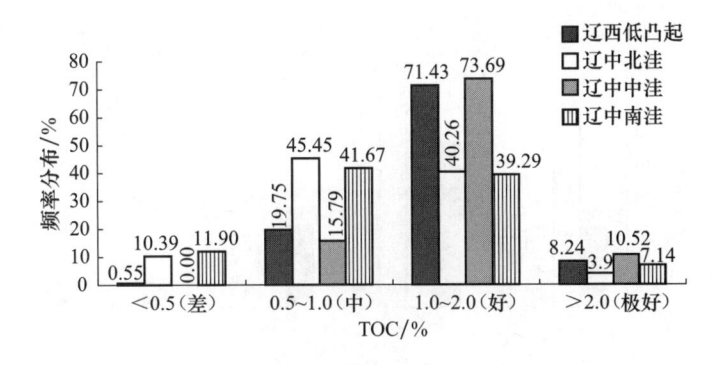

图 2-1 辽西低凸起及辽中凹陷各次洼东二下 TOC 频率分布对比图

对辽西低凸起带 183 个样品的 TOC 统计，其范围为 0.49%～2.58%，平均为 1.41%，有机碳值主要分布在 1%～2%，频率为 71.43%，为好的烃源岩；极好烃源岩频率为 8.24%，辽西低凸起带东二下段表现为较高的有机质丰度特征，主要为好-极好的烃源岩。辽中凹陷南洼 84 个暗色泥岩有机碳样品统计，TOC 范围为 0.21%～2.48%，平均为 1.11%。辽中凹陷中洼样品分布较少只有 19 个样品，主要处在 JX1-1 地区，TOC 分布范围为 0.72%～2.26%，平均值为 1.54%，样品为好的烃源岩级别，占 73.69%。辽中北洼有 77 个样品，TOC 分布范围为 0.18%～2.13%，平均值为 1.05%，有机碳值主要分布在中等-好的烃源岩级别，分别占 45.45%、40.27%。从东二下段烃源岩有机碳含量来看，辽西低凸起及辽中凹陷中洼烃源岩有机碳含量高，主要为好的烃源岩，而辽中凹陷北洼、南洼为中等-好的烃源岩（表2-1）。

烃源岩热解 S_1+S_2 称为产油潜量，亦可反映有机质丰度指标，代表有机质中能够转化为油气的量，它不仅跟有机质丰度有关，而且也与有机质类型相关。根据陆相烃源岩的评价标准，辽西低凸起及辽中凹陷各次洼为中等-好的烃源岩（图 2-2）。源岩的氯仿沥青"A"与总烃含量反映的烃源岩级别较低为差-中等的烃源岩（图 2-3 和图 2-4），主要原因为该套地层在构造高部位成熟度低，有机质向油气转化率低，因此，氯仿沥青"A"与总烃含量偏低。

表 2-1 辽西低凸起及辽中凹陷各次洼东二下有机质丰度参数表

构造带\参数	TOC/% 范围/平均值	样品数	S_1+S_2/(mg/g) 范围/平均值	样品数	氯仿沥青"A"/% 范围/平均值	样品数	总烃/ppm 范围/平均值	样品数
辽西低凸起	0.49~2.58 / 1.41	183	0.49~14.10 / 4.39	183	0.0203~0.2992 / 0.0798	92	52~1917 / 320	92
辽中南洼	0.21~2.48 / 1.11	84	0.23~11.59 / 4.30	84	0.0146~0.9543 / 0.2800	32	65~3091 / 402	31
辽中中洼	0.72~2.26 / 1.54	20	1.23~10.04 / 4.96	19	0.0199~0.5254 / 0.0922	26	58~9876 / 835	26
辽中北洼	0.18~2.13 / 1.04	77	0.14~9.72 / 2.51	79	0.01510~0.04332 / 0.0951	81	59~1754 / 481	80

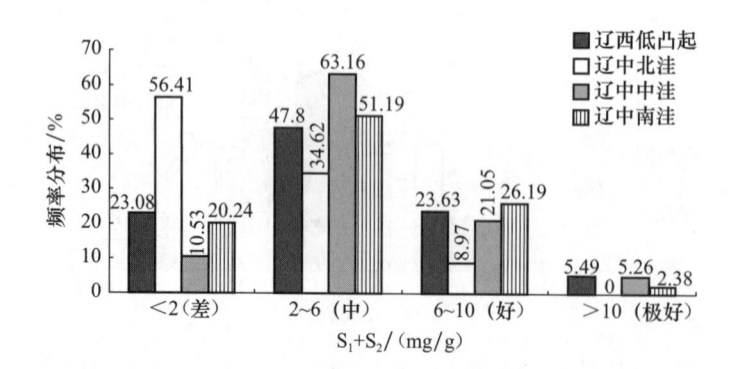

图 2-2 辽西低凸起及辽中凹陷各次洼东二下 S_1+S_2 频率分布对比图

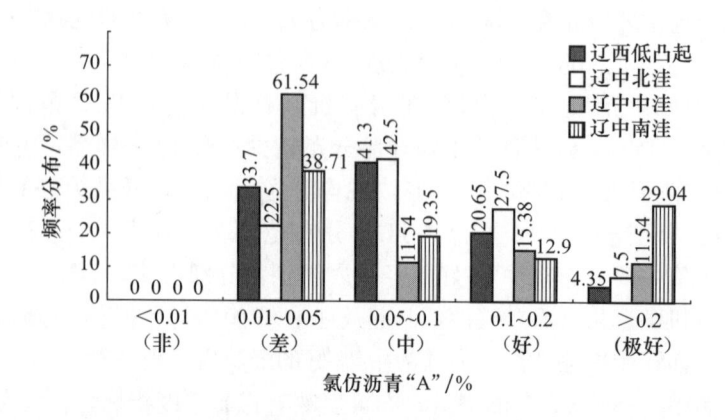

图 2-3 辽西低凸起及辽中凹陷各次洼东二下氯仿沥青"A"频率分布对比图

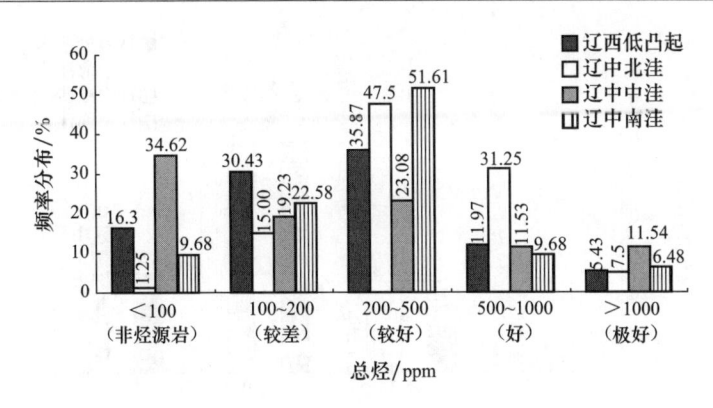

图 2-4 辽西低凸起及辽中凹陷各次洼东二下总烃频率分布对比图

2.1.2 东三段烃源岩有机质丰度

对辽西低凸起东三段的 163 个样品的 TOC 统计，范围为 0.40%～4.17%，平均为 1.68%，有机碳主要分布在 1%～2% 范围内，好的烃源岩占 61.12%，TOC 大于 2% 的极好的烃源岩占 25.77%，差-中烃源岩仅占 14% 左右，辽西低凸起带东三段烃源岩为好-极好的烃源岩，表现为较高的有机质丰度。对辽中凹陷南洼 88 个暗色泥岩有机碳样品统计，TOC 范围为 0.24%～4.74%，平均为 1.50%，好的烃源岩占 53.41%，极好的烃源岩占 22.73%，差-中烃源岩仅占 23.86%，辽中南洼东三段烃源岩总体评价为好的烃源岩。辽中凹陷中洼东三段 TOC 样品 47 个样品，TOC 分布范围为 0.96%～2.63%，平均值为 1.82%，样品 TOC 分布在好的烃源岩级别，占 59.57%，极好的烃源岩占 38.3%，差-中烃源岩仅占 2.13%。辽中中洼东三段烃源岩总体为好-极好烃源岩。辽中北洼有 76 个样品，TOC 分布范围为 0.42%～3.07%，平均值为 1.36%，样品 TOC 分布在好的烃源岩级别，占 63.16%，极好的烃源岩占 10.53%，差-中烃源岩仅占 26.2%，辽中中洼东三段烃源岩总体为好烃源岩（表 2-2 和图 2-5）。

表 2-2 辽西低凸起及辽中凹陷各次洼东三段有机质丰度参数表

参数 构造带	TOC/% 范围 平均值	样品数	S_1+S_2/(mg/g) 范围 平均值	样品数	氯仿沥青"A"/% 范围 平均值	样品数	总烃/ppm 范围 平均值	样品数
辽西低凸起	0.40～4.17 1.68	163	0.47～20.70 6.96	163	0.0337～0.6881 0.1824	102	48～4684 814	102
辽中南洼	0.24～4.74 1.50	88	0.61～34.19 7.21	88	0.0482～1.3425 0.2982	56	277～3583 984	56
辽中中洼	0.96～2.63 1.82	47	1.76～10.87 6.79	47	0.0270～0.5906 0.0976	63	91～3617 464	63
辽中北洼	0.42～3.07 1.36	76	0.61～11.27 4.63	76	0.0452～0.9330 0.2566	74	230～7488 1799	74

热解产油潜量（S_1+S_2）参数判别该地区主要为中等-好的烃源岩，表明该区有机质类型主要为偏腐殖型，虽然有机碳含量高，但产油潜量并不高（图 2-6）。

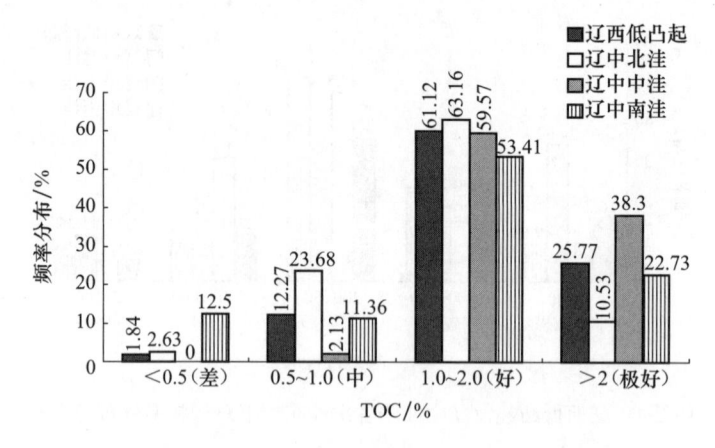

图 2-5 辽西低凸起及辽中凹陷各次洼东三段 TOC 频率分布对比图

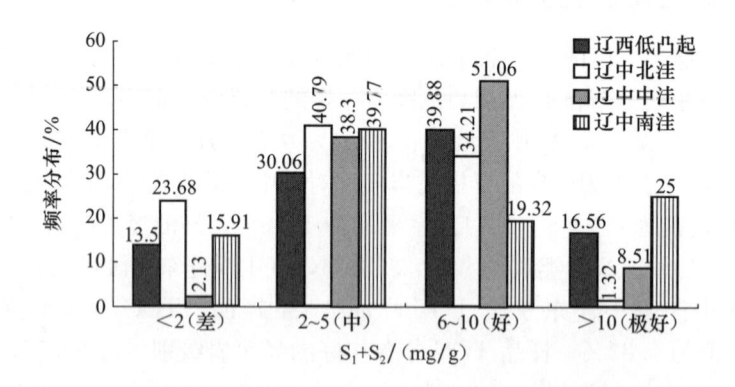

图 2-6 辽西低凸起及辽中凹陷各次洼东三段 S_1+S_2 频率分布对比图

氯仿沥青"A"反映的有机质生成油的量或生排烃后残留在烃源岩中的油,在一定程度上能够反映有机质丰度。辽西低凸起、辽中凹陷南、北洼的氯仿沥青"A"的中、好、极好分布频率较高,而差的烃源岩分布低。辽中凹陷中洼氯仿沥青"A"分布在差烃源岩级别比例高达 52.58%,其他三种级别的烃源岩分布频率低(图 2-7)。东三段总烃含量与氯仿沥青"A"反映的特征类似(图 2-8)。东三段烃源岩氯仿沥青"A"与总烃含量比东二下段含量高,且其有机质成熟度也较高,故东三段烃源生烃能力更强。

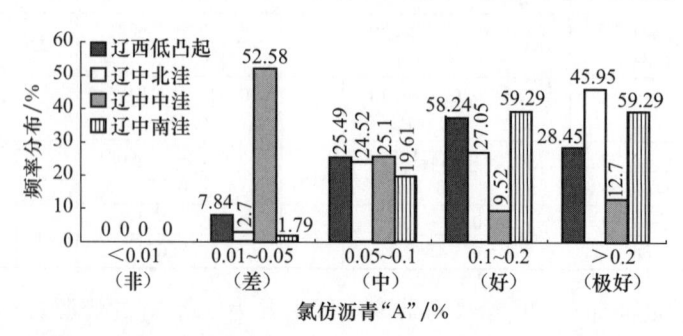

图 2-7 辽西低凸起及辽中凹陷各次洼东三段氯仿沥青"A"频率分布对比图

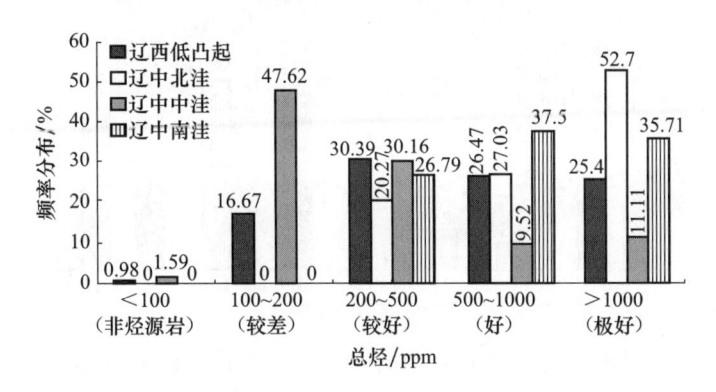

图 2-8　辽西低凸起及辽中凹陷各次洼东三段总烃频率分布对比图

2.1.3　沙一段烃源岩有机质丰度

沙一段烃源岩较薄，一般在辽西低凸起带上 50m 左右，辽中凹陷带 150m 左右。该套地层在辽西低凸起带埋藏较浅，辽中凹陷埋藏较深，因此在凹陷带钻遇该套地层的井较少，样品分布点主要集中在辽西低凸起带上，在辽中凹陷各次洼的样品分布较少。

辽西低凸起 57 个暗色泥岩有机碳统计（表 2-3 和图 2-9），范围为 0.12%～3.49%，平均值为 2.20%，表明有机碳含量普遍较高，为好-极好的烃源岩。辽中凹陷南洼 12 个暗色泥岩有机碳范围为 0.24%～2.58%，平均为 1.76%，有机碳含量也主要分布在好-极好的烃源岩级别。辽中中洼 10 个暗色泥岩有机碳含量平均值为 2.10%，与辽西低凸起的 TOC 分布模式类似，为好-极好的烃源岩。辽中凹陷北洼 8 个泥岩样品有机碳平均为 1.14%，泥岩有机碳值分布在好的烃源岩占 62.5%，25% 为差的烃源岩，12.5% 为中等烃源岩，缺极好级别的烃源岩，总的评价中-好的烃源岩。其他有机质丰度参数 S_1+S_2 氯仿沥青"A"、总烃指标也表明辽西低凸起及辽中南、中次洼沙一段为好-极好的烃源岩，辽中北洼为中-好的烃源岩（图 2-10～图 2-12）。

表 2-3　辽西低凸起及辽中凹陷各次洼沙一段有机质丰度参数表

参数 构造带	TOC/% 范围 平均值	样品数	S_1+S_2/(mg/g) 范围 平均值	样品数	氯仿沥青"A"/% 范围 平均值	样品数	总烃/ppm 范围 平均值	样品数
辽西低凸起	0.12～3.90 2.20	57	1.37～21.08 8.83	54	0.0978～0.8642 0.2748	30	220～2891 1236	30
辽中南洼	0.24～2.58 1.76	12	0.35～15.46 7.36	13	0.0168～0.8840 0.2655	13	111～4706 1494	13
辽中中洼	1.29～3.60 2.10	10	2.88～11.78 7.35	10	0.0826～0.4844 0.2294	12	278～2686 1349	12
辽中北洼	0.39～1.10 1.14	8	0.65～11.88 3.74	8	0.0450～0.2863 0.2535	11	312～1803 780	11

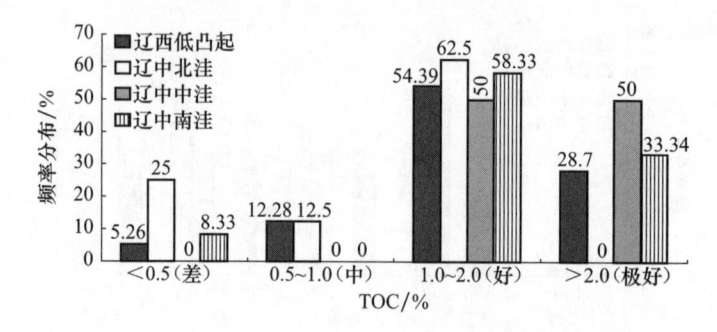

图 2-9 辽西低凸起及辽中凹陷各次洼沙一段 TOC 频率分布对比图

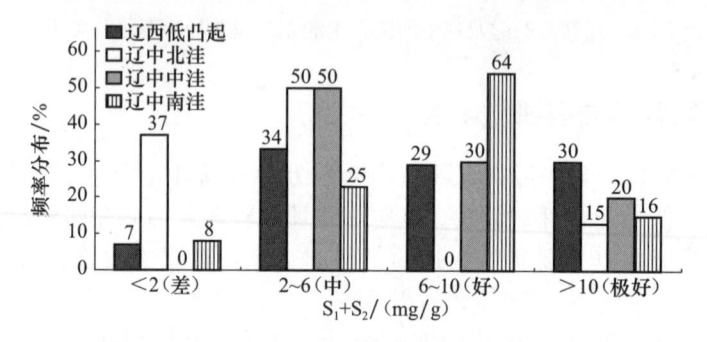

图 2-10 辽西低凸起及辽中凹陷各次洼沙一段 S_1+S_2 频率分布对比图

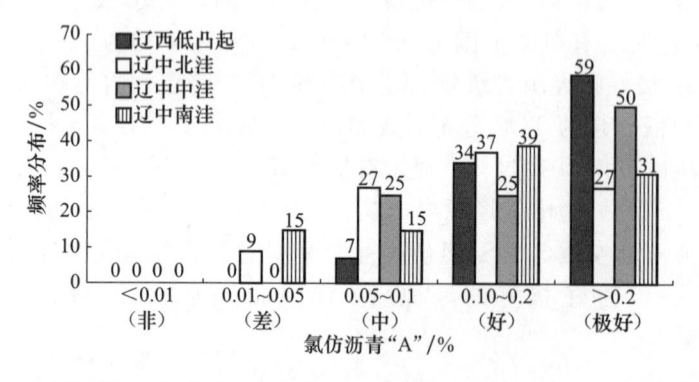

图 2-11 辽西低凸起及辽中凹陷各次洼沙一段氯仿沥青"A"频率分布对比图

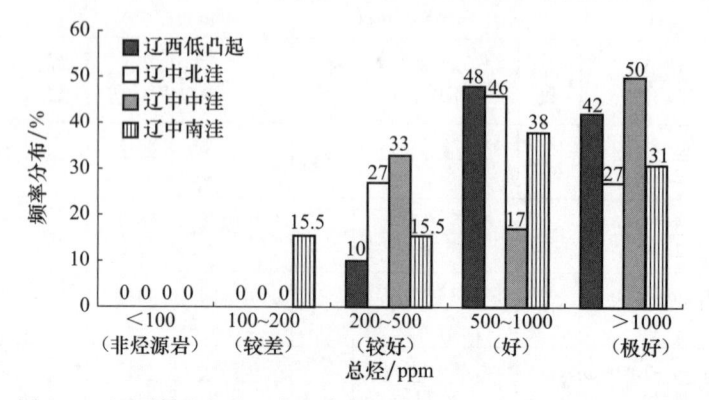

图 2-12 辽西低凸起及辽中凹陷各次洼沙一段总烃频率分布对比图

2.1.4 沙三段烃源岩有机质丰度

沙三段在辽西低凸起钻遇的井较多，辽中凹陷钻遇井较少。辽西低凸起 133 个暗色泥岩有机碳统计，范围为 0.1%~7.15%，平均值为 1.62%，表明有机碳含量较高，为好烃源岩级别。辽中凹陷南洼 50 个暗色泥岩有机碳范围为 0.24%~4.45%，平均为 1.76%，有机碳含量也主要分布在好-极好的烃源岩级别；辽中凹陷中洼 39 个暗色泥岩有机碳含量平均值为 1.98%，主要为好-极好的烃源岩级别；辽中凹陷北洼 7 个泥岩样品有机碳平均为 0.95%，为中-好的烃源岩。辽中凹陷沙三段烃源岩中洼、南洼有机质丰度高为好-极好的烃源岩，北洼有机质丰度较低为中-好的烃源岩，辽西低凸起为好的烃源岩（表 2-4 和图 2-13）。

表 2-4 辽西低凸起及辽中凹陷各次洼沙三段有机质丰度参数表

参数 构造带	TOC/% 范围 平均值	样品数	S_1+S_2/(mg/g) 范围 平均值	样品数	氯仿沥青"A"/% 范围 平均值	样品数	总烃/ppm 范围 平均值	样品数
辽西低凸起	0.10~7.15 1.62	133	0.04~58.64 8.20	133	0.1840~1.3166 0.3562	45	89~6679 1828	46
辽中南洼	0.24~4.45 1.48	50	0.61~21.64 6.47	50	0.0117~1.1120 0.2570	39	73~8506 1638	39
辽中中洼	0.69~2.63 1.98	39	3.93~14.84 9.64	39	0.0836~0.4723 0.2100	31	371~3389 1217	30
辽中北洼	0.50~1.56 0.95	7	0.64~4.60 2.63	7	0.0334~0.2103 0.0725	13	165~1518 500	13

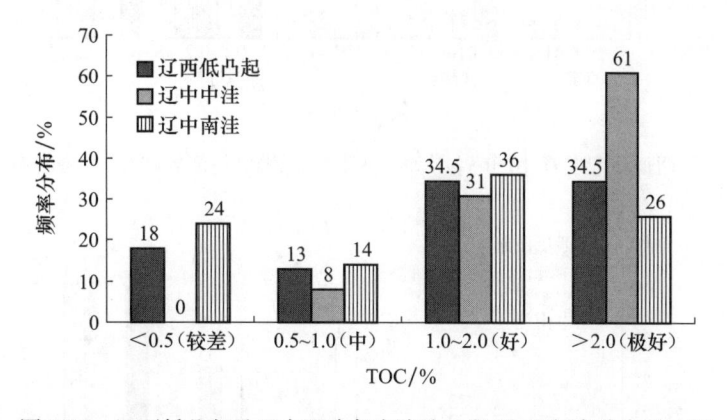

图 2-13 辽西低凸起及辽中凹陷各次洼沙三段 TOC 频率分布对比图

沙三段烃源岩埋藏深度大，成熟度较高，源岩中有机质转化成油的比例较大，所以氯仿沥青"A"含量及总烃含量高。辽西低凸 45 个烃源岩样品氯仿沥青"A"平均值为 0.3562%、总烃平均值为 1828ppm；辽中南洼 39 个烃源岩样品为氯仿沥青"A"平均值为 0.2576%、总烃平均值为 1638ppm；辽中中洼 31 个烃源岩氯仿沥青"A"平均含量为 0.21%、总烃平均值为 1217ppm，表现了极好的生油条件与较高的油气转化率；辽中北洼的氯仿沥青"A"较低，13 个样品的平均值为 0.0725%，总烃为 500ppm

（图 2-14），表明其生烃潜力与有机质转化率都较低。说明辽中北洼沙三段烃源岩的生烃能力比辽中、南洼及辽西低凸起要差（图 2-15 和图 2-16）。从氯仿沥青"A"及总烃判断，沙三段烃源岩在辽西低凸起及辽东凹陷各次洼已开始大量生排烃，为该区最重要的烃源岩。

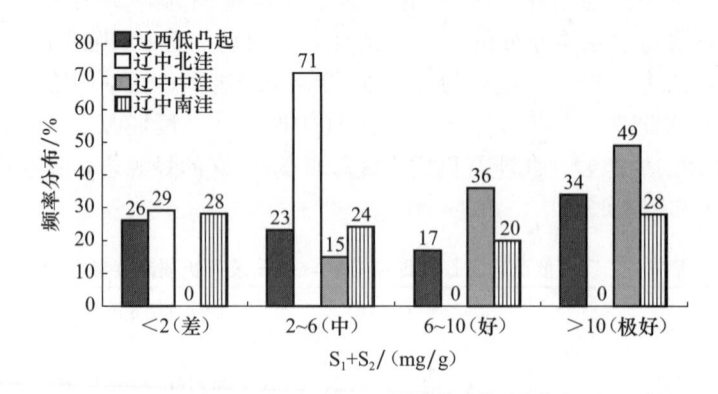

图 2-14　辽西低凸起及辽中凹陷各次洼沙三段烃源岩 S_1+S_2 频率分布对比图

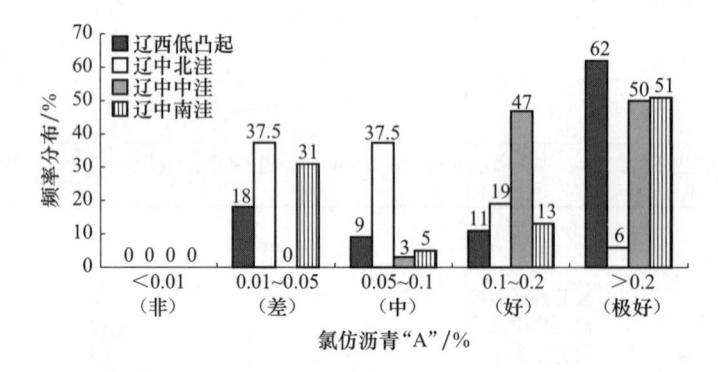

图 2-15　辽西低凸起及辽中凹陷各次洼沙三段烃源岩氯仿沥青"A"频率分布对比图

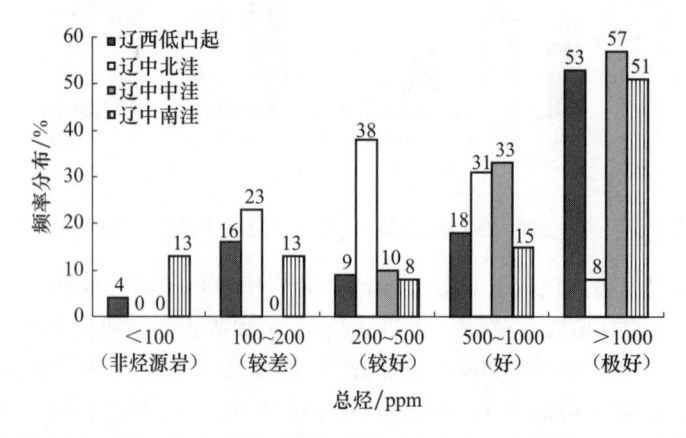

图 2-16　辽西低凸起及辽中凹陷各次洼沙三段总烃含量频率分布对比图

2.2 烃源岩有机质类型特征

渤海湾盆地辽东湾海域为陆相沉积盆地，陆源有机质输入占重要比例，有机质类型不仅与有机质向油气的最大转化率相关，而且决定了盆地流体性质，是烃源岩评价重要的内容。

2.2.1 东营组烃源岩有机质类型

对辽东凹陷南洼 JZ27-2-2 井东二下段、东三段干酪根有机显微组分鉴定可知，东二下段干酪根主要的显微组分中壳质体占绝对优势，其次为腐泥组与镜质组，惰质组份分布极少（表 2-5）。H/C 原子比相对低，小于 0.8；O/C 原子比相对较高，为 0.14 左右。烃源岩为Ⅲ型干酪根。东三段上部地层 2755~2900m 与东二下的显微组分特征类似，也为Ⅲ型干酪根；在 2920m 以下，显微组分组中腐泥组含量增加，壳质组与镜质组含量降低，H/C 原子比为 1.2 左右，O/C 原子比小于 0.1，表明有机质富氢贫氧，有机质类型变好，为Ⅱ₁型有机质（图 2-17）。

辽中南洼东营组烃源岩随着深度增加，逐渐由Ⅲ型干酪根变为Ⅱ₁型干酪根，有机质类型逐渐变好，由生气母质变为生油母质。

表 2-5 JZ27-2-2 井岩石有机质类型及丰度评价数据表

井段/m	层位	样品类型	干酪根元素 H/C	干酪根元素 O/C	干酪根显微组分/% 腐泥组	干酪根显微组分/% 壳质组	干酪根显微组分/% 镜质组加惰质组	有机质类型
2670~2675	E_3d^{2L}	CT	0.76	0.15	7	61	31	Ⅲ
2705~2710	E_3d^{2L}	CT	0.76	0.14	7	64	29	Ⅲ
2725~2730	E_3d^{2L}	CT	0.79	0.14	10	50	40	Ⅲ
2755~2760	E_3d^3	CT	0.75	0.14	10	70	20	Ⅲ
2775~2780	E_3d^3	CT	0.77	0.14	8	77	15	Ⅲ
2800~2805	E_3d^3	CT	0.77	0.15	4	54	42	Ⅲ
2820~2825	E_3d^3	CT	0.80	0.14	9	73	18	Ⅲ
2845~2850	E_3d^3	CT	0.78	0.14	6	49	45	Ⅲ
2870~2875	E_3d^3	CT	0.81	0.14	8	70	22	Ⅲ
2900~2905	E_3d^3	CT	0.96	0.14	17	72	10	Ⅱ₂
2920~2925	E_3d^3	CT	0.99	0.12	32	59	9	Ⅱ₁
2955~2960	E_3d^3	CT	1.19	0.14	83	12	5	Ⅰ~Ⅱ₁
2975~2980	E_3d^3	CT	1.24	0.09	86	12	2	Ⅱ₁
3000~3005	E_3d^3	CT	1.19	0.08	86	11	3	Ⅱ₁
3020~3025	E_3d^3	CT	1.17	0.08	88	10	2	Ⅱ₁
3045~3050	E_3d^3	CT	1.25	0.08	86	11	3	Ⅱ₁
3070~3075	E_3d^3	CT	1.26	0.08	89	8	3	Ⅱ₁

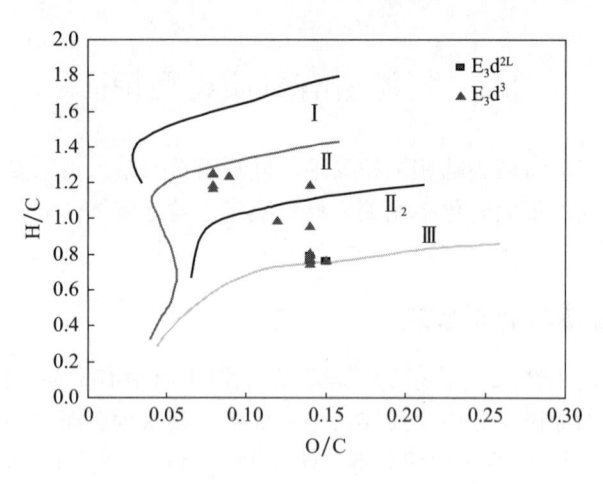

图 2-17　辽中南洼 JZ27-2-2 井烃源岩有机质干酪根元素分类图

辽中凹陷中洼金县构造 JX1-1-2D 井，根据烃源岩干酪根元素、有机显微组分及热解数据判定有机质类型（表 2-6 和图 2-18）。E_3d^{2L}-E_3d^3 烃源岩的 H/C 原子比小于 1.0，O/C 原子比为 0.15～0.2，有机质显微组分主要为壳质体与镜质体，腐泥组含量低、含惰质体极低，热解的 I_H 为 175～350mg/g，主要为 II_2 型有机质；Es^1 段烃源岩有机质类型特征与东营组特征类似，主要为 II_2 型有机质。Es^3 段烃源岩 H/C 原子比大于 1.0，O/C 原子比为 0.11～0.2，有机质显微组分主要为腐泥组，壳质组，镜质体、惰质体含量低，有机质类型主要为 II_1 型干酪根，沙三段有机质类型好于沙一段与东营组。

表 2-6　JX1-1-2D 井烃源岩有机质类型评价

深度/m	层位	干酪根元素 H/C	干酪根元素 O/C	有机显微组分/% 腐泥组	有机显微组分/% 壳质组	有机显微组分/% 镜质组加惰质组	热解 I_H/(mg/g)	有机质类型
1500～1525	E_3d^{2L}	0.97	0.20	9	60	30	205	II_2
1575～1600	E_3d^3	0.97	0.18	8	63	29	256	II_2
1650～1675	E_3d^3	0.99	0.19	4	64	32	236	II_2
1725～1750	E_3d^3	0.94	0.19	7	52	40	175	II_2
1775～1800	E_3d^3	0.98	0.17	8	57	35	250	II_2
1850～1875	E_3d^3	0.95	0.18	5	65	30	263	II_2
1925～1950	E_3d^3	0.98	0.17	6	66	28	235	II_2
2025～2050	E_3d^3	0.88	0.17	5	57	38	213	II_2
2100～2125	E_3d^3	0.99	0.17	8	62	30	312	II_2
2175～2200	E_3d^3	1.04	0.15	9	71	20	348	II_2
2226～2238	E_3d^3	0.96	0.17	7	68	25	387	II_2
2325～2350	E_3d^3	0.88	0.16	4	55	41	302	II_2
2400～2425	E_3d^3	0.93	0.15	0	75	35	278	II_2
2450～2475	E_3d^3	1.07	0.16	23	55	12	438	II_1
2525～2550	$E_3d^3+E_3s^1$	0.91	0.17	8	61	30	325	II_2

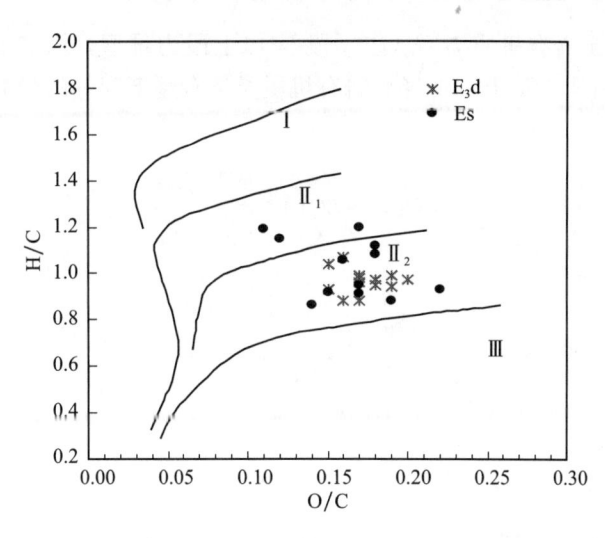

图 2-18 JX1-1-2D 井源岩 H/C 原子比和 O/C 原子比干酪根类型分析图

辽中北洼 JZ21-1S-1 井东一段-东二上段泥岩有机质显微组分中镜质体占绝对优势，在 55%～81%，壳质组含量较高为 8%～34%，腐泥组与惰质组含量低，一般小于 10%，热解 I_H 一般小于 250mg/g，有机质类型主要为Ⅲ型。东二下段有机质显微组分发生明显的变化，生烃组分壳质组与腐泥组分含量明显增加，镜质组与惰质组含量下降，干酪根元素组成中 H/C 原子比在 1.0 左右，热解氢指数 I_H 增大，干酪根类型为Ⅱ$_2$型（表 2-7）。

表 2-7 辽中南洼 JZ21-1S-1 有机质类型评价

深度/m	地层	腐泥组	壳质组	镜质组	惰质组	类型指数	H/C	O/C	热解 I_H/(mg/g)	类型
1925		4	19	71	5	−43	—	—	239.47	Ⅲ
1975	E_3d^{2U}	0	12	78	10	−62	—	—	220.00	Ⅲ
2025		0	8	81	10	−65	—	—	218.00	Ⅲ
2050		4	16	75	5	−49	—	—	221.05	Ⅲ
2125		14	54	30	2	16	0.95	0.24	233.96	Ⅱ$_2$
2175		6	27	62	5	−32	—	—	229.31	Ⅲ
2200		8	22	65	5	−34	—	—	160.00	Ⅲ
2225		5	79	15	1	32	1.14	0.14	306.25	Ⅱ$_2$
2250	E_3d^{2L}	8	61	30	1	15	0.99	0.20	227.96	Ⅱ$_2$
2275		10	71	19	0	31	1.09	0.14	373.50	Ⅱ$_2$
2325		6	58	35	1	7	0.99	0.19	187.00	Ⅱ$_2$
2375		7	76	15	1	33	1.08	0.16	287.09	Ⅱ$_2$
2385		6	79	14	1	34	1.12	0.14	288.43	Ⅱ$_2$

该区另一口井 JZ21-1-1 的烃源岩有机质元素与热解分类，东二下段为Ⅱ$_2$型，东三段为Ⅱ$_1$型有机质。

该区东营组烃源岩有机质类型从东一段-东二上段为Ⅲ型，东二下段主要为Ⅱ₂型，东三段为Ⅱ₁型有机质。从上到下烃源岩有机质类型有逐渐变好的趋势（图2-19）。

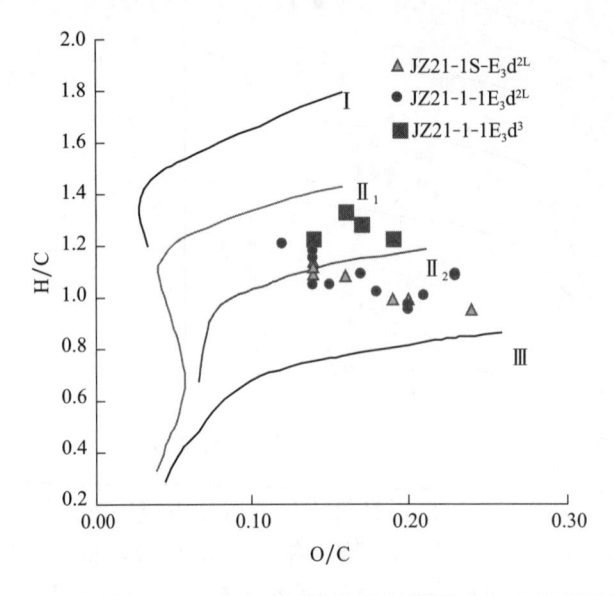

图2-19 辽中南洼烃源岩H/C原子比和O/C原子比干酪根类型分图

2.2.2 沙河街组烃源岩有机质类型

辽中凹陷仅在JX1-1区块钻至沙河街组地层，其中，JX1-1-2D沙一段烃源岩H/C原子比较低，范围为0.86～0.95，O/C原子比范围为0.14～0.17；有机显微组分壳质组占绝对优势，占41%～62%，无定形含量低，一般小于10%，镜质体与惰质体含量低；热解氢指数较小，为142～325mg/g，反映出有机质类型为Ⅱ₂型。沙三段上部有机质干酪根元素的H/C原子比明显增大，为0.93～1.20，O/C原子比为0.11～0.22；有机显微组分中腐泥组明显增大，为8%～44%，壳质组含量高，为38%～72%，镜质组与惰质组含量低；烃源岩热解氢指数I_H也明显升高，为334～537mg/g，表现有机质生烃能力增强。JX1-1-2D沙三段上部烃源岩有机质类型好，生油能力强，为Ⅱ₁型有机质（表2-8和图2-18）。

表2-8 JX1-1-2D井沙河街组烃源岩有机质类型评价

深度/m	层位	干酪根元素分析 H/C	O/C	显微组分/% 腐泥组	壳质组(树脂体除外)	镜质组加惰质组	类型指数	热解/(mg/g) I_H	I_O	类型
2525～2550	$E_3d^3+E_3s^1$	0.91	0.17	8	61	30	16	325	135	Ⅱ₂
2575～2600	E_3s^1	0.95	0.17	3	62	35	7	200	94	Ⅱ₂
2625～2650	E_3s^1	0.86	0.14	4	51	45	−4	142	169	Ⅱ₂
2650～2675	$E_3s^1+E_3s^2$	0.92	0.15	12	48	40	6	290	154	Ⅱ₂
2675～2700	E_3s^2	1.08	0.18	18	64	18	36	334	142	Ⅱ₂

续表

深度/m	层位	干酪根元素分析 H/C	O/C	显微组分/% 腐泥组	壳质组(树脂体除外)	镜质组加惰质组	类型指数	热解/(mg/g) I_H	I_O	类型
2750~2775	E_2s^{3L}	0.88	0.19	8	38	54	−13	306	317	II$_2$
2825~2850	E_2s^{3L}	1.15	0.12	23	62	15	42	386	166	II$_1$
2900~2925	E_2s^{3L}	1.06	0.16	44	46	8	61	537	295	II$_1$
2950~2975	E_2s^{3L}	1.20	0.17	38	54	10	57	427	212	II$_1$
2975~3000	E_2s^{3L}	0.93	0.22	21	67	12	45	385	255	II$_1$
3050~3075	E_2s^{3L}	1.12	0.18	31	64	5	59	506	371	II$_1$
3100~3125	E_2s^{3L}	1.19	0.11	20	70	8	50	388	216	II$_1$

辽中凹陷东二下段、东三段、沙一段、沙三段四套烃源岩主体表现为以陆源输入为主的混合有机质。东二下段有机质主要类型为II$_2$型；东三段有机质主要类型为II$_1$型；沙一段有机质主要类型为II$_2$型；沙三段有机质主要类型为II$_1$型，基本不存在I型或者III有机质。无论东营组还是沙河街组向下有机质类型变好，有机质类型表明辽中凹陷烃源岩总体为一套生油母质。

2.3 主要烃源层热演化史恢复与展布特征

2.3.1 门限深度的确定

烃源岩的热演化研究主要用实测镜质体反射率（Ro）作为成熟度定量指标，此外热解 T_{max}、干酪根色变指数、干酪根颜色指数及可溶有机质的地球化学成熟度参数可以作为成熟度判别的辅助指标。

据辽中凹陷南洼 LD27-2-2 井及所有井 Ro 与深度的关系（图 2-20 和图 2-21）分析，当深度达到 2450m 以下的东营组上段，其 Ro 已达到 0.5%，进入生油门限。该区东二段-东三段的实测 Ro 为 0.5%~0.6%，处于低熟阶段早期，构造低部位及凹陷带已处于东二段-东三段处在低熟阶段，可以形成一定规模成熟度低的原油。

从辽中凹陷中洼所有井的 Ro 与深度的关系图上看（图 2-21），烃源岩的成熟度都比较低，一般在 0.5%~0.7%范围内。通过对烃源岩成熟度分析演化剖面可知，当埋深达到 2400m，烃源岩镜质体反射率一般为 0.5%，因此该区的门限深度为 2400m，在构造高部位东营组、沙一段及沙三段烃源岩都处在未熟-低熟阶段，在洼陷区东二下段、东三段处于低熟阶段，沙一段、沙三段烃源岩的热演化为主生油窗期，可以大量生成正常成熟度的原油充注圈闭。

辽中凹陷中洼金县构造的 JX1-1-1 井实测镜质体反射率剖面（图 2-22）可以看出，东二段-东三段上部烃源岩成熟度处于未熟阶段，2400 以下的东三段下部烃源岩处于低熟阶段，沙三段烃源岩处于低熟-生油高峰阶段，可以生成大量的正常原油，该井在 2400m 左右进入生烃门限。处于同一构造 JX1-1-2D 也有相似的热演化特征（图 2-23）。对辽中中洼各构造烃源岩的成熟度参数分析，构造部位的各层系烃源岩成熟度不高，主

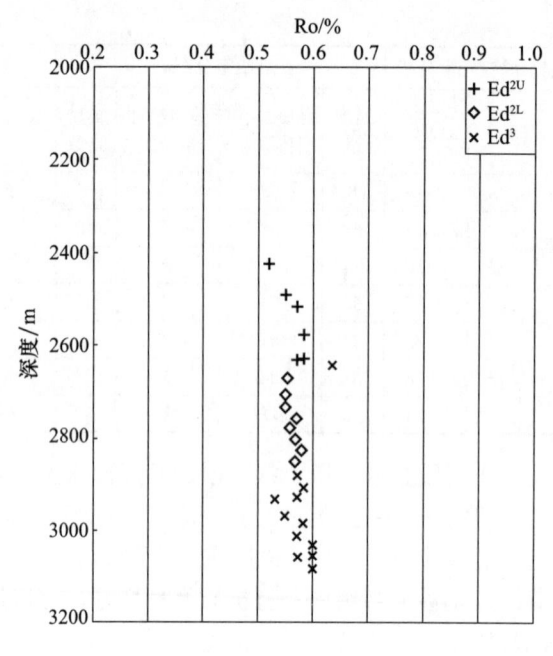

图 2-20 LD27-2-2 井 Ro 与深度关系

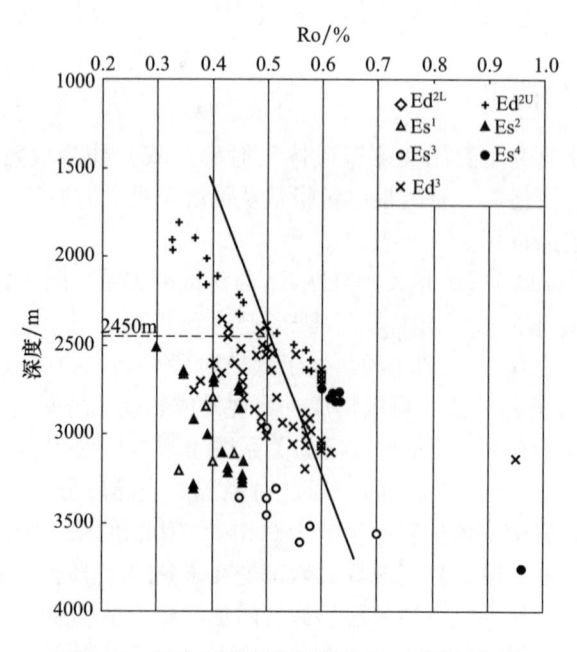

图 2-21 辽中凹陷南洼烃源岩 Ro 与深度关系

要处于 0.4%～0.6%，主要处于未熟-低熟阶段，该区东二下段处于未熟阶段，东三沙一段、沙三段都处在未熟-低熟阶段。对该区域成熟度指标分析，门限深度为 2400m（图 2-24）。在构造低部位的洼陷区，东二下段处于低熟阶段，东三段及沙一段处于低熟-生油高峰，而沙三段烃源岩成熟度较高，应在生油窗高峰-后期阶段。

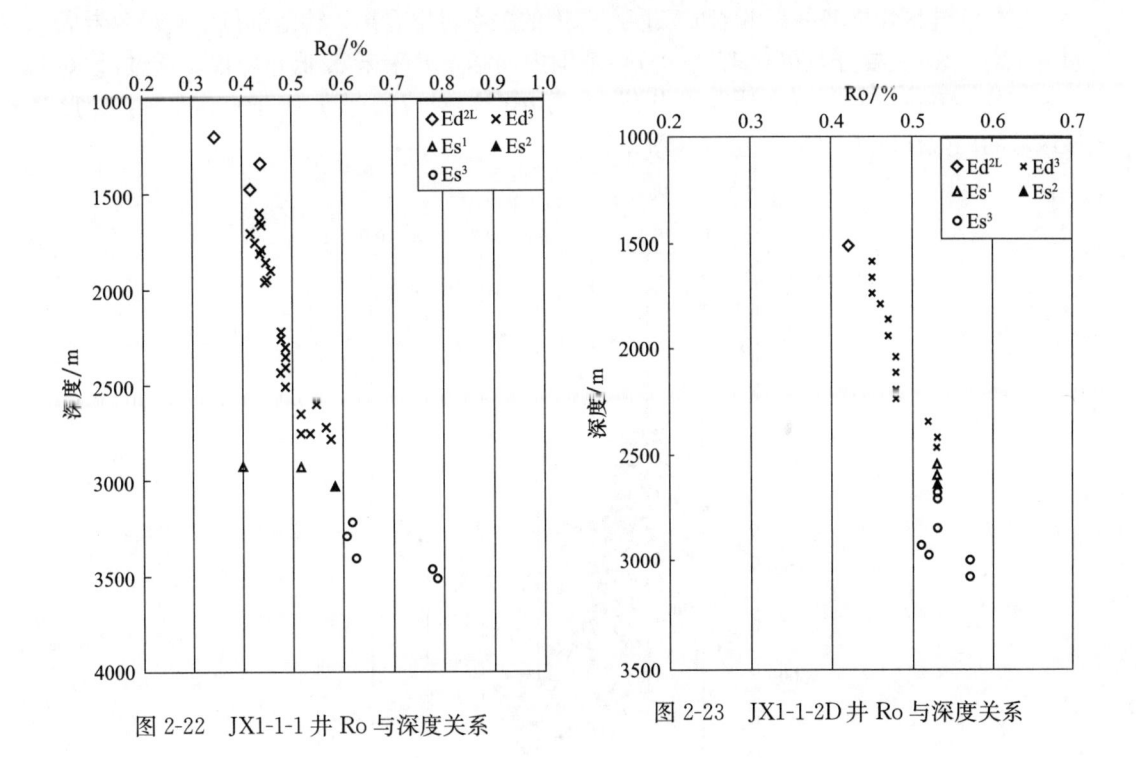

图 2-22 JX1-1-1 井 Ro 与深度关系

图 2-23 JX1-1-2D 井 Ro 与深度关系

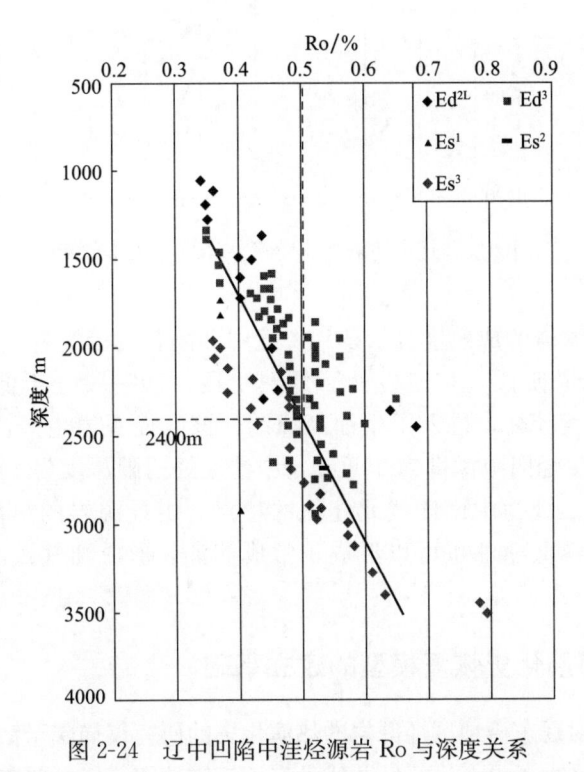

图 2-24 辽中凹陷中注烃源岩 Ro 与深度关系

辽中北洼区域内各井烃源岩成熟度与深度的关系可以看出，构造部位各套烃源岩成熟度不高，Ro 主要分布在 0.4%～0.7%范围内，基本处于未熟-低熟阶段。通过对 Ro 与埋深的关系进行回归拟合计算，当 Ro＝0.5%时，对应的深度为 2600m 左右，因此该区域的门限深度为 2600m 左右（图 2-25）。

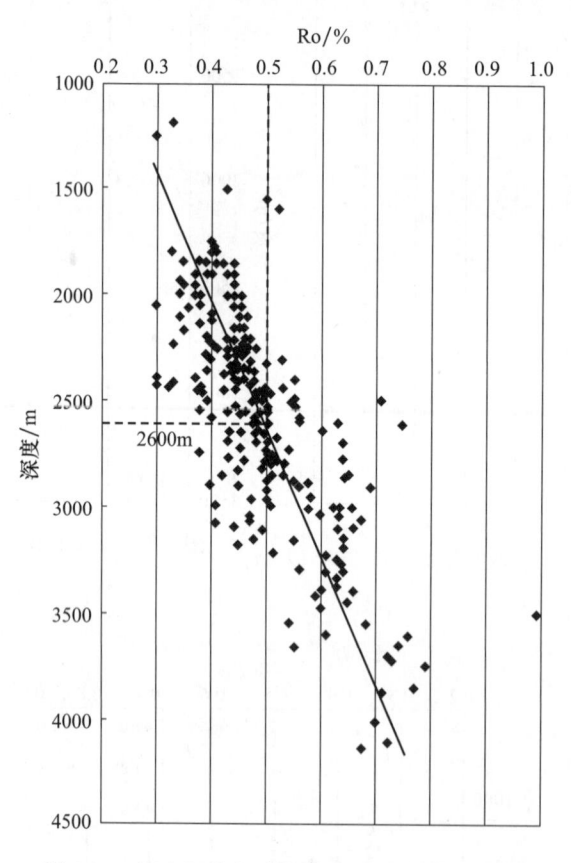

图 2-25　辽中凹陷北洼烃源岩 Ro 与深度的关系

通过对该区烃源岩的成熟度分析认为，辽中凹陷各套烃源岩成熟度不高，东二下段总体处于未熟-低熟阶段，东三段处于低熟阶段，沙一段处于低熟-生油窗高峰阶段，而沙三段成熟度较高，进入了生油高峰期。该区烃源岩生烃门限深度为 2400～2600m，辽中南洼生烃门限深度为 2450m，中洼生烃门限深度为 2400m，北洼生烃门限深度为 2600m，表现为中南洼浅北洼深的特点。由烃源岩的热演化可知，该区烃源岩既可以形成未熟低熟油也可以形成正常成熟油，形成油气藏的原油性质具有多样性。

2.3.2　烃源岩热演化史恢复模型的建立基础

到目前为止，对辽东湾地区烃源岩的热演化史的研究仅局限于钻井或三维地震工区所在处，而有的地区由于没有进行钻井或没有被三维地震工区所覆盖，缺乏测井和地震资料，故烃源岩的热演化史的研究程度还很低。本节以过凹陷的二维地震剖面的构造演化为主线，恢复剖面上各个地层的埋藏史，并结合烃源岩地球化学参数和古热流、古地温等热史资料，模拟二维剖面烃源岩的热演化史，从而以线到面，研究烃源岩在整个凹陷内部的热演化过程以及它的空间展布特征。

首先，收集了前人在辽中凹陷及周边地区东营组顶部剥蚀量的计算结果（表2-9），以此作为剖面构造演化地层剥蚀量恢复的基础。另外，本节一共收集到如图2-26所示的18条二维地震剖面，为了恢复剖面上各个地层的埋藏史，必须得到剖面真实埋藏深度，为此，利用剖面附近钻井的VSP资料对剖面进行了时深转换。

表2-9 辽中凹陷部分井东营组顶部剥蚀量数据表

井号	剥蚀量/m	井号	剥蚀量/m
JZ20-2-4	700	JX1-1-1	280
SZ36-2-1	400	JZ14-2-1	600
JZ20-2-10	780	JZ25-1S-1	1160
JZ25-1-1	1100	JZ25-1S-3	1180
JZ9-3-5	660	JZ25-1S-4D	1250
JZ16-4-1	620	JZ25-1S-5	1150
JZ16-4-2	360	JX1-1-1	280

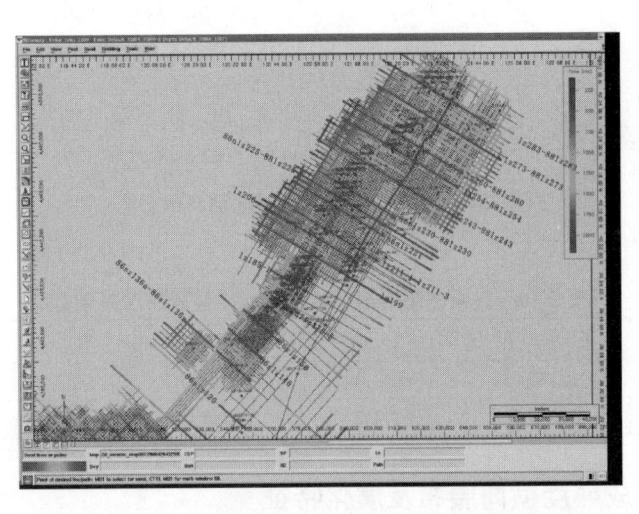

图2-26 辽中凹陷埋藏史恢复选择二维地震剖面位置图

以剖面lz199为例，图2-27为时间剖面，经过时深转换后，得到了图2-28所示的深度剖面。时深转换完成以后，利用斯伦贝谢公司的Petromod软件恢复了剖面上各地层的埋藏史，并结合地层的热史路径和Ro动力学模型（Burnham et al.，1990），模拟计算了烃源层有机质的成熟度（Ro）在各个时期的数值。通常情况下，在讨论辽中凹陷生烃状态时将烃源岩有机质的成熟过程划分为五个阶段（表2-10）。

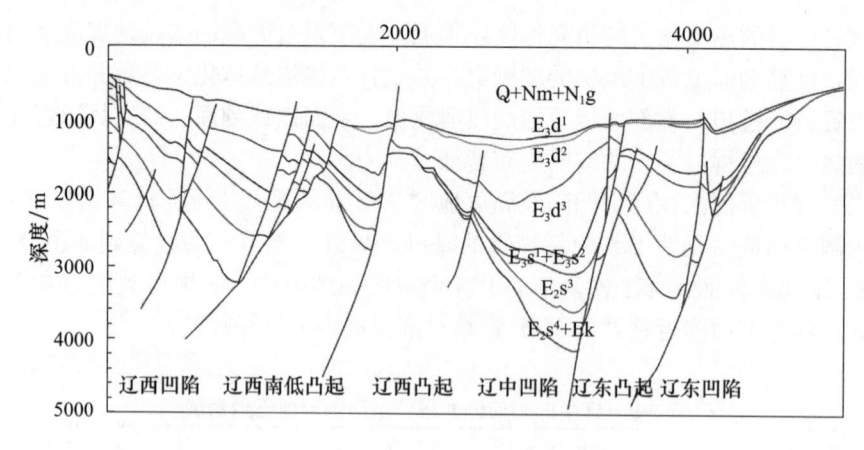

图 2-27 lz199 地震测线时间剖面示意图

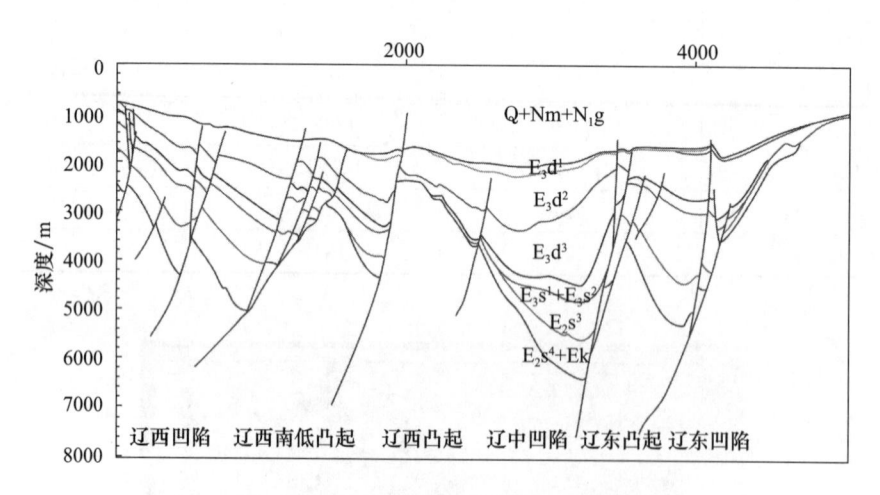

图 2-28 lz199 地震测线深度剖面示意图

表 2-10 辽中凹陷烃源岩成熟度或生烃状态阶段划分

Ro/%	0.5~0.7	0.7~1.0	1.0~1.3	1.3~2.0	>2.0
成熟度状态	低熟油	成熟油	凝析油	凝析气	干气
生烃阶段	生油早期	生油高峰	生油晚期	湿气阶段	干气阶段

2.3.3 烃源岩成熟度横向展布及演化特征

1. lz260—88lz260 剖面烃源岩成熟度横向展布及演化特征

该剖面横跨了 JZ20-2 油田和 JZ21-4 油田，自西向东依次经过了辽西凹陷、辽西凸起、辽中凹陷北洼和辽东凸起。

在东二段沉积末期（27.4Ma 左右），lz260—88lz260 剖面烃源岩成熟度展布情况如图 2-29 所示，辽中凹陷沙三段烃源岩 Ro 分布范围为 0.61%~0.75%，处于生油早期阶段，即将进入生烃高峰期；沙二段和沙一段烃源岩 Ro 基本上分布在 0.55%~

0.61%，刚好进入生油门限，还处于生油早期阶段；而在东三段内，除了底部的烃源岩进入了生烃门限，其余大多还处于未成熟阶段。

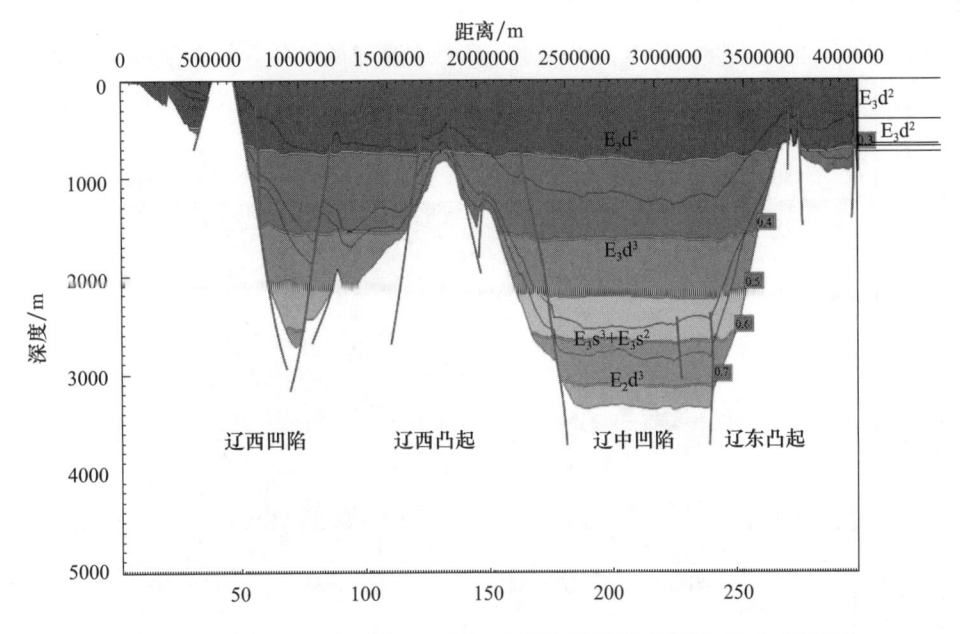

图 2-29　距今 27.4Ma 时 lz260-88lz260 剖面烃源岩成熟度（Ro）剖面图

在东一段沉积末期（24.6Ma 左右），lz260-88lz260 剖面烃源岩成熟度展布情况如图 2-30 所示，随着东一段地层沉积，各套烃源层所处的地温增高，辽中凹陷相对于辽西凹陷和辽东凹陷来说，其 Ro 较高，生油条件更好。沙三段烃源岩 Ro 分布在 1.16%~1.48%，

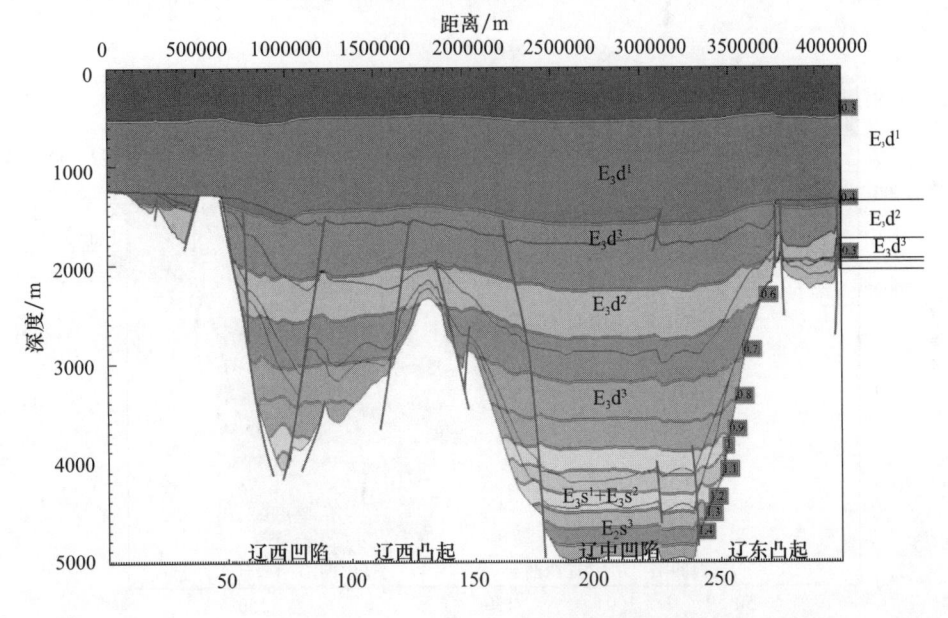

图 2-30　距今 24.6Ma 时 lz260-88lz260 剖面烃源岩成熟度（Ro）剖面图

成熟度很高，主要生成凝析油和凝析气；沙二段和沙一段烃源岩的 Ro 大多分布在 1.1%～1.2%，以生产凝析油为主；而东三段烃源岩的 Ro 分布在 0.63%～1.1%，处于大量生油期。

东营组遭受抬升剥蚀以后（图 2-31），由于地温降低，各套烃源层的 Ro 没有明显变化。

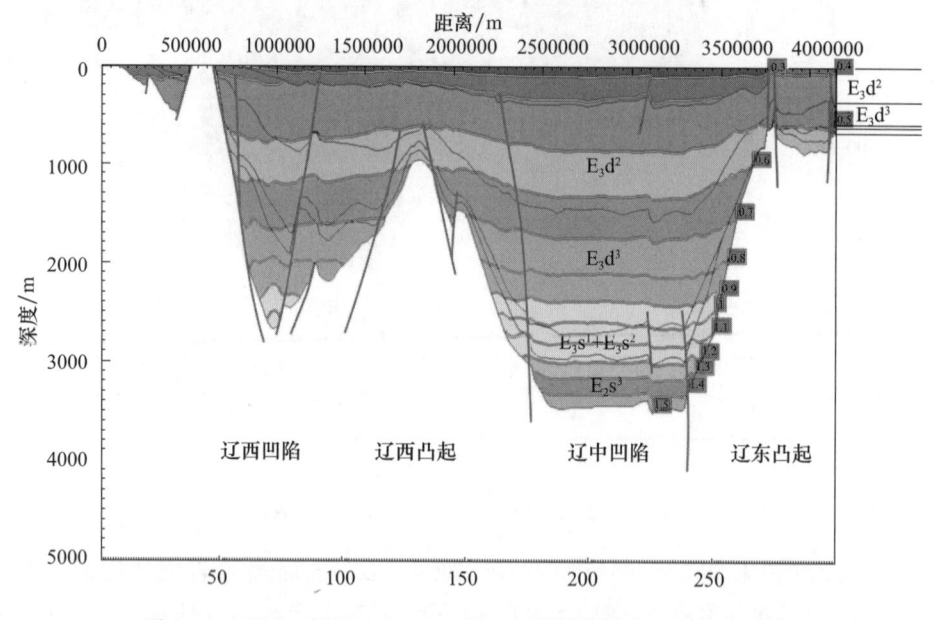

图 2-31　17Ma 时 lz260-88lz260 剖面烃源岩成熟度（Ro）剖面图

现今，lz260-88lz260 剖面烃源岩成熟度的展布情况如图 2-32 所示，随着馆陶组、

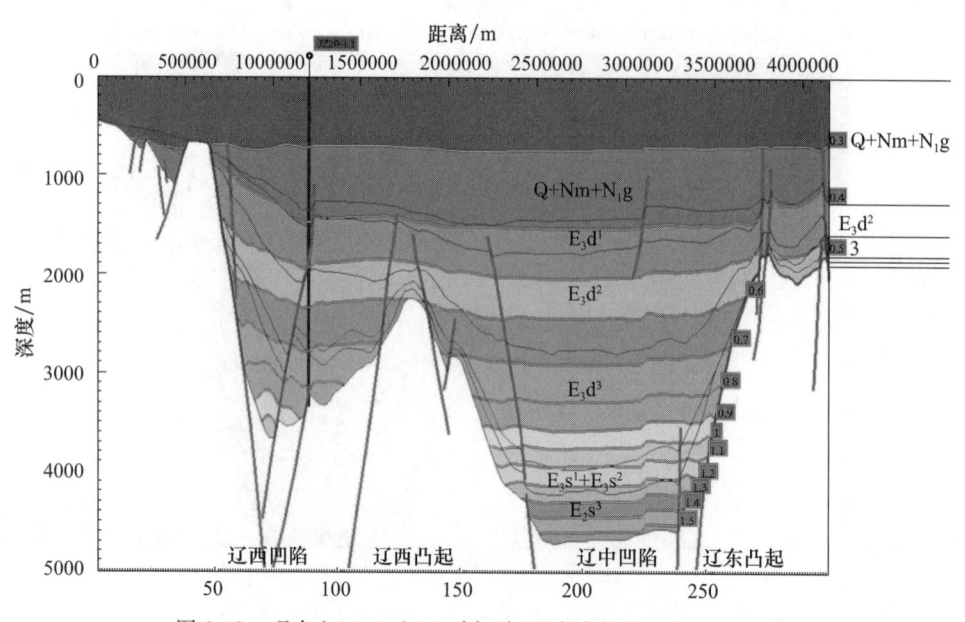

图 2-32　现今 lz260-88lz260 剖面烃源岩成熟度（Ro）剖面图

明化镇组地层的沉积，辽中凹陷沙三段烃源岩的 Ro 分布在 1.2%～1.57%，主要生成凝析油和凝析气；而沙二段和沙一段，以及东三段烃源岩的 Ro 相对于前一个时期，只有少许的增大，各段烃源层的生油条件无显著变化。

2. lz254-88lz254 剖面烃源岩成熟度横向展布及演化特征

该剖面横跨了 JZ20-2 油田和 JZ21-1 油田的南部地区，自西向东依次经过了辽西凹陷、辽西凸起、辽中凹陷北洼、辽东凸起和辽东凹陷。

东二段沉积末期（27.4Ma 左右），lz254-88lz254 剖面烃源岩成熟度展布情况如图 2-33 所示，辽中凹陷沙三段烃源岩成熟度相对较高，整体分布在 0.6%～0.91%，正处于生油的高峰期；沙二段和沙一段烃源岩 Ro 主要分布在 0.5%～0.65%，还处于生油早期阶段；而东三段烃源岩 Ro<0.5%，还未进入生油窗。

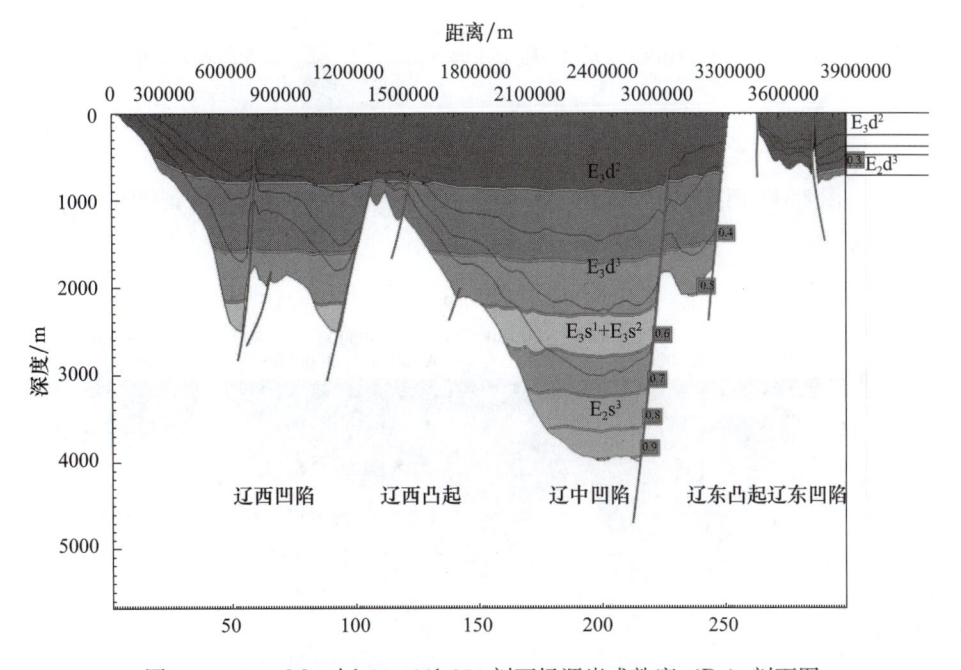

图 2-33　27.4Ma 时 lz254-88lz254 剖面烃源岩成熟度（Ro）剖面图

在东一段沉积末期（24.6Ma），lz254-88lz254 剖面烃源岩成熟度展布情况如图 2-34 所示，随着上覆岩层沉积厚度加大，地层温度增加，各套烃源层的 Ro 有明显增高，辽中凹陷沙三段烃源岩 Ro 分布在 1.2%～1.75%，主要产物为凝析油和凝析气；而沙二段和沙一段烃源岩 Ro 主要分布在 0.9%～1.2%，正处在生油高峰期，并伴有凝析油生成；东三段烃源岩 Ro 主要分布在 0.65%～0.9%，正处于生油高峰阶段。

构造抬升东营组顶部遭受剥蚀以后（图 2-35），由于地温降低，Ro 相对于前一个时期没有进一步增加，所以生油条件无明显变化。

现今，lz254-88lz254 剖面烃源岩成熟度展布情况如图 2-36 所示，随着馆陶组、明化镇组、第四系地层的沉积，地温再次增高，该剖面上各套烃源层 Ro 相对于前一个时期有了一定程度的增加。辽中凹陷沙三段烃源岩的 Ro 分布在 1.3%～1.94%，以凝析

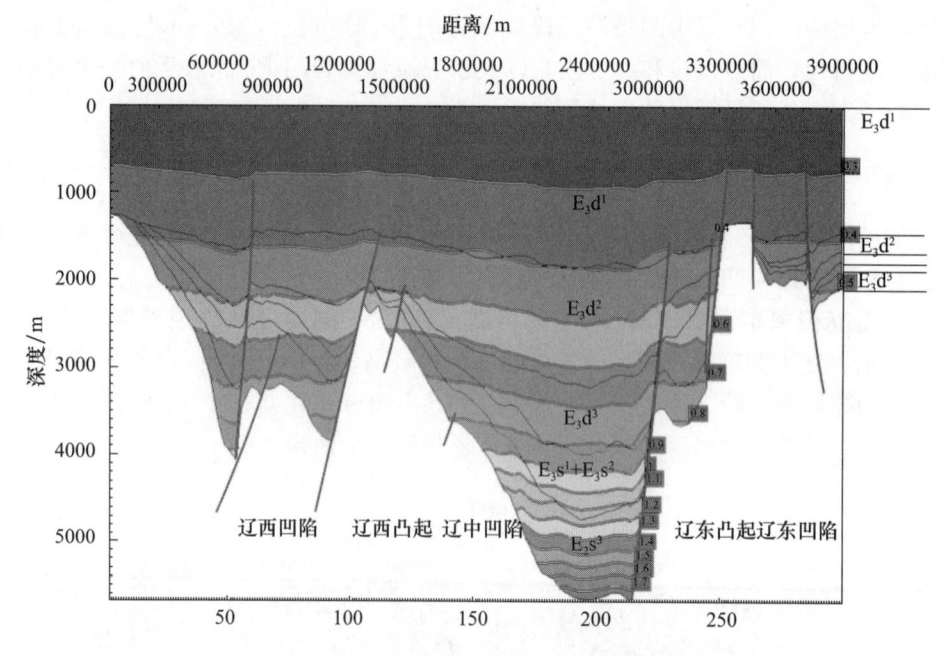

图 2-34　距今 24.6Ma 时 lz254-88lz254 剖面烃源岩成熟度（Ro）剖面图

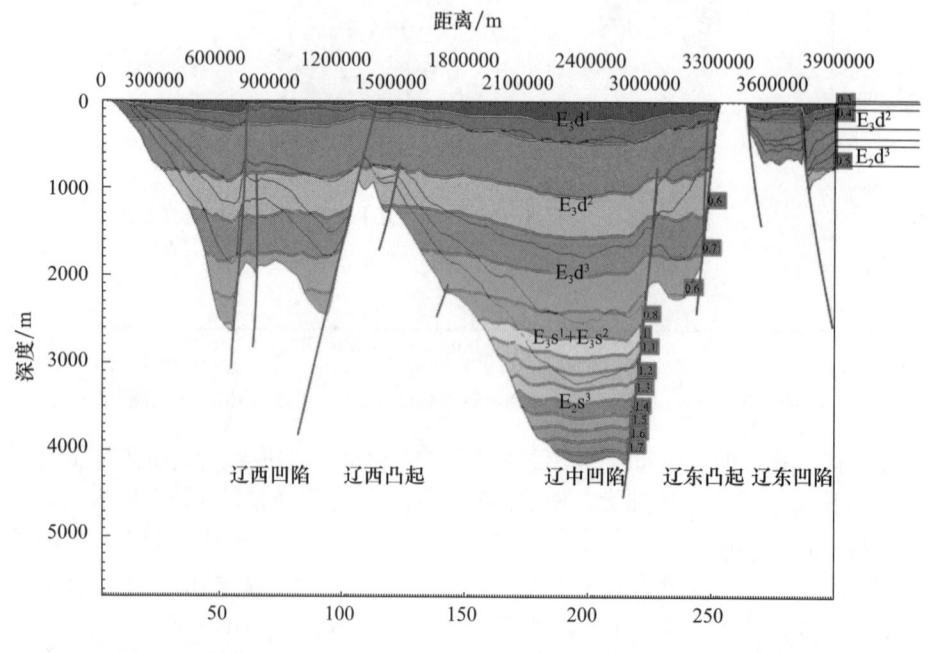

图 2-35　距今 17Ma 时 lz254-88lz254 剖面烃源岩成熟度（Ro）剖面图

气为主要产物；沙一段和沙二段烃源岩 Ro 主要分布在 0.9%～1.3%，主要生成成熟度较高的原油和凝析油；东三段烃源岩 Ro 主要分布在 0.7%～0.9%，正处于生油高峰期。

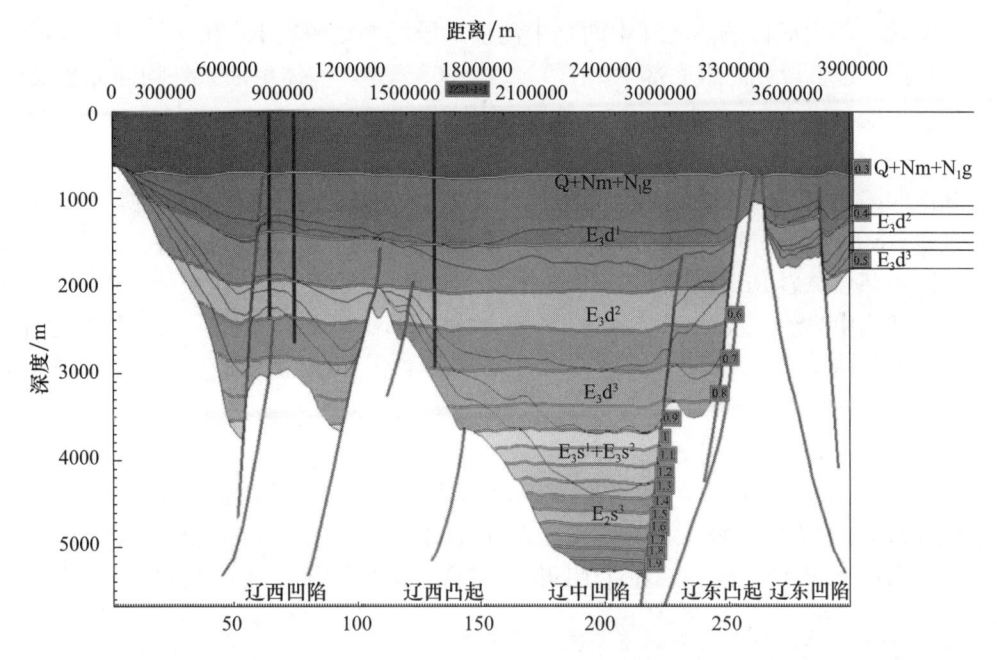

图 2-36 现今 lz254-88lz254 剖面烃源岩成熟度（Ro）剖面图

2.3.4 烃源岩成熟度平面展布及演化特征

1. 距今 27.4Ma 时各套烃源层成熟度展布特征

（1）距今 27.4Ma 时沙三段底部烃源岩

在辽西凹陷北部 JZ25 地区沙三段底部烃源岩 Ro 达到了 0.7%，在凹陷边缘达到了 0.5%，凹陷边缘处于生油早期阶段，仅能生成少量成熟度较低的原油，凹陷中心部位的沙三段烃源岩可以生成少量成熟原油。辽西凹陷南部绥中 36 地区沙三段底部烃源岩 Ro 分布在 0.3%～0.4%，与北部 JZ25 地区生烃条件类似，凹陷边缘主要烃类产物也为成熟度较低的原油，凹陷中心部位正处于生油高峰期，可生成少量成熟油。

在辽中凹陷北洼沙三段底部烃源岩 Ro 分布在 0.5%～1.0%，洼陷边缘部分区域生成的原油成熟度较低，洼陷中心区域正处于生油高峰期，可生成大量成熟油。在辽中凹陷中洼沙三段底部烃源岩 Ro 分布在 0.5%～1.2%，除边缘少部分区域，大部分正处于生油高峰期，生成大量成熟油。在辽中凹陷南洼沙三段烃源岩 Ro 分布在 0.5%～0.7%，处于生油早期阶段，主要烃类产物为成熟度较低的原油。

（2）距今 27.4Ma 时沙二段底部烃源岩

在辽西凹陷北部 JZ25 地区沙二段底部烃源岩 Ro 最高值达到了 0.5%，凹陷边缘沙二段底部烃源岩 Ro 为 0.4%，仅有凹陷中心部分区域可生成少量低成熟度的原油。在辽西凹陷南部绥中 36 地区沙二段底部 Ro 分布在 0.3%～0.4%，凹陷边缘不具备生油条件，仅凹陷中心部位可生成少量原油。

辽中凹陷北洼沙二段底部烃源岩 Ro 分布在 0.44%～0.7%，洼陷中心区域处于生油早期阶段,可生成低熟油。辽中凹陷中洼沙二段底部烃源岩 Ro 在 0.45%～0.75%,辽中凹陷南洼沙二段烃源岩底部 Ro 在 0.42%～0.55%,整体生油条件均与北洼类似,处于生油早期阶段。

(3) 距今 27.4Ma 时沙一段顶部烃源岩

辽西凹陷此段由于埋藏较浅,无论是北部 JZ25 地区还是南部 SZ36 地区沙一段顶部烃源岩 Ro 最大值为 0.35%,均未达到生油门限,因此不具备生烃条件。辽中凹陷北洼沙一段顶部烃源岩 Ro 在 0.36%～0.56%,仅有洼陷中心少部分区域处于生油早期阶段,辽中凹陷中洼沙一段顶部烃源岩 Ro 在 0.36%～0.65%,整体生油条件与北洼类似,辽中凹陷南洼沙一段烃源岩 Ro 在 0.36%～0.4%,因有机质成熟度较低还未进入生油门限。

(4) 距今 27.4Ma 时东三段顶部烃源岩

在距今 27.4Ma 时,东三段顶烃源岩未达到埋藏深度和生油门限,辽西凹陷东三段顶部烃源岩 Ro 最大值仅为 0.33%(南洼),而辽中凹陷东三段顶部烃源岩 Ro 最大值为 0.36%(南洼),因此辽西凹陷和辽中凹陷东三段顶部的烃源岩均不具备生烃条件。

2. 距今 24.6Ma 时各套烃源层成熟度展布特征

(1) 距今 24.6Ma 时沙三段底部烃源岩

辽西凹陷北部 JZ25 地区沙三段底部 Ro 最大值达到了 1.2%,在凹陷中心超过了 1.0%,大量生成凝析油,并伴有凝析气生成,凹陷边缘沙三段底部烃源岩 Ro 在 0.8%～1.0%,已处于生油高峰期,能生成大量成熟油,在平面呈环带状分布。在辽西凹陷南部 SZ36 地区沙三段底部烃源岩 Ro 分布在 0.7%～1.3%,大部分区域处于生油高峰期,凹陷中心部位已经开始生成少量的凝析油。

辽中凹陷北洼沙三段底部烃源岩 Ro 在 0.7%～1.7%,烃源岩成熟度较高,洼陷边缘区域主要生成成熟油和凝析油并伴有凝析气,洼陷中心局部沙三段底部烃源岩 Ro 最大值已达到 1.7%,已大量生成凝析气,整个北洼成油面积较大。辽中凹陷中洼沙三段底部烃源岩 Ro 分布在 0.9%～1.5%,处于生油高峰期,有大量凝析油生成,洼陷中心部位 Ro 达到了 1.5% 已经可以生成部分凝析气。辽中凹陷南洼沙三段底部烃源岩 Ro 在 0.9%～1.1%,整个洼陷区域生油面积较大,洼陷边缘部分区域正处于生油高峰期,并伴有大量凝析油及少量凝析气的生成,洼陷中心部分区域沙三段底部烃源岩 Ro 已达到 1.1%,可生成少量凝析气。

(2) 距今 24.6Ma 时沙二段底部烃源岩

辽西凹陷北部 JZ25 地区沙二段底部烃源岩 Ro 最大值达到了 1.1%,凹陷边缘为 0.7%,整个凹陷正处于生油高峰期。辽西凹陷南部 SZ36 地区沙二段底部烃源岩 Ro 分布在 0.6%～1.0%,大部分区域已经处于生油高峰期,仅有凹陷边缘生成少量低熟油。

辽中凹陷北洼沙二段底部烃源岩 Ro 在 0.7%～1.0%,洼陷大部分区域(边缘)主要生成成熟油,洼陷中心局部 Ro 最大值为 1.0%,已处于生油的晚期,可生成部分凝析油。辽中凹陷中洼沙二段底部烃源岩 Ro 在 0.7%～0.9%,处于生油高峰期。辽中凹陷南洼沙二段底部烃源岩 Ro 在 0.7%~0.8%，整个南洼生油面积较大，洼陷边缘大部分区域正处于生油高峰期，洼陷中心部分区域 Ro 已达到 0.85%。

(3) 距今 24.6Ma 时沙一段顶部烃源岩

辽西凹陷北部 JZ25 地区沙一段顶部 Ro 最大值为 0.75%，凹陷边缘为 0.6%，凹陷边缘还处于生油早期阶段，仅能生成少量原油，凹陷中心区域可生成少量成熟油。辽西凹陷南部 SZ36 地区 Ro 分布在 0.6%~0.75%，与北部 JZ25 地区成油条件类似，凹陷边缘主要烃类产物为低熟油，凹陷中心部位正处于生油高峰期，可生成少量成熟油。辽中凹陷北洼 Ro 在 0.6%~0.75%，除凹陷边缘部分区域生成低熟油，其他区域正处于生油高峰期，可生成大量成熟油。

辽中凹陷中洼沙一段顶部烃源岩 Ro 在 0.6%~0.8%，整体正处于生油高峰期。辽中凹陷南洼沙一段顶部烃源岩 Ro 在 0.55%~0.65%，处于生油高峰期，但其生油面积比前者要大。

(4) 距今 24.6Ma 时东三段顶部烃源岩

如附图 2-8 所示，在辽西凹陷北部 JZ25 地区由于埋深较浅，东三段顶部烃源岩 Ro 最大值还未达到 0.5%，故未达到生油门限。辽西凹陷南部 SZ36 地区东三段顶部烃源岩 Ro 分布在 0.45%~0.55%，处于生油的早期阶段。辽中凹陷北洼东三段顶部烃源岩 Ro 在 0.45%~0.55%，主要烃类产物为成熟度较低的原油，洼陷中心局部东三段顶部烃源岩 Ro 最大值为 0.55%，已经开始生成少量成熟油。辽中凹陷中洼东三段顶部烃源岩 Ro 在 0.3%~0.42%，处于成油早期阶段。辽中凹陷南洼东三段顶部烃源岩 Ro 在 0.5%~0.58%，仅有洼陷中心小部分区域处于生油高峰期，可以生成成熟油，洼陷边缘及大部分地区处于生油早期。

3. 现今各套烃源层成熟度展布特征

(1) 现今沙三段底部烃源岩

辽西凹陷北部 JZ25 地区沙三段底部烃源岩 Ro 最大值为 1.4%，在凹陷中心处普遍大于 1%，大量生成凝析油并伴有凝析气，凹陷边缘沙三段烃源岩 Ro 在 0.8%~1.0%，已处于生油高峰期，能生成大量成熟油，在平面呈环带状分布。辽西凹陷南部绥中 36 地区沙三段底部烃源岩 Ro 分布在 0.7%~1.2%，大部分区域处于生油高峰期，凹陷中心部位可以生成部分凝析油，处于生油晚期。

辽中凹陷北洼沙三段底部烃源岩 Ro 在 0.8%~2.0%，烃源岩成熟度较高，洼陷边缘区域主要生成成熟油和凝析油，在洼陷中心部位 Ro 已经达到了 2.0%，已经开始生成大量的凝析气。辽中凹陷中洼沙三段底部烃源岩 Ro 在 1.0%~1.7%，已经过了生油高峰期，可以大量生成凝析油，洼陷中心局部达到 1.7%，已经可以生成大量的凝析气。辽中凹陷南洼沙三段底部烃源岩 Ro 在 0.9%~1.5%，整个洼陷区生油面积较大，洼陷边缘部分区域正处于生油高峰期，并伴有大量凝析油及少量凝析气的生成，洼陷中心部分区域 Ro 已达到 1.5%，已可大量生成凝析气，处于湿气阶段。

(2) 现今沙二段底部烃源岩

辽西凹陷北部 JZ25 地区沙二段底部烃源岩 Ro 最大值为 0.9%，凹陷边缘为 0.7%，整个凹陷处于生油高峰期。辽西凹陷南部的绥中 36 地区沙二段底部烃源岩 Ro 分布在 0.7%～1.05%，也正处于生油高峰期。

辽中凹陷北洼烃源岩 Ro 分布在 0.7%～1.3%，生成大量的成熟油和凝析油。辽中凹陷中洼沙二段底部烃源岩 Ro 在 0.7%～1.1%，正处于生油高峰期，洼陷中心部分区域可以生成少量凝析油。辽中凹陷南洼沙二段底部烃源岩 Ro 分布在 0.7%～1.1%，整个洼陷生油面积较大，洼陷边缘部分区域正处于生油高峰期，生成大量的成熟原油，而洼陷中心部位的生烃产物以凝析油为主及并伴有少量的凝析气。

(3) 现今沙一段顶部烃源岩

如附图 2-11 所示，辽西凹陷北部 JZ25 地区沙一段顶部烃源岩 Ro 最大值达到了 0.7%，可生成少量成熟油，凹陷边缘在 0.55% 左右，处于生油早期阶段。辽西凹陷南部绥中 36 地区沙一段顶部烃源岩 Ro 分布在 0.6%～0.8%，成熟度相对较大，凹陷边缘主要烃类产物为低熟油，凹陷中心部位可生成少量的成熟原油。

辽中凹陷北洼沙一段顶部烃源岩 Ro 在 0.65%～1.0%，边缘区域主要生成成熟油，中心局部地区正处于生油晚期阶段，可生成少量凝析油。辽中凹陷中洼沙一段顶部烃源岩 Ro 分布在 0.7%～0.9%，正处于生油高峰期。辽中凹陷南洼沙一段顶部 Ro 在分布在 0.65%～0.9%，也处于生油高峰期，但与中洼相比，南洼的生油面积更大。

(4) 现今东三段顶部烃源岩

辽西凹陷北部 JZ25 地区东三段顶部烃源岩 Ro 还未达到 0.5%，没有进入生油门限。辽西凹陷南部 SZ36 地区东三段顶部烃源岩 Ro 分布在 0.52%～0.6%，处于生油的早期阶段。

辽中凹陷北洼东三段顶部烃源岩 Ro 在 0.5%～0.7%，主要烃类产物为成熟度较低的原油，洼陷中心东三段顶部烃源岩 Ro 达到了 0.74%，已经具备大量生烃的能力。辽中凹陷中洼东三段顶部烃源岩 Ro 在 0.4%～0.54%，也还处于生油早期。辽中凹陷南洼东三段顶部烃源岩 Ro 在 0.5%～0.6%，仅有凹陷中心小部分区域处于生油高峰期，可以生成成熟油，洼陷边缘及大部分地区处于生油早期，生成的原油成熟度较低。

2.4 辽中凹陷资源潜力及富烃凹陷特征

对辽中凹陷开展油气资源评价工作，对于进一步认识研究区油气资源潜力和指导油气资源勘探开发都具有重要的战略意义和指导意义。资源评价方法主要可以分成三大类：成因法、类比法和统计法。

成因法是根据油气生成、运移、聚集的基本原理，建立油气生运聚的地质模型和数学模型来预测油气资源量。由于油气的生排烃机理到目前为止还没有定论，导致根据不同机理模型计算的资源量存在一定的差别。另外，应用成因法计算的生烃量或排烃量转化为资源量时，运聚系数和排聚系数的取值也有着较大的不确定性。成因法适用于油气勘探的各个阶段，主要有盆地模拟法、生烃潜力法、物质平衡法、沥青"A"法等。

成因法是基于烃源岩物质基础进行的评价，可在生排烃量研究的基础上，扣除成藏各种损耗烃量获得油气资源量；也可在生排烃量研究的基础上，通过油气的运聚系数或排聚系数获得油气的资源量。因各种损耗烃量模型均建立在目前地化分析和统计基础上，有些损耗可能没能考虑在模型中。

2.4.1 基础地质参数的平面图分布特征

1. 暗色泥岩厚度平面分布特征

烃源岩厚度的统计，主要基于钻井的岩性剖面，暗色泥岩包括灰色、深灰色、褐灰色、灰黑色、褐黑色及黑色泥岩。深洼区的厚度结合地震剖面参考邻近地区暗色泥岩与地层厚度的比值来确定。

（1）东二下段暗色泥岩的分布特征

东二下段为湖相泥岩发育地区，暗色泥岩在平面分布有三个中心，南洼中心区在LD22-1与LD22-1S区域，暗色泥岩厚度达360m左右。中洼暗色泥岩中心区有两个，分别在LD12-1与JZ32-1，最大厚度达440m；北洼中心区分布在JZ27-1与JZ21-1区域，厚度达480m，JZ21-1以北的东二下段烃源岩厚度变薄，凹陷东北边缘仅有160m。

（2）东三段暗色泥岩的分布特征

东三段暗色厚度大，平面上有五个厚度中心，南部中心在LD21-2区域，厚度达350m；中部中心区有三个，分别为LD12-1、JX1-1与JZ31-2区域，厚度分别达600m、500m、500m；北部中心在JZ22-5附近，厚度达600m。辽中凹陷中洼、北洼暗色泥岩厚度要大于南洼。

（3）沙一段暗色泥岩的分布特征

沙一段地层厚度薄，因此暗色泥岩厚度较小。南洼中心在LD17-1、LD17-2与LD16-4区域内，最大厚度达170m；中洼中心分布在JX1-1周围，厚度达120m；北洼中心分布在JZ31-2周缘，厚度为120m。沙一段暗色泥岩厚度在南、中、北洼厚度变化不大。

（4）沙三段暗色泥岩的分布特征

沙三段为辽中凹陷暗色泥岩主要发育的地层，暗色泥岩厚度大，平面上有五个暗色泥岩发育的区域，南部暗色泥岩发育区分布在LD22-1与LD22-1S区域，厚度达500m；中洼分布有两个暗色泥岩发育区，分别为LD11-3与LD12-1、JX1-1，厚度达350m；北洼烃源岩发育区为JZ21-1S与JZ27-1区域内，厚度达450m，另一发育区为JZ22-1与JZ17-2区域内，厚度达350m。沙三段南洼、北洼暗色泥岩的厚度比中洼大。

2. 暗色泥岩有机碳平面分布特征

各套烃源岩的暗色泥岩有机碳的平面分布，基于各单井各套暗色泥岩分布地层的有机碳含量实测分析数据的平均值，结合各层系的沉积相的分布特征，来确定凹陷区各套地层的暗色泥岩的有机碳的平均值。

(1) 东三段暗色泥岩的有机碳分布特征

东三段有机碳平均值分布在平面上有五个高值区，南部有两个高值区，第一个分布在 LD21-2、LD21-3 及 LD22-1 区域，有机碳平均值为 2.2%~2.3%，第二个高值区分布在 LD17-1 周围，有机碳平均值达 2.3%；中部有两个高值区，第一个分部在 LD12-1 以北，中心区有机碳平均值为 2.2%，另一个高值区在 JZ31-2 周围，有机碳平均值为 2.2%；北部高值区为 JZ21-1 与 JZ21-1S 区域，有机碳的平均值为 2.2%，JZ21-1 以北区域有机碳的平均值逐渐降低。

(2) 沙一段暗色泥岩的有机碳分布特征

沙一段暗色泥岩有机碳的平均值平面有五个高值区分布，其中，南洼有两个，第一个高值区分布 LD21-2、LD21-3 及 LD22-1 区域，有机碳平均值达 2.5%，第二个高值区分布在 LD17-1 与 LD16-4 之间，有机碳平均值达 2.5%；中洼分布两个高值区，第一个在 LD11-3 以西区域，有机碳平均值达 2.5%，第二个高值区分布在 JX1-1 以西的洼陷部位，有机碳平均值达 2.5%；北部高值区主要分布在 JZ21-1S、JZ21-1 及 JZ16-4 区域内，有机碳平均值达 2.5%。

(3) 沙三段暗色泥岩的有机碳分布特征

沙三段暗色泥岩有机碳的平均值在平面有五个高值区分布。其中，南洼两个高值区、在 LD21-2 及 LD22-1S 区域，有机碳平均值达 2.4%，另一个为 LD17-1 区，有机碳平均值达 2.0%；中洼分布两个高值区，为 LD6-2 以西地区，有机碳平均值达 1.8%，另一个高值区为 JX1-1 至 JZ31-2E 区域，有机碳平均值达 2.0%；在北洼一个高值区，在 JZ22-5 周缘，有机碳平均值达 1.6%。从有机碳等值线平面分布图可以看出，沙三段烃源岩南洼、中洼比北洼富烃。

2.4.2 资源量计算基础参数的确定

1. 烃源岩的生烃率确定

前人没有对本区进行烃源岩热模拟生烃实验，因此资源评价中所需要的烃源岩热模拟生烃自能借用渤海湾盆地其他地区烃源岩热模拟生烃曲线。通过查阅大量的文献，前人对渤海湾盆地济阳拗陷中东营凹陷沙三段及辽河西部凹陷滩海地区成熟度低烃源岩进行生烃实验。结合烃源岩有机质丰度、类型及石油地质条件，辽河西部凹陷 Es³ 段烃源岩热模拟曲线可以作为辽中凹陷烃源岩的生烃特征曲线。辽西凹陷仅存在 II$_1$、II$_2$ 两种类型的有机质，较少有 I 型与 III 型有机质。II$_1$ 有机质最大产烃率为 560mg/g，II$_2$ 型有机质为 420mg/g（图 2-37 和图 2-38）。

2. 烃源岩的排、聚系数的确定

排、聚系数是目前成因法资源评价中最关键参数。国内学者对渤海湾陆上油气地区烃源岩的排烃系数研究相对较深入，但是对海域生烃凹陷的研究工作较少。聚集系数的影响因素多，在较成熟探区虽然可以通过探井网格法、福克-沃德法来确定，但是对于勘探程度相对较低的地区，主要还是由地质类比法确定，可靠性受人为因素影响较大。

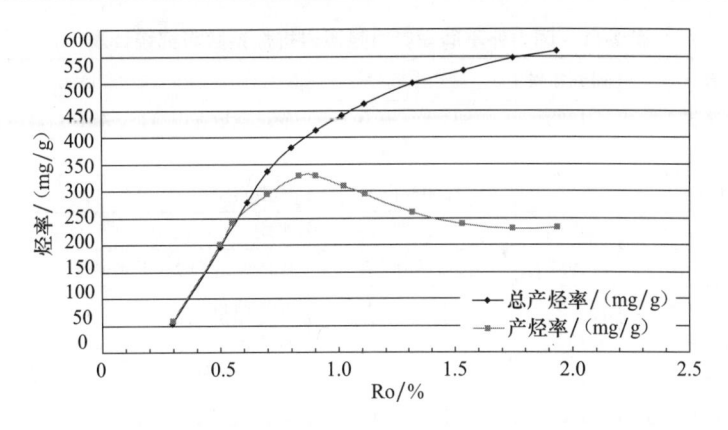

第 2 章 烃源岩特征资源潜力及油气源对比

图 2-37 辽河西部凹陷 Es³ 段 II₁ 型烃源岩热模拟生烃曲线

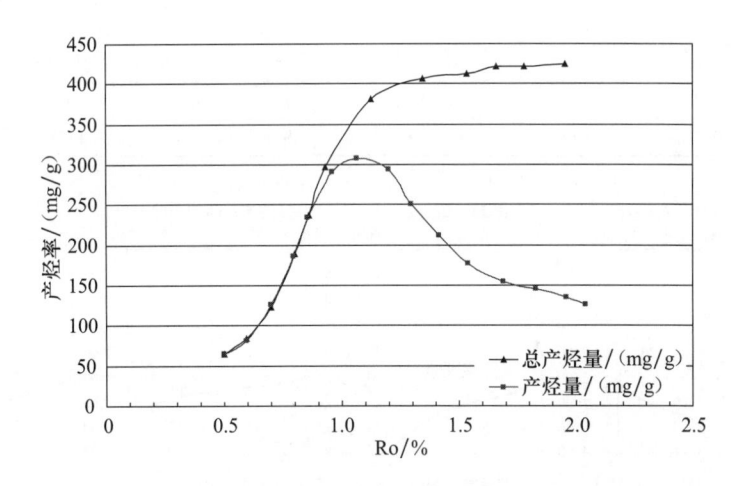

图 2-38 辽河西部凹陷 Es³ 段 II₂ 型烃源岩热模拟生烃曲线

(1) 排烃系数的确定

排烃系数是指烃源岩的排烃量与生烃量之比。烃源岩中的有机质在热演化过程中，其烃类产物在压实、水溶、膨胀、扩散作用下，一部分运移到临近的储层中，另一部分则由于烃源岩的吸附、微细毛管束缚等而残留在烃源岩中。烃源岩烃类产物排出越多，则残留越少。因此，排烃系数的高低是定量反映烃源岩的排烃能力的主要指标之一。烃源岩排烃系数越高，排烃能力就越强。烃源岩的排烃能力受多种因素的影响，主要因素除有机质丰度、类型、热演化程度等内部因素，烃源岩与储集岩之间组合模式、烃源岩裂缝发育程度等也有影响。不同地区烃源岩的排烃系数相差很大，最低者仅 10% 左右，最高可达 90% 左右，一般在 10%～60% (表 2-11)。

姜杰福等对东营凹陷沙三段烃源岩排烃效率定量研究认为，沙三段烃源岩的排烃门限在 2500m 左右，排烃效率受深度控制及受成熟度的影响，沙三段烃源岩最大排烃效率可达 85% (图 2-39)。

表 2-11　国内外不同学者对烃源岩排烃系数研究统计表

序号	学者	研究年份	排烃系数/%	备注
1	张方吼等	1982	33.3~50.0	松辽盆地青山口组、嫩江组烃源岩
2	盛志纬等	1989	10.0~20.0	泌阳凹陷
3	贝丰等	1983	13.0~18.0	模拟实验
4	Ungerer	1985	50.0	平均
5	Leythaeuser	1987	30.0~80.0	Kimeradge Clay Formation
6	Rullkotter	1987	65.0~96.0	包括油和气
7	Mackenzie	1987	>50.0	$H>3900m$，$T>115℃$
8	Taluker	1988	75.0	产油高峰期
9	金朝熙	1988	8.0~45.0	设排烃率等于残留烃率
10	王凤琴等	1989	16.6~19.7	应用 Magara、Dickey 独立相排烃模式
11	陶一川等	1989	20.0~30.0	完全欠压实层不排烃
12	王秉海等	1992	23.6~89.9	《胜利油区地质研究与勘探实践》梁 28 井
13	王秉海	1992	5.0~54.6	《胜利油区地质研究与勘探实践》利 14 井
14	汪本善等	1993	7.9~56.7	泌阳凹陷双浅 1 井生油岩排烃模式实验结果
15	白新华等	1993	6.0~64.0	古龙凹陷古 302、塔 13 和英 15 井

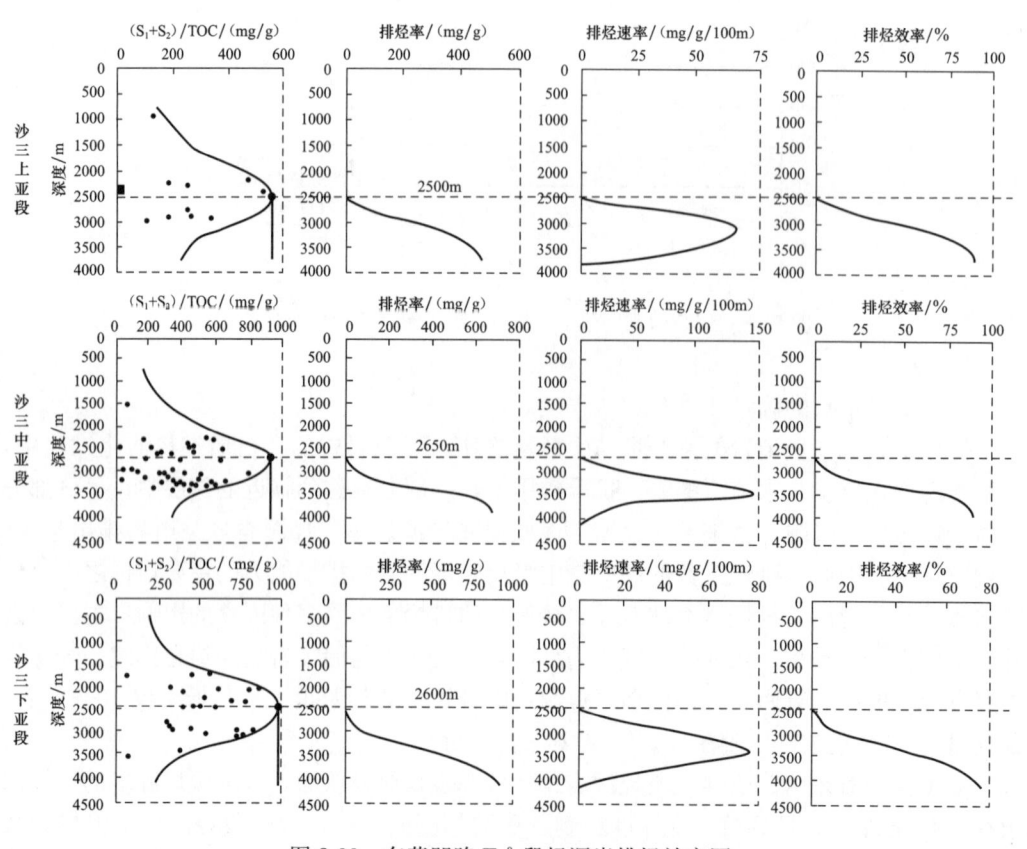

图 2-39　东营凹陷 Es^3 段烃源岩排烃效率图

考虑到辽中凹陷 Es^3 段烃源岩的成熟度高，基本达到生油高峰阶段，深洼区达到湿气阶段，其排烃效率高，平均为50%；沙一段与东营组烃源岩的排烃效率为40%。

(2) 聚集系数的确定

聚集系数与断层活动、构造运动、砂泥岩含量、盖层、排烃等因素有一定的相关性，庞雄奇等通过与渤海湾盆地其他富烃凹陷的排烃系数地质，研究渤海海域各凹陷石油地质条件，确定了辽中凹陷的聚集系数为40%，为渤海湾海域各凹陷聚集系数最大的凹陷（表2-12）。

表 2-12 渤海海域各凹陷聚集系数

评价单元	断距/盖层厚度	排烃期/盖层形成期	断层活动速率/(m/Ma)	聚集系数/%
辽中	0.50	0.60	20	40
辽西	0.32	0.80	13	38
渤中	0.33	0.67	24	34
黄河口	0.62	0.67	26	33
渤东	0.27	0.71	27	31
秦南	0.17	0.75	25	31
莱州湾	0.80	0.63	32	31
庙西	0.58	0.67	35	29
青东	0.75	0.71	35	26
埕北	0.52	0.75	35	26
辽东	0.57	0.75	40	24
沙南	0.40	0.99	25	23
歧口（海域）	0.50	1.20	20	21
南堡（海域）	0.28	0.89	39	20

因此，辽中凹陷沙三段烃源岩的排聚系数为0.20；沙一段与东三段的排聚系数为0.16。

2.4.3 辽中凹陷油气资源量的计算

1. 计算公式

对烃源岩本身而言，可以假设从烃源岩排出的液态烃能够及时通过运载层向构造隆起区的圈闭聚集或经过断层向外散失，则按有机质产烃率曲线得到不同演化阶段生油、生气量计算公式：

$$Q_o = ASHR_C C_o D_o [K_o + (100 - K_o) D_{og}]/(100 - D) \tag{2-1}$$

式中，Q_o为烃源岩生油量（$\times 10^8$ t）；S为烃源岩分布面积（km²）；H为烃源岩厚度（km）；R_C为烃源岩的岩石密度（$\times 10^8$ t/km³）；C_o为烃源岩的残余有机碳含量（%）；D_o为烃源岩的干酪根的累计的产油烃率（%）；D_{og}为烃源岩的干酪根的累计的产气效率（%）；D为有机碳的累计总产烃率（%）；K_o为油的排烃系数（%）；A为单位换算系数（$A=10^{-1}$）。

式（2-1）中的排烃系数（K_o）包括早期（大量生油期）和晚期（高-过成熟期）的排油系数。

2. 计算结果

本区存在四套暗色泥岩发育地层，其中，东二下段暗色泥岩整体成熟度低，成熟度最大仅为 0.5%～0.6%，达到成熟的烃源岩分布范围较小，基本未达到排烃门限，对该区油气藏基本没有贡献，油气源对比也没发现该套地层形成的原油，因此该套暗色泥岩地层油气资源小。东三段、沙一段、沙三段三套烃源岩均已达到成熟，并已排烃，辽西凹陷与东西凸起带均发现以该三套地层为油源的油气藏，因此本节资源量的计算为东三段、沙一段、沙三段三套地层的油气资源量。通过计算，东三段烃源岩的生烃量为 $26.69×10^8$ t，排烃量为 $9.35×10^8$ t，资源量为 $3.74×10^8$ t；沙一段生烃量为 $7.75×10^8$ t，排烃量为 $2.40×10^8$ t，资源量为 $0.96×10^8$ t；沙三段生烃量为 $67.82×10^8$ t，排烃量为 $32.81×10^8$ t，资源量为 $13.12×10^8$ t。辽中凹陷总资源量为 $17.82×10^8$ t，资源丰度为 $80.27×10^4$ t/km^2（表2-13）。

表 2-13　辽东凹陷油气资源量

地层	生烃量/($×10^8$ t)	排烃量/($×10^8$ t)	资源量/($×10^8$ t)
Ed^3	26.69	9.35	3.74
Es^1	7.75	2.40	0.96
Es^3	67.82	32.81	13.12
油气总量	102.26	44.56	17.82

2.5　辽中富烃凹陷评价

2.5.1　富烃（油、气）凹陷概念与研究意义

富烃（油、气）凹陷是指那些具有一定沉积面积和厚度，在地质历史过程中发生了大规模油气生成、运移、聚集、成藏，具有较多的油气资源量与较高的资源丰度，同时已经探明较多油气储量（已发现或可望发现一个乃至多个亿吨级规模大油气田），而且仍有较大勘探潜力的凹陷。

富油气（烃）凹陷提出"满凹含油"观点。"满凹含油"观点的提出使勘探领域跳出了"二级构造带"范围，可以实现满凹陷勘探。勘探范围不仅包括已有的正向二级构造带，也包括广大的斜坡区和凹陷的低部位。"满凹含油"并不是指凹陷任何部位都有油气，而是表明，在资源丰富的凹陷里，油气不仅聚集在正向构造带内，更应该重点结合地球物理的先进手段加大隐蔽油气藏勘探。近年来，渤海湾陆上富油气凹陷的勘探成果充分证实了这一认识。

2.5.2　富烃（油、气）凹陷形成条件与基本特征

1. 富烃（油、气）凹陷形成条件

（1）烃源岩层系多、生烃总量大，可保证各类有效圈闭成藏

富油气凹陷一般表现都为烃源岩层系多、规模大、有机质丰度高、质量好、热演化

适中，并且生烃总量大，能够为油气聚集成藏提供足够的物质基础，从而保证与之相关的各类储集体有机会聚油气成藏。中国东部断陷盆地主要表现为幕式拉张活动，优质烃源岩主要发育在强烈的裂陷期。由于强烈的构造沉降，造成沉降速率大于沉积物供给速率，湖水较深，湖泊具欠补偿沉积条件，形成一定厚度的烃源岩分布，同时深湖-半深湖环境形成的烃源岩有机质类型又多以 I-II 型为主。

另外，渤海湾断陷型湖盆往往具有多洼、多凸的构造背景，发育多个优质生烃洼陷，生烃强度大，同时多个凸起的发育形成了相当有利的成藏背景，油气多以短距离运聚为特征，散失量少，石油聚集系数一般大于 10%，天然气运聚系数一般大于 0.5%。因此，断陷型湖盆发育的凹陷自成油气系统，油气富集程度高，资源丰富。

统计数值表明，渤海湾盆地富油气凹陷的有效烃源岩层系均大于 2 层，平均厚度大于 500m（注：东营是优质烃源岩厚度），且分布面积占凹陷面积比例超过 50%（表 2-14），明显高于一般的陆相沉积凹陷，正是由于烃源岩面积在凹陷中所占比例大，分布层系多，才能保证烃源岩的有效性。同时凹陷内烃源岩有机碳含量大于 1.5%，显示出好的烃源岩特征，有机质类型又多都以 I、II$_1$ 型为主，有机质演化多处于成熟阶段，各个凹陷生烃量大（表 2-15），正是这些与众不同的有效烃源岩的存在才为富油气凹陷油气聚集成藏奠定了雄厚的物质基础。

表 2-14 部分渤海湾盆地富油气凹陷烃源岩展布

凹陷	凹陷面积/km^2	源岩层位	厚度/m	源岩面积/km^2
辽西	2560	Es^4，Es^3，Es^1，Ed^3	500	1690
大民屯	800	Es^4，Es^3	750	599
东营	5780	Es^4，Es^3	300	3970
沾化	2800	Es^4，Es^3，Es^1	450	1450
南堡	1972	Es^3，Es^1，Ed^3	750	1300
歧口	3835	Es^3，Es^1，Ed^3	800	2380

表 2-15 渤海湾盆地部分富油气凹陷烃源岩特征

凹陷	TOC/%	类型	生烃量/($\times 10^8$t)	资源量/($\times 10^8$t)
辽西	2.55	I、II$_1$ 型为主	207.00	23.30
大民屯	2.50	I、II 型为主	65.00	5.70
东营	4.10	I 型为主	358.50	38.84
沾化	2.09	I、II$_1$ 型为主	140.40	19.10
南堡	2.24	I、II 型为主	55.98	9.30
歧口	1.49	I、II$_1$ 型为主	159.30	12.80

同时，广泛分布的烃源岩为凹陷内各类砂体与烃源岩接触提供更大机会，有利于油气运聚成藏。在渤海湾盆地的部分富油气凹陷中，主水系砂体与烃源岩接触的面积超过 80%，明显高于坳陷湖盆（表 2-16）。

表 2-16　富油气凹陷中主水系砂体与烃源岩接触面积统计

凹陷/盆地	水系	层位	砂体面积/km²	与烃源岩接触面积/km²	与烃源岩接触砂体面积比例/%
辽河	齐家	Es^{1-2}	315	305	96.8
		Es^3	345	280	81.2
	西八千	Es^{1-2}	405	357	88.1
		Es^3	350	300	85.7
	兴冷	Es^{1-2}	303	293	96.7
		Es^3	225	215	95.6

（2）能够形成多种类型的圈闭与油气藏，出现"满凹含油"的特点

富油气（烃）凹陷不仅在凹陷内的正向构造带上具有丰富的油气资源分布，而且在斜坡带甚至洼陷带也会发育大量的岩性与地层圈闭，形成有利的油气聚集带。造成油气在凹陷内平面上与垂向上有规律分布，出现"满凹含油"的特点。渤海湾断陷盆地的形成受断裂控制，因而与断裂有关的构造十分发育，加上断陷盆地水系多，物源广，砂体十分发育，因而断陷盆地既发育构造圈闭，也发育岩性圈闭。

勘探事实业已证明，在渤海湾盆地，与生油凹陷毗邻"正向二级构造带"具有多种类型的圈闭，是油气聚集的有利场所。例如，歧口凹陷北大港构造带位于板桥与歧口凹陷之间，面积为 750km²，有 Nm、Ng、Ed、Es^1、Es^2、Es^3、O 七个含油层系，形成了背斜、断鼻、断块、岩性、潜山等类型的油气藏（图 2-40），含油面积达 254.5km²，包含了板桥、唐家河、港东、港西、港中、马西、周清庄等油田或含油构造。形成了下第三系"自生自储"（板桥、港中、白水头等沙河街组油藏）、上第三系"下生上储"（港东、港西灯油田）、前第三系"新生古储"（港西潜山奥陶系含油断块）三套组合七个含油层系，自上而下为明化镇组、观陶组、东营组、沙一段、沙二段与沙三段以及古生界（图 2-41）。

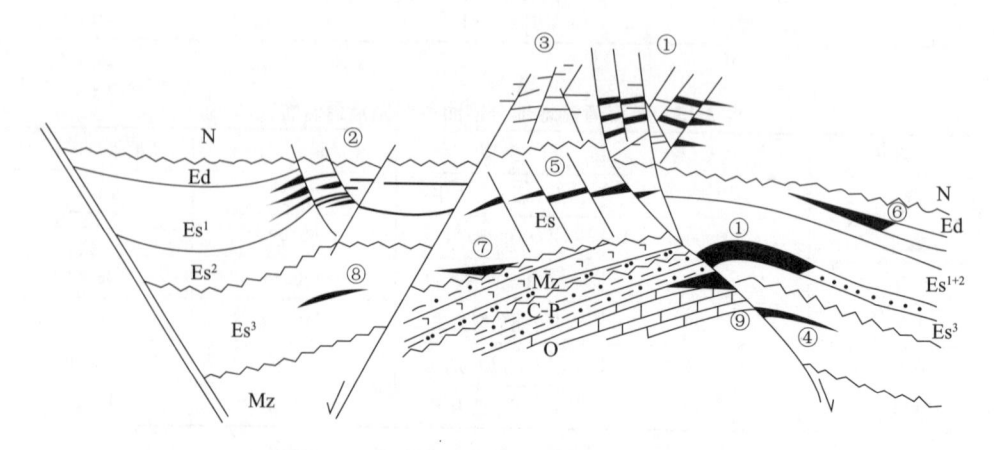

图 2-40　北大港油气聚集带油藏分布模式图

①逆牵引背斜油藏；②挤压背斜油藏；③披覆油藏；④断鼻构造油藏；⑤抬斜断块油藏；
⑥砂岩上倾尖灭油藏；⑦地层超覆油藏；⑧孤立砂岩油藏；⑨古潜山油藏

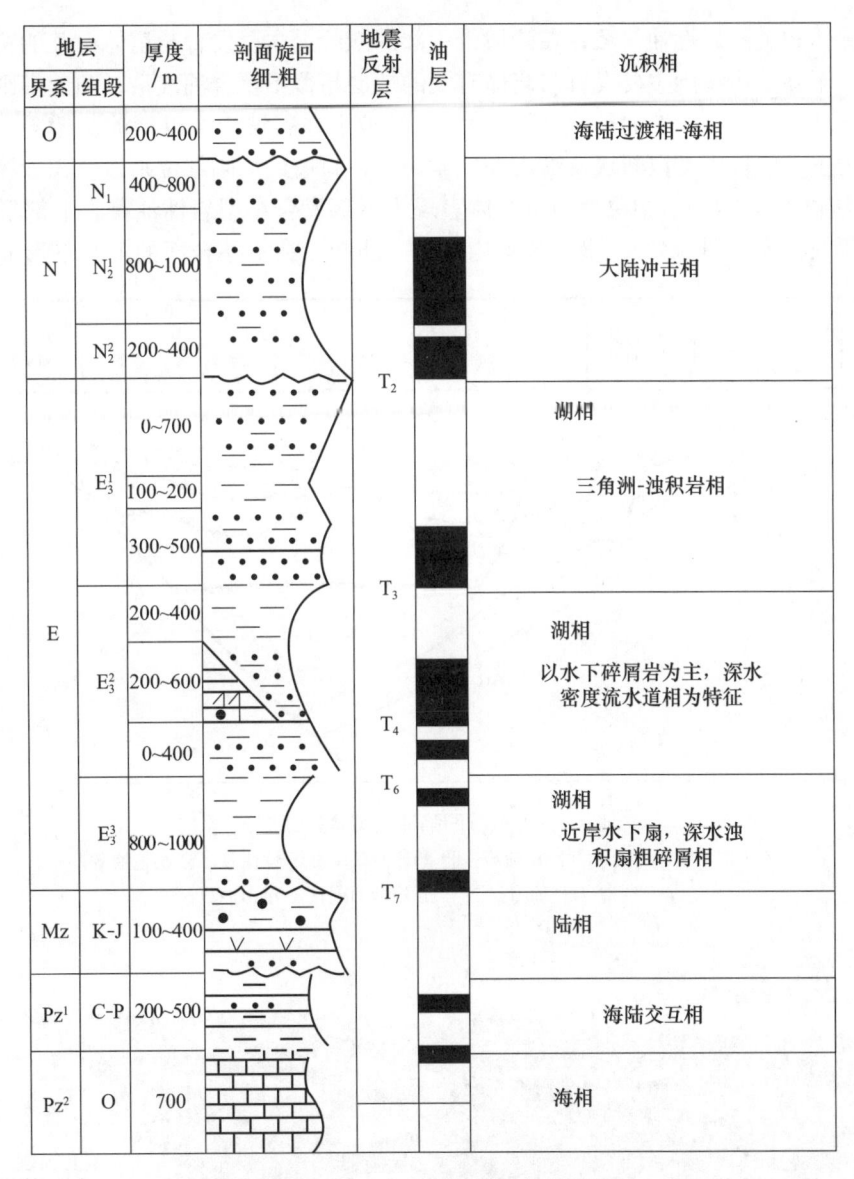

地层		厚度/m	剖面旋回 细-粗	地震反射层	油层	沉积相
界系	组段					
O		200~400				海陆过渡相-海相
N	N₁	400~800				大陆冲击相
	N₂¹	800~1000		T₂		
	N₂²	200~400				
E	E₃¹	0~700				湖相
		100~200				三角洲-浊积岩相
		300~500		T₃		
	E₃²	200~400				湖相
		200~600		T₄		以水下碎屑岩为主，深水密度流水道相为特征
		0~400		T₆		
	E₃³	800~1000		T₇		湖相 近岸水下扇，深水浊积扇粗碎屑相
Mz	K-J	100~400				陆相
Pz¹	C-P	200~500				海陆交互相
Pz²	O	700				海相

图 2-41 北大港构造带综合柱状图

另外，断陷湖盆多物源、短水系，碎屑物质入湖快速，砂体与湖相泥岩接触机会和面积均较大。陡坡有冲积扇直接入湖，形成近岸水下扇等重力流沉积；缓坡发育河流-三角洲与滨湖砂坝等砂体；湖盆中心又有浊积砂体。这些砂体侧向与烃源岩接触，上下往往被烃源岩包围，构成良好的生储盖配置组合，可形成各类岩性与地层圈闭。湖盆的水进、水退频繁发生，构成剖面上多套生储盖组合，造成各类圈闭纵向上有规律分布，因而含油气层系多。以东营凹陷（图2-42）为例加以说明：东营北部陡坡构造带约占箕状凹陷总面积的 1/4，目前已发现 8.1272×10^8 t 石油地质储量，包括构造、岩性-构造、构造-岩性、岩性、地层、岩性地层、潜山等多种类型的油气藏，其中，构造油气藏占探明储量的 85%，岩性油气藏占探明储量的 13%。陡坡带在湖盆深水部位，主要发育与扇体相关的岩性油气藏；在陡坡带中部的断阶上主要发育与扇体有关的构造岩性油气藏；至湖盆边缘则主要发育与扇体有关的地层超覆不整合油气藏；凸起带则易形成潜山油气藏和第三系构造油气藏（图2-43）。缓坡带在斜坡边缘以稠油、超覆、不整合油气藏为主，斜坡中部以断块及潜山油气藏为主，斜坡近洼陷部位则以浊积砂体、断鼻油气藏为主（图2-44）。中央背斜带总体表现为下部发育小型岩性油藏，上部形成大型构造油藏的特征（图2-45）。潜山披覆构造带（凸起）在不整合面的上、下形成披覆背

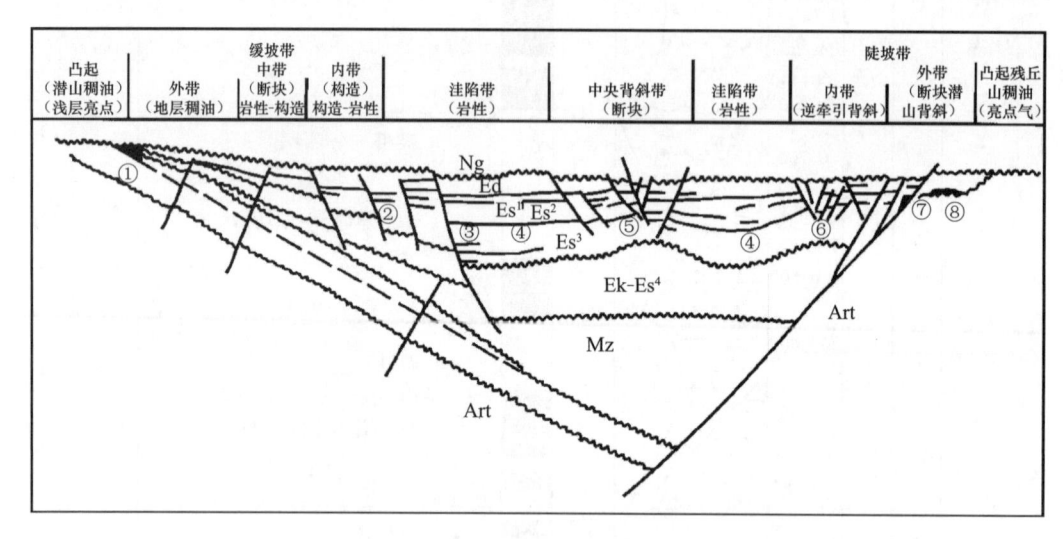

图2-42 东营凹陷油气聚集模式图
① 地层不整合油藏；② 断块油藏；③ 断鼻油藏；④ 岩性油藏；⑤ 构造油藏；
⑥ 构造-岩性油藏；⑦ 岩性-构造油藏；⑧ 潜山油藏

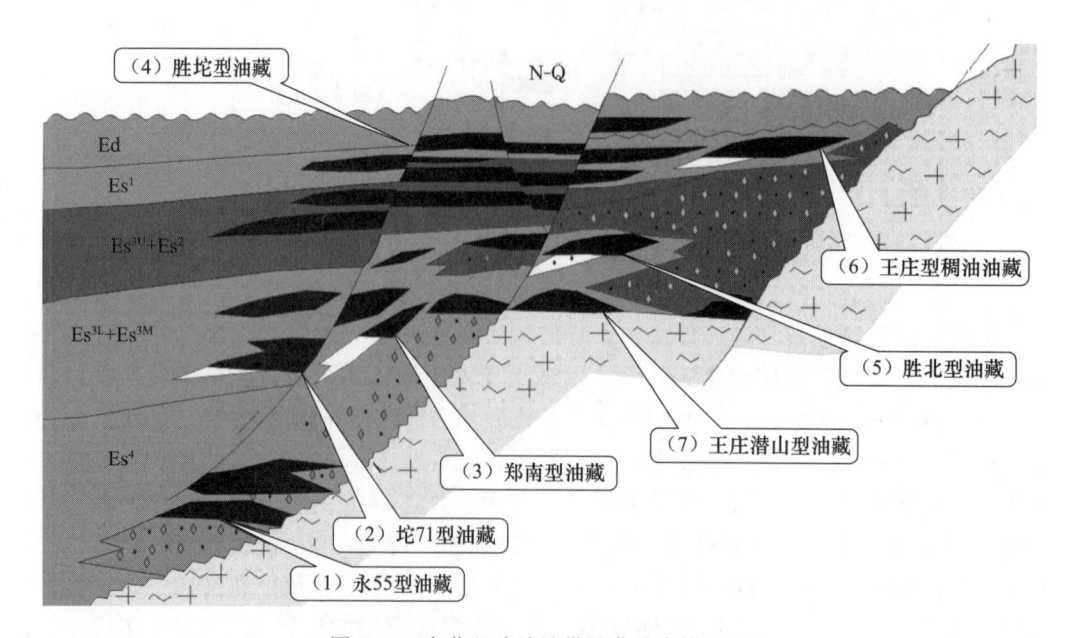

图2-43 东营凹陷陡坡带油藏分布模式图

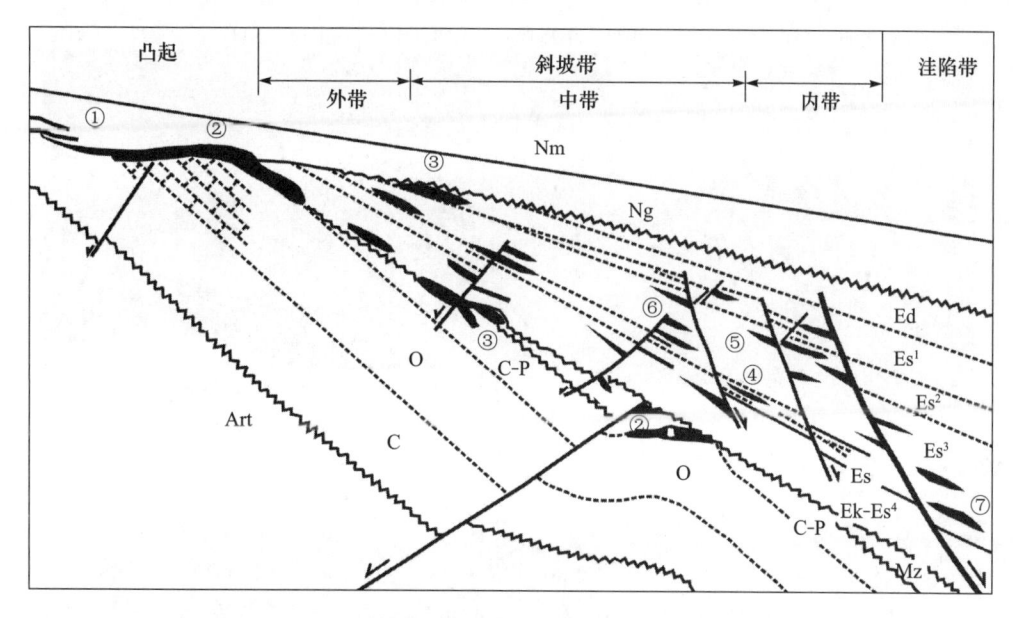

图 2-44 东营凹陷缓坡带油藏分布模式图（李丕龙等，2003）
① 超覆不整合油气藏；② 潜山油气藏；③ 削蚀不整合油气藏；④ 灰岩、砂岩岩性油气藏；
⑤ 岩性-构造和构造-岩性油气藏；⑥ 断块油气藏；⑦ 岩性油气藏

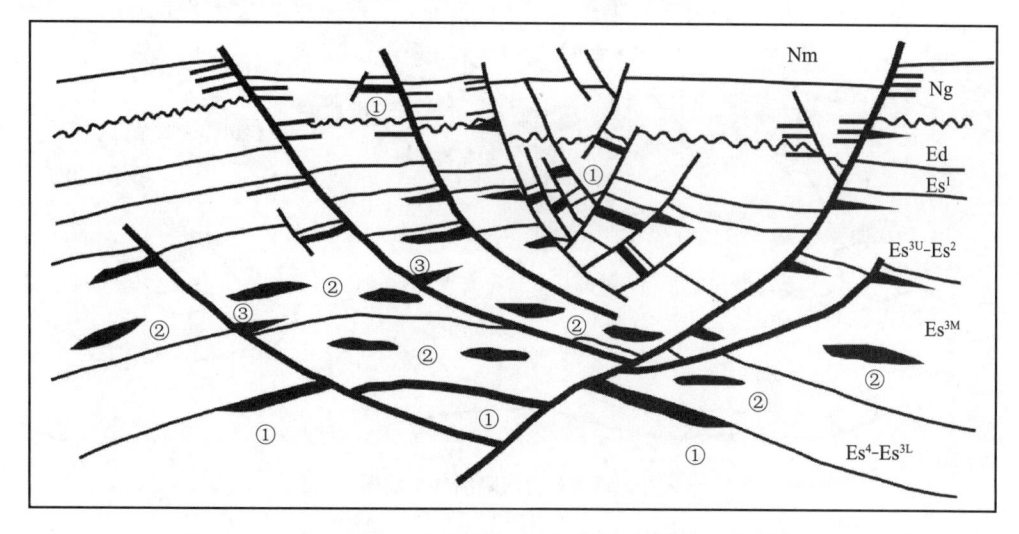

图 2-45 东营凹陷中央隆起带油藏分布模式图（李丕龙等，2003）
① 断块油气藏；② 岩性油气藏；③ 构造岩性油气藏

斜油藏和潜山油气藏，在边部形成超覆、不整合油气藏和断层遮挡的油气藏，在浅层形成次生浅气藏。洼陷油气聚集带可形成岩性油藏富集带（图 2-46）。由此可以看出，断陷盆地并不局限于二级构造带、潜山和岩性控油，无论构造高部位还是构造低部位、凹陷区，无论中浅层还是中深层都可成藏，呈现出整体含油、叠合连片含油、"满凹含油"的特征（图 2-47）。

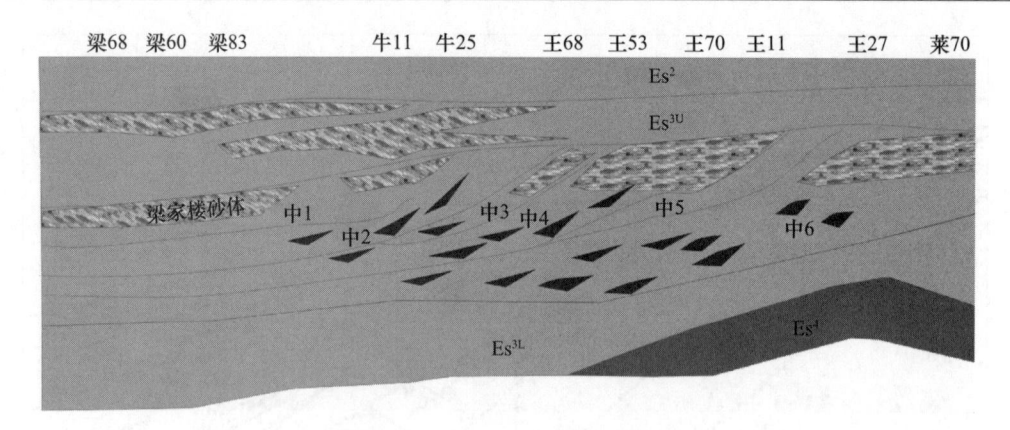

图 2-46 洼陷带油气成藏模式图

图 2-47 东营凹陷油气平面图

(3) 具有良好的保存条件可以阻止油气逸散

富油气（烃）凹陷一般都存在多套大规模的区域性盖层，这些区域性盖层具有厚度大、分布广、封盖油气能力强等特点。例如，东营凹陷发育良好的区域性盖层为沙一段泥岩与明化镇组泥岩，其中，沙一段泥岩盖层是沙河街组油气藏的总盖层，厚度一般为200～300m，最厚达400m，在凹陷内广泛分布，主要封闭了稀油油气藏，所封闭的油藏数量约占凹陷的3/4（图2-48）；明化镇组盖层厚度为200～400m，分布面积更广，主要在凹陷边缘封闭因缺失沙一段盖层而运移上来发生次生作用所形成的稠油油藏，所封闭的油藏数量接近凹陷的1/4。

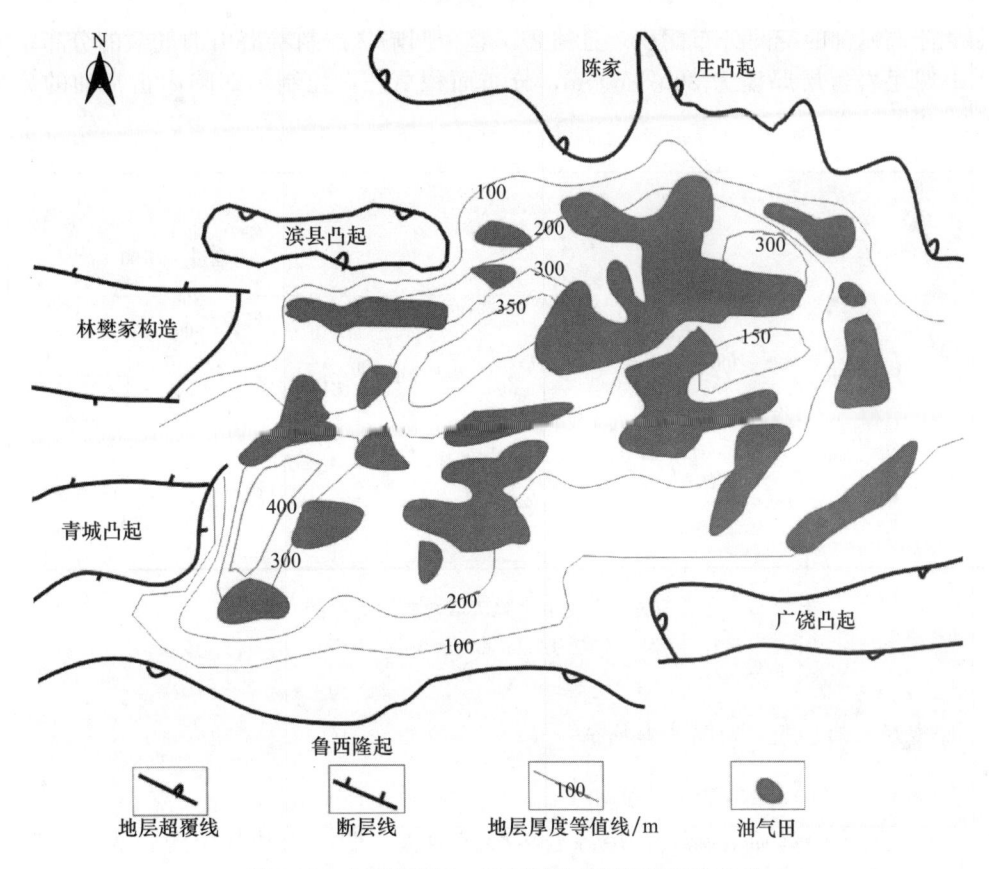

图 2-48 东营凹陷沙一段区域性盖层与油气藏关系

研究表明，在下辽河坳陷各凹陷内部，区域盖层对各凹陷油气富集程度有明显的控制作用，区域盖层发育的凹陷，无论在地区或层位上，油气富集程度高，反之则富集程度低。例如，除潜山，辽河西部凹陷与东部凹陷油气多分布在古近系，明显受 Es^3、Es^1 两套区域性盖层控制，尤其以 Es^1 盖层对油气的影响最为重要。但在大民屯凹陷则出现 Es^4、Es^3 两套区域性盖层（图 2-49），Es^4 晚期所形成的区域性盖层空间分布面积

图 2-49 辽河坳陷区域性盖层与油气藏分布关系
●的大小表示油田在不同层位发育的相对规模

明显大于高蜡油的空间分布面积,且覆盖了整个凹陷,控制着潜山油气藏的分布;而 Es^3 中期泥岩盖层厚度为 200～600m,分布面积更广,控制了凹陷内正常油的分布(图 2-50)。

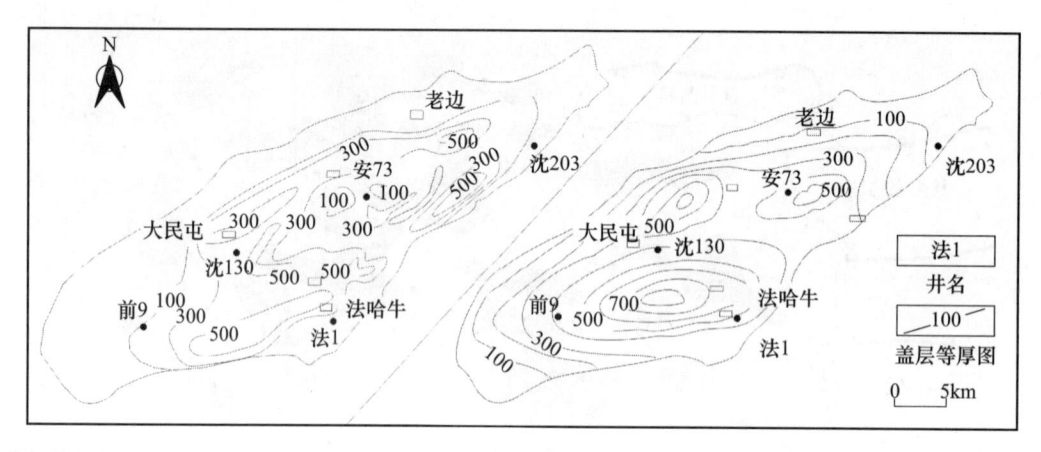

图 2-50　大民屯凹陷区域性盖层等厚图

左为沙 4;右为沙 3

2. 富烃（油、气）凹陷基本特征

富烃（油、气）凹陷基本特征如下。

（1）发育多套优质烃源岩,烃源岩生烃潜力大。凹陷内油气资源量大、资源丰度高。

（2）各种类型砂体发育,表现出纵向上相互叠置,平面上叠合连片,并形成多套、多种类型的生储盖组合,含油层系多。

（3）圈闭类型丰富,勘探潜力高。凹陷不同部位发育多种类型的有效圈闭,如同生或后生的构造圈闭、同生的地层岩性圈闭以及基岩潜山圈闭等。形成各种类型的油气藏,且油气藏平面上围绕主力生烃凹陷呈环状分布。

（4）达到一定的勘探程度,隐蔽油气藏勘探日显重要。所发现的油气藏叠合连片,凹陷储量规模较大。

（5）富油气凹陷油气分布有明显的互补性。断陷湖盆近物源区一般以构造油气藏为主,远物源区即凹陷或斜坡区发育岩性油气藏。断陷盆地并不局限于二级构造带、潜山和岩性控油,无论构造高部位还是构造低部位、凹陷区,无论中浅层还是中深层都可成藏,整体含油、叠合连片含油、满凹含油是其基本特征。

2.5.3　富烃(油、气) 凹陷评价体系

1. 富烃凹陷评价指标体系的主要认识

龚再升等提出的富生烃凹陷概念,强调生油气凹陷成因和生烃量,指出富生烃凹陷是被动热事件初期形成的半地堑,一般为陆相沉积,湖相生油;这种凹陷烃源岩生油

(烃)强度大于$50.0×10^4 t/km^3$，油气资源丰度一般大于$15.0×10^4 t/km^2$。并提出富生烃凹陷形成的主要控制因素：半地堑的形成、幕式张裂作用、裂陷充填模式和古湖泊的发育特征。

袁选俊等认为富油气凹陷是指那些面积较大，曾经发生过持续沉降并接受和保存了较厚暗色泥岩，具有良好的地化指标，已经发生大规模油气生成、运移、聚集，并且具有较高勘探程度和已经探明较多油气储量而仍有较大勘探潜力的凹陷。袁选俊等在研究渤海湾盆地油气资源分布基础上提出的富油气凹陷概念，强调资源丰度以及勘探潜力，将资源丰度大于$20.0×10^4 t/km^2$、资源规模在$3.0×10^8 t$以上的凹陷称为富油气凹陷。并认为渤海湾陆上凹陷多为富油气凹陷（图2-51）。他还认为富烃凹陷的主要特征表现在：发育多套（一般为2～3套）受构造、沉积控制的生油层、发育多种类型储层和圈闭、多种类型油气藏围绕主力生烃洼陷叠合连片、油气藏分布复杂隐蔽勘探难度越来越大。

图2-51 渤海湾盆地陆上富烃凹陷分布及资源丰度图

高瑞琪等以资源丰度和探明储量为参数，认为资源丰度大于 $10.0×10^4 t/km^2$、已发现探明储量规模超过 $1.0×10^8 t$，目前依然有较大规模的剩余资源，且勘探潜力较大的凹陷称为富油气凹陷。并认为渤海湾盆地主要发育 14 个富油气凹陷，其中，中石油探区有 8 个，依次为饶阳、霸县、沧南、歧口（含板桥）、南堡、辽河西部、辽河东部及大民屯凹陷。

赵文智等认为富油气（烃）凹陷是指陆相沉积盆地中那种烃源岩质量好、规模大、热演化适度以及生烃量和聚集量都位居前列的一类含油气凹陷。衡量富油气凹陷的优劣除生烃强度、资源丰度和资源总量，还应考虑在整个凹陷范围内发现油气藏的机会与单体油气藏的丰度和规模。富油气（烃）凹陷形成"满凹含油"的条件主要包括：烃源岩生烃总量大，可保证各类砂体聚油成藏；有效烃源岩面积大，为各类砂体与烃源岩提供最大接触机会，有利于油气运聚成藏；湖盆振荡变化，使砂、泥岩频繁间互，为各类岩性-地层圈闭的形成创造了条件。

翟光明等特别指出我国东部断陷盆地富油气凹陷是指生烃强度大于 $50.0×10^4 t/km^3$，资源丰度大于 $15.0×10^4 t/km^2$ 的凹陷，包括大民屯、辽西、东营、歧口、沾化、南堡、板桥、车镇、辽东、沧东-南皮、霸县、潍北等凹陷。

断陷盆地富油气凹陷勘探表现在：岩性地层油气藏的发展使勘探面向全凹陷，浅层和深层油气藏的发现大大拓展了勘探领域。断陷盆地富油气凹陷特征为：①发育高丰度优质烃源岩，生烃潜力大，烃源岩分布面积/沉积凹陷面积比值高，断陷盆地一般为 55%~85%；坳陷盆地一般为 30%~55%，有最大的泄油面积，烃类排泄效果好；②陆相物源多，富油气凹陷砂体与烃源岩接触机会多；③多层系、多类型砂体，纵向上相互叠置，平面上叠合连片；多种类型油气藏围绕主力生油洼陷分布，呈"满洼含油"之态势；④构造规模不大，但叠合连片，储量规模较大。

李小地认为富油气凹陷是指油气资源量大于 $5.0×10^8 t$，资源丰度大于 $10.0×10^4 t/km^2$ 的含油气盆地。通过对中国 160 个沉积盆地的统计分析表明，储量大于 1 亿吨的油气田都分布在富油气凹陷中（图 2-52）。统计显示，中国的大油田主要分布在富油气

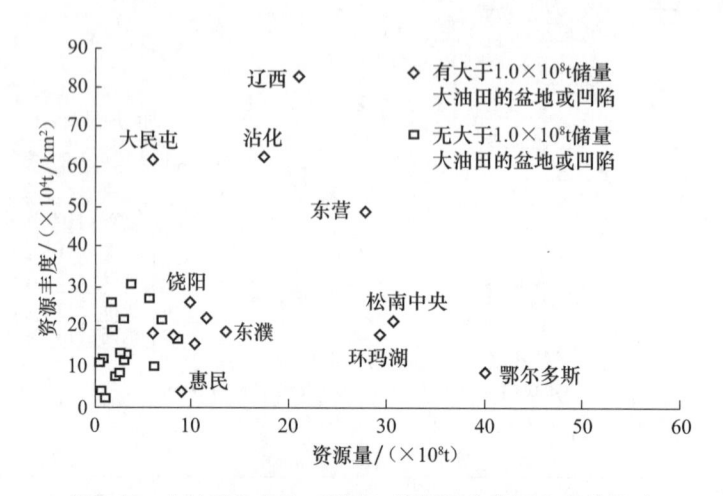

图 2-52 大油田与盆地（凹陷）资源量和资源丰度的关系

凹陷中，凹陷的资源丰度越大，发现大油田所需的时间越短；凹陷的资源量越大，发现的大油田规模也越大。最终认为，我国目前整体勘探程度比较低，未来在中西部地区和海域都可能有大油田发现。

贾承造等认为富油气凹陷（区带）是指勘探时间较长、勘探程度较高、资源探明率较高的老油气区中，资源丰度在 $20.0 \times 10^4 t/km^2$ 以上、资源规模大于 $5.0 \times 10^8 t$、已发现或可望发现一个乃至多个亿吨级规模大油气田的凹陷（区带）。书中所述的富油气凹陷（区带）主要包括松辽盆地长垣、三肇、扶新隆起、渤海湾盆地各富油气凹陷、准噶尔盆地西北缘、吐哈盆地台北凹陷及柴达木盆地柴西地区等。其地质特点是：构造活动频繁；小物源、多水系，岩性、岩相横向变化快；烃源岩质量好、厚度大；油气藏类型丰富，既发育构造油气藏，也发育岩性油气藏。

2. 富烃凹陷评价指标体系优化与选取

参照前人研究成果，本节评价选取资源量、资源丰度、探明储量以及储量丰度四项参数作为指标来评价富油气凹陷（表2-17和表2-18）。其中，资源量、资源丰度代表了凹陷的勘探潜力，而探明储量以及储量丰度则反映凹陷勘探程度与勘探成果。

表 2-17 关于参数选择的说明

	资源量/($\times 10^8 t$)	资源丰度/($\times 10^4 t/km^2$)	探明储量/($\times 10^8 t$)	生烃强度/($\times 10^4 t/km^3$)
龚再升	—	≥15	—	≥50
袁选俊	≥3	≥20	—	—
高瑞琪	—	≥10	≥1	—
翟光明	—	≥15	—	≥50
李小地	≥5	≥10	≥1	—
贾承造	≥5	≥20	≥1	—
本次	≥5	≥20	≥2*	

表 2-18 富油气（烃）凹陷评价体系

分类	资源量/($\times 10^8 t$)	资源丰度/($\times 10^4 t/km^2$)	探明储量/($\times 10^8 t$)	储量丰度/($\times 10^4 t/km^2$)
极富油气凹陷（Ⅰ）	≥10	≥40	≥4	≥15
富油气凹陷（Ⅱ）	5~10	20~40	2~4	6~15
含油气凹陷（Ⅲ）	1~5	10~20	0.5~2.0	2~6
贫油气凹陷（Ⅳ）	<1	<10	<0.5	<2

从图2-53~图2-56可以看出，东部部分凹陷资源量与储量、资源丰度与储量丰度之间相关性好，而资源量与资源丰度、储量与储量丰度之间相关性并不好。由此可知这四个参数并不能相互代替。本节研究中资源量与资源丰度两个参数划分标准参考前人资料，而储量与储量丰度的划分标准则来自于图2-53和图2-54。实际操作中，不只看探明储量多少，还要参考这个凹陷是否已经发现的较高级别的油气田（如发现大于亿吨级的油气田）。

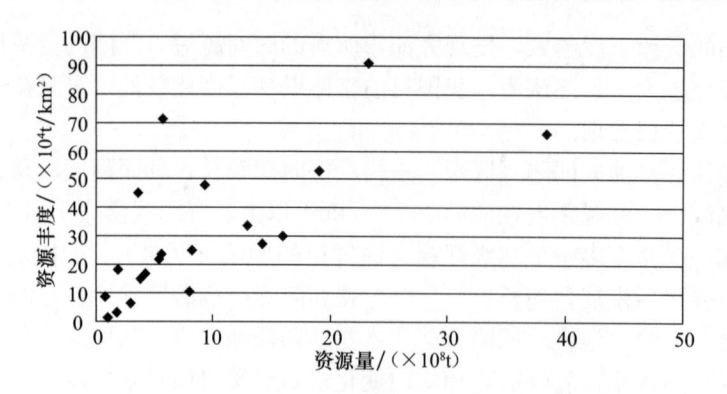

图 2-53 东部部分凹陷资源量与资源丰度关系图

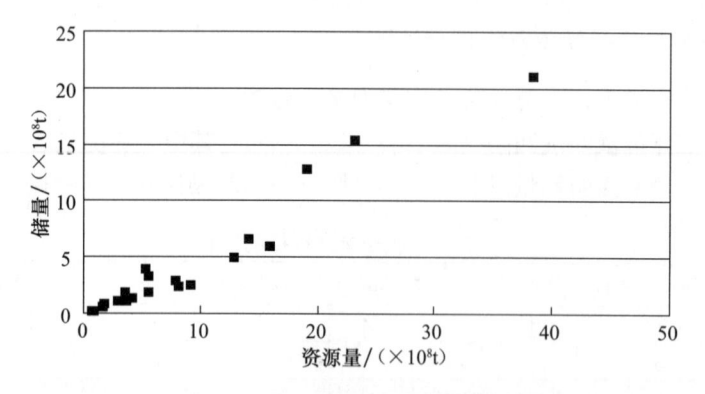

图 2-54 东部部分凹陷资源量与储量关系图

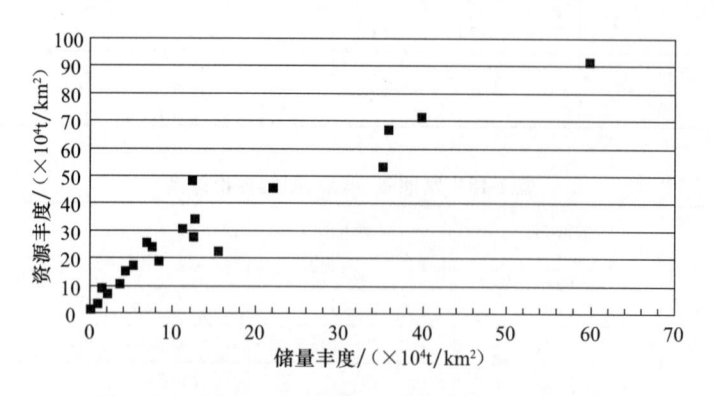

图 2-55 东部部分凹陷储量丰度与资源丰度关系图

本节研究所建立的评价体系引入探明储量这个定量参数，目的在于表征富油气（烃）凹陷是指有一定的勘探程度且有一定量的油气发现的凹陷，而对于那些资源量与资源丰度大，但尚没有（一定量）油气发现的凹陷就不应该称为富油气（烃）凹陷。

评价体系中Ⅰ与Ⅱ凹陷都是所谓的富油气（烃）凹陷。设立极富油气（烃）凹陷（Ⅰ）目的在于优中选优，更细致地评价富油气（烃）凹陷（Ⅰ与Ⅱ），指导下一步油气勘探。贫油气（烃）凹陷则是指凹陷内有少量的油气资源，且勘探前景不好的一部分凹

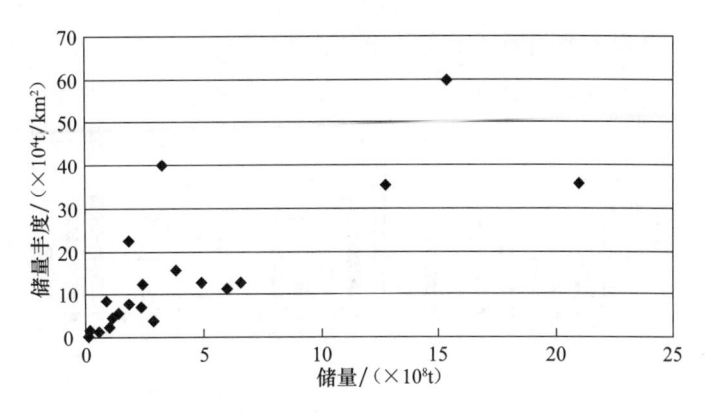

图 2-56 东部部分凹陷储量与储量丰度关系图

陷。含油气（烃）凹陷就是介于富油气凹陷与贫油气凹陷之间的一部分凹陷。值得一提的是各个级别之间是动态变化的，凹陷的评价级别明显受勘探程度制约，因为勘探程度制约了资源评价的准确性，同时制约着储量的不断发现。

资源量的 $50.0 \times 10^4 t$ 与资源丰度的 $20.0 \times 10^4 t/km^2$ 的界限确定基于以下三点：一是资源量大于 $5.0 \times 10^8 t$ 与资源丰度大于 $20.0 \times 10^4 t/km^2$ 的凹陷（盆地）的油气资源量占全国资源量的 80% 以上，油气探明储量约占全国已探明储量的 50%，由此看出，我国油气的发现主要与这些凹陷有关，这些凹陷的地位举足轻重，故称为富油气（烃）凹陷；二可能是依据渤海湾盆地陆上中石油的八个富油气（烃）凹陷的勘探现状而设立，以中石油最新的资源评价数据与勘探成果为准，在这八个凹陷中，沧南凹陷的资源量与资源丰度最低，分别为 $5.9 \times 10^8 t$、$23.9 \times 10^4 t/km^2$，但沧南凹陷探明储量达 $3.82 \times 10^8 t$，探明程度高达 64.75%，且发现了枣园、王官屯两个亿吨级大油田，是名符其实的富油气（烃）凹陷；三是综合前人资料而得。

评价体系中使用了探明储量定量参数，而亿吨级大油田的发现与否在此只作为一个参考指标。虽然，探明储量与亿吨级大油田的发现都与勘探程度相关，但亿吨级大油田的发现更可能有些"运气"成分。实际上，除 I 类凹陷都具有若干个亿吨级大油田特征，II 类凹陷并不都具备亿吨级大油田这一特征。原因有二：一是由凹陷内油气资源分布自身决定；二是由勘探程度决定。比较而言，勘探程度的影响因素更为重要。

2.5.4 辽中凹陷富烃（油、气）与渤海湾盆地其他凹陷对比

依据资源量评价指标（表 2-18），由图 2-57 和表 2-19 可以看出，陆上 I 类凹陷有辽西、歧口、饶阳、东营、沾化、东濮；II 类凹陷有大民屯、辽东、南堡、车镇、惠民、沧南；III 类凹陷有霸县、泌阳、板桥、潜江、高邮、金湖；IV 类凹陷是江陵、百色。渤海海域的渤中、辽中以及黄河口凹陷资源量均大于 $10.0 \times 10^8 t$，归为 I 类凹陷（图 2-57 和表 2-19）。

从资源丰度（表 2-19）来看：陆上 I 类凹陷有辽西、大民屯、南堡、东营、沾化、泌阳；II 类凹陷有辽东、歧口、饶阳、沧南、车镇、东濮；III 类凹陷是霸县、板桥、潜江、惠民（图 2-58 和表 2-19）。渤海海域的渤中、辽中以及黄河口凹陷资源丰度均大于

40.0×10^4 t/km，也为Ⅰ类凹陷（图 2-58 和表 2-19）。

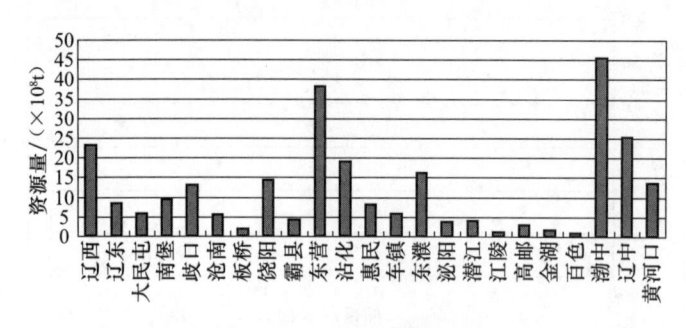

图 2-57　东部部分凹陷资源量统计

表 2-19　渤海湾部分凹陷富油气性评价

凹陷	资源量/($\times 10^8$ t)	资源丰度/($\times 10^4$ t/km²)	探明储量/($\times 10^8$ t)	评价结果
辽西凹陷	23.30 (33.10)	91.00 (129.30)	15.34	Ⅰ
辽东凹陷	8.26 (13.50)	25.03 (40.91)	2.30	Ⅱ
大民屯凹陷	5.70 (6.80)	71.25 (85.00)	3.19	Ⅱ
南堡凹陷	9.30 (22.40)	48.14 (115.94)	2.39	Ⅱ
歧口凹陷	12.80 (36.50)	25.81 (73.59)	5.91	Ⅱ
沧南凹陷	5.46 (5.90)	22.12 (23.91)	3.82	Ⅱ
板桥凹陷	1.79	18.43	0.81	Ⅲ
饶阳凹陷	14.30 (15.40)	27.50 (29.62)	6.56	Ⅱ
霸县凹陷	4.22 (8.00)	16.81 (32.00)	1.34	Ⅲ
东营凹陷	38.84 (41.80)	66.39 (71.45)	24.53	Ⅰ
沾化凹陷	19.10 (26.40)	52.91 (73.13)	14.34	Ⅰ
惠民凹陷	8.00	10.34	2.82	Ⅲ
车镇凹陷	5.60	23.93	1.79	Ⅱ
东濮凹陷	16.05	30.28	5.98	Ⅱ
渤中凹陷	45.54	52.58	11.67	Ⅰ
辽中凹陷	17.82	80.27	6.00	Ⅰ
黄河口凹陷	13.51	40.83	6.76	Ⅰ

注：括号内为最新数据，供参考

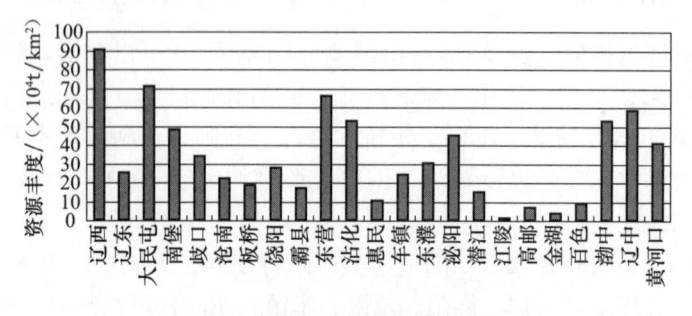

图 2-58　东部部分凹陷资源丰度统计

依据表 2-18，就探明储量而言，陆上Ⅰ类凹陷有辽西、歧口、东营、沾化、饶阳、东濮；Ⅱ类凹陷为辽东、大民屯、南堡、沧南、惠民；Ⅲ类凹陷是霸县、泌阳、板桥、潜江、车镇（图 2-59 和表 2-19）。渤海海域的渤中、辽中以及黄河口凹陷探明储量均大于 $4.0 \times 10^8 t$，为Ⅰ类凹陷（表 2-19）。

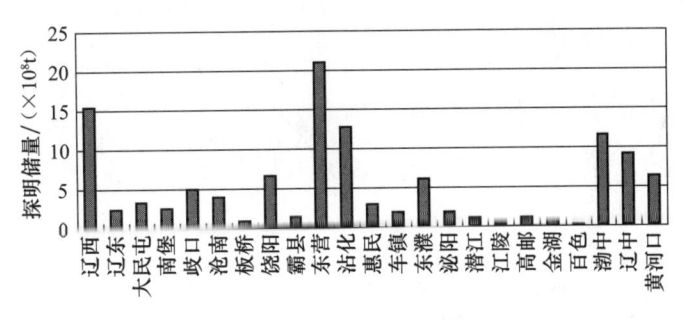

图 5-59 东部部分凹陷储量统计

依据表 2-19，由表 2-19 与图 2-57～图 2-59 综合分析来看，渤海湾盆地陆上凹陷的综合评价结果为Ⅰ类：辽西、东营、沾化；Ⅱ类：辽东、大民屯、南堡、歧口、沧南、饶阳、车镇、东濮；Ⅲ类：惠民、霸县。

从所划分出的富烃凹陷来看，它们除了在资源量、资源丰度与探明储量三个参数达到一定数值，还具有一个共同特征，就是凹陷内大多都发现了一个或多个亿吨级油气田。例如，辽河西部凹陷的曙光、欢喜岭等、大民屯凹陷的静安堡、歧口凹陷的北大港、沧一南凹陷的枣园与王官屯、饶阳凹陷的任丘、东营凹陷的胜坨与东辛、沾化凹陷的孤东与孤岛油田。

海域的渤中凹陷、辽中凹陷与黄河口凹陷资源量、资源丰度与探明储量三项指标均为Ⅰ类，与陆上辽西、东营、沾化凹陷相当，且渤中凹陷发现 QHD32-6 与 PL19-3 两个大油气田，辽中凹陷与黄河口凹陷分别发现了大油气田 SZ36-1、JZ25-1、JX1-1 和 BZ25-1S。综合分析将渤中凹陷、辽中凹陷与黄河口凹陷划为Ⅰ类凹陷。

研究结果表明，渤海海域的渤中凹陷、辽中凹陷与黄河口凹陷的油气勘探前景良好。

2.6 辽中凹陷主要构造油气源对比分析

2.6.1 LD27-2 油气地球化学特征及油气源分析

LD27-2 油田有 2、3、4 三口井测试出油，出油层位分别为明化镇组下段、馆陶组、东一段及东二上段等四个层系。该区原油密度普遍较高，明化镇组原油密度在 $0.99 g/cm^3$ 左右为重质油，馆陶组与东营组原油密度为 $0.85～0.90 g/cm^3$ 为中质油（图 2-60 和表 2-20）。原油密度明显受深度和层位控制，油层的深度大、密度小、深度浅、密度大；东营组与馆陶组为中质油，明下段的油为重质油。

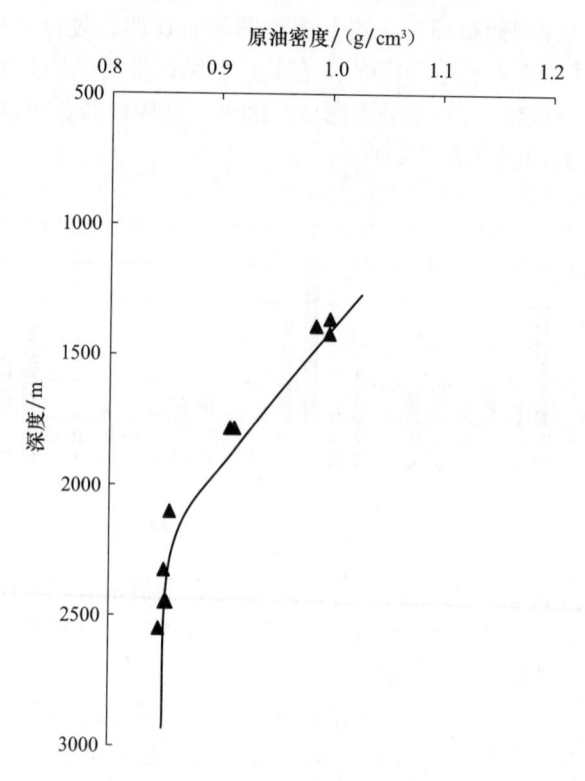

图 2-60 LD27-2 油田原油密度与深度的关系

表 2-20 LD27-2 油田测试原油物性数据表

井号	井段/m	测试层	层位	API (60°F)	相对密度 (D_4^{20})/ (g/cm³)	黏度 (50℃)/ (mPa·s)	凝固点/℃	含硫量/%	含蜡量/%	沥青质/%	胶质/%
LD27-2-2	1781~1790	DST1.02	Ng	22.81	0.9132	35.81	+15	0.2415	12.54	3.00	10.52
		DST1.19		23.48	0.9093	34.95	+18	0.2179	12.04	2.90	11.31
		DST1.39		23.48	0.9093	35.28	+14	0.2176	11.63	2.59	11.57
	1390~1405	DST2.26	Nm^L	11.43	0.9865	5614	+6	0.3355	1.09	6.99	15.94
LD27-2-3	2550~2560	DST1.38	E_3d^{2U}	35.07	0.8455	4.76	+20	0.1230	22.21	1.10	5.12
	2449~2467	DST2.03	E_3d^{2U}	33.61	0.8529	5.58	+20	0.1419	21.54	1.09	6.75
		DST2.32		34.00	0.8507	6.04	+23	0.1435	22.60	1.20	6.16
	2326.0~2338.5	DST3.30	E_3d^1	34.19	0.8501	6.02	+23	0.1416	19.02	0.62	6.91
	2101~2115	DST4.18	Ng	33.23	0.8553	5.88	+10	0.1554	10.98	1.18	6.42
		DST4.45		33.23	0.8553	7.18	+25	0.1565	22.76	1.28	7.01
LD27-2-4	1361.5	—	Nm^L	9.58	0.9989	10435.00	+12	0.3380	1.40	12.37	7.00
	1418	—		9.72	0.9986	9574.00	+12	0.3534	1.64	11.42	8.33

原油的含蜡量也明显受油气层的层位控制，东营组原油含蜡量最高达22%，其次是馆陶组为11%～12%，明下段原油含蜡量最低，一般在1%～2%范围内变化，表现为从深到浅含蜡量快速降低的特征。原油硫含量较低，为典型陆相原油的特征。

该区原油族组分中芳烃、非烃含量相对高，表现出原油成熟度较低与近距离运移的特征。从深到浅饱和烃含量降低、非烃含量增加，这种分布特征表现了成藏后的潜变，浅层明化镇组油藏遭生物降解的影响（表2-21）。

表2-21 LD27-2构造原油族组分分析数据表

井号	井段/m	测试层	层位	烷烃/%	芳烃/%	非烃/%	沥青质/%
LD27-2-2	1781-1790	DST1.02	Ng	57.71	21.50	18.93	4.21
		DST1.19		52.98	23.87	18.14	5.01
		DST1.39		57.95	22.50	16.14	5.00
	1390-1405	DST2.26	Nm^L	38.71	26.96	23.96	10.83
LD27-2-3	2550-2560	DST1.38	E_3d^{2U}	73.30	14.99	10.77	2.34
	2449-2467	DST2.03		63.06	17.78	11.94	2.50
		DST2.32		65.67	16.72	10.45	2.39
	2326.0-2338.5	DST3.30	E_3d^1	61.65	14.49	11.93	1.70
	2101-2115	DST4.18	Ng	59.20	15.52	12.93	2.59
		DST4.45		65.50	14.02	11.86	3.23
LD27-2-4	1361.5	OH1.06A	Nm^L	31.09	17.63	21.79	6.73
	1418	OH1.08A		28.21	15.92	17.88	4.47

对该区原油及原油族组分同位素进行了分析，原油同位素值为-27.6‰～-26.6‰，原油同位素值较重，表明原油来源于陆源有机质的比例大。原油族组分中LD27-2-4井的明化镇组上段饱和烃同位素与馆陶组东营组原油同位素差值较大（表2-22），因为该套地层原油遭生物降解影响，而主要是饱和烃遭生物降解，而芳烃、非烃及沥青质等组分未受影响，所以原油的芳烃、非烃及沥青质的同位素值比较接近。

LD27-2地区除明化镇组原油及饱和烃同位素有一定差异，其他层位的原油及族组分同位素值比较类似，应该属同源同期形成的油藏。

表2-22 LD27-2构造原油及族组分同位素数据统计表

井号	井段/m	层位	$\delta^{13}C$‰（PDB）			
			原油	饱和烃	芳烃	非烃	沥青质
LD27-2-4	OH1.06A	Nm^L	-27.6	-29.8	-26.6	-26.2	-26.0
LD27-2-4	OH1.08A		-27.6	-29.7	-26.6	-26.2	-26.0
LD27-2-3	DST1.38	E_3d^{2U}	-27.0	-27.4	-26.4	-26.2	-26.4
LD27-2-3	DST2.32		-26.7	-27.2	-25.9	-25.5	-25.9
LD27-2-3	DST2a.07		-26.6	-27.3	-26.0	-25.9	-26.1
LD27-2-3	DST3.30	E_3d^1	-26.8	-27.3	-26.2	-25.5	-25.8
LD27-2-3	DST4.45	Ng	-26.9	-27.5	-26.3	-26.0	-26.2

根据LD27-2构造与LD27-2-2井的原油饱和烃色谱参数分析（表2-23和图2-61），

明化镇组原油遭受较强的生物降解作用，馆陶组原油遭受较弱的生物降解作用，而东营组的原油未遭受降解的影响。该区原油的 OEP 为 1.10～1.26，还具有微弱的奇偶优势，表明原油为低熟油，生物降解原油的主峰碳为 nC_{25}，未遭受生物降解原油为 nC_{19}，从原油饱和烃色谱特征判断，原油成熟度低，为陆相原油的特征。

表 2-23　LD27-2 构造原油饱和烃气相色谱特征数据表

井名	测试号	地层	OEP	Pr/Ph	Pr/nC_{17}	Ph/nC_{18}	C_{21}^-/C_{22}^+	$(C_{21}+C_{22})/(C_{28}+C_{29})$	主峰碳
LD27-2-2	DST1.02	Ng	1.25	1.08	2.18	1.73	0.31	0.87	25
	DST1.19		1.26	1.08	2.37	1.89	0.30	0.89	25
	DST1.39		1.26	1.07	2.31	1.84	0.31	0.90	25
	DST2.10	Nm^L	1.24	1.05	2.37	1.88	0.09	0.96	25
	DST2.26		—	1.33	0.66	0.58	—	—	—
LD27-2-3	DST1.38	E_3d^{2U}	1.11	1.18	0.45	0.36	0.83	1.76	19
	DST2.03		1.13	1.29	0.45	0.34	0.93	2.01	19
	DST2.32		1.12	1.26	0.45	0.34	0.84	1.85	19
	DST3.30	E_3d^l	1.13	1.31	0.44	0.34	1.13	1.91	19
	DST4.18	Ng	1.15	1.17	0.47	0.37	1.09	3.68	19
	DST4.45		1.13	1.20	0.46	0.36	0.82	1.89	19
LD27-2-4	1361.5	Nm^L	—	1.13	0.60	0.39	—	—	—
	1418		—	1.43	0.56	0.35	—	—	—

$D_4^{20}=0.9865g/cm^3$

1390.0~1405.0m Nm^L　DST2.26

$D_4^{20}=0.9093g/cm^3$

17981.0~1790.0m Ng　DST1.19

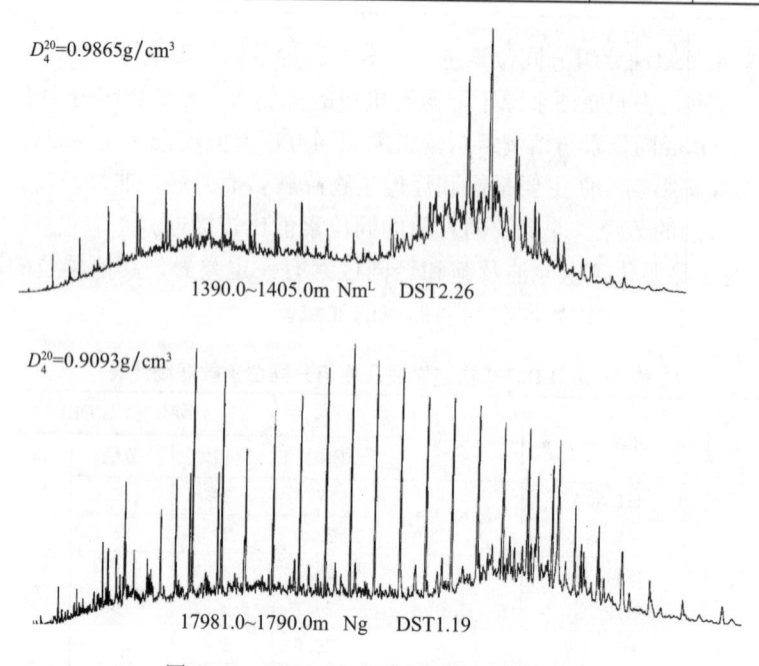

图 2-61　LD27-2-2 井原油饱和烃色谱特征

　　LD27-2-2 井馆陶组与明化镇组原油的甾萜烷指纹特征十分类似（图 2-62～图 2-64），原油甾萜烷特征为 Ts<Tm，伽马蜡烷较低，表明源岩沉积的水体盐度较低，莫烷、重

排藿烷含量低，为淡水-微咸水沉积水体形成的有机质。甾烷序列中，$C_{27}\alpha\alpha(20R)$ 甾烷相对含量大于 $C_{29}\alpha\alpha(20R)$ 甾烷，C_{27}、C_{28}、C_{29} 规则甾烷呈不对称的"V"形分布，表明原油是以水生生物输入为主的混合型的有机质，C_{29} 甾烷中代表生物构型的 $C_{29}\alpha\alpha(20R)$ 甾烷含量相对高，代表地质构型的 $\alpha\alpha(20S)$ 甾烷与 $C_{29}\beta\beta(20R)$ 甾烷相对含量低、重排甾烷低，四甲基甾烷中等。表明原油来源于淡水-微咸水的湖泊，以低等水生生物来源为主，烃源岩熟化程度低，为近距离运移形成的原油。

LD27-2-2 井原油与该井 3000m 左右东三段烃源岩对比分析，生物标志化合物特征与东三段有一定的相似性，但还存在一定的差异，表明原油还有其他地层烃源岩生成原油混合，综合分析认为，可能有少量沙一段烃源岩生成原油混合（表 2-24 和图 2-64）。

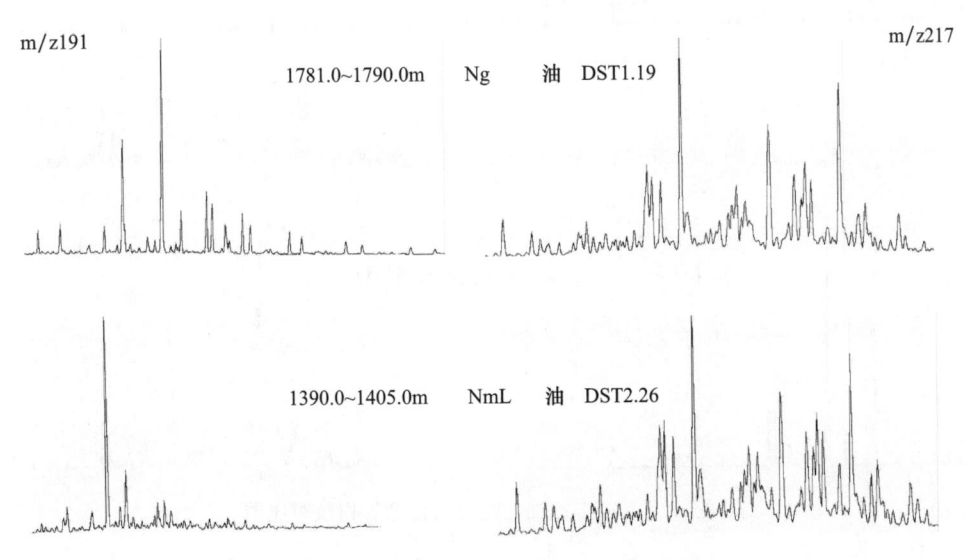

图 2-62 LD27-2-2 井原油甾萜烷指纹特征

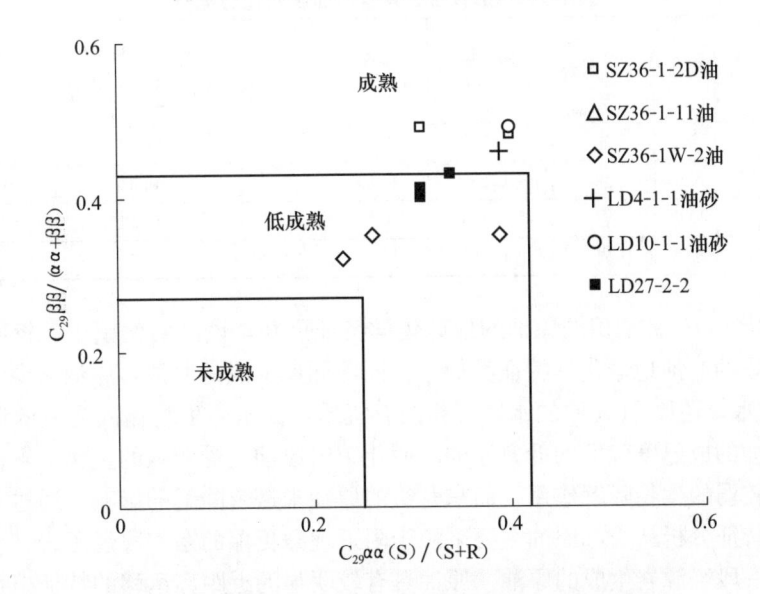

图 2-63 LD27-2-2 井原油 C_{29} 甾烷异构体成熟度参数图

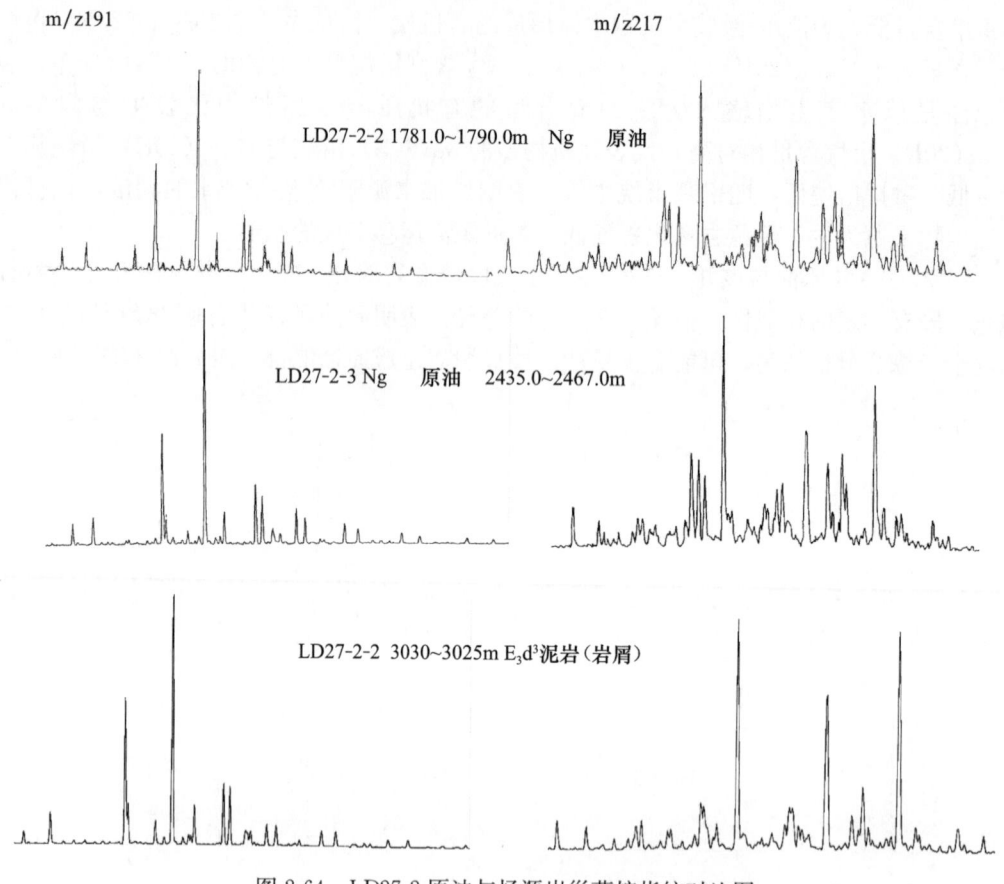

图 2-64　LD27-2 原油与烃源岩甾萜烷指纹对比图

表 2-24　LD27-2-2 井原油油源对比数据表

井段/m	层位	样品类型	$C_{27}\alpha\alpha(R)/C_{29}\alpha\alpha(R)$	$C_{29}\alpha\alpha(S)/(S+R)$	$C_{29}\beta\beta/(\alpha\alpha+\beta\beta)$	$\sum 4$-甲基甾烷$C_{30}/\sum C_{29}$甾烷	伽马蜡烷/C_{30}藿烷	Ts/Tm
1781.0~1790.0	Ng	油	1.18	0.31	0.40	0.34	0.14	0.48
1390.0~1405.0	Nm^L	油	1.23	0.34	0.43	0.38	—	—
2920~2925	E_3d^3	岩	1.12	0.18	0.31	0.14	0.07	0.48
3030~3025	E_3d^3	岩	1.05	0.15	0.26	0.21	0.06	0.41

综合分析 LD27-2 油田的原油的地球化学特征可知，该区明化镇组、馆陶组、东一段及东二上段的原油地球化学特征类似，为同源同期形成的原油，原油来源于水体较深的淡水-微咸水，还原-强还原的水体沉积的有机质，为水生生物输入为主的混合有机质生成的，原油的成熟度较低的低熟原油，明化镇组原油遭受较强的生物降解作用，馆陶组原油遭受较弱的生物降解作用，而东营组的原油未遭受降解的影响。通过对原油及烃源岩的地化特征分析认为，原油主要来源于附近埋藏更深的东三段烃源岩，可能也有少量来源于沙一段烃源岩生成的原油，原油具有较明显的近距离运移的特征。

2.6.2 LD10-1原油地球化学特征及油源研究

LD10-1共钻三口井，其中，1井、3井为显示井，2井为商业油气流井，主要产层为东二下段。

1. 原油物性特征

LD10-1-2井原油具有密度大、黏度大、含蜡量低、含硫低的特点（表2-25）。

表2-25 LD10-1原油物性参数

井名	井段/m	API	密度/(g/cm³)	初馏点/℃	凝固点/℃	酸值	含硫量/%	含蜡量/%	胶质/%	沥青质/%
LD10-1-2	1605~1615	16.51	0.9524	106	−26	5.0	0.258	1.90	10.26	4.05
	1605~1615	16.51	0.9329	108	−26	4.9	0.257	2.16	10.90	3.67
	1549~1570	17.60	0.9450	95	−33	4.6	0.242	2.18	10.78	3.01
	1549~1570	17.45	0.9461	102	−33	4.5	0.242	2.09	10.48	2.92
	1371.4	15.74	0.9569	—	—	—	—	—	—	—
	1371.4	15.74	0.9375	—	—	—	—	—	—	—

2. 原油及壁芯油砂抽提物地球化学特征

（1）原油及壁芯油砂抽提物族组成特征

原油及壁芯油砂抽提物氯仿沥青"A"具有低饱和烃、高芳烃、高非烃、低沥青质与低饱/芳比的特征（表2-26），表现出生物降解原油的族组成的特征。

表2-26 LD10-1原油及油砂抽提物族组成特征

井号	深度/m	地层	样品	族组成/% 烷烃	芳烃	非烃	沥青值	饱/芳比
LD10-1-1	1442	E_3d^{2L}	油砂（壁芯）	39.27	25.37	23.66	5.37	1.55
LD10-1-1	1579	E_3d^{2L}	油岩（壁芯）	38.76	24.44	23.31	5.90	1.59
LD10-1-2	1605~1615	E_3d^{2L}	原油	41.51	24.84	14.47	4.40	1.67
LD10-1-2	1549~1570	E_3d^{2L}	原油	42.28	22.49	15.72	4.61	1.88

（2）原油及壁芯油砂抽提物族组成同位素特征

原油及壁芯砂岩抽提物碳同位素较重，为−27‰左右，为陆相石油，族组分同位素中，$\delta^{13}C_{芳烃} < \delta^{13}C_{沥青质} < \delta^{13}C_{沥青质}$（表2-27），即芳烃、非烃、沥青质同位素发生反转，表明原油受生物降解的影响。

表2-27 LD10-1含油砂岩及原油族组成碳同位素

井号	深度/m	地层	样品	$\delta^{13}C$/‰ 原油	饱和烃	芳烃	非烃	沥青质
LD10-1-1	1442	E_3d^{2L}	含油砂岩（壁芯）	—	−28.7	−26.6	−26.7	−27.1
LD10-1-1	1579	E_3d^{2L}	含油砂岩（壁芯）	—	−28.4	−26.7	−26.9	−27.2
LD10-1-2	1549~1570	E_3d^{2L}	原油	−27.2	−28.2	−26.3	−25.9	−26.6
LD10-1-2	1605~1615	E_3d^{2L}	原油	−26.5	−28.3	−26.3	−26.2	−26.5

(3) 油砂抽提物饱和烃色谱特征

饱和烃色谱曲线表明原油及油砂抽提物均遭受生物降解，正构烷烃未完全消耗，生物降解程度不高，为轻微降解（图 2-65 和图 2-66）。生物降解使正构烷烃部分消耗，类异戊二烯烃相对含量增加，Pr/nC_{17} 及 Ph/nC_{18} 一般小于 1，Pr/Ph 为 1.02~1.38（表 2-28），表明原油为弱还原环境的有机质生成的原油。

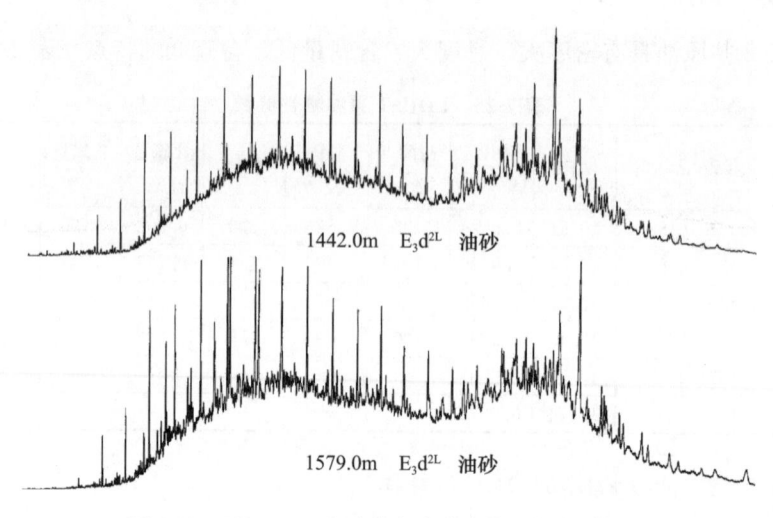

图 2-65　LD10-1-1 井壁芯含油砂岩饱和烃色谱特征

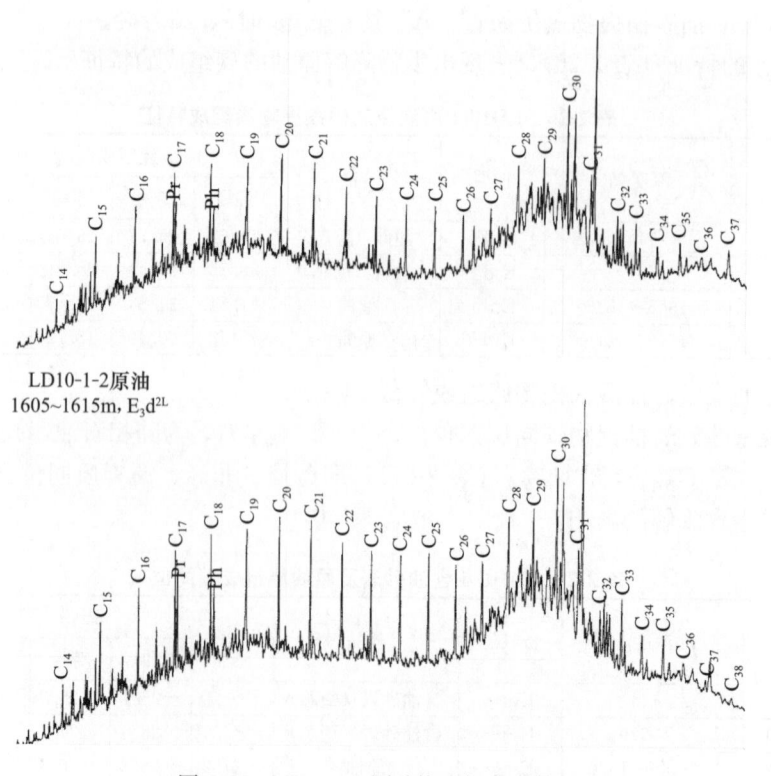

图 2-66　LD10-1-2 原油饱和烃色谱特征

第2章 烃源岩特征资源潜力及油气源对比

表2-28 LD10-1及邻区原油饱和烃色谱特征

井号	深度/m	地层	样品	OEP	Pr/Ph	Pr/nC_{17}	Ph/nC_{18}	C_{21}^-/C_{22}^+	($C_{21}+C_{22}$)/($C_{28}+C_{29}$)	主峰碳
LD10-1-1	1442	E_3d^{2L}	油砂	—	1.09	0.42	0.36	—	—	—
LD10-1-1	1579	E_3d^{2L}	油砂	—	1.07	1.08	0.97	—	—	—
LD10-1-2	1549~1570	E_3d^{2L}	原油	0.76	1.02	0.83	0.82	0.5	0.88	nC_{30}
LD10-1-2	1605~1615	E_3d^{2L}	原油	0.75	1.28	0.87	0.67	0.54	1.32	nC_{30}
LD10-2-1	1475	E_3d^{2U}	油砂	—	1.38	0.89	0.45	—	—	—
LD10-2-1	1860.5	E_3d^{2L}	油砂	—	1.28	1.19	0.72	—	—	—
LD10-2-1	1456.5~1467.5	E_3d^{2U}	原油	—	1.27	0.64	0.36	—	—	—

（4）生物标志化合物特征

LD10-1-1井甾萜烷特征表明，M/Z191序列中，Ts与Tm相当，25-降藿烷含量高，伽马蜡烷含量高；M/Z217序列中C_{27}、C_{29}重排甾烷含量高，C_{30}4-甲基甾烷含量高，C_{27}、C_{28}、C_{29}甾烷呈以C_{27}甾烷为优势的不对称"V"字形的分布（图2-67），表明原油来源于以水生生物为主的混合型的有机质。

甾萜烷指纹特征表明，LD10-1-1E_3d^{2L}油砂抽提物与LD10-1-2E_3d^{2L}原油有相似的生物标志化合物分布特征，有同源性（图2-68）。

C_{29}甾烷异构体与高的重排甾烷表明LD10-1构造1、2井E_3d^{2L}原油为成熟原油，原油的成熟度相当（表2-29和图2-69）。

生物标志化合物特征及原油成熟度分析表明，LD10-1构造E_3d^{2L}原油具有同源性，成藏过程也较一致，为辽中凹陷中洼沙河界组烃源岩在成熟期生成的原油。

因为油藏深度的差异，原油遭受的生物降解作用略有差异，较浅油藏的油藏遭受的生物降解作用稍强，使25-降藿烷含量增加（图2-67和图2-68）。

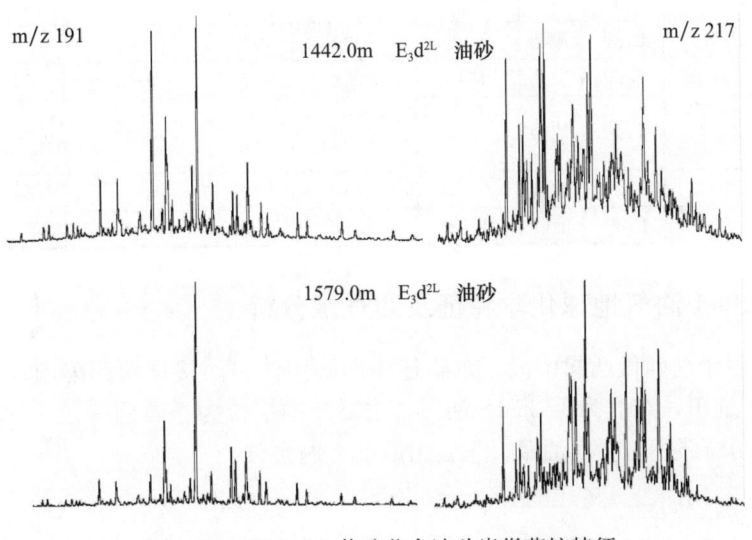

图2-67 LD10-1-1井壁芯含油砂岩甾萜烷特征

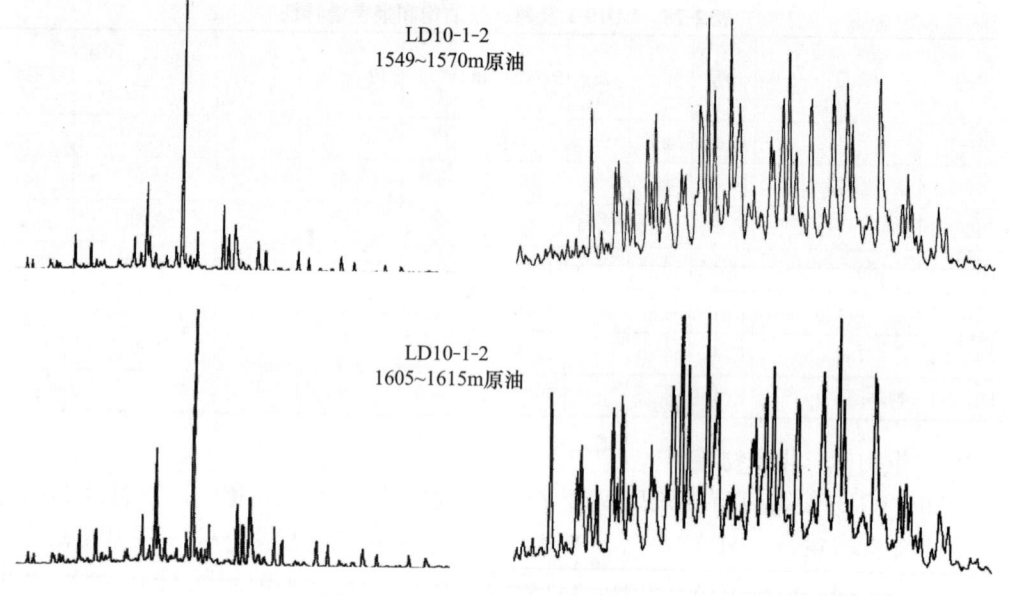

图 2-68　LD10-1-2 原油甾萜烷特征

表 2-29　辽西凸起南段各构造原油及油砂甾萜数据表

井号	井段/m	层	样品	$C_{27}\alpha\alpha(R)/$ $C_{29}\alpha\alpha(R)$	$C_{29}\alpha\alpha(S)/$ $C_{29}\alpha\alpha(S+R)$	$C_{29}\beta\beta/$ $(\alpha\alpha+\beta\beta)$	$\sum 4\text{-甲基}$ C_{30}甾$/\sum$ C_{29}规则甾烷	伽马 蜡烷 $/H_{30}$	Ts/Tm	25-降 藿烷 $/H_{30}$
SZ36-1-2D	1 455～1 475	E_3d^{2L}	原油	1.38	0.40	0.48	0.57	0.32	0.79	0.14
	1 605～1 657	E_3d^{2L}	原油	1.94	0.31	0.49	0.68	0.26	1.10	0.04
SZ36-1-11	1 353～1 372	E_3d^{2U}	原油	1.23	0.46	0.35	0.29	0.21	0.94	0.20
SZ36-1W-2	1 621	E_3d^{2L}	原油	1.31	0.26	0.35	0.41	0.17	0.72	—
	1 733	E_3d^{2L}	原油	1.35	0.39	0.35	0.41	0.16	0.71	—
	1 794.6	E_3d^{2L}	原油	1.48	0.23	0.32	0.43	0.14	0.75	—
LD4-1-1	18 684	E_3d^{2L}	油砂	1.40	0.39	0.46	0.35	0.20	1.03	—
LD10-1-1	1442	E_3d^{2L}	油砂	—	—	—	—	0.32	0.94	0.88
	1 579	E_3d^{2L}	油砂	1.38	0.40	0.49	0.40	0.23	1.00	0.14

2.6.3　SZ36-1 油气地球化学特征及油气源分析

SZ36-1 位于辽西低凸起中段，东临辽中凹陷中洼，西接辽西凹陷南洼，SZ36-1 西南为 LD10-1 油田，东北为 JZ25-1S 油田。主要产油层位为东营组一段，次要含油层位东营组二段，局部还有基底油藏。东营组原油普遍含气。

1. 原油物性特征

对 SZ36-1 地区原油物理性质分析，该区原油具有高密度、高黏度、低含蜡与低含

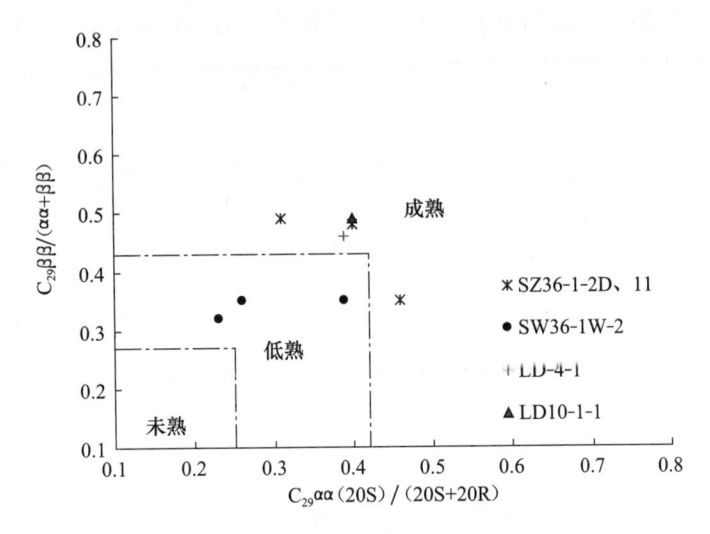

硫的特征。该区原油为重油或稠油，含蜡量低，一般小于2%（表2-30）。

图 2-69　LD10-1 油砂抽提物及周缘原油甾烷异构体成熟度图

表 2-30　SZ36-1 原油物理性质数据

井名	井深/m	API/℃	密度/(g/cm³)	黏度/(mPa·s)	含蜡量/%	含硫量/%	沥青质/%	胶质/%
SZ36-1-A1	1811～1986.8	12.15	0.985	2640.00	1.66	0.4029	10.33	13.05
SZ36-1-B1	1626.6～1883.6	14.01	0.972	693.60	1.11	0.3431	10.68	13.23
SZ36-1-C1	1492.7～1590.2	12.89	0.980	1861.00	1.42	0.3770	10.17	11.98
SZ36-1-D2	1312.3～1534.2	14.98	0.966	560.50	1.44	0.3380	10.54	12.72
SZ36-1-E1	1378.2～1480.9	13.78	0.974	856.10	1.19	0.3106	8.74	12.90
SZ36-1-E1	2071.9～2127.2	16.02	0.959	281.40	0.41	0.3337	8.30	5.45
SZ36-1-E1	2169.7～287.7	13.93	0.973	1176.00	0.62	0.3592	10.30	5.48
SZ36-1-E1	2071.9～2248.5	14.04	0.972	906.00	0.48	0.3563	4.99	13.05
SZ36-1-G1	1423.2～1515	12.74	0.981	2029.00	2.03	0.3841	10.00	13.14
SZ36-1-H1	1395.4～1549.1	15.13	0.965	424.10	1.49	0.3411	9.87	10.71
SZ36-1-J1	1435.9～1536.4	15.17	0.965	550.20	2.10	0.3260	8.60	41.00
SZ36-1W-2	1621	19.35	0.938	82.52	4.91	0.2670	2.99	15.31
SZ36-1W-2	1733	21.80	0.923	41.18	3.08	0.2470	2.23	13.26
SZ36-1W-2	1794.6	17.45	0.950	185.90	1.61	0.3140	2.89	16.25

2. 原油地球化学特征

（1）原油族组成特征

SZ36-1 原油族组成具有低饱和烃、高芳烃非烃，低饱/芳比的特征，沥青质含量变化大，一般东营组原油沥青质含量小于 10%，馆陶组沥青质可达 35%，表明馆陶组原油经历了较强的生物降解的作用（表 2-31）。

（2）原油族组成同位素特征

该区原油碳同位素较重，一般在 −26.8‰～−24.87‰，比一般正常陆相原油偏重

1‰，原油族组成分同位素有 $\delta^{13}C_{饱和烃}<\delta^{13}C_{原油}<\delta^{13}C_{芳烃}<\delta^{13}C_{非烃}>\delta^{13}C_{沥青质}$，沥青质碳同位素部分发生倒转，表明原油经历了生物降解与改造作用（表 2-32）。

表 2-31　SZ36-1 原油族组成特征

井号	深度/m	地层	烷烃	芳烃	非烃	沥青值	饱/芳
SZ36-1-1	1540～1560	Camb	45.40	22.10	14.900	10.60	2.05
SZ36-1-11	1290～1370	Ed¹	33.40	23.40	22.400	7.48	1.43
SZ36-1-11	1350～1370	Ed¹	33.60	25.60	21.900	7.21	1.31
SZ36-1-13	1422～1472	—	29.21	26.23	20.790	9.65	1.11
SZ36-1-13	1486～1525	—	28.82	29.07	22.160	10.10	0.99
SZ36-1-15	1540～1560	—	30.80	27.00	28.500	12.20	1.14
SZ36-1-15	1590	—	25.80	27.80	30.000	13.90	0.93
SZ36-1-16	1410～1420	—	29.12	26.905	28.895	13.82	1.08
SZ36-1-17	934～939	Ng	28.36	11.44	24.880	30.35	2.48
SZ36-1-17	1019～1021	Ng	29.46	10.64	20.540	35.89	2.77
SZ36-1-18	1360～1401	—	33.33	23.76	20.790	9.57	1.40
SZ36-1-18	1415～1454	—	33.24	23.29	21.300	10.22	1.43
SZ36-1-18	1526～1534	—	35.23	24.72	17.330	5.40	1.43
SZ36-1-21	1380～1398	—	35.41	26.68	22.190	9.73	1.33
SZ36-1-21	1426～1436	—	44.42	9.67	4.960	4.22	4.59
SZ36-1-21	1505～1543	—	51.99	20.90	11.700	2.98	2.49
SZ36-1-2D	1460～1480	—	34.77	24.00	25.470	9.47	1.45
SZ36-1-2D	1530～1550	—	35.40	23.65	25.500	9.16	1.50
SZ36-1-2D	1560～1570	—	37.25	23.95	24.500	8.01	1.56
SZ36-1-2D	1610～1660	—	37.50	23.00	23.800	6.65	1.63
SZ36-1S-1	1507～1524	—	36.41	24.69	21.450	14.21	1.47
SZ36-1S-1	1436～1447	—	33.33	28.40	24.440	14.81	1.17
SZ36-1N-1	1565.2	—	52.25	18.25	13.750	7.25	2.86
SZ36-1W-2	1621	—	45.06	24.82	18.550	2.89	1.82
SZ36-1W-2	1733	—	50.73	25.73	18.930	2.18	1.97
SZ36-1W-2	1794.6	—	44.65	25.74	20.270	2.96	1.73

表 2-32　SZ36-1 原油及族组成碳同位素特征

| 井号 | 深度/m | 地层 | δ¹³C/‰（PDB） |||||
			原油	饱和烃	芳烃	非烃	沥青质
SZ36-1-1	1537.0～1564.5	—	−25.92	—	—	—	—
SZ36-1-11	1353～1372	—	−25.92	—	−25.44	−24.97	−24.84
SZ36-1-11	1550～1554	—	−26.31	—	−25.75	−25.65	−25.23
SZ36-1-13	1485.5～1525.0	—	−25.09	—	—	—	—
SZ36-1-15	1536～1556	—	−25.84	—	—	—	—
SZ36-1-15	1587～1590	—	−25.38	−27.34	−25.85	−25.45	−25.22

续表

井号	深度/m	地层	$\delta^{13}C/‰$ (PDB)				
			原油	饱和烃	芳烃	非烃	沥青质
SZ36-1-16	1411~1420	—	−25.10	—	—	—	—
SZ36-1-18	1359.5~1401.0	Ed¹	−25.30	—	−24.43	—	—
SZ36-1-18	1415~1454	—	−26.07	—	−24.76	—	—
SZ36-1-18	1526~1534	—	−25.27	—	−25.81	—	—
SZ36-1-2D	1455~1575	—	−25.29	−25.94	−25.93	−24.11	−26.45
SZ36-1-2D	1532~1545	—	−25.14	−26.75	−24.88	−24.02	−23.46
SZ36-1-2D	1560~1565	—	−24.87	−27.61	−25.26	−25.65	−26.99
SZ36-1-2D	1605~1657	—	−24.73	−27.10	−26.93	−23.38	−27.93
SZ36-1-6	1374.0~1397.5	—	−25.67	—	—	—	—
SZ36-1-6	1486~1526	—	−26.14	—	—	—	—
SZ36-1-7	1957.0~1961.5	—	−26.56	—	—	—	—
SZ36-1N-1	1565.2	—	−26.00	−26.70	−25.40	−25.20	−25.40
SZ36-1N-1	1650	—	−26.80	−27.80	−25.90	−26.50	−26.40
SZ36-1S-1	1436~1447	—	−25.20	−27.60	−24.60	−23.20	−24.70
SZ36-1S-1	1507~1524	—	−25.60	−28.00	−25.10	−23.20	−24.40

(3) 原油饱和烃色谱特征

该区原油饱和烃都不同程度遭到生物降解，正构烷烃遭到不同程度的破坏，类异戊二烯烃保留完整，原油饱和烃大部分参数已经不能反映原油的特征，只有 Pr/Ph 能够反映一定的地球化学意义，大部分原油 Pr/Ph 都大于 0.5 而小于 1（表 2-33），表明原油主要来源还原~弱还原沉积环境烃源岩生成的原油。从饱和烃色谱曲线可以看出，原油虽然遭受生物降解的影响，但有些井原油正构烷烃序列保存完整，如 SZ36-1N-1 1565.2m、SZ36-1S-1 1507-1524m 原油，尤其是低分子碳正构烷烃序列完整，而重烃分子的正构烷烃被消耗（图 2-70），原油色谱曲线表明这些原油为早期生物降解油与晚期轻质油的迭合而形成的特征，结合该区原油均含天然气，表明原油有多期充注特征，早期原油经历了生物降解作用，晚期又有成熟度较高轻质油与天然气的充注，形成多期充注混合油藏，表现了该区成藏过程的复杂性。

表 2-33　SZ36-1 原油饱和烃色谱参数

井号	深度/m	地层	C_{21}^-/C_{22}^+	$(C_{21}+C_{22})/(C_{28}+C_{29})$	OEP	Ph/nC_{18}	Pr/nC_{17}	Pr/Ph	主峰碳
SZ36-1-11	1286~1372	—	—	—	—	1.14	0.88	0.59	—
SZ36-1-11	1353~1372	—	—	—	—	0.78	1.48	0.63	—
SZ36-1-11	1550~1554	—	—	—	—	0.25	0.27	0.82	—
SZ36-1-15	1536~1561	—	—	—	—	0.36	0.53	0.85	—
SZ36-1-15	1587~1590	—	—	—	—	0.25	0.32	0.87	—
SZ36-1-16	1411~1420	—	—	—	—	0.20	0.28	1.31	—
SZ36-1-18	1359.5~1401.0	—	0.21	0.30	1.29	2.24	2.88	0.63	nC_{25}
SZ36-1-18	1415~1454	—	0.17	0.16	1.14	1.73	2.21	0.53	nC_{27}
SZ36-1-18	1526~1534	—	0.26	0.55	1.37	1.47	1.57	0.74	nC_{27}
SZ36-1-21	1380~1398	—	0.34	0.37	2.55	2.28	2.76	0.95	nC_{29}

续表

井号	深度/m	地层	C_{21}^-/C_{22}^+	$(C_{21}+C_{22})/(C_{28}+C_{29})$	OEP	Ph/nC_{18}	Pr/nC_{17}	Pr/Ph	主峰碳
SZ36-1-21	1428~1436	—	1.88	1.79	1.10	0.76	1.04	1.64	nC_{14}
SZ36-1-21	1505~1543	—	0.80	1.61	1.10	0.72	0.80	1.12	nC_{19}
SZ36-1-2D	1531.9	—	—	—	—	1.37	1.59	0.74	—
SZ36-1-2D	1455~1475	—	—	—	—	0.79	0.78	0.59	—
SZ36-1-2D	1528.96	—	—	—	—	1.52	3.47	0.48	—
SZ36-1-2D	1531.9	—	—	—	—	1.37	1.59	0.74	—
SZ36-1-2D	1532~1545	—	—	—	—	1.42	1.70	0.63	—
SZ36-1-2D	1534.1	—	—	—	—	1.33	1.44	0.73	—
SZ36-1-2D	1550	—	—	—	—	0.85	0.80	0.71	—
SZ36-1-2D	1560	—	—	—	—	1.41	1.67	0.70	—
SZ36-1-2D	1605	—	—	—	—	2.07	2.48	0.58	—
SZ36-1-6	1466.42	—	—	—	—	0.94	0.91	0.81	—
SZ36-1-6	1486	—	—	—	—	0.25	0.28	1.25	—
SZ36-1-6	1531	—	—	—	—	0.21	0.23	1.02	—
SZ36-1-7	1553	—	—	—	—	0.26	0.26	1.09	—
SZ36-1-7	1592	—	—	—	—	1.50	1.60	0.55	—
SZ36-1-7	1957.0~1961.5	—	1.46	2.55	1.11	0.47	0.51	1.19	nC_{15}
SZ36-1-9	1828.5	—	—	—	—	0.56	0.87	1.70	—
SZ36-1S-1	1436~1447	—	—	—	—	0.31	1.15	2.27	—
SZ36-1S-1	1507~1524	—	6.86	—	1.03	0.44	0.36	1.29	—

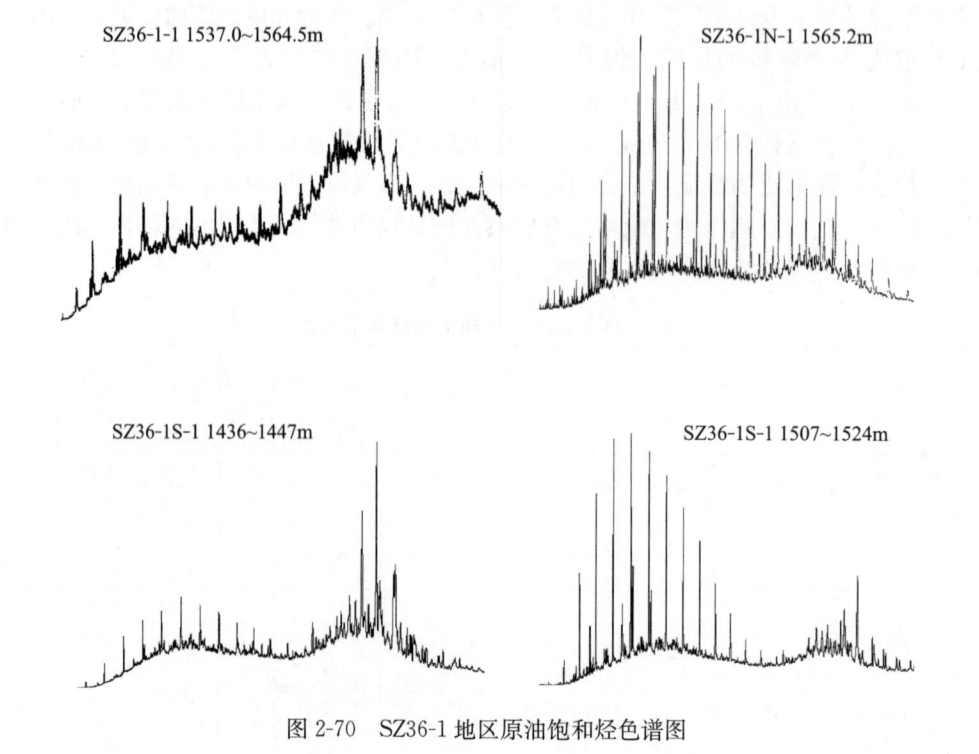

图 2-70 SZ36-1 地区原油饱和烃色谱图

（4）生物标志化合物特征

SZ36-1 地区甾萜烷特征表明，M/Z 191 序列中，Ts 与 Tm 相当，伽马蜡烷含量中等，大部分样品都含有生物降解的产物，25-降藿烷，M/Z 217 序列中 C_{27} 重排甾烷含量较高，C_{30} 4-甲基甾烷含量高，C_{27}、C_{28}、C_{29} 甾烷呈以 C_{27} 甾烷为优势的不对称"V"字形的分布（表 2-34 和图 2-71），表明原油来自淡水-微咸水，源于富含沟鞭藻，以水生生物为主的混合型的有机质。原油甾烷异构体的成熟度分析表明，SZ36-1 构造原油主体为成熟原油，构造部位不同，原油成熟度略有一定差异（图 2-72）。

表 2-34　SZ36-1 地区与邻区油岩甾萜化合物对比数据表

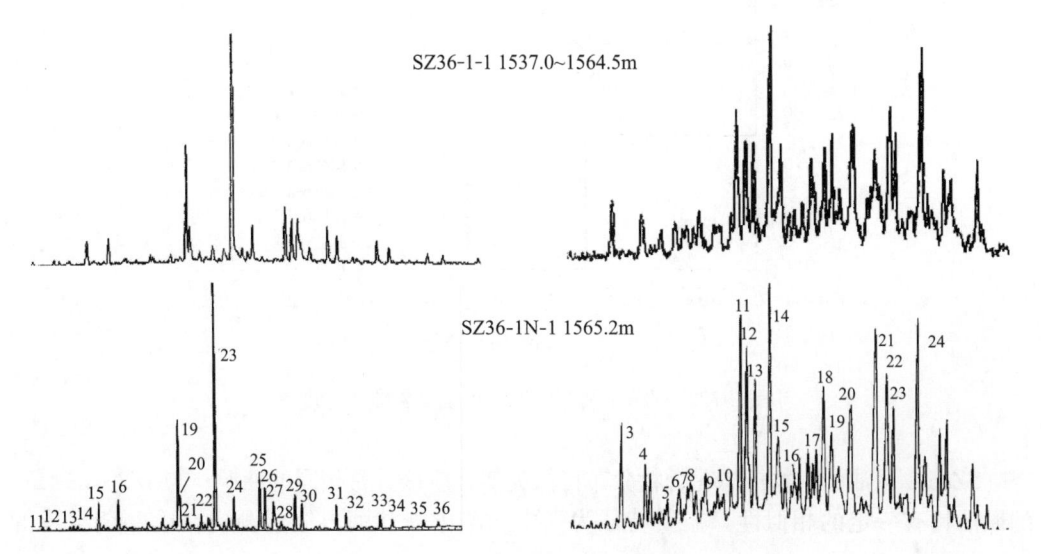

井号	井段/m	层位	样品	甾烷 $\alpha\alpha RC_{27}/C_{29}$	$C_{29}\alpha\alpha$(S)/(S+R)	$C_{29}\beta\beta/(\alpha\alpha+\beta\beta)$	$\sum 4M\text{-}C_{30}$甾/$\sum C_{29}$甾	藿烷 伽马蜡烷/H_{30}	Ts/Tm	25-降藿烷/H_{30}
SZ36-1-1	1537.0~1564.5	Camb	原油	1.12	0.32	0.44	0.55	0.18	0.90	0.03
SZ36-1-2D	1455~1475	E_3d^{2L}	原油	1.38	0.4	0.48	0.57	0.32	0.79	0.14
	1605~1657	E_3d^{2L}	原油	1.94	0.31	0.49	0.68	0.26	1.1	0.04
SZ36-1-11	1353~1372	E_3d^{2U}	原油	1.23	0.46	0.35	0.29	0.21	0.94	0.20
SZ36-1W-2	1621	E_3d^{2L}	原油	1.31	0.26	0.35	0.41	0.17	0.72	—
	1733	E_3d^{2L}	原油	1.35	0.39	0.35	0.41	0.16	0.71	—
	1794.6	E_3d^{2L}	原油	1.48	0.23	0.32	0.43	0.14	0.75	—
SZ36-1N-1	1565.2	E_3s^1	油砂	1.11	0.48	0.38	0.50	0.11	0.89	0.05
SZ36-1S-1	1436~1447		原油	0.94	0.34	0.38	0.58	0.12	0.85	0.12
	1507~1524		原油	0.91	0.34	0.39	0.58	0.13	0.92	0.13
JZ25-1S-1	1641.5~1648.5	E_3s^2	原油	1.29	0.42	0.40	0.41	0.13	1.27	0.08
	1674.0~1703	E_3s^2	原油	1.08	0.48	0.43	0.39	0.09	1.01	0.11
	1811.0~1960.0	Pre∈	原油	1.44	0.50	0.47	0.36	0.12	1.59	0.05
JZ25-1-1	1235.0~1255.0	E_3d^{2U}	原油	1.36	0.23	0.29	0.49	0.18	1.29	—
	2050.0~2080.0	Mz	原油	1.23	0.43	0.38	0.41	0.12	1.06	—

SZ36-1-1 1537.0~1564.5m

SZ36-1N-1 1565.2m

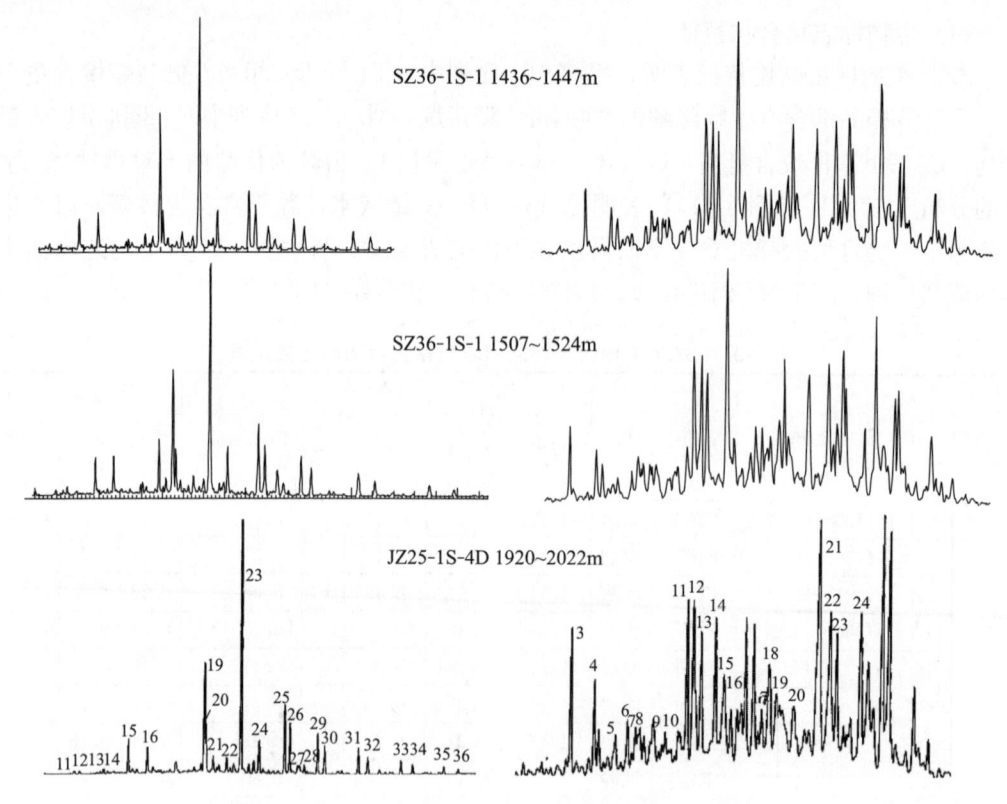

图 2-71 SZ36-1 地区及邻近地区原油饱和烃甾萜烷特征

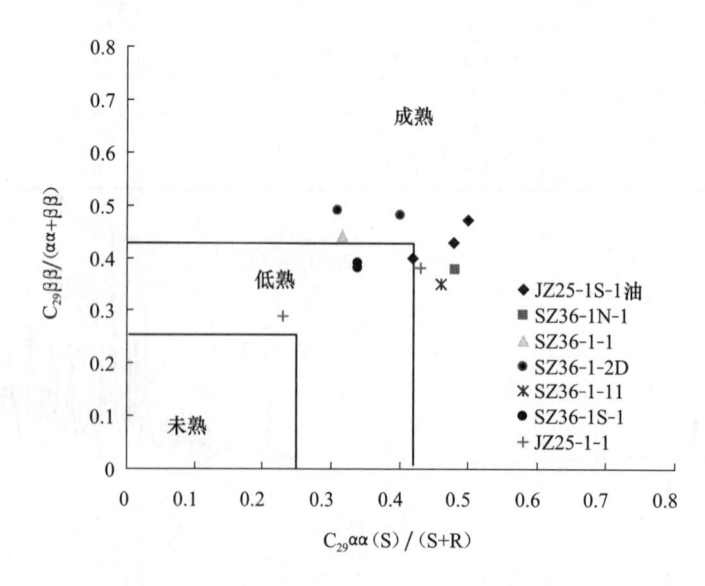

图 2-72 SZ36-1 及邻区原油甾烷异构体成熟度图

SZ36-1 原油的生物标志化合物分布特征类似，应该具有相同的油源。与 JZ25-1S-1Es^2 的原油具有一定的相似性，主要特征为辽中凹陷中洼沙河界组烃源岩在成熟期生成的原油。与 JZ25-1S-4D1920-2022m，Ar 油藏有一定的差异，可能有不同来源。

SZ36-1 原油主要来源于辽中凹陷沙河街组烃源岩在成熟阶段生成的原油，有多期充注的特点，早期充注的原油遭受生物降解的作用，晚期成熟度较高的原油与天然气对早期形成的油藏有补充充注的特点，形成了现今油藏为重质油-稠油，既有生物降解作用，低碳数的正构烷烃有保留较完整，而重质油中还含天然气的特征。

2.6.4 JZ21-1、JZ21-1S 原油地球化学特征及油源对比

辽中凹陷北洼 JZ21-1 地区包括 JZ21-1 与 JZ21-1S 构造，JZ21-1 为东二下段，JZ21-1S 为东二上段。原油物性具有中等密度、中等黏度，中等含蜡的特征（表2-35），为中质-重质原油，随着深度的增加，原油密度、黏度增大，主要为生物降解的影响。

表 2-35 JZ21-1S-1 井原油物性参数

井段/m	层位	相对密度 (D_4^{20})	黏度（50℃）/(mPa·s)	凝固点/℃	含硫量/%	含蜡量/%	沥青质/%	胶质/%
2008.5~2017.0	E_3d^{2U}	0.8880	10.31	−12	0.1610	10.04	0.57	5.42
1928~19395	E_3d^{2U}	0.9097	19.38	−15	0.2057	7.07	0.48	6.91

原油中的族组成具有饱和烃含量相对较低、芳烃、非烃含量相对高、沥青质含量低和饱芳比相对低的特点（表2-36）。

表 2-36 JZ21-1 原油族组成参数

井号	井段/m	层位	样品	烷烃	芳烃	非烃	沥青质	饱/芳
JZ21-1S-1	2008.5~2017.0	E_3d^{2U}	原油	56.74	19.85	8.65	1.53	2.86
	1928~19395	E_3d^{2U}	原油	52.05	21.64	10.14	1.37	2.41
JZ21-1-1	2106~2114	E_3d^{2L}	原油	62.36	12.69	6.78	1.97	4.91
	2181~2187	E_3d^{2L}	原油	57.69	11.11	4.49	1.50	5.19
	2551.5~2556.0	E_3d^{2L}	原油	64.48	11.84	6.77	2.33	5.45

从 JZ21-1S-1 井 1928.0~1939.5m 饱和烃色谱图可以看出，原油遭受生物降解作用，正构烷烃基本消失，异构烷烃保存完整，说明原油生物降解作用不强，为微弱降解（图2-73）。而 JZ21-1-1 深度为 2100m 以下的东二下段原油，饱和烃色谱正构烷烃保存完整，未遭受生物降解的影响（表2-37）。

辽中北洼 JZ21-1S-1、JZ21-1-1、JZ16-4-1（2）井原油，M/Z 191 具有 Ts 与 Tm 相当，伽马蜡烷含量低的特点；M/Z 217 表现为 C_{27}：C_{28}：C_{29} 呈以 C_{27} 甾烷为优势的不对称的"V"字形的分布，4-甲基甾烷、甲藻甾烷含量低，表明原油为水生生物占优势的混合型的有机质生成的原油，C_{29} 重排甾烷含量低，C_{29} 甾烷异构体中 $C_{29}\alpha\alpha\alpha$（20S）比 $C_{29}\alpha\alpha\alpha$（20R）低，异胆甾烷含量低（图2-74），表明原油成熟度较低。

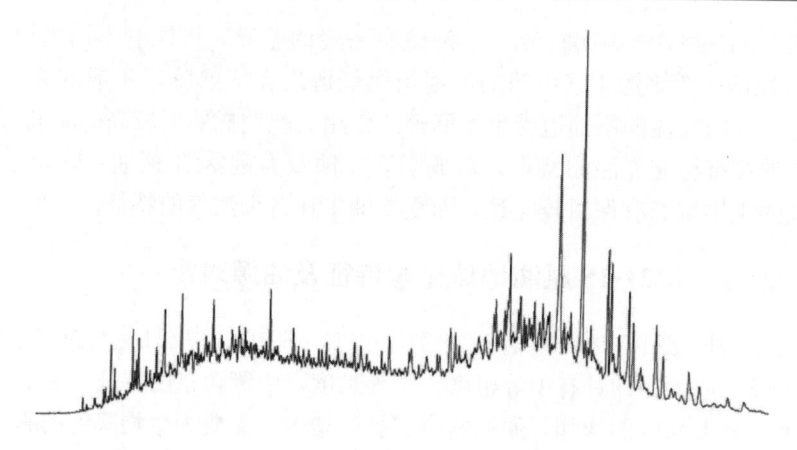

图 2-73　JZ21-1S-1 井 1928.0~1939.5m 原油饱和烃色谱图

表 2-37　JZ21-1-1 井原油饱和烃色谱参数

井号	深度/m	OEP	Pr/Ph	Pr/nC$_{17}$	Ph/nC$_{18}$	C$_{21}^-$/C$_{22}^+$	(C$_{21}$+C$_{22}$)/(C$_{28}$+C$_{29}$)	主峰碳
JZ21-1-1	2106~2114	1.05	1.03	0.47	0.4	0.75	1.92	nC$_{19}$
JZ21-1-1	2151.5~2174.0	1.11	1.54	0.44	0.4	13.2	13.3	nC$_{14}$

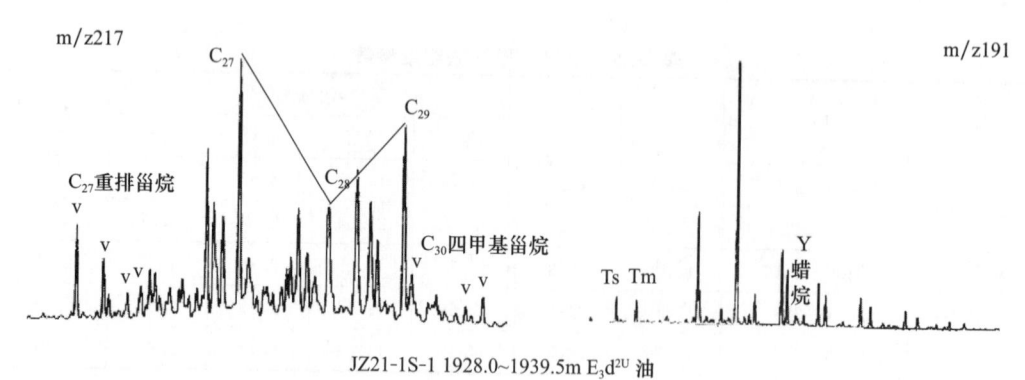

JZ21-1S-1 1928.0~1939.5m E$_3$d^{2U} 油

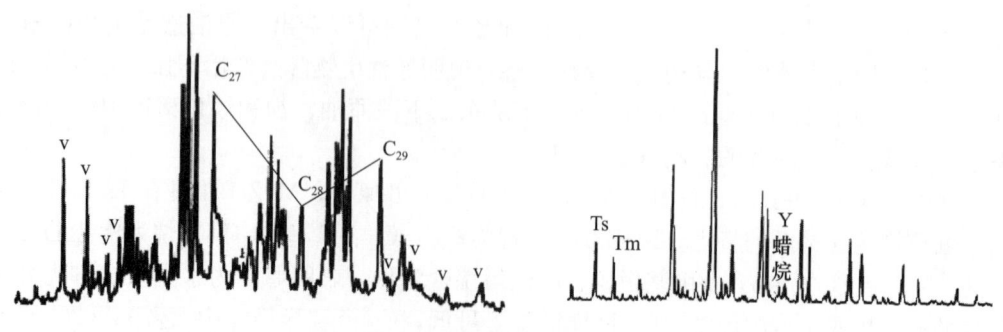

JZ16-4-2 3540m E$_3$d^3 岩石

第 2 章 烃源岩特征资源潜力及油气源对比

JZ16-4-2 3427~3436m E₃d³ 油

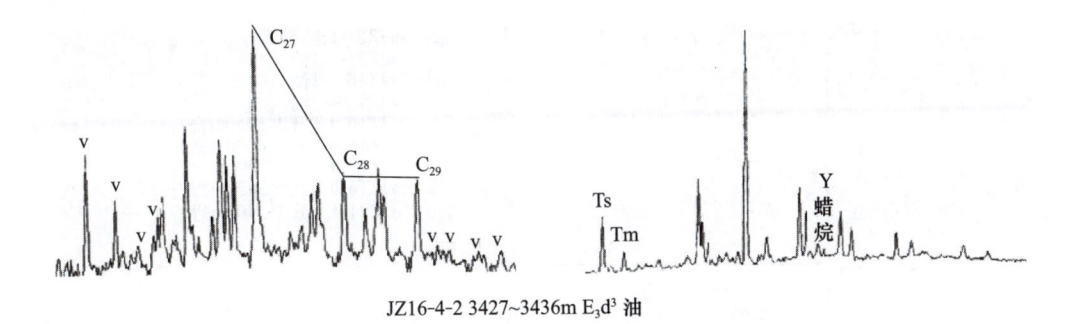

图 2-74 JZ21-1S-1 原油甾萜烷指纹对比图

据五环三萜烷与甾烷的分布：JZ21-1S-1 井原油与 JZ16-4-1/2 井原油具有相似性；与 JZ16-4-2 东三段 3540m 岩石具有可比性。JZ21-1-1 井原油与东三段 3820m 具有相似性。表明，辽中北洼的原油主要与该区东三段烃源岩关系密切（图 2-75 和图 2-76）。

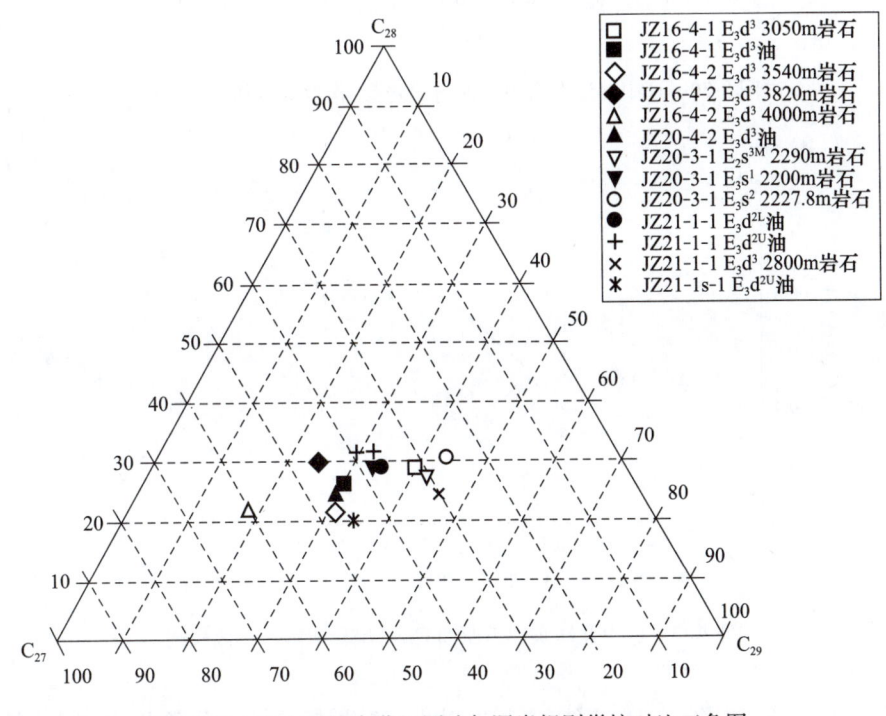

图 2-75 辽中北洼东营组原油与源岩规则甾烷对比三角图

原油的成熟度表明，该区原油为成熟原油，但成熟度不高。JZ21-1S-1 井原油明显低于 JZ21-1-1、JZ16-4-1/2 井原油成熟度，介于低成熟与成熟之间，说明其母岩为已经成熟，与成熟度中等的东三段岩石相关。JZ21-1-1、JZ16-4-1/2 为成熟原油与 JZ16-4-1（2）井 3500～4000m 烃源岩的成熟度相当（图 2-76），应该具有同源性。

JZ21-1S-1 井原油运移效应很小，JZ21-1-1 井原油运移效应增大，JZ16-4-2 井运移效应最大，从南向北运移效应增大，说明辽中北洼 JZ21-1S-1 井原油来源于周围东三段下部烃源岩，是以纵向运移为主的原生油藏（图 2-77）。

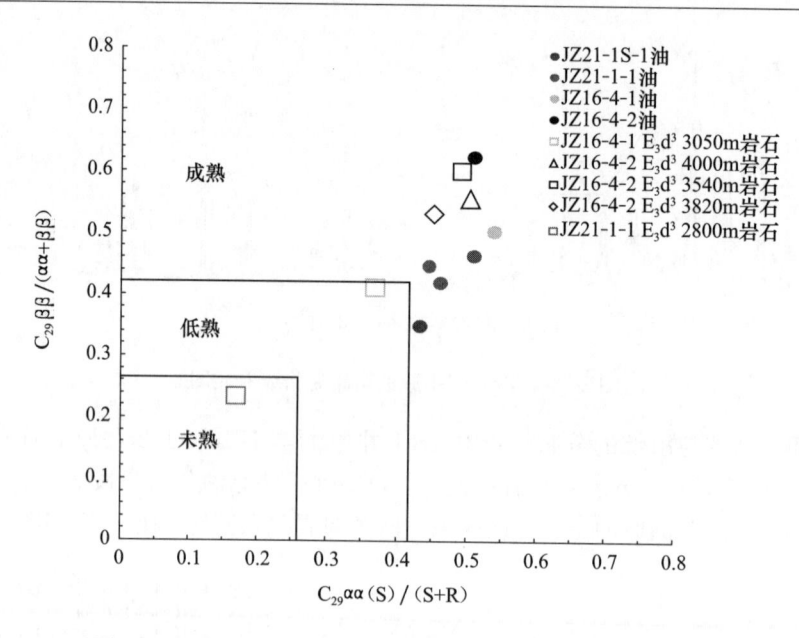

图 2-76 辽中北洼东营组原油与源岩 C_{29} 甾烷异构体成熟度图

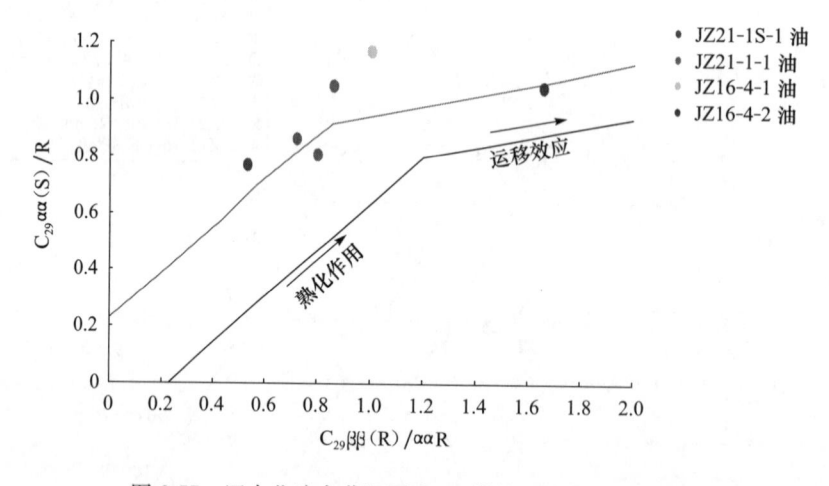

图 2-77 辽中北洼东营组原油 C_{29} 甾烷异构体运移效应图

JZ21-1S-1 井、JZ21-1-1、JZ16-4-1/2 井原油生标参数具有相似性，表现为 $C_{27}\alpha\alpha$（20R）甾烷/$C_{29}\alpha\alpha$（20R）甾烷大于 1、低伽马蜡烷、低 4-甲基 C_{30} 甾烷、中等 C_{27} 重排甾烷；与北洼 JZ16-4-1/2 井东三段 3540m、3820m 岩石有可比性。

辽中北洼东三段上部 2800m、3050m 岩石的生标参数 $C_{27}\alpha\alpha$（20R）/$C_{29}\alpha\alpha$（20R）<1，沙一、二段烃源岩具有高伽马蜡烷，沙三段烃源岩高 $\sum$ 4-甲基（C_{30}）甾烷，皆与辽中北洼东二段的原油有明显差异，没有同源性。

因此，辽中北洼 JZ21-1S-1 井、JZ21-1-1 井、JZ16-4-1/2 井东二段原油主要为该区东三段下部烃源岩生成的成熟原油，通过短距离垂向运移聚集而形成的油藏。

2.7 小 结

(1) 辽东湾地区分布有四套烃源岩,分别为东二下段、东三段、沙一段与沙三段。其中,东三段、沙一段与沙三段为有效烃源岩。

东二下段烃源岩中洼有机碳含量高,为好的烃源岩,北洼、南洼为中-好的烃源岩。但东二下段烃源岩有机质主要类型为Ⅲ型干酪根,热演化程度低,对油气资源贡献较少,为辽中凹陷形成低熟油的次要烃源岩。

东三段烃源岩南洼、中洼有机质丰度高,为好-极好的烃源岩,北洼烃源岩有机质丰度略低,为好烃源岩。南北洼烃源岩有机质主要类型为Ⅱ$_1$型、中洼烃源岩有机质主要类型为Ⅱ$_2$型,东三段烃源岩在构造高部位处于低熟阶段,在低部位处于低熟-生油高峰阶段,东三段烃源岩不仅能够形成低熟油,而且能形成一定量的成熟油,为辽中凹陷形成低熟油的主要的烃源岩。

沙一段烃源岩南洼、中洼有机质丰度高,为好-极好的烃源岩。北洼为中-好的烃源岩。烃源岩成熟度较高,处于低熟-生油高峰阶段,能够形成正常成熟的原油,为辽中凹陷形成正常油的次要烃源岩。

沙三段烃源岩南洼、中洼有机质丰度高,为好-极好的烃源岩,有机质类型为Ⅱ$_1$型,烃源岩总体处于生油窗高峰期,可形成大量的成熟油。北洼沙三段有机质丰度较高,为中等-好的烃源岩。沙三段烃源岩为辽中凹陷形成正常原油的主力烃源岩。

(2) 辽东湾地区各套烃源岩以陆源有机质输入为主的混合型的有机质,主力烃源岩的有机质类型为Ⅱ$_1$型,加之热演化程度还处在生油窗阶段,所以烃源岩是以生油为主,以生气为辅,为此,圈闭主要聚集原油而形成油藏。

(3) 辽中凹陷各次洼生烃门限深度表现为中南洼浅北洼深的特点。南洼门限深度为2450m左右、中洼的门限深度为2400m左右,北洼为2600m左右。烃源岩生烃指标对比分析认为南、中洼生油气条件好于北洼。

(4) LD27-2油田明化镇组、馆陶组、东一段及东二上段的原油地球化学特征类似,为同源同期形成的原油,原油来源于较深的淡水-微咸水,还原-强还原的水体沉积的以水生生物输入为主的混合有机质,为成熟度较低的低熟原油。明化镇组原油遭受较强的生物降解作用,馆陶组原油遭受较弱的生物降解作用,而东营组的原油未遭受降解的影响。通过对原油及烃源岩的地化特征分析认为,原油主要来源于附近埋藏更深的东三段烃源岩,可能也有少量来源于沙一段烃源岩生成的原油,原油具有较明显的混源近距离运移的特征。

(5) LD10-1构造E_3d^{2L}原油具有同源性,成藏过程也较一致,为辽中凹陷中洼沙河街组烃源岩在成熟期生成的原油。原油生物降解普遍,油藏深度的差异,使原油遭受的生物降解作用略有差异,较浅油藏的油藏遭受的生物降解作用稍强,但都属于轻微的生物降解,正构烷烃还保存较完整。

(6) SZ36-1原油主要来源于辽中凹陷沙河街组烃源岩在成熟阶段生成的原油,有多期充注的特点,早期充注的原油遭受生物降解的作用,晚期成熟度较高的原油与天然气对早期形成的油藏有补充充注，后期充注强度决定了油藏原油的物性，形成了现今油藏为重质油～稠油，虽然其受生物降解作用影响，但其低碳数的正构烷烃仍保留较完整。而重质油中还含有天然气，表现出较为复杂的流体分布特征。

（7）计算了东三段、沙一段、沙三段三套地层的油气资源量。东三段烃源岩的生烃量为 26.69×10^8 t，排烃量为 9.35×10^8 t，资源量为 3.74×10^8 t；沙一段生烃量为 7.75×10^8 t，排烃量为 2.40×10^8 t，资源量为 0.96×10^8 t；沙三段生烃量为 67.82×10^8 t，排烃量为 32.81×10^8 t，资源量为 13.12×10^8 t。辽中凹陷总资源量为 17.82×10^8 t，资源丰度为 80.27×10^4 t/km^2。辽中凹陷十分富烃，为极富烃凹陷（Ⅰ）。

第3章 温压场特征及其与油气分布关系

3.1 现今地温场特征

3.1.1 地温场纵向分布特征

辽东湾地区地温随埋深的增加而升高，呈较稳定的直线带状对应关系，地温无明显的异常（图 3-1）。地温梯度分布范围为 2.0~3.5℃/100m，平均为 2.7℃/100m。整个渤海湾盆地平均地温梯度为 3.5℃/100m，下辽河坳陷平均地温梯度为 3.7℃/100m，相比而言，辽东湾地区地温梯度偏低。

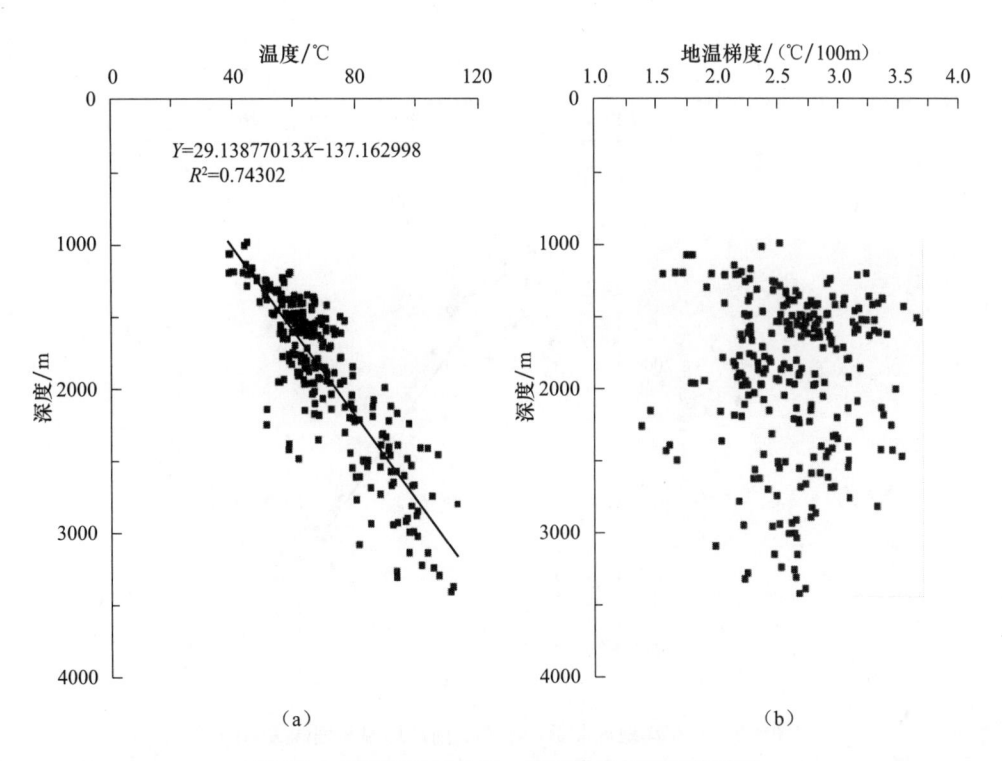

图 3-1 辽东湾地区地温、地温梯度与埋深关系图

辽东湾地区中部平均地温梯度比北部、南部的地温梯度高。中部的地温梯度分布范围为 2.4~3.2℃/100m，平均为 2.77℃/100m。北部的地温梯度比中部的稍小，主要为 2.25~3.25℃/100m，平均为 2.59℃/100m。南部的地温梯度较低，主要为 2.4~3.2℃/100m，平均为 2.44℃/100m（图 3-2 和图 3-3）。

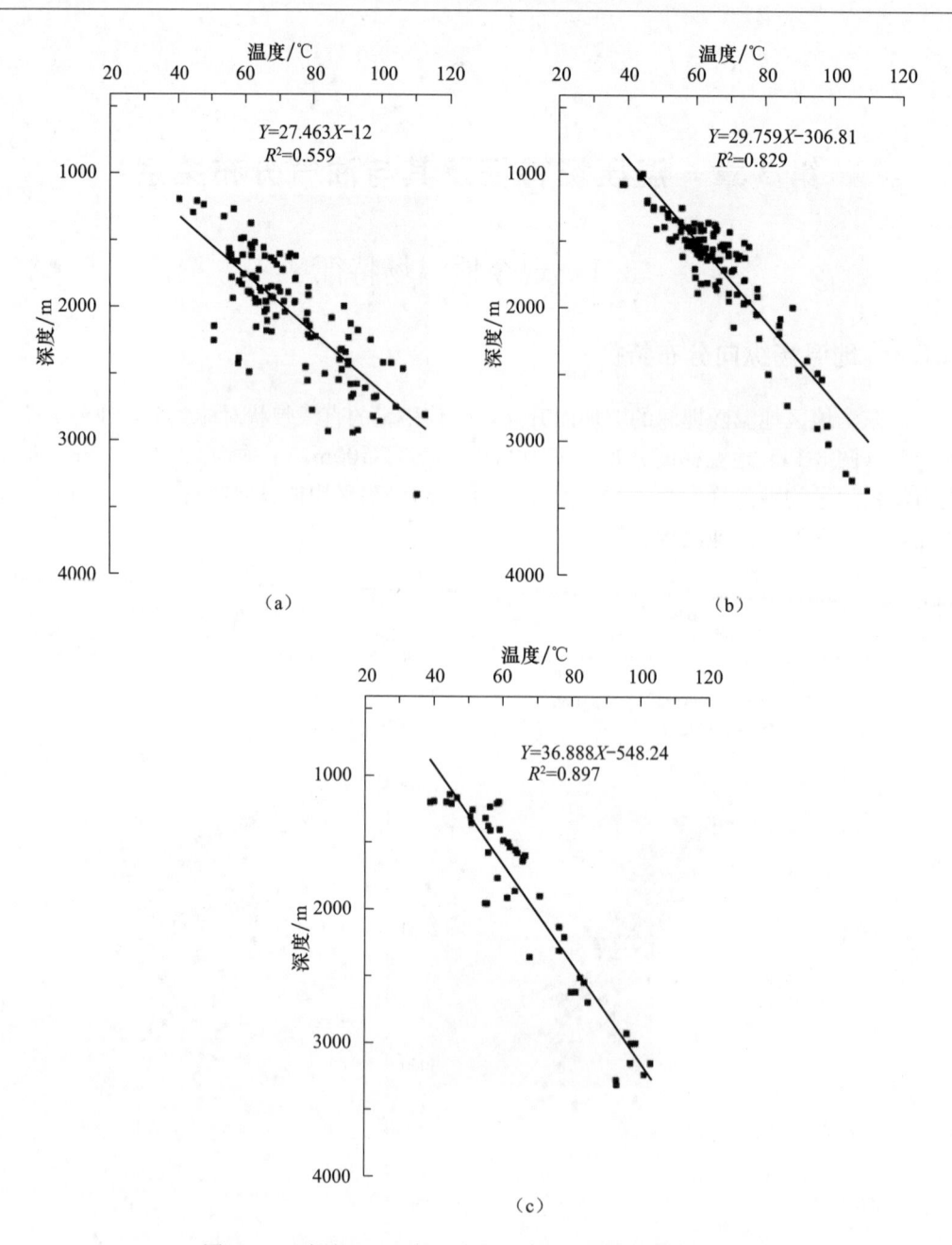

图 3-2 辽东湾地区北部、中部、南部地温与埋深关系图

3.1.2 地温场平面分布特征

辽西低凸起地温梯度明显高于辽中凹陷（图 3-4）。位于辽西低凸起上的 JZ20-2 气田、JZ25-1S 油气田和 SZ36-1 油田地温梯度基本都大于 3℃/100m。而位于辽中凹陷上的油气田地温梯度都小于 3℃/100m，尤其是辽中凹陷的南洼，地温梯度为 2.4～2.7℃/100m。

局部高地温梯度异常区沿辽西低凸起成串珠状分布，其延伸方向与辽东湾地区 NE

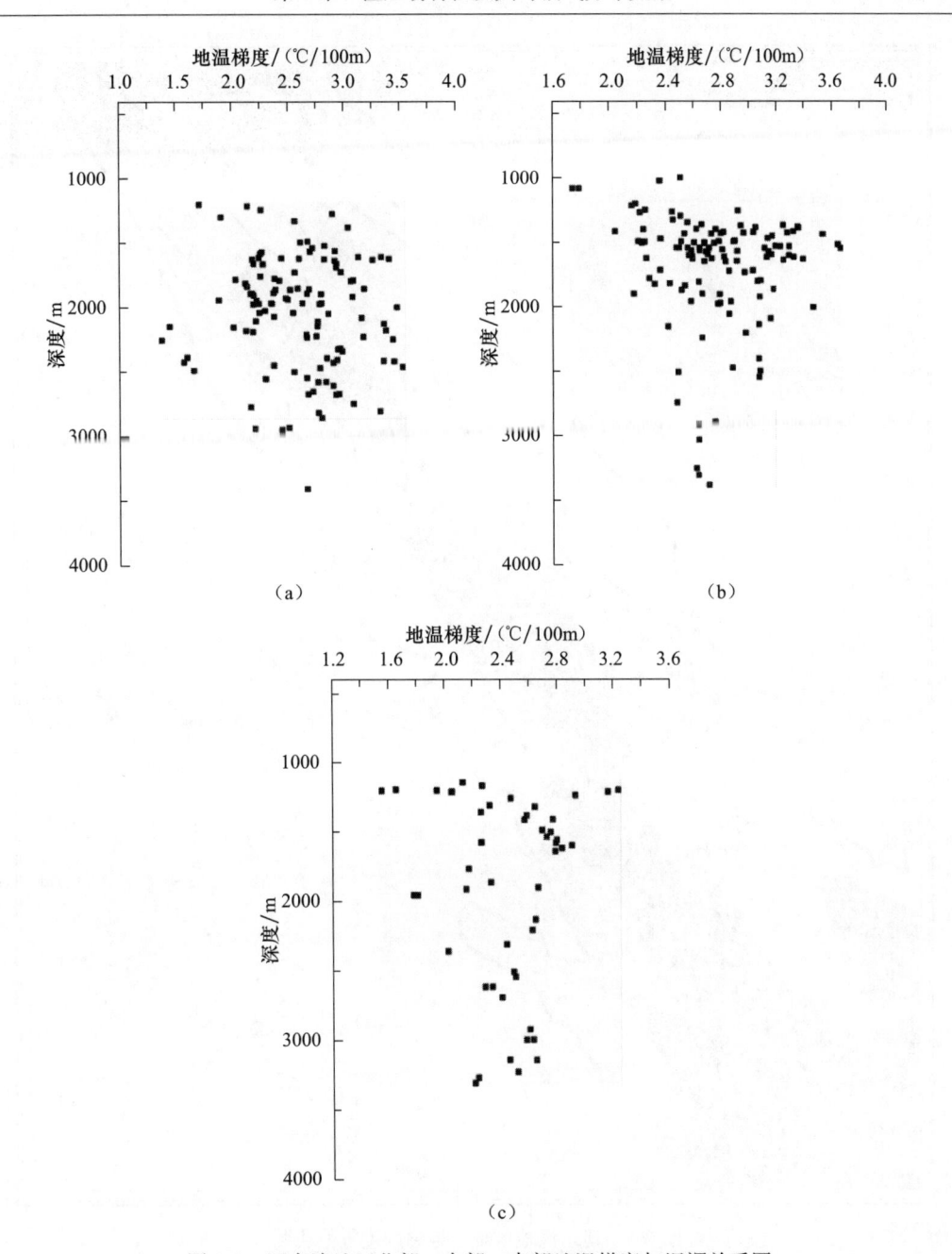

图 3-3　辽东湾地区北部、中部、南部地温梯度与埋深关系图

向主断裂方向一致。局部高地温梯度异常区往往位于断裂的交叉处，例如，JZ25-1S 油气田位于辽西一号、辽西二号和辽西三号断层的交汇处，地温梯度达到 3.2℃/100m。断裂交叉处易引起热流增加，促进烃类成熟、运移和成藏，因此易成为油气聚集的有利区带。辽东湾地区目前已发现的大中型油气田多位于辽西低凸起高地温梯度区，如 JZ20-2、JZ25-1S 和 SZ36-1 等油气田。位于凹陷较低地温梯度区也发现了一些油气田和含油气构造，如 JZ14-2、JZ21-1、LD22-1、LD27-2 等。

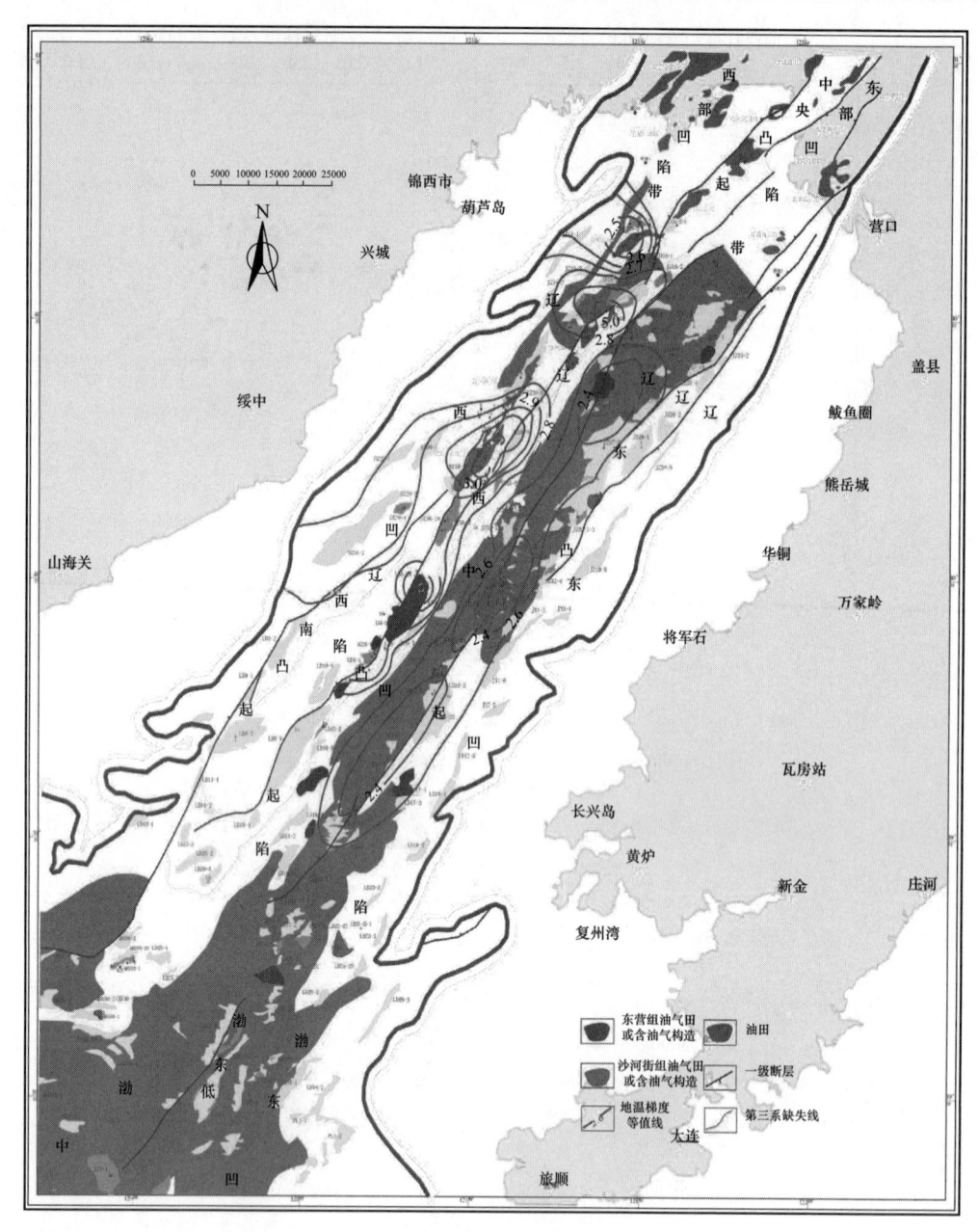

图 3-4　辽东湾地区现今地温梯度等值线图

3.2　现今地压场特征

3.2.1　现今地层压力的计算方法

1. 平衡深度法

该方法以测井资料为基础，其理论依据主要是有效应力定理，即上覆地层压力等于垂直有效应力和孔隙流体压力之和，同时还认为在超压层段中 A 点与其上部正常压实层段 B 点的 Δt（泥岩声波时差值）相等的那一点所对应的深度 h_B（h_B 为正常压实层段的深度），从物理意义上讲，因声波时差相等，可以设想该两深度点具有相同的有效应力 σ（图 3-5）。

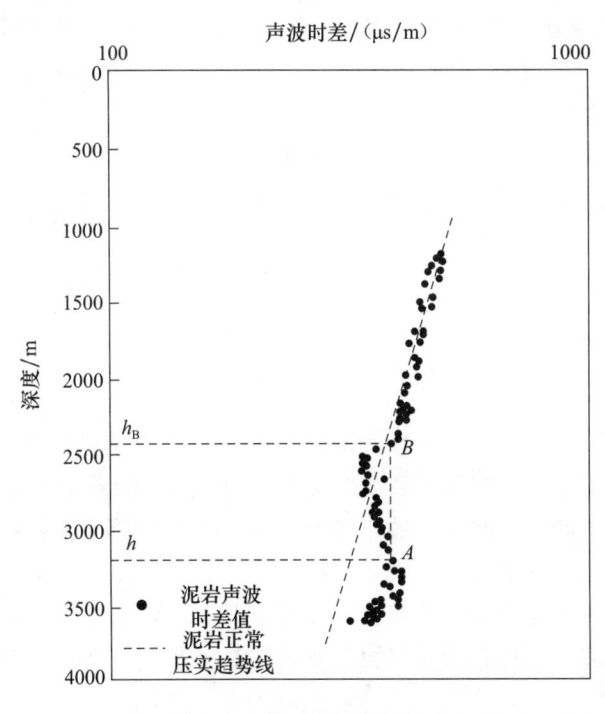

图 3-5 平衡深度法原理图解

基于上述基本原理及正常压实段声波时差值 Δt 满足 $\Delta t = \Delta t_0 \exp\{-Ch\}$，经过计算可以得出泥岩段地层孔隙压力的计算公式：

$$P_{Af} = \left[\rho h + (\rho - \rho_f)\ln\left(\frac{\Delta t_B}{\Delta t_0}\right)\frac{1}{C}\right] \times 0.0098$$

式中，P_{Af} 为所需求取 A 点孔隙压力（MPa）；h 为超压点 A 的深度（m）；h_B 为等效于超压点 A 的正常压实段 B 点深度（m）；ρ 为上覆岩层的平均密度（g/cm³）；ρ_f 为岩层孔隙中流体的平均密度（g/cm³）；Δt_B 为 B 点的声波时差值（μs/m）；Δt_0 为地表声波时差（μs/m）；C 为与泥岩压实有关的常数；0.0098 为单位换算系数。

该方法仅适合用于求取泥岩的欠压实所形成的超压。

计算过程中，首先要提取单井泥岩段的声波时差数据，在正常压实情况的单对数坐标系中，泥岩声波时差与深度一般呈线性关系。即 $\ln(\Delta t) = -Ch + \ln(\Delta t_0)$。如图 3-6（b）中静水压力线所示，因此确定正常压实趋势线并根据曲线的斜率及其与时间轴的截距来确定 c 及 Δt_0 的值是计算地层压力的关键。通常 C 和 $\ln(\Delta t_0)$ 是根据正常压实段不同的深度 h 和所对应的声波时差的自然对数值用线性回归的方法求得。

2. Eaton 方法

Eaton 方法以测井资料为基础，利用的是孔隙压力和地震波旅行时间等参数的幂指数关系：

$$P_p = S_v - (S_v - P_h)(\Delta t_n / \Delta t_i)^x$$

式中，P_p 是地层孔隙压力（MPa）；S_v 为静岩压力（MPa）；P_h 为静水压力（MPa）；Δt_n 为地震波在正常压实泥岩中的旅行时间；Δt_i 为同一深度地震波在实际泥岩中的旅行时间；x 为经验指数。

该方法的前提是给出一个假定的沉积压实条件，即该方法只适用于砂泥岩层序，然后利用孔隙压力和地震波旅行时间等参数的幂指数关系来求取地层压力，指数幂 N 随不同地区（地质沉积盆地）和边界井的变化而变化。一般通常认为由于欠压实成因所形成的超压其指数值为 3，如果还有其他成因，其指数值会发生改变，故此方法可以求取其他成因所形成的超压。

3. Bowers 方法

Bowers 方法是由 Exxon 公司的 Bowers 于 1994 年提出的，仍是以测井资料为基础，但它系统地考虑了泥岩欠压实及欠压实以外的所有影响异常压力的因素，并将其他因素用流体膨胀的概念统一起来。最终将产生异常压力的原因归结为两个因素：欠压实和流体膨胀。该方法的基础仍是有效应力定理，但不需要建立正常趋势线，用垂直有效应力与声波速度之间的原始加载及卸载曲线方程直接计算垂直有效应力，利用有效应力定理由上覆岩层压力和垂直有效应力确定地层孔隙压力（图 3-6）。

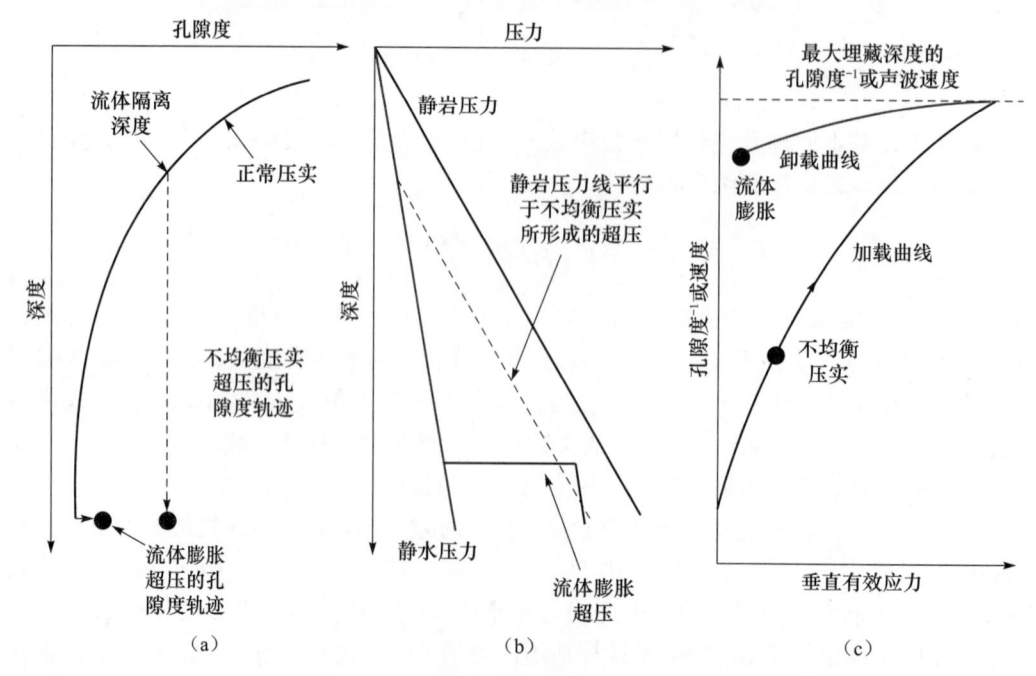

图 3-6 不均衡压实和流体膨胀超压形成机制演化图解

(1) 原始压实曲线方程

通过实验研究和理论分析发现，在实际感兴趣的应力范围内，泥岩的原始压实曲线可以描述为

$$V = 5000 + A\sigma_{ev}^{B}$$

式中，V 为声波速度（ft[①]/s）；σ_{ev} 为垂直有效应力（psi[②]）；A、B 为系数，由临井数据 V、σ_{ev}（σ_{ev} 由实测地层压力或正常压实段数据获得）回归求得。

(2) 卸载曲线方程

卸载曲线可描述为

$$V = 5000 + A[\sigma_{max}(\sigma/\sigma_{max})^{(1/U)}]^{B}$$

式中

$$\sigma_{max} = [(V_{max} - 5000)/A]^{1/B}$$

其中，A、B 意义同前；σ_{max}、V_{max} 为卸载开始时最大垂直有效应力及相应的声波速度；U 为泥岩弹塑性系数。

在流体膨胀引起泥岩卸载的地层，声波速度有明显的降低，Bowers 把它称为速度回降区，在这些地层，流体膨胀引起的高压占主导地位，用卸载方程确定其垂直有效应力，其他地层用原始加载曲线方程确定。

(3) σ_{max}、V_{max} 的确定及泥岩的弹塑性系数 U

在主要岩性变化不大的情况下，V_{max} 通常为速度回降区开始时的速度值。此时假定回降区内岩石在过去同一时间经历了同样的最大应力状态。$U=1$ 表示没有永久变形，为完全弹性，卸载曲线与原始曲线重合。$U=\infty$ 表示完全不可逆变形，为完全塑性。对于钻遇的泥岩，U 值变化范围一般为 3~8，且在同一区域变化不大。

3.2.2 地压场纵向分布特征

利用以上原理方法，恢复了辽东湾地区典型构造超压井的压力剖面，典型超压井主要位于辽中凹陷北部、中部及辽西低凸起北段。

JX1-1-1 井位于辽中凹陷中部 JX1-1 构造上，为郯庐深大断裂所切割，其地层压力剖面如图 3-7 所示。从图中可以看出，从 N_1m^L 开始到 E_3d^3 底部基本为正常压力，超压的发育基本始于 E_3d^3 底部，以下东营组层段普遍发育超压，最高压力系数超过 1.52，除 E_2s^{3L}—实测压力与计算压力出入较大，其余吻合较好，推测此点可能是天然气的声波时差的周波跳跃造成的。本井沙河街组地层为主要含油气层段，且砂泥岩互层较多，超压带中的能量相对较低的区域是油气聚集的有利场所，另外郯庐深大断裂对其油气层的分布起到了极其重要的控制作用。

JZ25-1-3 井位于辽西低凸起中部，为辽西凹陷与辽中凹陷之间的凹中隆部位，具有充足的油源供给条件，其地层压力剖面如图 3-8 所示。从图中可以看出，从 N_1m^L 开始到 E_3d^{2U} 上部基本为正常压力，超压的发育基本始于 E_3d^{2U} 底部，E_3d^{2U} 以下层段普遍发

[①] 1ft=0.3048m

[②] 1psi=6.89476×10³Pa

育超压，最高压力系数超过 1.50，除平衡深度法计算压力与实测压力误差相对偏大，Bowers 方法与 Eaton 方法计算压力与实测压力吻合较好。E_3d^{2L}、E_3d^3 及 E_2s^{3M} 上部巨厚泥岩层段是本井超压主要发育层段，显然这部分超压是泥岩的欠压实作用造成的，巨厚的泥岩及超压的发育使其可以作为本井极为优越的盖层，实测含油气层也主要位于超压盖层之下的砂岩储层中。

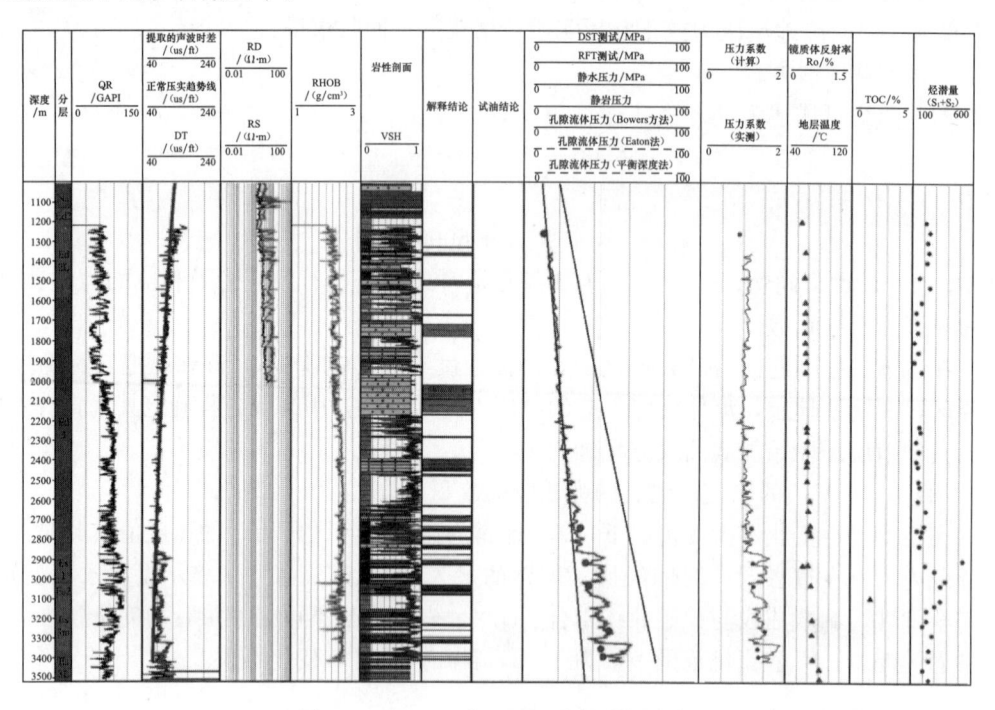

图 3-7　JX1-1-1 井地层压力综合剖面图

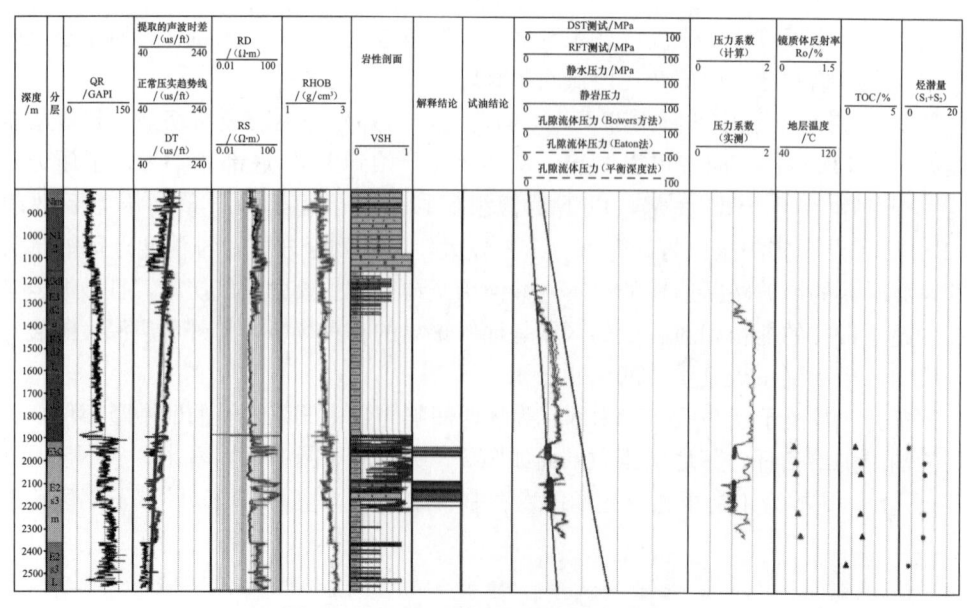

图 3-8　JZ25-1-3 井地层压力综合剖面图

JZ16-4-2 井位于辽中凹陷北部，辽中凹陷北部是整个渤海湾盆地沉降速率最大的区域之一，故此部分区域也是整个渤海湾盆地超压发育幅度最大的区域，JZ16-4-2 井其地层压力剖面如图 3-9 所示。从图中可以看出，超压的发育基本起始于 E_3d^{2L} 中部，E_3d^{2L} 中部以下层段普遍发育超压，实测最高压力系数超过 1.90，除 3430m 左右有极个别实压力点高于计算压力，其余计算压力与实测压力均吻合较好。本井各层段相对于其他区域埋深较大，较高的沉积速率造成 E_3d^3 巨厚泥岩强烈欠压实，故 E_3d^3 发育的强超压，泥岩的欠压实作用有重要贡献。同时，对比有机质成熟度及 3430m 左右实测压力明显大于计算压力也可以得出，有机质生烃也是 E_3d^3 超压发育的重要因素。

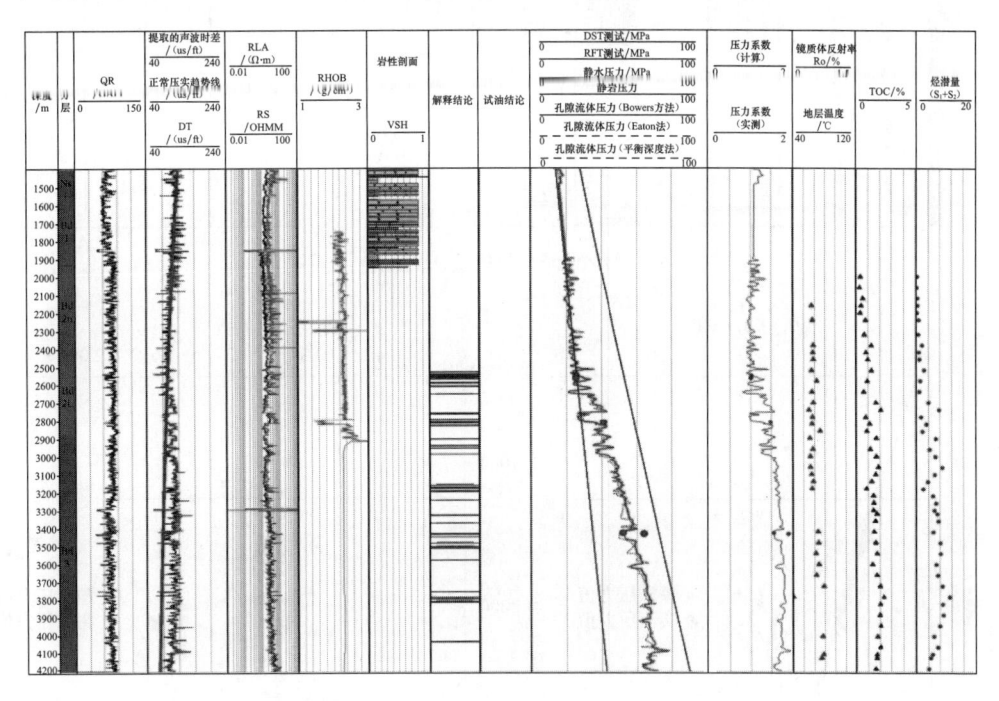

图 3-9 JZ16-4-2 井地层压力综合剖面图

JZ20-2-15 井位于辽西低凸起北部，为辽西凹陷与辽中凹陷之间的凹中隆部位，具有充足的油源供给条件，其地层压力剖面如图 3-10 所示。从图中可以看出，从 N_1m^L 开始到 E_3d^{2U} 底部基本为正常压力，超压的发育基本始于 E_3d^{2U} 底部，最高压力系数达到 1.55，平衡深度法计算地层压力在岩性变化较大的层段相对波动较大，Bowers 方法与 Eaton 方法计算压力与实测压力吻合较好。东营组 Ro 最大值为 0.5 左右，显然不具备大规模生烃的条件，E_3d^{2L}、E_3d^3 发育的超压是泥岩的欠压实造成的，巨厚泥岩及超压的发育使其可以作为本井极为优越的盖层，实测含油气层主要位于超压盖层之下的砂岩储层中。

在恢复了辽东湾地区典型超压井压力剖面的基础上，以实测地层压力值为基础，编制了辽中凹陷及辽西低凸起地层压力与埋深关系图（图 3-11）。图中，圆点为声波时差值预测的地层压力值；黑色方块为实测地层压力值。

辽东湾地区浅层为正常压力，深层为异常高压，而且深层超压非常明显，压力系数高达 1.90，超压起始深度约为 1250m。

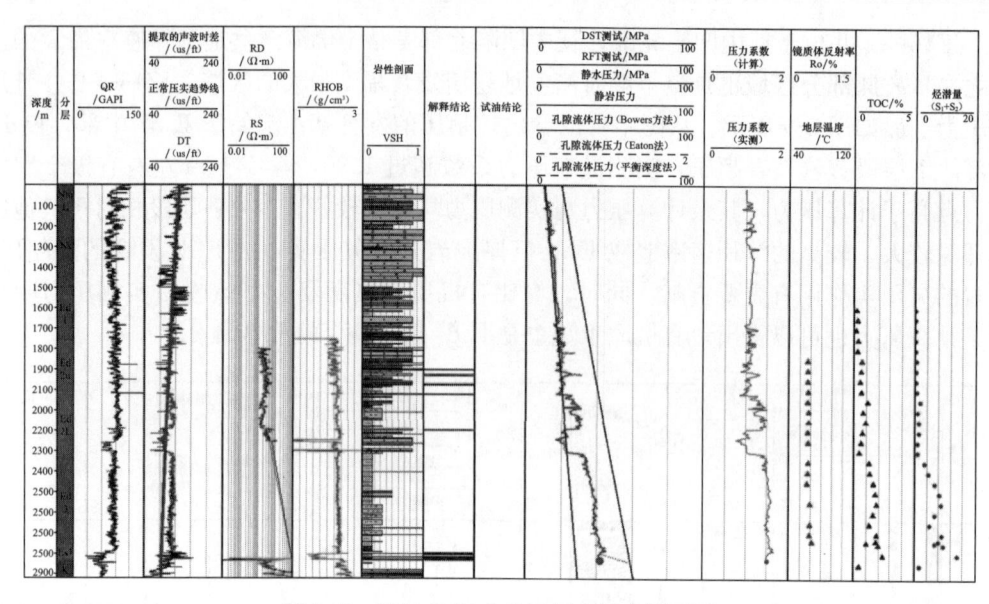

图 3-10 JZ20-2-15 井地层压力综合剖面图

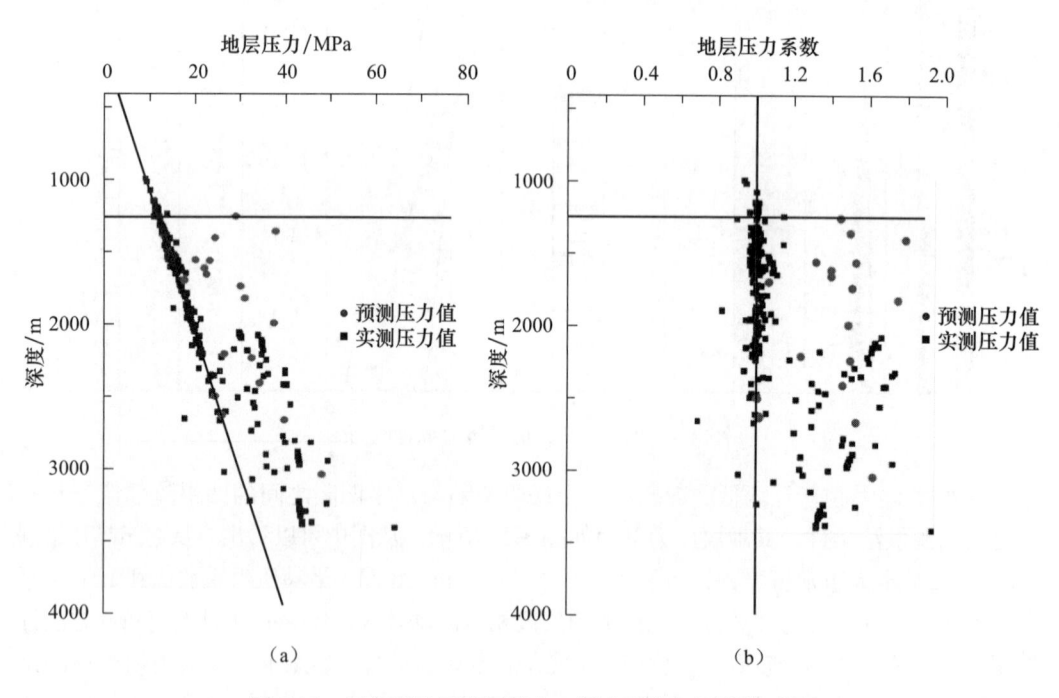

图 3-11 辽东湾地区地层压力、压力系数与埋深关系图

辽东湾地区由北向南超压强弱不同，北区超压幅度最大，压力系数可达 1.60～1.80；中区超压幅度稍小，压力系数多小于 1.60；南区超压系数最小，压力系数都小于 1.40（图 3-12 和图 3-13）。

辽中凹陷及辽西低凸起超压出现的起始深度不一致，中区最浅，约为 1250m（JZ25-1S-2 井，E_3d^{2U} 底部，压力系数 1.45）；北区稍深，约为 1400m（JZ20-2-1 井，

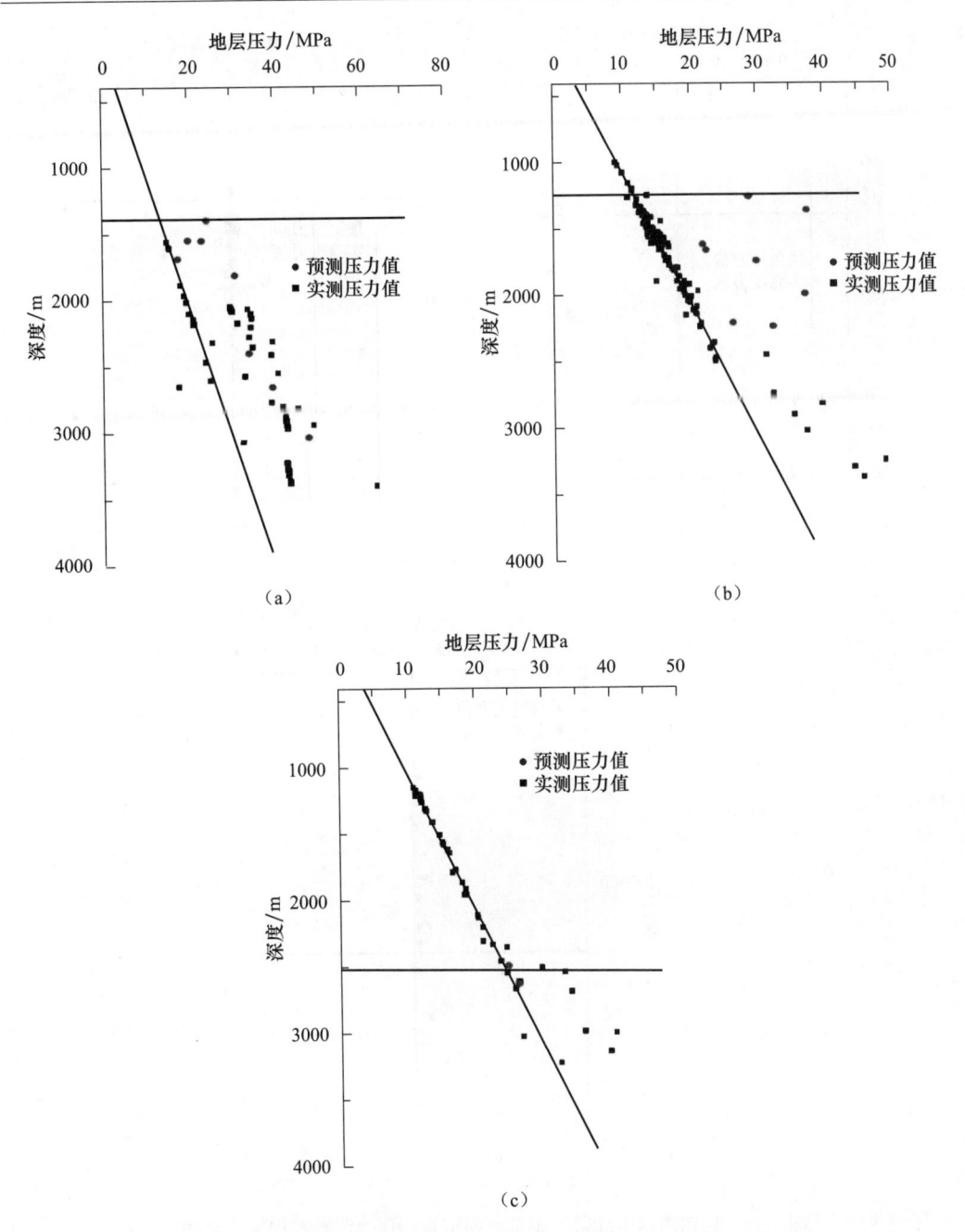

图 3-12 辽东湾地区起北部、中部、南部地层压力与埋深关系图

E_3d^1，压力系数 1.79）；南区最深，约为 2540m（LD22-1-1 井，E_2s^3，压力系数 1.34）。

3.2.3 地压场平面分布特征

地层压力是盆地动力系统中最重要的因素之一，尤其是对于辽中凹陷这样典型的高压地区，弄清地层压力的分布特征，对于判断地下油气运移方向和最可能的聚集部位，

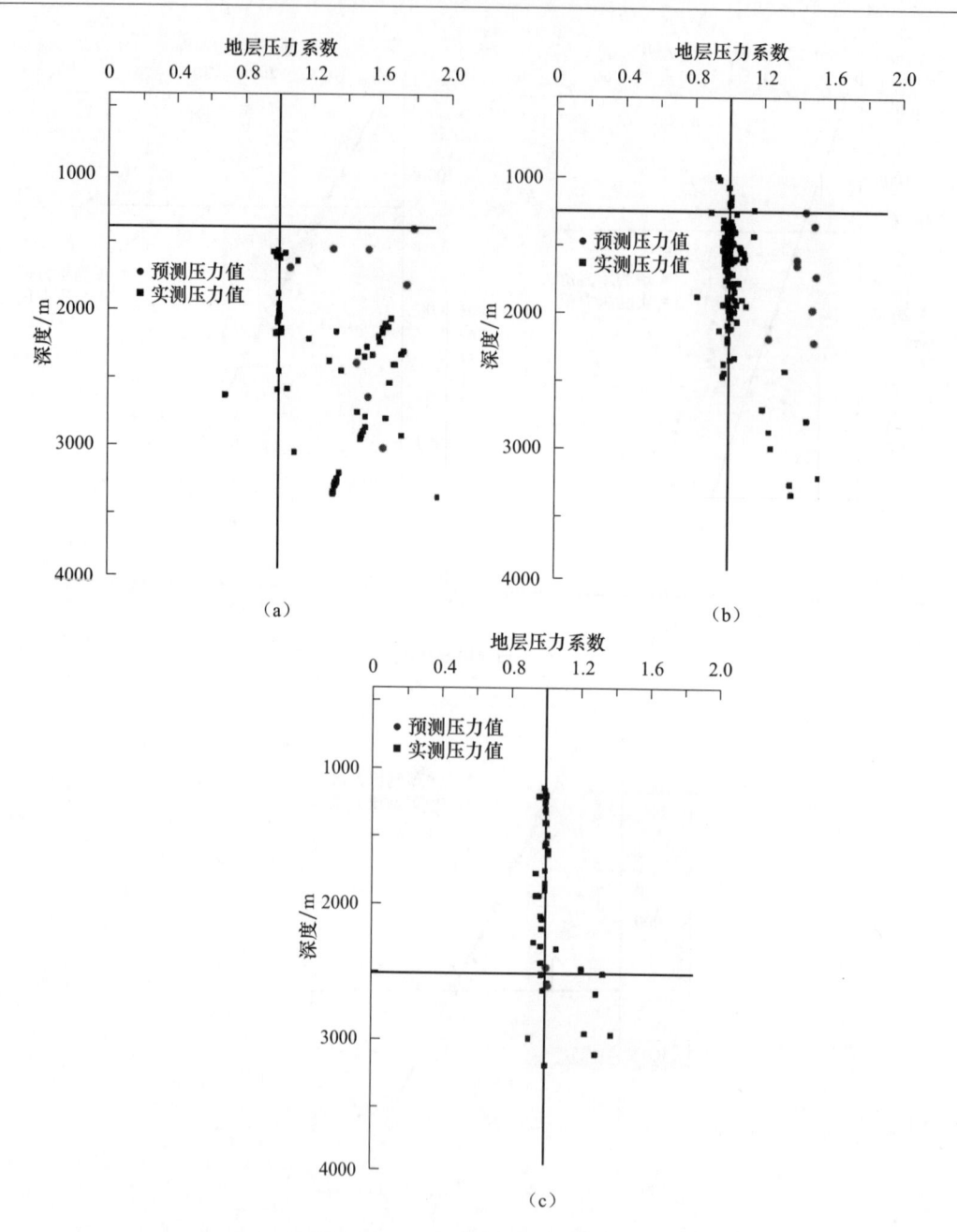

图 3-13 辽东湾地区北部、中部、南部地层压力系数与埋深关系图

间接预测储层的含油气性有着重要意义。辽中凹陷钻井和实测地层压力数据分布很不均匀，因此，本节研究采用地震速度计算的地层压力（刘震等，2006）、实测地层压力和使用声波时差值计算的地层压力综合预测盆地地层压力平面分布特征。

辽东湾地区超压分为深、浅两个超压体系，浅层超压体系主要对应于东二段下亚段至沙一段，深层超压体系主要对应沙三段。两个超压体系的超压都主要分布在南、北两个地区，但浅层超压体系北段超压范围明显大于深层超压体系。

东二段下-沙一段地层压力系数平面展布特征如图3-14所示，东二段下超压分布区域包括JZ20-2气田、JZ21-1油气田、JZ25-1/1S油气田、JZ31-6气田等所在区。JZ20-2-1井东二段下超压幅度最大，压力系数高达1.80。JZ25-1-2、JZ20-2-13、JZ21-1-1、JZ25-1S-2、JZ31-6-1、JZ31-6-3井东二段下超压幅度稍小，在1.50左右。

东三段-沙一段异常高压主要分布在南、北两个地区。JZ25-1S油气田以北基本为异常高压区，超压范围广、幅度大，压力系数最高可达1.70，平均剩余压力达19.5MPa；中段基本无超压分布，如SZ36-1油田、JX1-1油田等；同辽中凹陷北段相比，辽中南洼的超压分布范围较小，超压幅度也较小，最高压力系数仅为1.40（图3-14）。

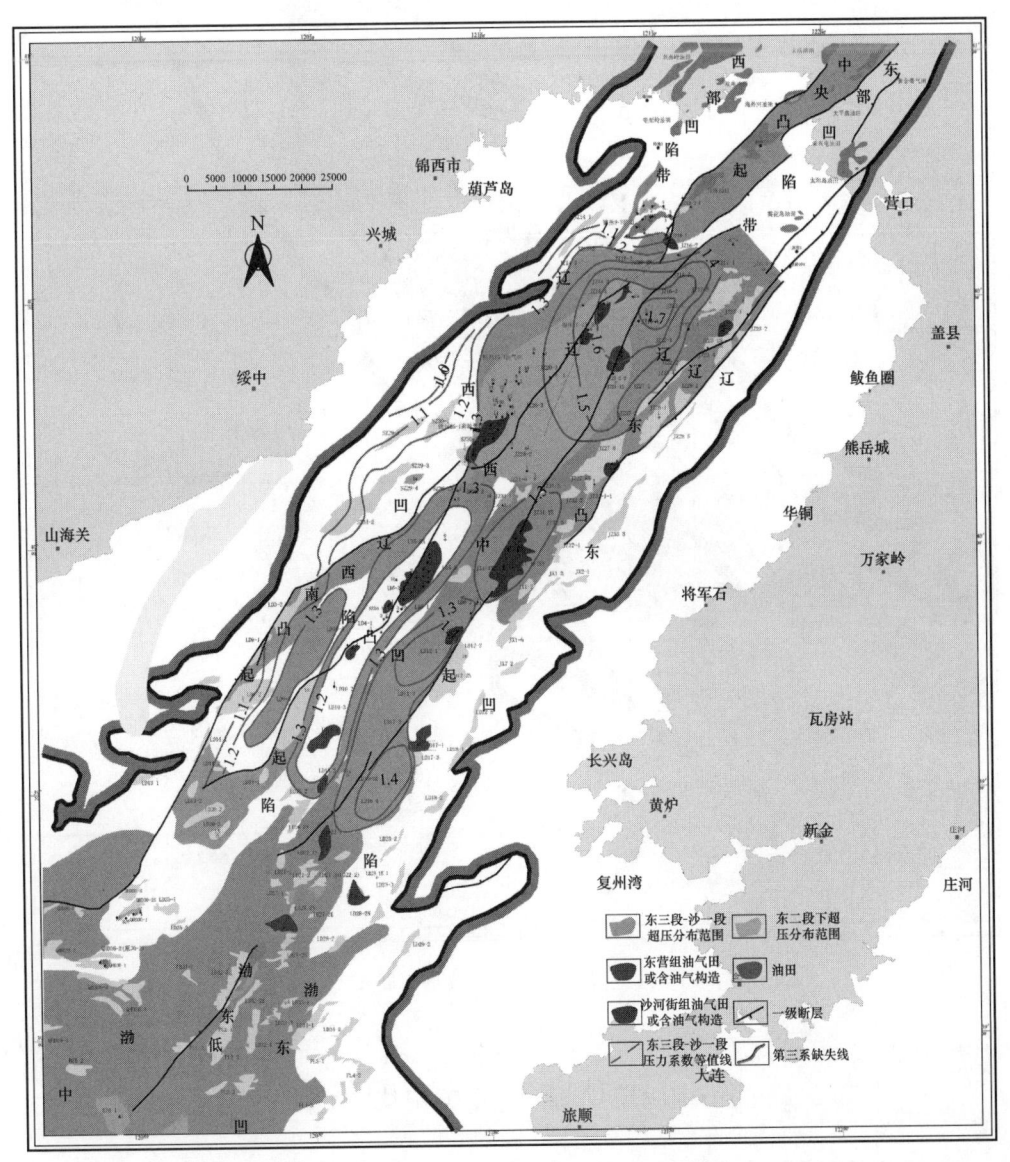

图3-14 东二段下-沙一段地层压力系数平面展布特征图

沙三段异常高压在辽东湾北部的分布范围较小；中段有超压，分布零散，如JZ25-1/1S 油气田、JX1-1 油田西部等，超压幅度小，压力系数为 1.30～1.40；辽东湾南部超压主要分布在辽中南洼内部，超压幅度较小，压力系数为 1.30～1.40（图 3-15）。

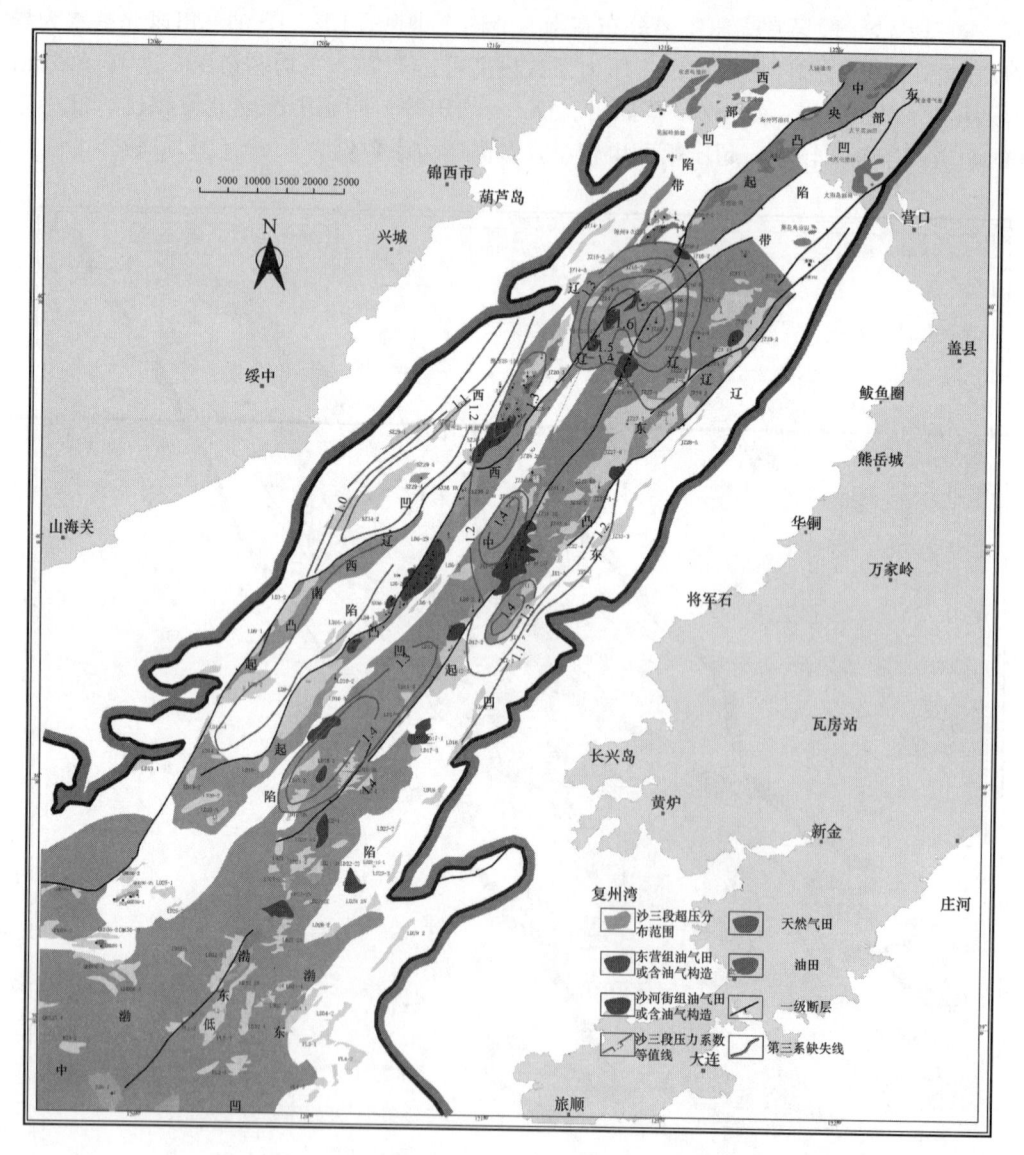

图 3-15 沙三段地层压力系数平面展布特征图

3.3 压力与油气分布的关系

异常高压的存在具有重要的石油地质意义，主要是在压实、欠压实和生烃作用下产生的地层压力差驱动油气从高势区向低势区运移聚集成藏。这种压差在油气初次运移过程中十分重要。当烃源岩层的异常压力超过岩石破裂压力时，产生微裂缝，形成幕式排烃，从而完成油气的初次运移；异常高压层对油气具有良好的压力封闭作用，压力封闭不仅可以封闭游离相态的油气，而且可以封闭住水溶相态的油气。它将油气阻止于泥岩层的下方，从而形成烃类聚集。

3.3.1　JZ20-2气田压力与油气成藏的关系

JZ20-2气田位于辽西低凸起的北部，其东一段、东二段下-基底都分布异常高压（表3-1）。南高点的JZ20-2-1井E_3s^1、E_3s^2测试有气层，中高点的JZ20-2-3井E_3s^1、E_3s^2和Pre-Camb测试有气层或油层，北高点的JZ20-2-5井E_3s^1、E_3s^2测试有气层。所有气层或油层都处于异常高压内，其上部有超压泥岩的封堵（图3-16）。JZ20-2气田其余井的产层都处于异常高压内，储层岩性为白云岩、生物灰岩、凝灰岩、花岗岩（基底）等，盖层为上部E_3d^{2L}-E_3d^3超压泥岩。

表3-1　JZ20-2气田部分井油气测试成果表

井号	测试顶斜深/m	测试底斜深/m	层位	地层压力系数	日产油/(m³/d)	日产水/(m³/d)	日产气/(m³/d)	测试结论
JZ20-2-3	1 615.50	1 641.0	E_3d^{2U}	0.98	89.400	—	4 317	油层
JZ20-2-12D	1 813.00	1 820.2	E_3d^{2U}	1.04	104.270	—	4 019	油层
JZ20-2-2	2 219.00	2 227.0	E_3s^1	1.59	62.300	—	194 193	凝析气层
JZ20-2-5	2 317.00	2 326.0	E_3s^1	1.73	16.200	—	73 455	凝析气层
JZ20-2-11D	2 872.00	2 880.0	E_3s^1	1.69	90.300	—	385 802	凝析气层
JZ20-2-7D	2 430.00	2 494.0	$K+E_3s^1$	1.65	29.800	—	191 100	凝析气层
JZ20-2-10	2 423.50	2 453.0	$K+E_3s^1$	1.68	374.500	—	60 861	高产气层
JZ20-2-1	2 158.00	2 203.0	E_3s^2	1.62	49.700	—	123 983	凝析气层
JZ20-2-5	2 334.00	2 347.0	E_3s^2	1.72	50.000	—	233 241	凝析气层
JZ20-2-15	2 807.50	2 826.0	E_3s^2	1.51	19.070	—	4 032	油层
JZ20-2-12D	2 501.20	2 550.0	K	1.65	61.700	—	216 968	凝析气层
JZ20-2-3	2 115.04	2 216.7	Pre-Camb	1.63	202.400	—	298 322	油层
JZ20-2-7D	2 758.0	2 850.0	Pre-Camb	1.51	0.087	5.042	微	含油水层

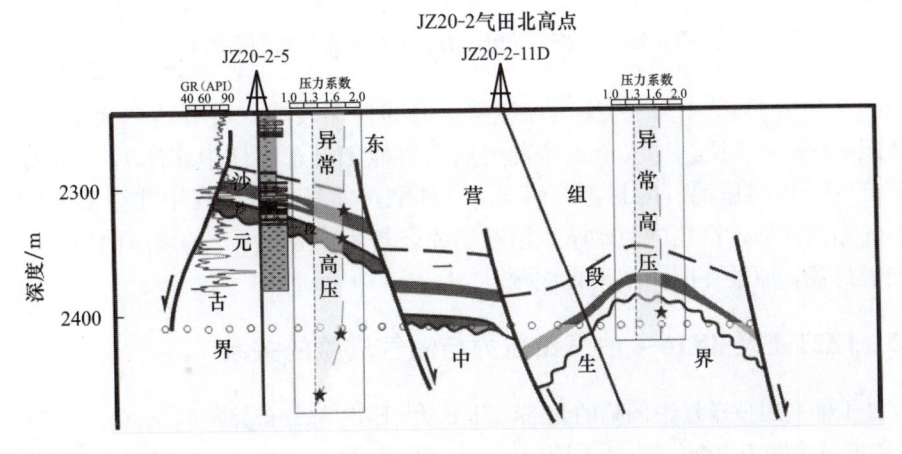

(a)

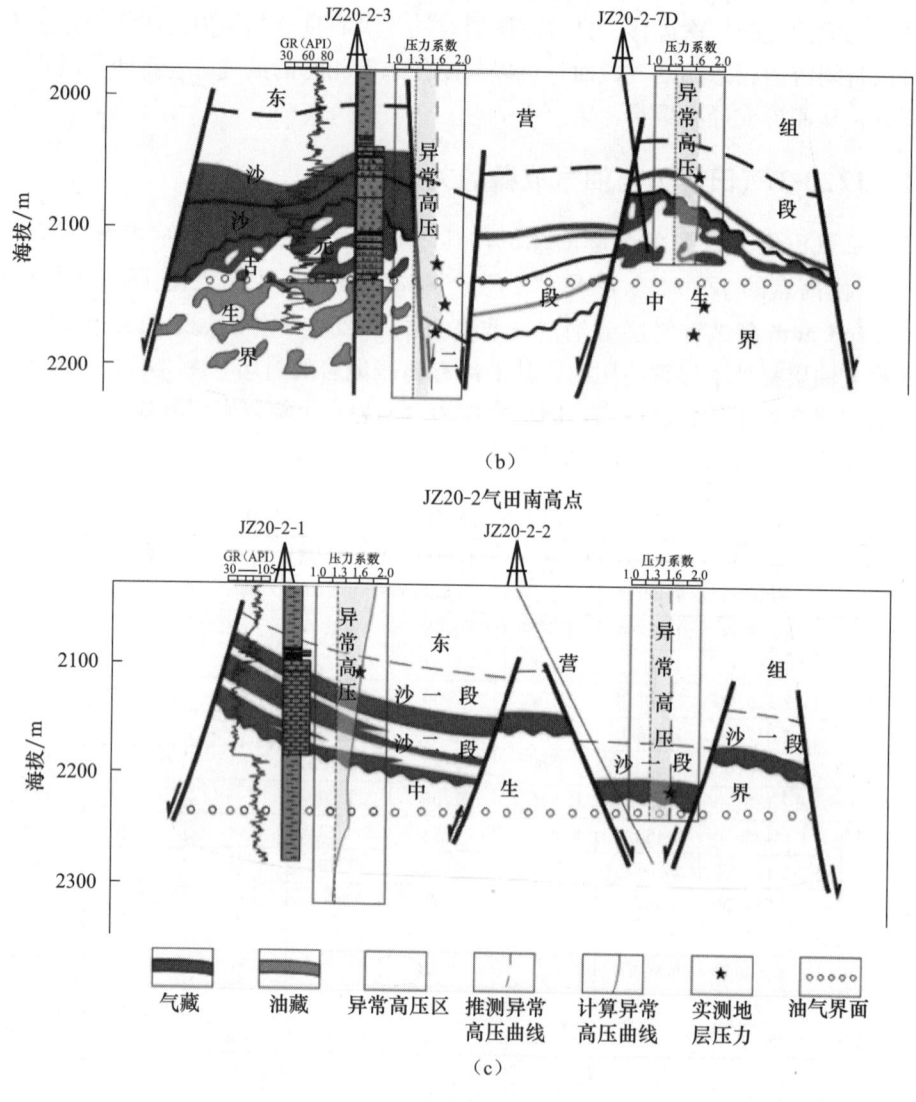

图 3-16 JZ20-2 气田压力及油气分布关系剖面图

JZ20-2 气田 E_3d^{2L}-E_3d^3 为优质烃源岩,但其埋深较浅,没有达到大量生气门限。因此,E_3s^1、E_3s^2、K、Pre-Camb 中的天然气可能来自东部辽中北洼 E_2s^3 烃源岩,上部有 E_3d^{2L}-E_3d^3 超压泥岩的封盖。而 E_3d^{2U} 油藏可能是本区或辽中北洼 E_3d^{2L}-E_3d^3 烃源岩中的原油在异常高压的驱动下,沿断层或裂缝运移至 E_3d^{2U} 的常压储层中,上部有超压泥岩封盖,原油在圈闭中聚集成藏。

3.3.2 JZ21-1 及 JZ16-4 油气田压力与油气成藏的关系

JZ21-1 油气田位于辽中凹陷的北部,其 E_3d^{2L}-E_3d^3 都分布异常高压(图 3-17)。JZ21-1-1 井 E_3d^{2L} 上部常压段测试有油水同层、气层和油气层(表 3-2),储层岩性为泥质砂岩和砂岩，E_3d^{2L} 下部超压段测试有油层，储层岩性为砂岩。JZ21-1-2D、JZ21-1S-1 井在 E_3d^{2U} 测试有油层，地层压力为静水压力，储层岩性为泥质粉砂岩。

JZ16-4 油气田位于 JZ21-1 油气田北部，其 E_3d^{2L} 底部 E_3d^3 都分布异常高压（图 3-17）。JZ16-4-1 井和 JZ16-4-2 井 E_3d^{2L}、E_3d^3 测试有油气层（表 3-2），都位于异常高压段内。

JZ21-1 及 JZ16-4 油气田 E_3d^{2L}、E_3d^3 超压段油藏为异常高压内部自生自储的油气藏。而 E_3d^{2U}、E_3d^{2L} 常压段油气藏可能是 E_3d^{2L} 下部-E_3d^3 烃源岩中的原油在异常高压的驱动下，沿断层或裂缝运移至 E_3d^{2U}、E_3d^{2L} 下部常压储层中，上部有泥岩封盖，原油在圈闭中聚集成藏。

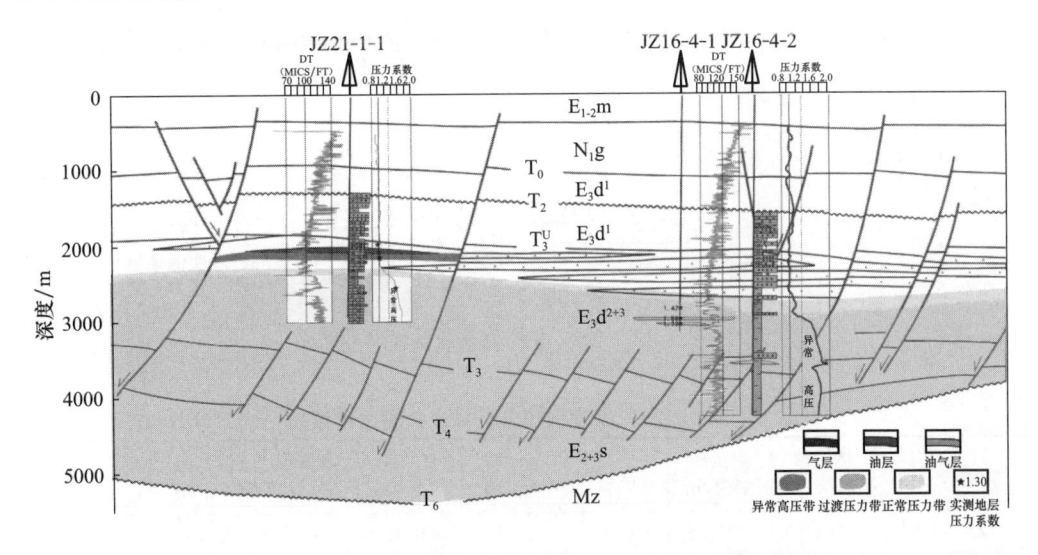

图 3-17　JZ21-1 及 JZ16-4 油气田压力及油气分布关系剖面图

表 3-2　JZ21-1 及 JZ16-4 油气田部分井油气测试结果表

井号	测试顶斜深/m	测试底斜深/m	层位	地层压力系数	日产油/(m³/d)	日产水/(m³/d)	日产气/(m³/d)	测试结论
JZ21-1-1	2 106.0	2 114	E_3d^{2L}	1.00	54.61	2.1	3 801	油水同层
JZ21-1-1	2 151.5	2 174	E_3d^{2L}	1.02	34.54	—	256 856	凝析气层
JZ21-1-1	2 181.0	2 187	E_3d^{2L}	1.02	62.02	—	15 680	油气层
JZ21-1-1	2 551.5	2 556	E_3d^{2L}	1.66	0.43	2.48	—	致密油层
JZ21-1-2D	2 385.5	2400	E_3d^{2U}	0.98	256.99	—	36 877	油层
JZ21-1S-1	1 928.0	1 939.5	E_3d^{2U}	1.00	69.20	—	3 160	油层
JZ21-1S-1	2 008.5	2 017	E_3d^{2U}	1.01	100.40	—	7 092	油层
JZ16-4-1	2 950.0	2 985	E_3d^{2L}	1.68	16.26	—	10 108	油气层
JZ16-4-2	3 427.0	3 436	E_3d^3	1.93	39.67	—	63 071	油气层

3.3.3　JZ25-1S 油气田压力与油气成藏的关系

JZ25-1S 油气田位于辽西低凸起的中北部，其 E_3d^{2L}-E_3s^1、E_2s^3 都分布异常高压

（图 3-18）。JZ21-1S-2 井 E_3s^2 测试有气层（表 3-3），储层岩性为砂岩，盖层为 E_3d^{2L}-E_3s^1 超压泥岩；基底测试有油层，储层岩性为变质岩，盖层是 E_2s^3 超压泥岩。

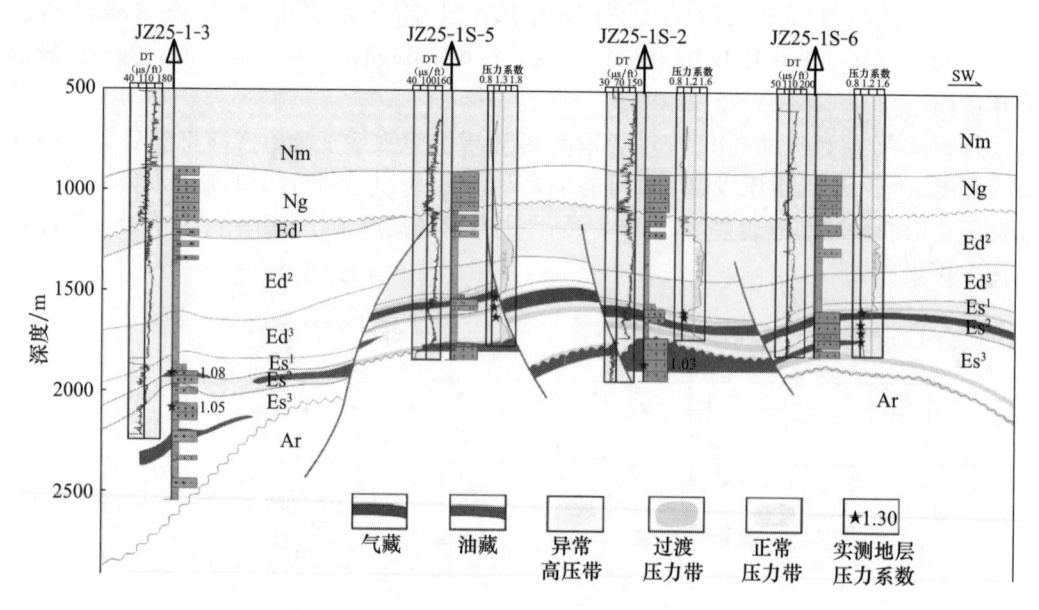

图 3-18　JZ25-1S-2 井压力及油气测试剖面图

表 3-3　JZ25-1S 油气田部分井油气测试结果表

井号	测试顶斜深/m	测试底斜深/m	层位	地层压力系数	日产油/(m³/d)	日产水/(m³/d)	日产气/(m³/d)	测试结论
JZ25-1S-1	1 641.50	1 648.5	E_3s^2	1.0498	29.40	—	2 576	油层
JZ25-1S-2	1 620.00	1 625.0	E_3s^2	1.035 9	17.30	—	256 353	凝析气层
JZ25-1S-3	1 670.50	1 688.0	E_3s^2	1.018 4	108.60	—	7 300	油层
JZ25-1S-3	1 593.00	1 605.5	E_3s^2	1.075 5	—	—	289 286	气层
JZ25-1S-4D	1 537.50	1 636.0	E_3s^2	1.147 7	—	—	244 673	气层
JZ25-1S-7	1 664.00	1 684.0	E_3s^2	1.025 4	185.00	—	19 394	油层
JZ25-1S-1	1 811.00	1 960.0	Pt	1.061 0	365.80	—	19 664	油层
JZ25-1S-2	1 736.37	2 024.0	Ar	1.029 5	356.50	—	12 938	油层
JZ25-1S-4D	1 920.00	2 022.0	Ar	1.028 7	321.20	—	6 152	油层
JZ25-1S-7	1 820.20	1 970.0	Ar	1.018 8	194.60	—	7 520	油层
JZ25-1S-8	1 618.00	2 010.2	Ar	1.096 1	201.34	—	12 901	油层

JZ25-1S 油气田其余井与 JZ21-1S-2 井情况类似，产层主要在 E_3s^2、Ar、Pt 中，基本为正常压力，盖层为 E_3s^1-E_3d^{2L} 超压泥岩。

JZ25-1S 油气田 E_3d^{2L}-E_3d^3、E_2s^3 烃源岩，其埋深较浅，没有达到大量生气门限。研究发现，基底和 E_3s^2 中的油气来自辽中凹陷和辽西凹陷中的 E_2s^3 烃源岩，上部有超压泥岩的封盖，油气在圈闭中聚集成藏。

3.3.4 JX1-1 油气田压力与油气成藏的关系

JX1-1 油田位于辽中凹陷的中部，其被辽中 1 号断层分割为东西两块，西块沙河街组测试有异常高压（表 3-4）。JX1-1-1 井 E_3d^3 底部压力过渡段测试有油层（图 3-19），储层岩性为砂岩，盖层为 E_3d^3 下部的泥岩；E_3s^1-E_3s^2 为过渡压力-异常高压段，测试有油水同层，储层岩性为砂岩，盖层为 E_3d^3 底部的泥岩和 E_2s^1 泥岩；E_2s^3 为异常高压段，测试有油层，储层岩性为粉砂岩、砂岩，盖层为 E_2s^{3M} 上部超压泥岩。

表 3-4 JX1-1 油田部分井油气测试结果表

井号	测试顶斜深/m	测试底斜深/m	层位	地层压力系数	日产油/(m³/d)	日产水/(m³/d)	日产气/(m³/d)	测试结论
JX1-1-2D	1 480.5	1 485.5	E_2d^{2L}	0.98	27.60	—	789	油层
JX1-1-1	2 731.0	2 745.0	E_3d^3	1.21	6.70	—	—	油层
JX1-1-3	1 552.0	1 566.0	E_3d^3	1.03	51.20	—	28 772	油气层
JX1-1-5	1 520.0	1 537.0	E_3d^3	1.00	84.70	—	—	油层
JX1-1-7	1 458.0	1 495.0	E_3d^3	0.99	59.80	—	—	油层
JX1-1-1	2 900.8	2 924.0	E_3s^1	1.24	22.22	9.66	—	油水同层
JX1-1-1	3 025.5	3 034.0	E_3s^2	1.25	12.43	2.93	—	油水同层
JX1-1-1	3 249.0	3 261.0	E_2s^3	1.53	6.14	—	—	油层
JX1-1-1	3 290.5	3 404.0	E_2s^3	1.37	2.51	—	—	油层
JX1-1-2D	2 913.5	2 920.0	E_2s^3	1.46	47.80	—	6 172	油层

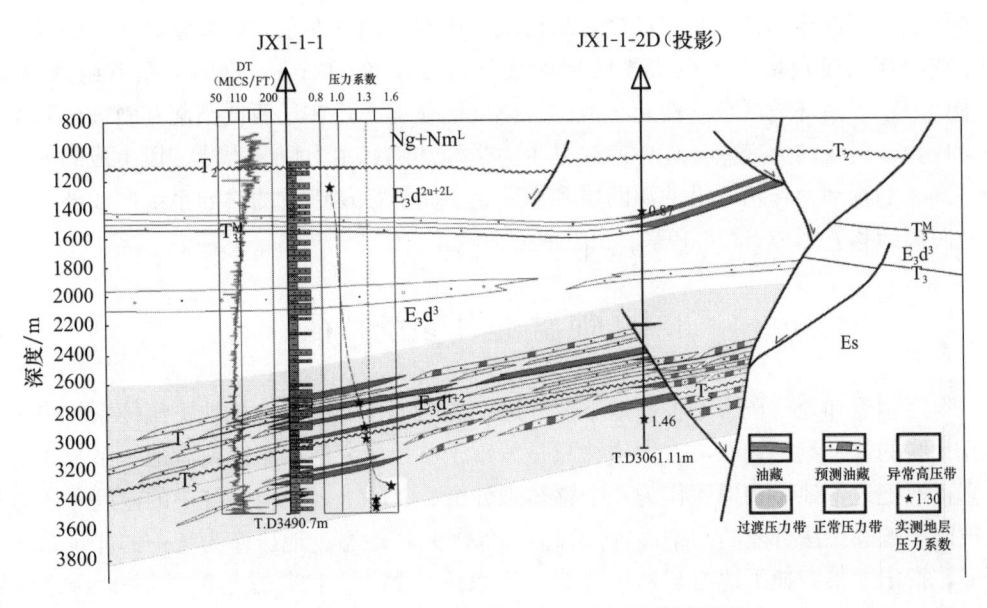

图 3-19 JX1-1 油田综合压力及油气测试剖面图

JX1-1-2D、JX1-1-3、JX1-1-5、JX1-1-7 井在 E_3d^{2L}、E_3d^3 常压段测试有油层或油气层，储层岩性为细砂岩，盖层情况与 JX1-1-1 相似。JX1-1-2D 井 E_2s^3 为异常高压段，

测试有油层，储层岩性为粉砂岩，盖层为 E_2s^3 上部超压泥岩。

JX1-1 油田 E_3d^{2L}-E_3s^2 油气藏的油气可能来自 E_3d^3-E_3s^2 常压-压力过渡段烃源岩，也可能是 E_2s^3 超压段烃源岩中原油在异常高压的驱动下，沿断层或裂缝运移至 E_3d^{2L}-E_3s^2 常压-压力过渡段圈闭中聚集成藏。E_2s^3 超压段油藏为异常高压内部自生自储的油气藏。

综合上述油气田的特征，可以看出在纵向上，天然气藏主要分布于异常高压的内部，油藏主要分布于异常高压内部或异常高压边缘（常压或压力过渡带）。超压层段内发育有油气层的地区主要在辽中北洼和中洼。

从油气藏的平面分布来看，不论是东营组油气藏还是沙河街组油气藏，都主要位于超压区的边缘或常压区，如 JZ25-1S、SZ36-1、LD27-2 等；少数岩性油气藏或封闭条件非常优越的凝析气藏位于超压区内，如 JZ16-4、JZ21-1、JZ20-2 等。

辽中凹陷北部地区沙一、二段是最主要的含油层系，其次是潜山；中南部地区则以东二段为最主要的含油层系，沙河街组仅发现储量规模小的含油气构造，如 JX1-1、LD22-1。辽中凹陷北部范围广、幅度大的东二段下-沙二段超压体系，封盖条件极为优越，尽管主力烃源岩沙三段也存在大幅度的异常高压，但生成的丰富油气难以突破此套区域盖层，被封盖在其下，油气在沙三异常高压的强动力作用下主要沿不整合面或不整合面—砂体组成的输导系统向辽西低凸起作长距离运移，使沙一、二段、潜山成为主要的含油层系，形成 JZ20-2、JZ25-1S 等大中型油气田；在超压幅度变小、封盖条件变差处，通过断层的沟通，油气才能穿越此套盖层，进入东二段储层中聚集成藏；另外，在辽中凹陷北部深洼部位，东三段烃源岩已成熟生烃，油气在东三段异常高压的强动力作用下或沿断层或直接进入东二段储层中聚集成藏，如 JZ21-1、JZ16-4 东营组油气藏。辽中凹陷中、南部地区东三段超压范围、幅度明显缩小，在辽西低凸起和斜坡区基本为正常压力，封盖能力变差，辽中南洼是主力供烃洼陷，主力烃源岩沙三段生成的油气在异常高压的强动力作用下沿油源断层和东营组三角洲砂体组成的输导系统向浅部和侧向作长距离运移，形成 SZ36-1 等东二段主力油藏。

3.4 地温-地压系统特征

地层温度和地层压力是控制地下流体运动的两个主要因素，是地下流体系统中两个相互关联的物理量。然而，人们往往只是偏重于单独研究地温系统或者地压系统，而没有真正地把地下地温和地压作为一个整体来分析。实际上，任何系统中的温度和压力都是彼此影响和无法分隔的。刘震等（1997，2000）将地温、地压作为统一的能量系统来研究，指出如果把地下地温与地压作为一个系统，那么含油气盆地的地温-地压系统基本上属于一种封闭系统。在这个系统内，地层温度与地层压力为线性关系：$T=KP+L$，相邻系统之间的地温-地压关系有明显的差别。地温-地压系统（简称温-压系统）分析需要在对地温场、地压场单独分析的基础上，将二场有机地耦合起来系统地分析工区流体动力特征，研究其对油气成藏的控制作用。

3.4.1 沉积盆地实际地温-地压系统模式

沉积盆地一般具有两个或两个以上的地温-地压系统，通常包括一个浅层地温-地压系统和至少一个深层地温-地压系统。在每一个地温-地压体系中，地温与地压保持直线关系，但在不同的地温-地压体系中，地温-地压直线的斜率不同。实际地下地温-地压关系表现为不同斜率的直线构成的折线形式，故可将实际地温-地压模式称为"折线模式"。

据初步统计，目前发现沉积盆地一般存在三类地温-地压模式（图 3-20）：第一类是高压型复式地温-地压模式，其浅层的地压为静水压力，深层地压为异常高压；第二类是低压型复式地温-地压模式，其浅层的地压为静水压力，深层地压局部出现异常低压段；第三类为单一型地温-地压系统，剖面上地温与地压保持一条直线关系，整体表现为一个统一的静压型温-压系统。

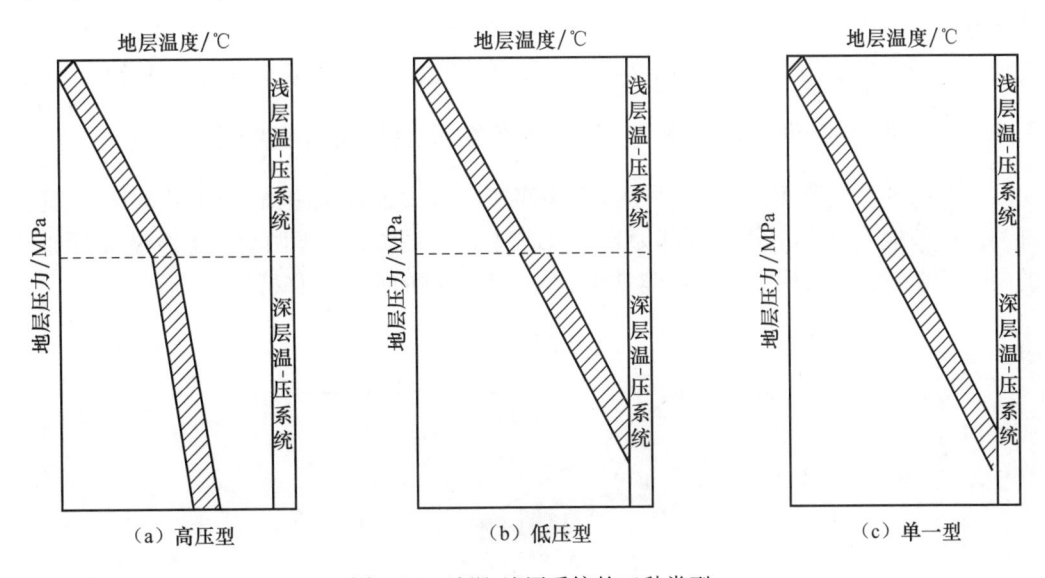

图 3-20 地温-地压系统的三种类型

1. 高压型复式地温-地压系统模式

高压型复式地温-地压系统表明深部地温-地压系统具有较高的能量，深部流体具有向浅部层位运移的趋势。在深部地温-地压系统内，油气会沿着断层和（或）裂隙从深部层系垂向运移到该地温-地压系统内浅部层系中的圈闭中聚集，或油气沿断层和（或）裂隙从深部层系垂向运移到该地温-地压系统之上的浅层地温-地压系统里的圈闭中聚集。高压型复式地温-地压系统具有四个特点：①流体垂向运移动力强；②深部高压型地温-地压系统内与断裂有关的油气藏集中在该系统内的上部层系，而该系统内下部层系中仍可发育孤立的岩性类油气藏；③浅部静压型地温-地压系统内可以发育与深断裂有关的深源油气藏；④纵向油气储量集中在中浅部层系内。

2. 低压型复式地温-地压系统模式

低压型复式地温-地压系统表明深部地温-地压系统具有的能量很低，深部流体无法向浅部层位运移。深部油气只能在深部层位中的圈闭里聚集,不会沿断裂向上运移到浅部层系中。低压型复式地温-地压系统具有以下四个特点:①流体垂向运移动力极弱,垂向运移极不明显;②深部负压型地温-地压系统内的油气藏以自生自储型为主,发育深盆气或深盆油;③浅层静压型地温-地压系统内不发育与深断裂有关的深源油气藏;④纵向油气储量集中在深部层系。

3. 单一型地温-地压系统模式

单一型地温-地压系统剖面上地温与地层压力保持一条直线关系,不存在折转或错开,表现为一个统一的静压型地温-地压系统。该类地温-地压系统具有的能量较低,深部流体上窜的动力较小,仅靠浮力,油气难以从深部向浅部运移。单一型地温-地压系统具有四个特点:①流体垂向运移的动力较弱,垂向运移不明显;②深部生成的油气在同层系的圈闭中聚集成藏,油气藏以自生自储型原生油气藏为主;③浅层有可能发育小型的与深断裂有关的深源油气藏;④纵向油气储量取决于各层系本身的资源量。

3.4.2 辽中凹陷典型构造区地温-地压系统及油气层分布特征

辽东湾地区地温-地压系统总体表现为高压型复式地温-地压系统(图 3-21),其浅部为静压型地温-地压系统,深部为超压型地温-地压系统。上下两套系统地温-地压直线的斜率差别较大,说明下部超压非常明显,具有较高的垂向运移特性。

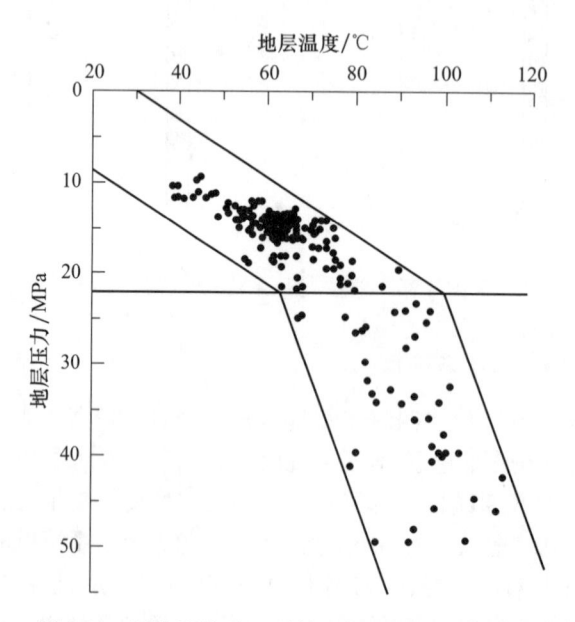

图 3-21 辽中凹陷及辽西低凸起地温-地压关系图

在凹陷区、低凸起区及反转构造带三个区都表现为高压型地温-地压系统,流体垂向运移动力强。这三个区中凹陷带的上部地温-地压系统与下部地温-地压系统回归线斜率差最大,说明其流体垂向运移的动力最强。陡坡带与走滑构造区为单一型地温-地压系统,流体垂向运移动力较弱(图 3-22~图 3-25)。

第 3 章 温压场特征及其与油气分布关系

图 3-22 凹陷带地温-地压系统

图 3-23 辽西低凸起地温-地压系统

图 3-24 反转构造带地温-地压系统

图 3-25 陡坡带与走滑构造区地温-地压系统

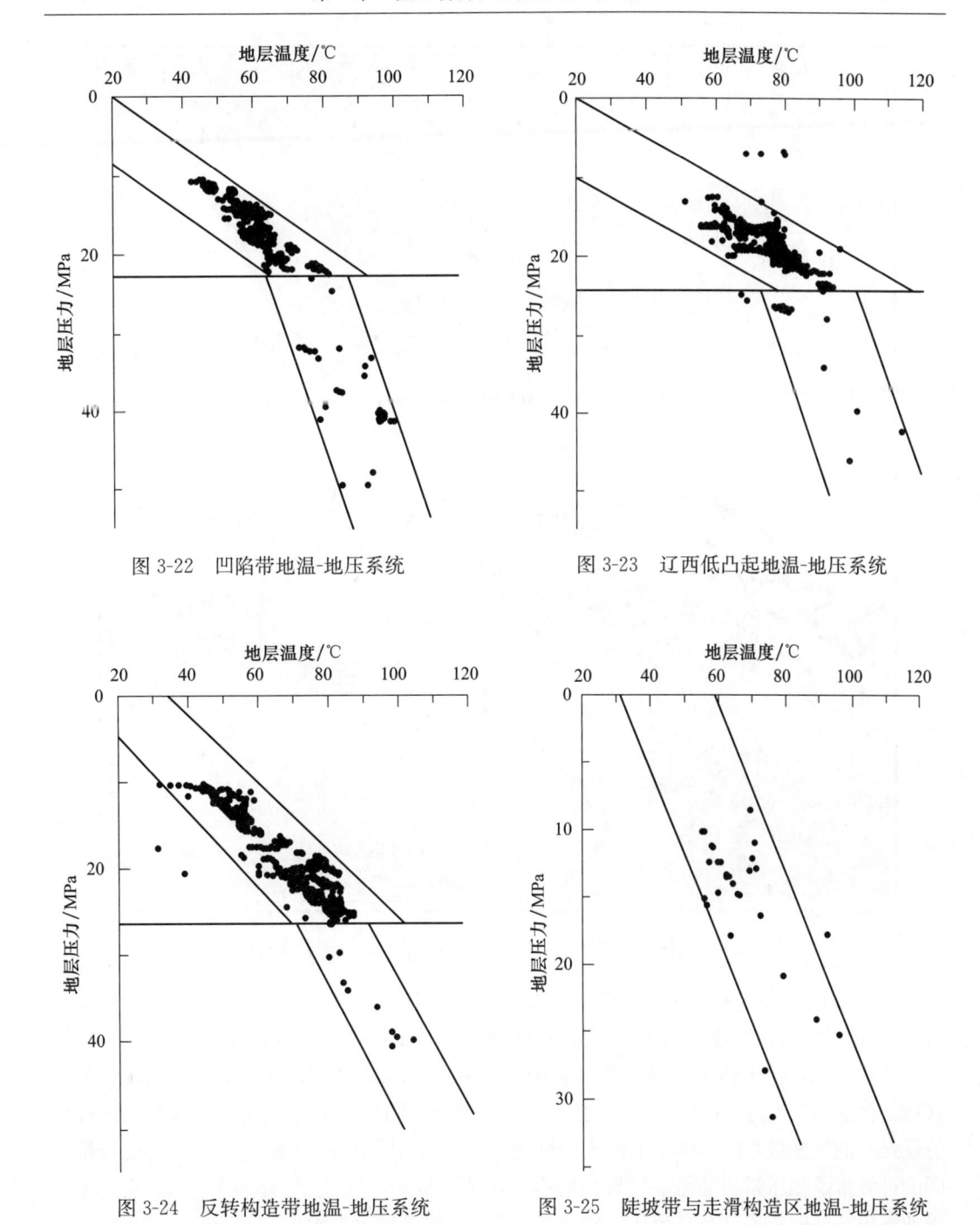

在四个典型构造区域地温-地压系统与油气测试结果的基础上，绘制了辽中凹陷典型构造区温压系统及油气层分布特征图，以便更直观地分析各区域温压系统与油气成藏的关系，如图 3-26 所示。

辽中凹陷陡坡带与走滑构造带为单一的地温-地压系统，由于该类地温-地压系统能量较低，故流体的垂向运移能力较弱。另外本区的探井数量相对较少，且多为失利井，故只

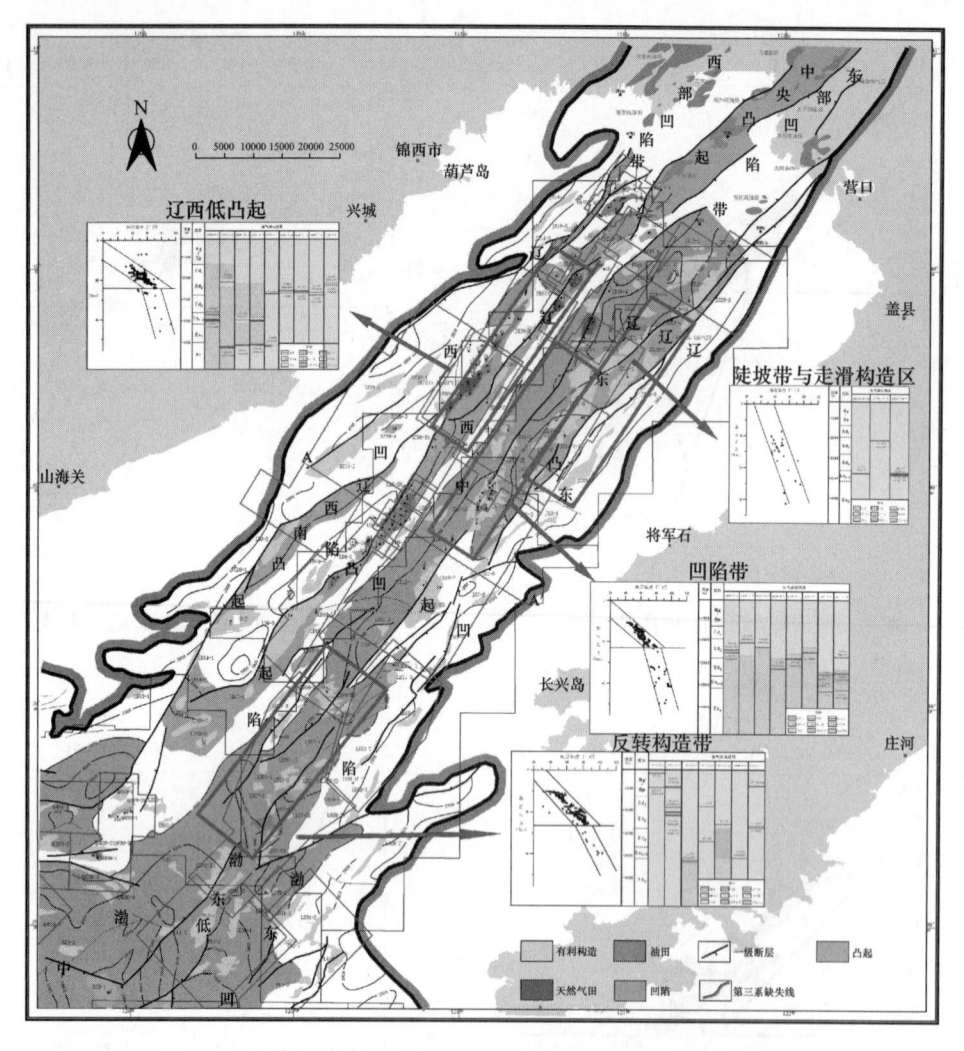

图 3-26 辽中凹陷典型构造区地温-地压系统与油气层分布特征图

选取了三口井的 DST 地层测试数据进行标定，它们分别是 JZ32-4-1D，JZ23-1-1，JZ27-6-1，从图中可以看出，除了 JZ27-6-1 井产油气较多，另外两口井产量均很小。

辽中凹陷带位于整个区域的北部偏中，这里有 JZ21-1 及 JX1-1 两个较大油田，整个区域整体为高压型地温-地压系统，普遍发育有超压，超压内部能量高，流体垂向运移动力最强。油气多数垂向运移至上部压力过渡带及常压储层中聚集成藏，常压带与超压带之间的过渡带及超压带顶部是油气聚集的有利场所，例如，JZ21-1、JZ16-4、JZ31-6、JX1-1 等油气田油气层主要分布在超压带附近，亦是温压系统的分界附近。

辽西低凸起位于整个区域的北部偏西，是整个盆地的主要产油气区之一，流体垂向运移动力强。超压内部能量高，油气垂向运移至上部压力过渡带及常压储层中聚集成藏。其中，辽西低凸起北部的 JZ20-2、JZ25-1\1S 油气田普遍发育超压，油气产量较大，油气层主要分布在超压带内或超压内部的常压带。辽西低凸起南部的 SZ36-1、LD10-1 等油气田油气层主要分布在常压带，油气藏多为东营组油藏。

辽中凹陷反转构造带位于整个区域的南部偏东，整个构造带只在局部发育有超压，如 LD22-1-1 井和 LD17-1-1Z 井，流体垂向运移相对较弱，如 LD27-2、LD22-1、LD16-3、LD20-1 等油气田油气层主要分布在常压带内。

3.5 小　　结

（1）辽中凹陷及辽西低凸起地温随埋深的增加而升高，呈较稳定的直线带状对应关系。中区平均地温梯度比北区、南区高。局部高地温梯度异常区沿辽西低凸起成串珠状分布，其延伸方向与辽东湾地区 NE 向主断裂方向一致。辽中凹陷及辽西低凸起地温梯度主要为 2.0~3.5℃/100m，平均为 2.7℃/100m。

（2）辽中凹陷及辽西低凸起异常压力主要分布在东营组二段下至沙河街组一段、沙河街组三段。异常压力主要分布在北区和南区。北区超压分布范围广，超压幅度大；南区超压范围稍小，超压幅度小；中区超压分布范围最小，超压幅度小。

（3）从纵向上看，天然气藏主要分布于异常高压的内部，油藏主要分布于异常高压内部或异常高压边缘（常压或压力过渡带）。从油气藏的平面分布来看，不论是东营组油气藏还是沙河街组油气藏，都主要位于超压区的边缘或常压区，少数岩性油气藏或封闭条件非常优越的凝析气藏位于超压区内。

（4）辽中凹陷北部幅度大、范围广的东二段下-沙一段超压体系，封盖条件极为优越，沙三段烃源岩生成的丰富油气难以突破此套区域盖层，被封盖在其下，使沙一、二段、潜山成为主要的含油层系；辽中凹陷中、南部地区东三段超压范围、幅度小，在辽西低凸起和斜坡区基本为正常压力，封盖能力变差，辽中南洼是主力供烃洼陷，主力烃源岩沙三段生成的油气在异常高压的强动力作用下沿油源断层和砂体组成的输导系统向浅部和侧向作长距离运移，形成 SZ36-1 等东二段主力油藏。

（5）辽中凹陷及辽西低凸起地温-地压系统总体表现为高压型复式地温-地压系统：其浅部为静压型地温-地压系统，深部为超压型地温-地压系统。上下两套系统地温-地压直线的斜率差别较大，说明下部超压非常明显，具有较高的垂向运移特性。凹陷区、低凸起区及反转构造带三个区都为高压型地温-地压系统，流体垂向运移动力强。这三个区中凹陷带的上部地温-地压系统与下部地温-地压系统回归线斜率差最大，说明其流体垂向运移的动力最强。陡坡带与走滑构造区为单一型地温-地压系统，流体垂向运移动力较弱。

（6）在四个典型构造带上，凹陷带及辽西低凸起普遍发育超压地层，超压对有机质的热演化、烃类的裂解及其结构的变化产生了较为明显的抑制作用，但超压必须达到一定的幅度才能对有机质热演化产生抑制作用。一般情况下，超压幅度越大，抑制作用越明显。一定超压幅度范围内，相比较 Ro 及 T_{max}，超压对 T_{max} 的抑制作用更明显。静水压力条件下，压力的增大不对有机质热演化产生影响。

第4章 储盖特征及生储盖组合

4.1 储层特征

4.1.1 储层的物性特征

本章的研究区域是辽东湾地区的辽中凹陷及其西侧的辽西凸起带和辽东突起带。在研究区内,含油气层系在新近系的明化镇组和馆陶组分布很少,主要集中在研究区南部,以位于辽中凹陷南洼的 LD27-2 油田最为典型。主要的油气产层均集中在古近系,含油气储层主要分布在东营组一段、二段、三段,沙河街组的二段和三段,部分地区基底的古潜山往往也是油气聚集的有利场所。

辽东湾地区古近系砂岩储集体沉积相主要包括扇三角洲、三角洲、近岸水下扇和浊积扇。碎屑岩类型丰富,包括砾岩、砂岩、粉砂岩、泥岩以及火山碎屑岩。该地区碎屑岩的显著特征是长石和岩屑的含量较高,长石含量一般在 25%~50%,岩屑以火山岩岩屑和变质岩岩屑为主,包括石英岩、片麻岩、安山岩、酸性喷出岩以及粉砂岩、泥岩、千枚岩、片岩等,一般含量为 10%~40%。云母被挤压变形现象比较普遍。

1. 研究区南段储层物性特征

研究区南段明化镇组下段、馆陶组和东营组储层孔隙度和渗透率分布差异明显。

明化镇组下段储层岩心分析覆压孔隙度分布在 24.8%~38.8%,平均为 34.4%;覆压渗透率主要集中在 $330.0 \times 10^{-3} \sim 11\,116.9 \times 10^{-3}\,\mu m^2$。平均为 $3786.5 \times 10^{-3}\,\mu m^2$。因此,明化镇组下段储层主要属于高孔、高渗型储层(图 4-1 和图 4-2)。

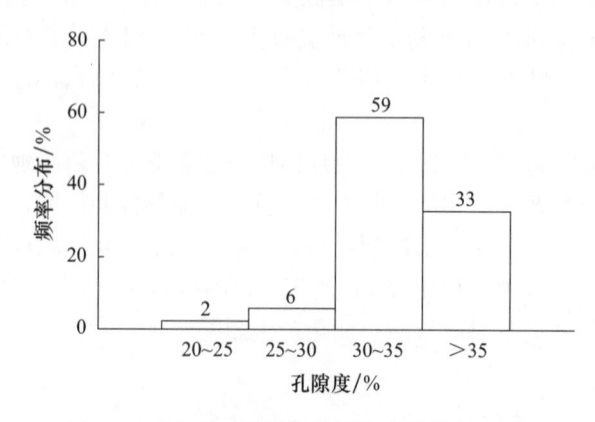

图 4-1 研究区南段明化镇组孔隙度分布直方图

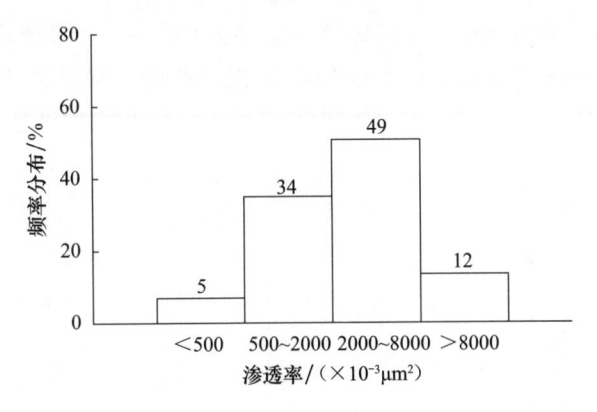

图 4-2 研究区南段明化镇组渗透率分布直方图

馆陶组储层岩心分析覆压孔隙度分布在 13.8%～29.8%，平均为 21.7%；覆压渗透率多大于 $10.0\times10^{-3}\mu m^2$，最高可达 $3582.5\times10^{-3}\mu m^2$，平均为 $466.5\times10^{-3}\mu m^2$。馆陶组储层主要属于中-高孔、中-高渗型储层（图 4-3 和图 4-4）。

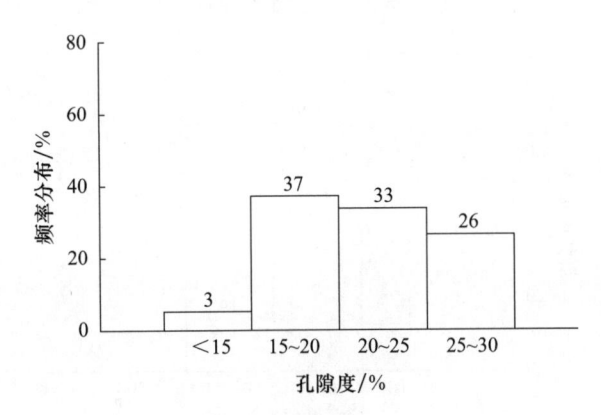

图 4-3 研究区南段馆陶组孔隙度分布直方图

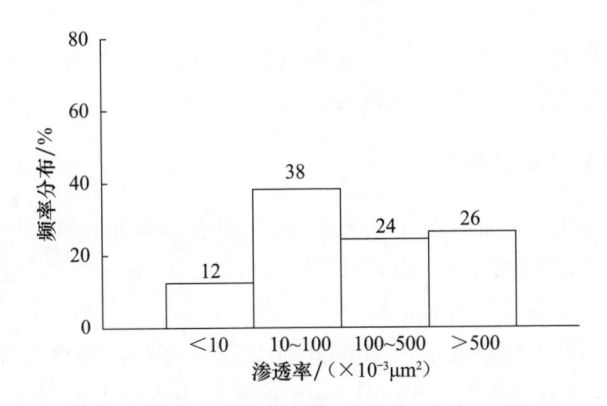

图 4-4 研究区南段馆陶组渗透率分布直方图

东营组砂岩储层岩心分析覆压孔隙度多分布在 15.1%～24.4%，平均为

16.9%；覆压渗透率多分布于 $0.8\times10^{-3}\sim65.6\times10^{-3}\mu m^2$，平均为 $24.2\times10^{-3}\mu m^2$。东营组砂岩储层主要属于中孔、低渗型储层，相对新近系储层物性明显变差（图 4-5 和图 4-6）。

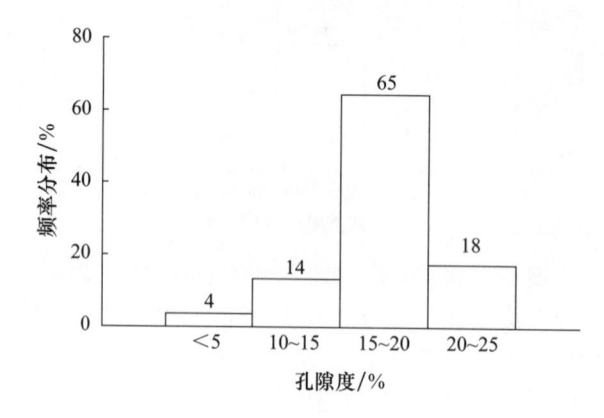

图 4-5　研究区南段东营组孔隙度分布直方图

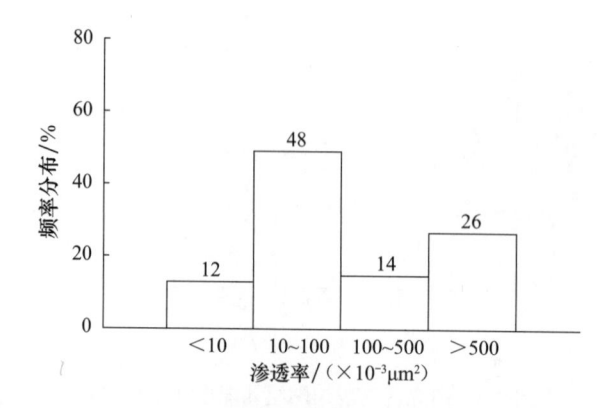

图 4-6　研究区南段东营组渗透率分布直方图

研究区南段，纵向上，由上而下，储层物性变差。新近纪明化镇组储层物性最好，馆陶组次之，古近纪东营组储层物性较差。

2. 研究区中段储层物性特征

研究区中段东营组砂岩储层岩心分析覆压孔隙度多分布在 15.1%～37%，平均达到了 30.4%；渗透率多分布于 $0.001\times10^{-3}\sim1000\times10^{-3}\mu m^2$。东营组砂岩储层主要属于高孔、中渗型储层（图 4-7 和图 4-8）。

研究区中段沙河街组储层孔隙度分布范围 15%～25%，平均孔隙度为 16.2%，渗透率分布范围为 $1.2\times10^{-3}\sim487.6\times10^{-3}\mu m^2$，平均渗透率为 $82.5\times10^{-3}\mu m^2$，整体评价为中孔、中低渗储层，储集物性较差（图 4-9 和图 4-10）。

研究区中段，纵向上，由上而下，储层物性变差。古近纪东营组储层物性较好，下伏沙河街组储层物性较差。

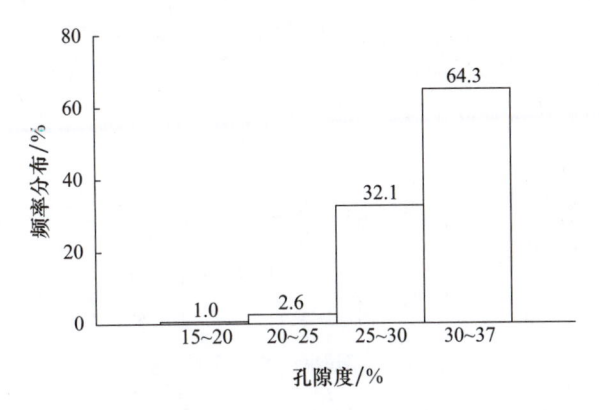

图 4-7 研究区中段东营组孔隙度分布直方图

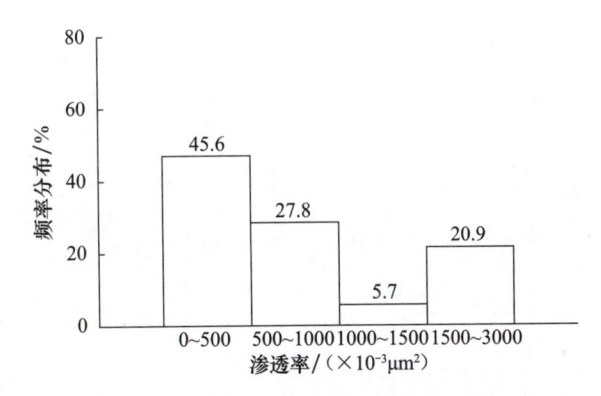

图 4-8 研究区中段东营组渗透率分布直方图

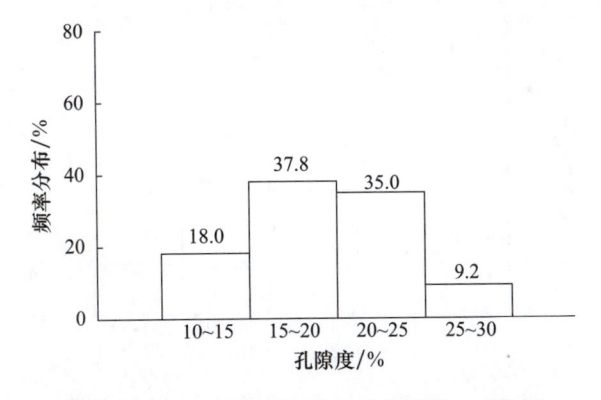

图 4-9 研究区中段沙河街组孔隙度分布直方图

3. 研究区北段储层物性特征

研究区北段东营组储层的孔隙度主要分布在 24%～36%，测井解释渗透率为 1×10^{-3}～$500\times10^{-3}\mu m^2$，主力油层段渗透率集中分布在 50×10^{-3}～$500\times10^{-3}\mu m^2$。储层具有高孔、中渗的储集物性特征，储层的孔渗条件好（图 4-11 和图 4-12）。

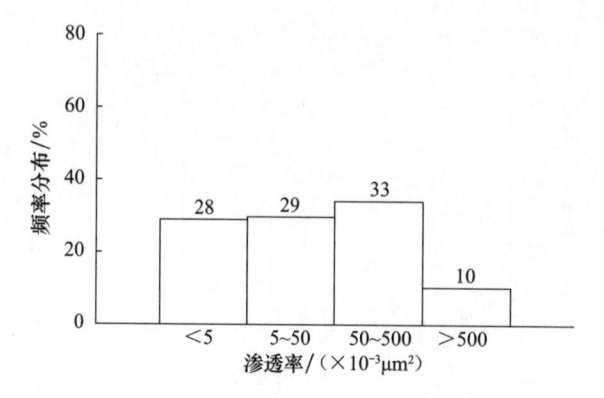

图 4-10　研究区中段沙河街组渗透率分布直方图

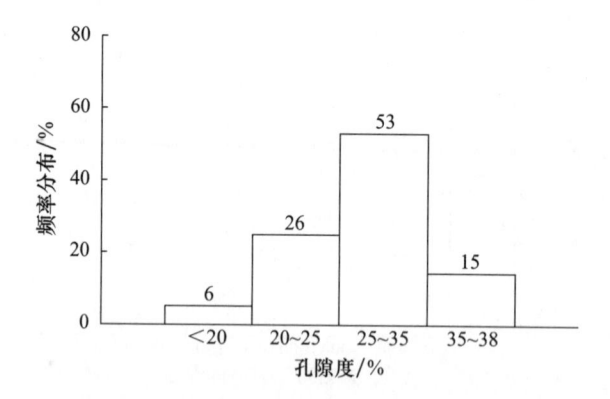

图 4-11　研究区北段东营组孔隙度分布直方图

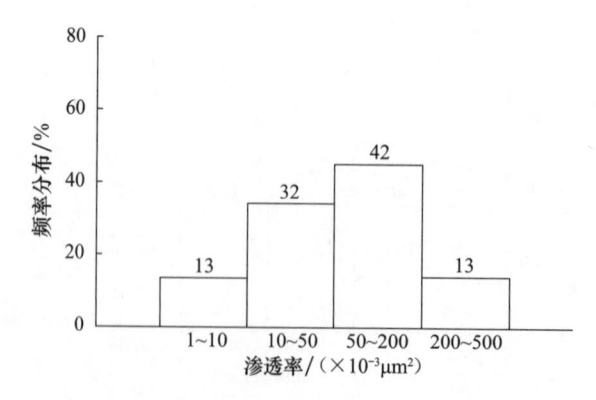

图 4-12　研究区北段东营组渗透率分布直方图

研究区北段沙河街组储层的孔隙度主要分布在 15%～20%，测井解释渗透率主要集中在 $50\times10^{-3}\sim500\times10^{-3}\mu m^2$。储层普遍属于中低孔渗，储集物性较差（图 4-13 和图 4-14）。

研究区北段，纵向上，由上而下，储层物性变差。古近纪东营组储层物性较好，下伏沙河街组储层物性较差。

第 4 章　储盖特征及生储盖组合

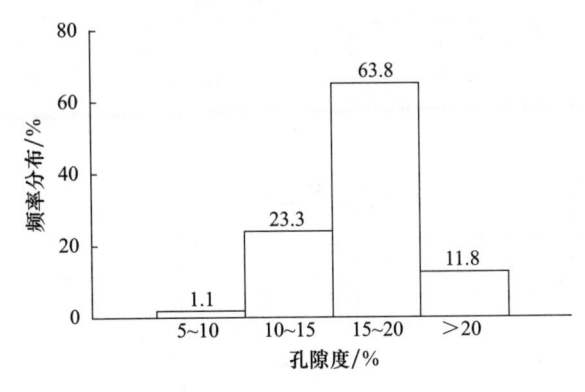

图 4-13　研究区北段沙河街组孔隙度分布直方图

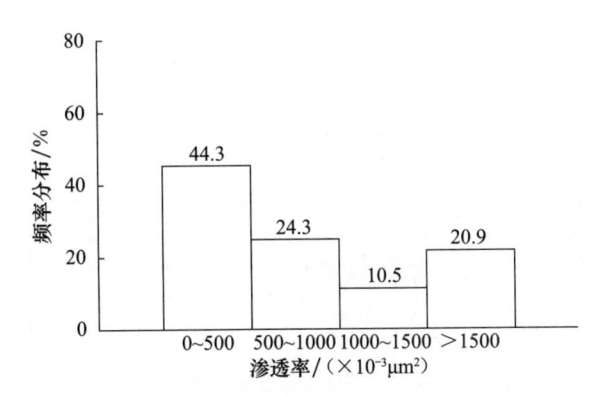

图 4-14　研究区北段沙河街组渗透率分布直方图

4. JZ25-1S 油气田太古界潜山油气藏物性特征

在研究区还发育有基底的潜山油气藏，如 JZ25-1S 油田、SZ36-1 油田、JZ20-2 油田、LD10-1 油田等，其物性特征与砂岩储层有较大的区别，故将其看做单独的一类，以本区规模最大的 JZ25-1S 油田的潜山油气藏为例，分析其储层的微观特性。

JZ25-1S 油气田太古界潜山的岩性为一套主要由二长片麻岩、斜长片麻岩、变质花岗岩组成的变质岩。具有孔、洞、缝并存的双重介质特征，但未见大洞大缝存在，储集类型属于裂缝孔隙型。从图 4-15 和图 4-16 可以看出，其平均总孔隙度在 6.8% 左右，孔隙度和渗透率的相关性较差，裂缝是该类储层富集油气的关键因素。

4.1.2　储层的宏观展布特征

与新近系相比，古近系储层的展布特征要复杂得多，砂体的分布明显受控于当时沉积相的平面展布特征。通过沉积相和砂体厚度的叠合，可以清晰地了解古近系储层宏观展布情况。研究区东营组储层的优势相为三角洲前缘亚相，而沙河街组储层的优势相为扇三角洲前缘，局部地区发育有近岸水下扇。

（1）沙三段储层宏观展布特征。研究区沙三段主要发育的储集砂体为扇三角洲前缘的水下分流河道。此外，局部还发育有浊积扇和近岸水下扇储集体。研究区三角洲沉积

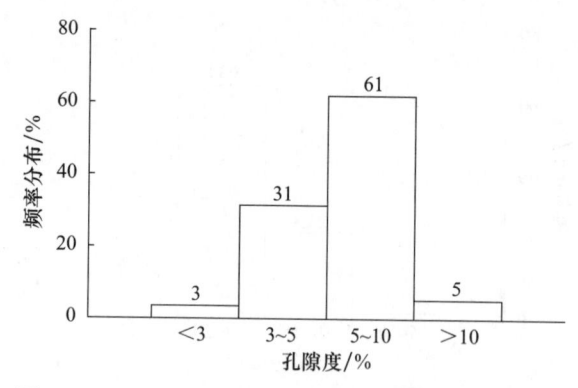

图 4-15　JZ25-1S油气田太古界潜山孔隙度分布直方图

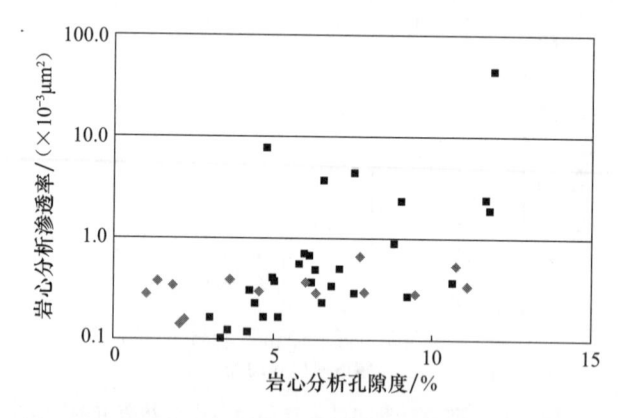

图 4-16　JZ25-1S油气田太古界潜山孔隙度-渗透率交会图

体沿着凹陷边界两侧零星分布，规模较小，仅有以绥中水系所控制的三角洲沉积规模相对较大，此外在研究区三角洲平原亚相广泛发育。由于遭受后期的抬升剥蚀，凸起带上基本剥蚀了沙三段，在凹陷带内沙三段砂体厚度分布的差异很大，例如，JX1-1-2D井钻遇的沙三段厚度达到了148.5m，而JZ20-2-9D井沙三段厚度仅有4m（图4-17）。

(2) 沙一段、沙二段储层宏观展布特征。研究区沙一段、沙二段也主要发育扇三角洲储集体，规模较沙三段要大得多。连续性较沙三段要好一些。研究区三角洲沉积体沿着边界两侧向凹陷中央推进，以绥中水系和复州水系所控制的两套三角洲沉积规模较大。尽管砂体的厚度变化仍然比较大，但横向的连续性相对于沙三段变好。JX1-1E-1井沙一段和沙二段总厚度达135m，而JX1-1构造其他井沙一段和沙二段的厚度也达到了几十米。在凸起带上，沙一段砂体也开始在局部有少量分布，例如，位于辽西凸起带北端的JZ20-2气田的JZ20-2-2井沙一段砂体厚度为16m，而位于辽西凸起带中部的SZ36-1油田的SZ36-1-6井砂体厚度也达到了39m（图4-17）。

(3) 东二下段储层宏观展布特征。研究区东二下段湖盆范围较大，局部地区发育有三角洲前缘亚相，其水下分流河道和河口坝微相是储层发育的优势相。平面上，研究区内砂体的分布由北、中、南三块组成，在研究区内分布面积较小，连续性中等。东二下段三个砂体集中分布的区域中，砂体厚度普遍大于40m，且中部的砂体厚度相对南北两

第 4 章 储盖特征及生储盖组合

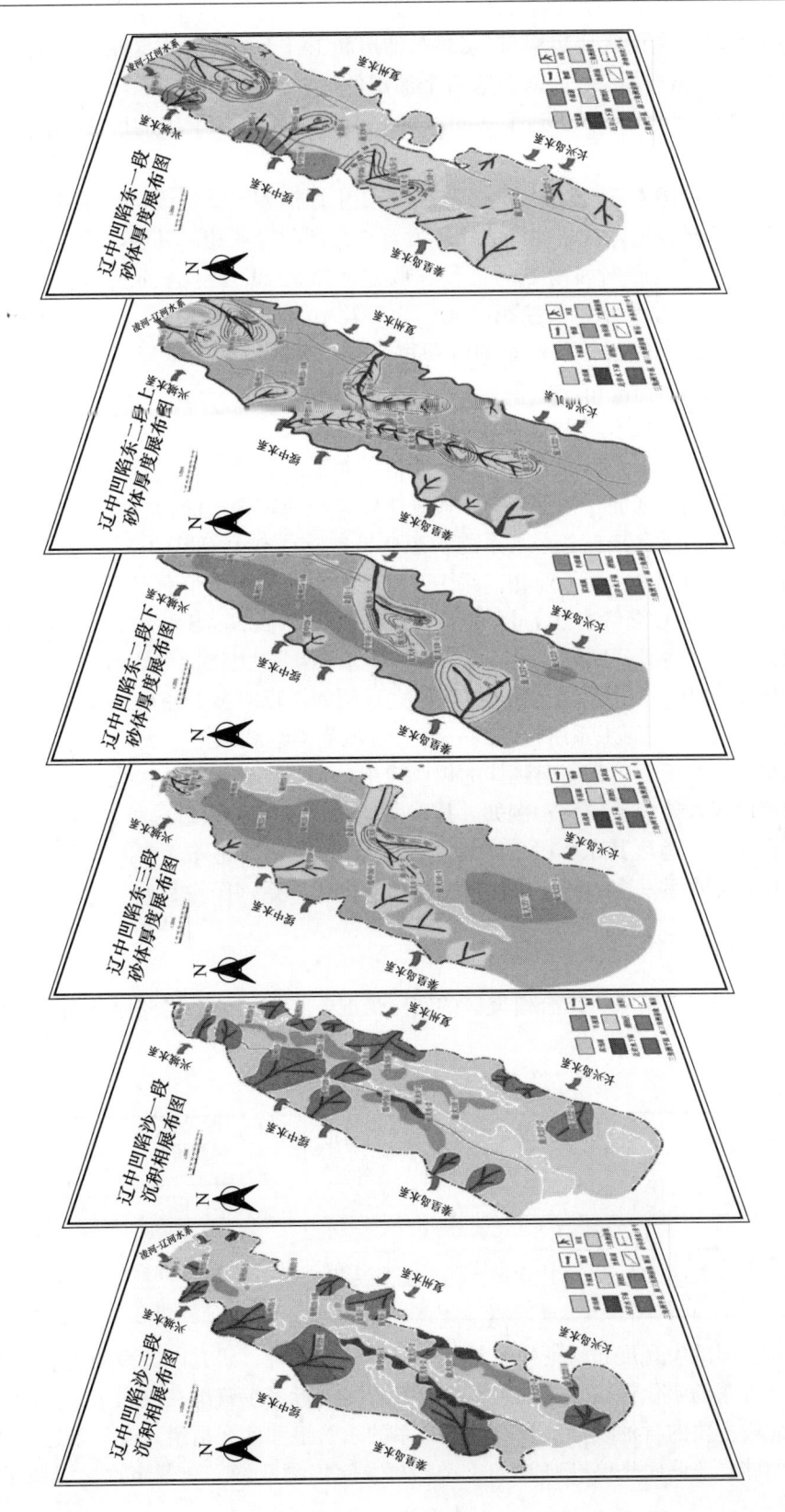

图 4-17 辽中凹陷古近系主要层系沉积相与砂体厚度立体展布图

侧的砂体厚度稍厚。在该区块集中有 SZ36-1 油田和 JX1-1 油田等本区重要的大型油气田，东二段是其主力产层之一。位于这两个油田的探井东二下段的砂体普遍较厚，其中，SZ36-1-7 井东二下段厚度达到了 309m，而 JX1-1-5 井东二下段的砂体厚度也达到了 237.5m（图 4-17）。

（4）东二上段储层宏观展布特征。研究区东二上段沉积水体变浅，水系发达，物源充足，而且延伸距离较远，在研究区大规模发育三角洲前缘亚相。其中，绥中水系和复州水系控制的两套三角洲向西南方向进积，最远延伸至 LD16-3 含油气构造附近。在 LD10-2 构造附近，秦皇岛水系所控制的规模相对较小的三角洲与之汇合，三套三角洲汇聚，形成了规模巨大的条带状三角洲沉积体。砂体沿河道两侧呈扇形分布，厚度为 50~100m，最厚可超过 120m。北部凌河、辽河水系所形成的三角洲在东二下段沉积的基础上继续扩大规模，相互叠置，往南延伸至 JZ21-1S 地区。砂体厚度为 50~180m。此外兴城水系与长兴岛水系也形成了规模较小的三角洲沉积体（图 4-17）。

（5）东一段储层宏观展布特征。东一段处于断陷晚期，构造活动已明显减弱，盆地已基本成形，地形趋缓，来自各个水系的物源充足，发育有大规模的三角洲沉积体系。储层发育的优势相为三角洲前缘亚相。绥中水系所控制的一套三角洲沉积范围在东二上段的基础上向盆地中心继续扩大，涵盖了 JZ25-1 油田、JZ25-1S 油田、SZ36-1 油田、LD4-2 油田、LD5-2 油田、JZ31-6 油田和 LD10-1 油田等一大批油气田和含油气构造。砂体厚度总体分布为 20~100m，厚度差别较大，例如，JZ31-6-1 井东一段砂岩厚度高达 115m。北部凌河、辽河水系所控制的一套三角洲范围继续向南扩大，与兴城水系发育的一套三角洲沉积汇合，其向南延伸的规模较东二上段沉积期继续扩大，砂体厚度要略厚于中南部地区，差别也较大，例如，JZ20-2 凝析气田东一段砂体厚度普遍在 40~50m，而到了 JZ21-1 地区其东一段砂岩厚度普遍厚达 300m。此外，在工区南部还有秦皇岛水系、长兴岛水系发育的若干小规模的三角洲沉积体系（图 4-17）。

4.1.3 储层综合评价

根据王德斌的研究结果，结合研究区的实际情况，将该区的砂岩储层分为四种类型（表 4-1）。

表 4-1 辽中凹陷储层分类表

储层类型	孔隙度/%	渗透率 ($\times 10^{-3} \mu m^2$)	排驱压力 /MPa	最大连通孔喉半径/μm	沉积相	储层评价
I	>25	>1000	<1	37.5	三角洲前缘	好
II	15~25	1~1000	1~7	1.75	扇三角洲前缘	较好
III	5~15	0.1~1.0	7~11	0.68~1.07	近岸水下扇、浊积体	一般
IV	0~5	<0.1	>11	<0.68	湖相、前三角洲	差

通过对储集层的宏观展布特征研究与物性分析可以发现，研究区南段的含油气储层主要发育在新近系的明化镇组和馆陶组，部分发育在古近系东营组一段和东二上段。研究区中段和北段主要的含油气储层发育在古近系的东营组和沙河街组，鲜见新近系储集层。新近系的储层普遍属于高孔高渗的 I 类储层，储集物性好。东营组次之，属于中-

高孔，中等渗透率储层，以Ⅰ类和Ⅱ类储层为主，其中，东一段和东二上段物性好于东二下段。沙河街组储层的储集物性最差，普遍属于中孔，中-低渗储层，多为Ⅱ类和Ⅲ类，沙三段局部发育有Ⅳ类储层。随着埋深的增加，储层物性明显变差。

总体来看，辽中凹陷及辽西凸起带主要储集层集中在东营组及沙河街组一段、二段，其中东营组一段及东二上段储层物性相对较好。储层的宏观展布和物性变化受到沉积作用的影响十分明显，而从北往南含油气储集层的层位分布逐渐变浅，地层从老到新储集物性逐渐变好，潜山的储集物性主要受裂缝的发育程度所控制。

4.2 盖层特征

4.2.1 盖层的宏观发育特征

辽东湾地区发育沙一段和东三段两套区域盖层。东三段泥岩发育，分布广泛，覆盖了辽东湾地区各构造单元，既是生油层也是区域性盖层。该套泥岩质纯，连续厚度大，故该套泥岩具有良好的物性封闭能力，是优质区域性盖层之一。沙一段为厚层泥岩夹粉砂岩、细砂岩组合，分布稳定，是研究区内另一套区域盖层。在区域盖层的保护下，生油岩生成的油气可向上、下及其所夹的储层中排烃，使东营组和沙河街组储层获得油气，形成多层次、多类型油气藏。

东三段泥岩盖层的厚度大，平面上有五个厚盖层中心，南部中心在 LD21-2 构造附近，厚度达 350m；中部中心区有三个，分别为 LD12-1、JX1-1 与 JZ31-2，厚度分别达 600m、500m 和 500m；北部中心在 JZ22-5 构造附近，厚度达 600m。综上所述，研究区内辽中凹陷中洼、北洼泥岩盖层厚度要大于南洼（图 4-18）。

沙一段地层泥岩厚度相对较小。辽中凹陷南洼厚盖层中心在 LD17-1、LD17-2 与 LD16-4 区域内，最大厚度达 170m；辽中凹陷中洼的厚盖层中心分布在 JX1-1 周围，厚度达 120m；辽中凹陷北洼的厚盖层中心分布在 JZ31-2 构造周缘，厚度为 120m 左右。在研究区内，辽中凹陷的南、中、北洼，沙一段泥岩盖层厚度变化不大（图 4-19）。

4.2.2 盖层超压封闭特征

在研究区超压广泛发育，尤其以北段的超压最为发育，中部次之。JZ20-2 油气田、JZ20-2N 油气田和 JX1-1-1 油气田较为典型，故在本节作重点讨论。

根据研究，本地区的超压发育机制主要包含了欠压实增压和流体膨胀增压，而后者又可以分成生烃增压和传导增压两个小类。

欠压实是指沉积物在快速沉积埋藏过程中，由于孔隙水未能及时排出而阻止岩石被压实，从而使岩石颗粒之间保持相对比较低的有效应力，导致沉积物孔隙流体压力增加。

快速连续埋藏和低渗透率是产生欠压实现象的有利条件，因此欠压实一般出现在快速连续埋藏的厚层泥岩、页岩等渗透性差的地层中，超压层具有高孔隙度和低密度特征。在埋藏速率较低时，负荷应力增大引起的孔隙体积降低与孔隙流体的排出达到平

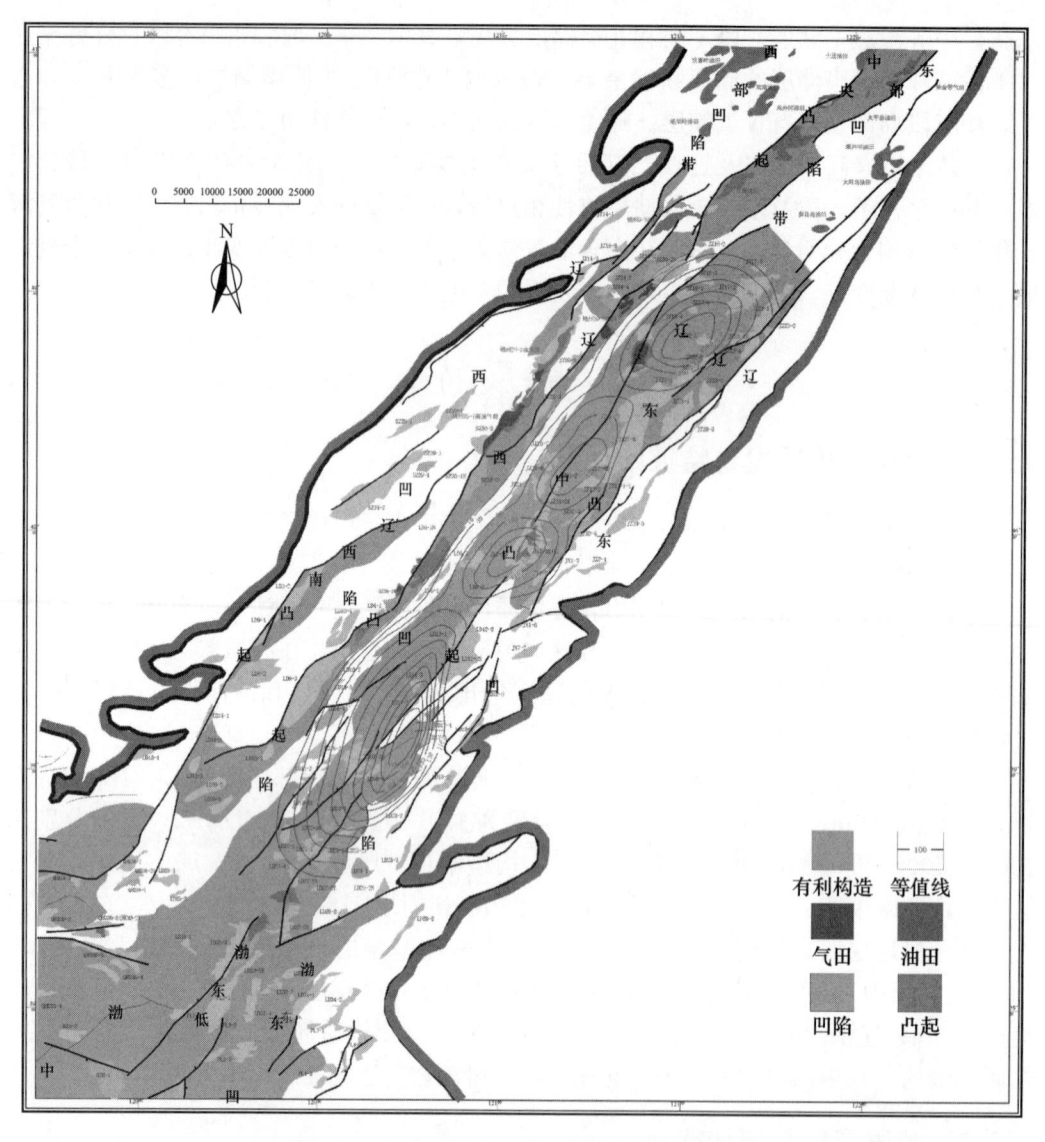

图 4-18 辽中凹陷东三段区域盖层厚度展布图

衡，孔隙流体压力保持静水压力，这种压实状态为正常压实。相反，在埋藏速率较高时，流体的排出速率较低，负荷应力的增大与流体的排出达不到平衡，则孔隙承担着部分负荷应力导致孔隙流体压力增加，这种压实状态称为压实不均衡。不均衡的压实和排水速率是欠压实产生流体超压的关键。压实速率一旦高于对应的排水速率，地层中就容易产生超压。另外，岩石性质也是影响异常流体压力的重要因素。尽管泥岩和砂岩具有随有效应力的增大，孔隙度按指数关系减小的特征，但泥岩变化速率大于砂岩，这就导致在相同负荷加载速率下，泥质岩地层更容易产生异常流体压力。通常，沉积速率越快，泥质岩层厚度越大，保持上述平衡也越难。因此，在巨厚泥岩层中，流体不易排出的中部地层常保持较大压力，而向上、下两个边部地层压力逐渐降低，直到接近相邻输导层的孔隙压力。欠压实成因的超压地层一般较厚且往往具有较高的地温梯度。

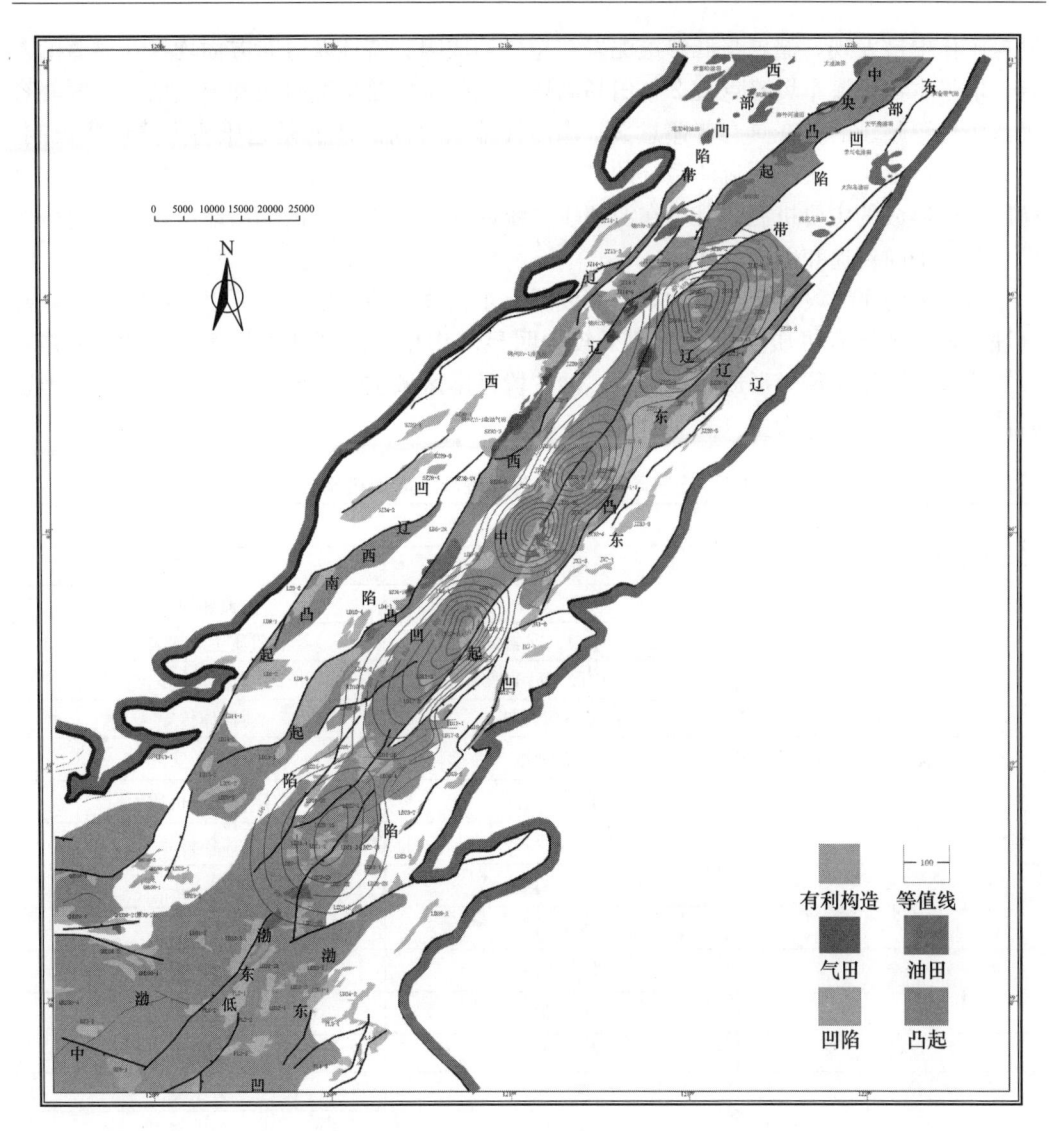

图 4-19　辽中凹陷沙一段区域盖层厚度展布图

烃类生成是有机质热演化的结果，有机质演化一般经历热降解和油气热裂解两个阶段，不同演化阶段对超压的贡献程度不一致。目前学术界对有机质裂解生气或者原油裂解成气造成压力的急剧增加认识较为一致。

在标准温度、压力条件下，单位体积的标准原油可裂解产生 534.3 体积的气体。然而在实际情况下，由于气体的可压缩性及在盐水中的可溶解性，原油裂解的体积膨胀效应可能明显低于理论计算结果，且由于地下不同的封闭条件及不同的构造抬升都可能使不同地区产生的体积膨胀效应不一致。除了因密度差异引起的体积膨胀增压，由于生烃使地层由单相流动的水变成水和烃类一起的多相流动，引起流体渗透率的降低，最终也会导致超压异常。

流体的充注传导一般发生在渗透性较好的储层中，近些年来，储层超压不断在油气勘探工作中被发现，储层与低渗透泥岩在超压的成因、特征及分布方面均存在显著的差异。塔里木盆地库车坳陷克拉2气田超高压的成因主要是构造挤压和充气增压。罗晓容等认为他源超压的存在具有普遍意义。渗透性地层之间的连通是超压的主要形成机制。也有学者提出了储层超压流体系统的概念，认为由超压流体的流动而造成的超压传递是储层超压形成的主要机制，且可在源超压系统的外部形成孤立的储层超压系统。超压传递可分为垂向传递和侧向传递。

研究区内东二段超压基本为欠压实成因，东三段、沙一段仍主要以欠压实为主，部分埋藏较深区域有机质生烃已起到了较为明显的作用（JZ16-4-2井和JZ20-2N-1井），沙二段基本以流体传导形成超压为主，沙三段是本区域主力烃源岩之一，其超压成因以有机质生烃和欠压实为主（表4-2和图4-20）。

表4-2　辽东湾地区单井各层段超压成因机制分类

井名	层段	超压类型
JX1-1-1	沙一段	欠压实
	沙二段	流体传导
	沙三中段（泥岩段）	有机质生烃加欠压实
	沙三中段（砂岩段）	流体传导
	沙三下段顶部	流体传导
JZ16-4-2	东二下段	欠压实
	东三段（泥岩段）	欠压实加有机质生烃
	东三段（砂岩段）	流体传导
JZ20-2-15	东二下段	欠压实
	东三段	欠压实
JZ20-2N-3	东二下段	欠压实
	东三段	欠压实
JZ16-4-1	东二下段	欠压实
JZ20-1-1	东二段	欠压实
	东三段	欠压实
	沙一段	欠压实
	沙二段	流体传导
JZ14-2-1	沙二段	流体传导
	沙三段	欠压实加有机质生烃
JZ20-2-1	东二段	欠压实
	东三段	欠压实
	沙一段	欠压实
	沙二段	流体传导
JZ20-2-2	东二段	欠压实
	东三段	欠压实
	沙一段	欠压实

续表

井名	层段	超压类型
JZ20-2-10	东二段	欠压实
	东三段	欠压实
	沙一段	欠压实
JZ20-2N-1	东二下段	欠压实
	东三段	欠压实
	沙一段	欠压实加有机质生烃
	沙二段	流体传导
	沙三段	有机质生烃加欠压实
	东二下段	欠压实
	东三段	欠压实
	沙一段	欠压实加有机质生烃
	沙二段	流体传导
	沙三段	有机质生烃加欠压实
	东三段	欠压实
	沙一段	欠压实
	沙二段	流体传导
	沙三段	流体传导
	东二段	欠压实
	东三段	欠压实加有机质生烃
	东二段	欠压实
	东二段	欠压实
	东三段	欠压实

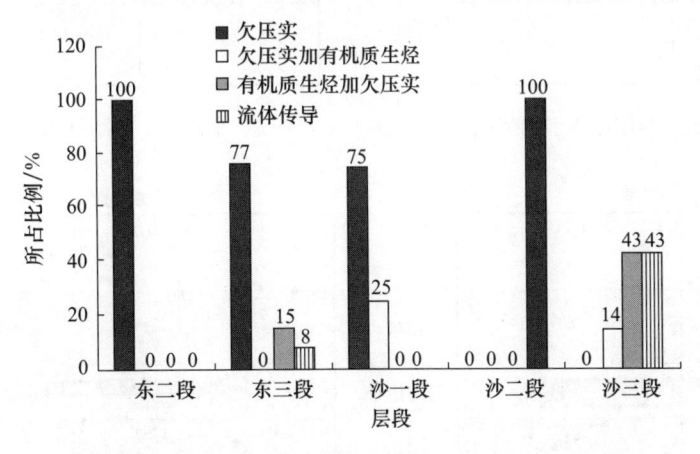

图 4-20　辽东湾地区超压成因分类及其所占比例示意图

4.2.3　盖层封闭能力综合评价

辽中凹陷及辽西凸起异常压力主要分布在东二下段-沙河街组一段、沙河街组三段。异常压力主要分布在研究区北段，部分位于研究区中段。北段超压分布范围广，超压幅度大，主要以 JZ20-2 油气田、JZ20-2N 油气田、JZ21-1 地区为代表；中段超压范围较小，超压幅度相对于北区也较小，主要以 JX1-1 油气田为代表；以 LD27-2 油田为代表的研究区南段几乎不发育超压。

在纵向上，不同的层位所表现出的超压成因机制具有明显的差异性（表 4-2 和图 4-20），其中，东二段超压基本为欠压实成因，东三段、沙一段仍主要以欠压实为主，部分埋藏较深区域，由于已经进入生烃门限深度，有机质开始生烃，生烃增压已起到了较为明显的作用（JZ20-2N-1 井），沙二段是本区域中深层主要产层段，基本以流体传导形成超压为主，沙三段是本区域主力烃源层段，其超压成因以有机质生烃和欠压实为主，有机质生烃对于本层段及周围有利圈闭超压的形成起到了极为重要的作用（如 JZ20-2N 油气田）。

通过研究不同典型构造单井地层压力的纵向发育特征，结合实际测试成果，总结出研究区内至少发育有四种类型的含油气层系的封闭机制，分别为封闭超压型（I_A 型）、封闭常压型（I_B 型）、半封闭微超压型（II_A 型）和半封闭常压型（II_B 型）（图 4-21～图 4-24）。

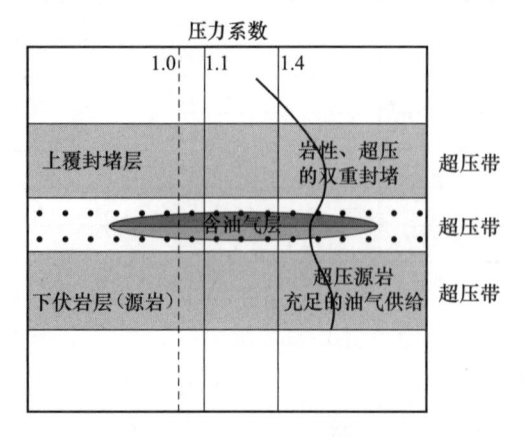

图 4-21 封闭超压型油气层

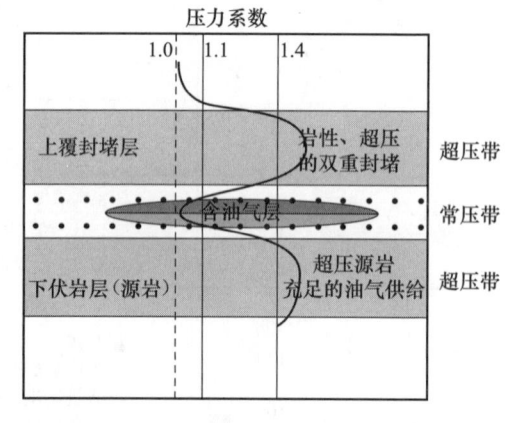

图 4-22 封闭常压型油气层

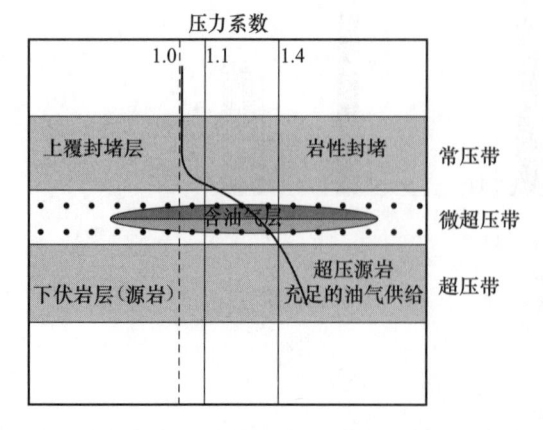

图 4-23 半封闭微超压型油气层

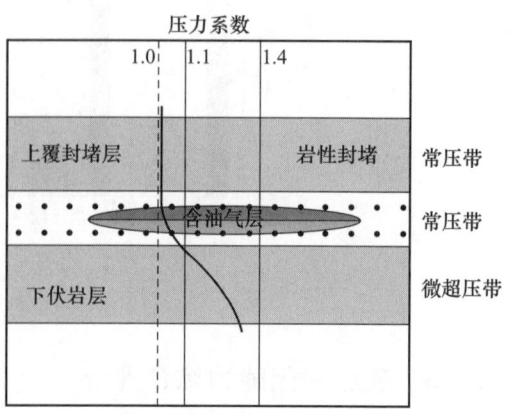

图 4-24 半封闭常压型油气层

1. 封闭超压型

封闭超压型是指盖层既存在着泥岩的毛细管封闭又存在着异常高压封闭的双重封堵，同时在储层段也发育有异常高压的情况。

此种类型油气层多发育于洼陷中心区沉降较深的部位，以超压泥岩段所包裹的砂岩透镜体、浊积砂体等岩性含油气层为主。由于砂体周围的烃源岩呈现异常高压，在油气的初次运移过程中，这些砂体即为油气的优先聚集区，在孔渗条件较好的储集层中，油气的充注程度一般较高。但与烃源岩连通较好且封堵性较好的凸起带储集层也具备可发育强超压的条件，例如，位于辽西凸起北部（潜山/背斜）构造带的JZ20-2及JZ20-2N油气即为此类型。

从图4-25可以看出，此构造带超压基本起始于东二上段，东二上段中部以下普遍发育超压，因东二段并不具备大量生烃的条件，所以东二段发育的超压是泥岩强烈的欠压实作用形成的，同时因构造的两侧都紧邻生油凹陷，因此凹陷区生成的油气在超压的强力驱动及断层、不整合和砂体输导体系的侧向、垂向输导作用下在东三段及沙一、二段储层聚集成藏，储层段普遍发育强超压。从油气层的分布情况来看，高产油气层主要位于超压带及微超压带内，储层发育的超压就是油气充注所造成的能量再分配的结果，其中，辽西3号大断层的侧向封堵对于超压的保存起到了至关重要的作用。实测油气层段多为封闭超压型油气层。

2. 封闭常压型

封闭常压型是指盖层既存在着泥岩的毛细管封闭又存在着异常高压封闭的双重封堵，但是在储层段没有发育异常高压，而是正常压力的情况。

此种类型含油气层也多位于凹陷带与凸起带之间的斜坡过渡带，因储集层段地层压力为正常压力，有可能是储集层砂体侧向连通性及渗透性能非常好，从烃源岩充注的油气所携带的能量得到充分的释放，也有可能是储集层砂体较致密，孔隙度及渗透率较低，不利于油气的运移聚集。

这种类型的盖层封闭机制以位于辽西低凸起带北部的JZ25-1油气田较为典型。从图4-26可以看出，JZ25-1油气田超压基本起始于东二上段，东营组及沙河街组地层普遍发育超压，因东二段、东三段泥岩未达到生烃门限，所以东营组地层发育的超压是泥岩的欠压实作用形成的。因构造的两侧都紧邻生油凹陷，且东营组泥岩盖层具有岩性及超压的双重封堵作用，盖层的封闭能力极强，故两侧凹陷区生成的油气在超压的强力驱动作用下，沿不整合、断层输导体系，侧向运移至基底的太古界古潜山及沙河街组储层聚集成藏。从油气层的分布情况来看，油气层多分布在古潜山及沙河街组常压储层中，且多为高产油气层，油气层地层压力类型为封闭常压型。

3. 半封闭微超压型

半封闭微超压型是指盖层仅存在泥岩的毛细管封闭，不发育超压，而在储层段发

图 4-25 研究区北段 JZ20-2 地区
代表性压力剖面

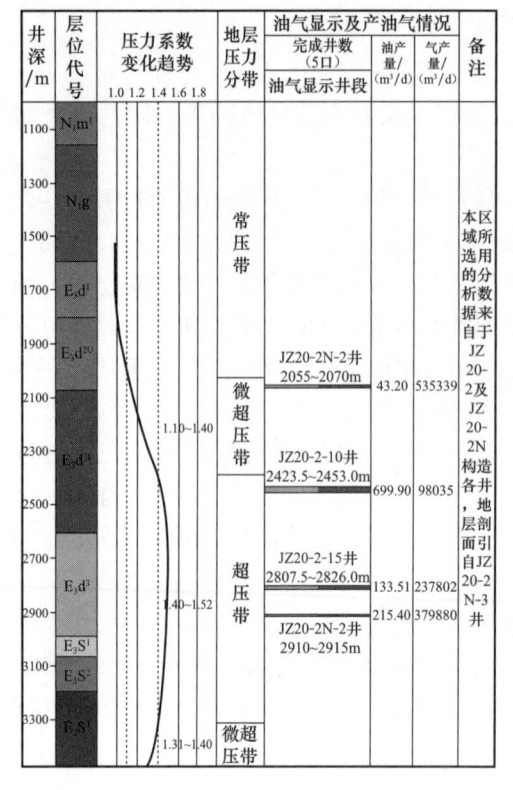

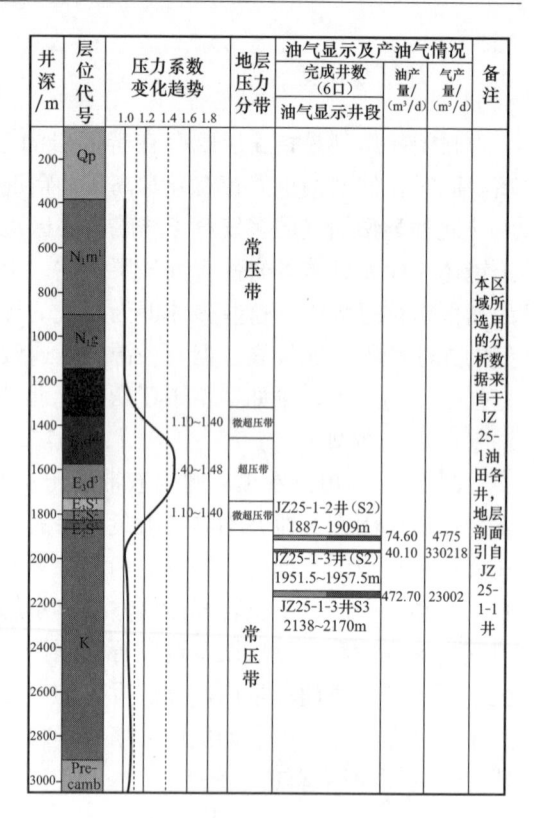

图 4-26 研究区北段 JZ25-1 油田
代表性压力剖面

育异常高压，但超压幅度较小（压力系数为 1.10~1.40）的情况。

此种类型含油气层在凹陷带及凹陷带和凸起带之间的斜坡过渡带均有分布，但埋深较浅。由于含油气层的地层压力表现为微超压，且封堵层仅靠岩性的封堵，封堵性能较弱，因此即使有丰富的油源供给，储集层也难以聚集大量的油气，因此此类含油气层油气产量相对较低。

从图 4-27 可以看出，位于辽中凹陷中洼的 JX1-1 油田超压起始于东三段，东三段中下部普遍发育超压，因东三段并不具备大量生油的条件，故此部分超压成因以欠压实为主，下伏的沙河街组三段、四段泥岩具有优越的生烃条件并普遍发育超压，烃源岩生成的油气在走滑断裂系统的输导及超压的高能量驱动作用下运移到沙一段及更浅的储层中聚集成藏，沙一段含油气层为半封闭微超压型油气层，但由于沙一段含油气层的地层压力为微超压，且封堵层仅靠岩性的封堵，封堵性能较弱，因此即使有丰富的油源供给，此处储集层也难以聚集大量的油气，例如，辽中凹陷 JX1-1-1 井 2900.8~2924.0m 含油气层段日产油 22.22m³。总之，缺乏超压配合盖层的毛细管封堵是此类油气层产量低的主要因素。

4. 半封闭常压型

半封闭常压型是指盖层仅存在泥岩的毛细管封闭，不发育超压，储层段也不发育异常高压的情况。

从图 4-28 可以看出，此种类型含油气层在凹陷及凹陷凸起之间的斜坡过渡带均有分布。由于含油气层往往位于超压的顶界面处，地层压力为常压，相对处于能量低势区，盖层的封堵性能一般相对于ⅡA型稍强，油气比较易于在此部分储集层聚集，因此此类含油气层产量也相对较高，例如，辽中凹陷北段 JZ21-1 油田的 JZ21-1-1 井，从油气层的分布情况来看，高产油气层主要位于超压的顶界面处，即东二下段油气层，为半封闭常压型油气层，在 2151.5~2187.0m 含油气层段日产油 78.42m³，日产气 163 390m³。

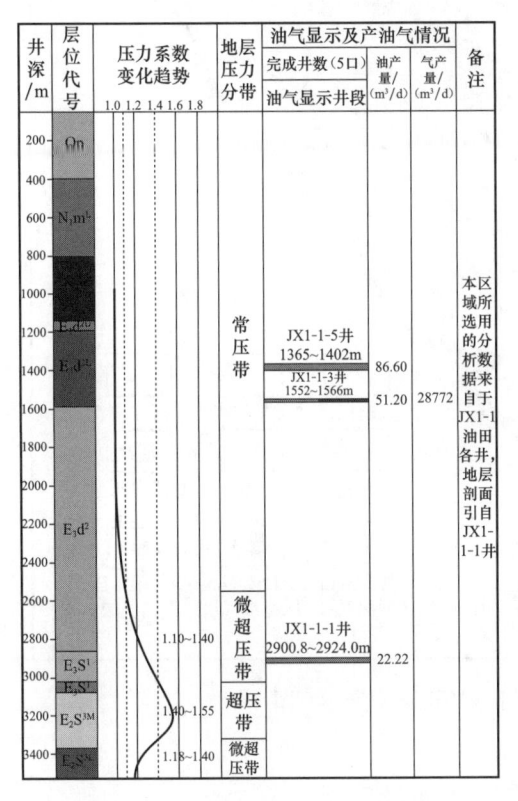

图 4-27 研究区中段 JX1-1 油田代表性压力剖面

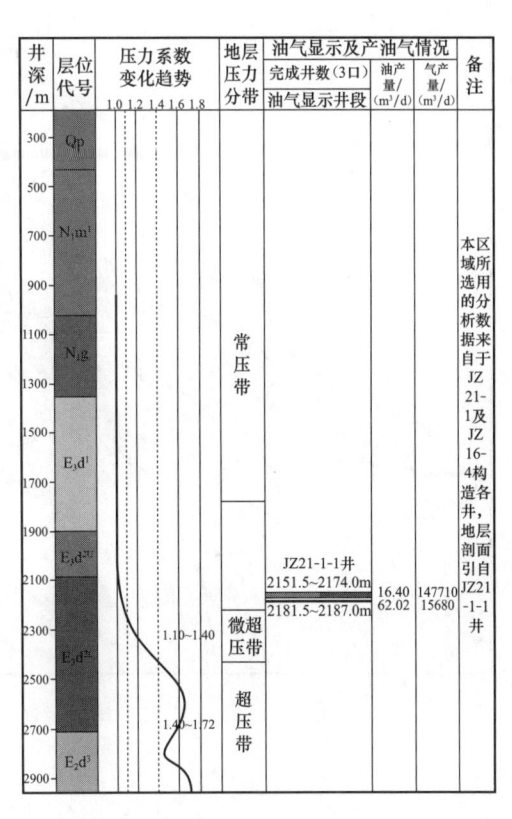

图 4-28 研究区北段 JZ21-1 地区代表性压力剖面

综上所述，研究区内异常高压广泛发育，且超压成因复杂多样。异常高压与泥岩封盖共同作用，在本区形成了各具特色的烃类封闭机制，且在平面上具有明显的分带性。如图 4-29 所示，封闭超压型主要位于辽西凸起最北段，以 JZ20-2 油气田和 JZ20-2N 油气田为代表；封闭常压型位于辽西低凸起带北部，JZ20-2 油气田以南，以 JZ25-1 油气田较为典型；半封闭微超压型在凹陷及凹陷凸起之间的斜坡过渡带均有分布，以位于辽中凹陷中洼的 JX1-1 油田为典型代表；半封闭常压型以辽中凹陷北段的 JZ21-1 油气田为典型代表。总体而言，既有良好的盖层封盖又有超压封闭的条件下，对油气的封闭能力是最好的，如ⅠA型和ⅡA型，其中，ⅠA型的储盖组合及能量配比相对更好，这也使得 JZ20-2 油气田和 JZ20-2N 油气田成为研究区天然气主要聚集区，主要原因之一便是天然气的聚集在封盖条件方面较石油而言具有更为苛刻的要求。

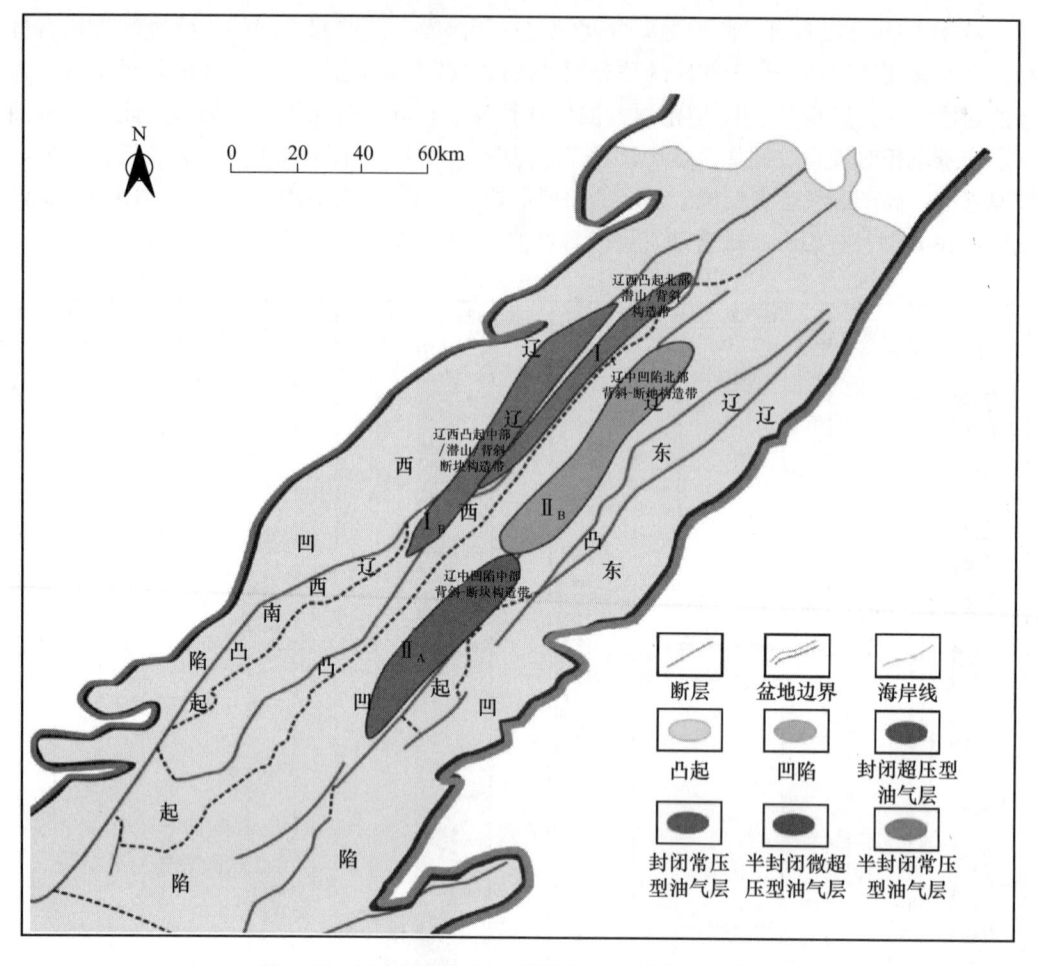

图 4-29　辽东湾地区辽中凹陷超压区域分布示意图

4.3　生储盖组合特征

生油层、储集层、盖层的有效匹配，是形成有效圈闭，特别是形成大型油气藏必不可少的条件。

通过对研究区宏观和微观储集条件以及生、储、盖组合的空间配置研究可知，辽东湾地区主要发育有两套区域性盖层，分别为东营组三段和沙河街组一段。沙河街组烃源岩生成的油气通过断层和不整合输导体系向下运移至潜山中。潜山顶部风化壳不整合面之上的沙河街组泥岩对下部潜山中的油气形成了良好的封盖，因此，只要潜山内裂缝发育程度好，且断层侧向封闭性好，就很有可能形成大规模的烃类聚集。

裂陷阶段的各个发育期，决定了多旋回沉积特点和横向沉积环境的迁移，控制了多种形式生、储、盖组合的形成。根据生储盖层在时空上的配置关系，可分为自生自储式、下生上储式、新生古储式三种组合形式。

（1）自生自储式。在同一层组内，纵向上生储盖层连续迭加出现。泥岩既是上覆储层的生油层又是下伏储层的盖层。SEd³、SEs¹⁺²、SEs³层序发育泥、页岩，同时三角洲、辫状河三角洲、扇三角洲、近岸水下扇等储集砂体也较发育，由于纵向上的相互叠置与交错，可构成自生自储式的生储盖组合。

（2）下生上储式。生油层和储集层在纵向上叠置，下部为生油层，上部为储集层。例如，由东三段暗色泥岩为生油岩、东二段下部三角洲砂岩体为储层、东一段及其上部砂泥岩互层段为盖层组成的东营组内部的下生上储式生储盖组合；由沙三段下部暗色泥岩为生油层、沙三段和沙二段扇三角洲砂岩体为储层、沙一段泥岩、油页岩及碳酸盐岩组成的特殊岩性段为盖层组成的沙河街组内部下生上储式生储盖组合。

（3）新生古储式。沉积盖层的生油层直接盖在古老地层之上，生油层生成的油通过不整合面、疏导层进入古老储层中，生油层既是供油层也是良好的盖层。例如，古潜山油气藏，潜山顶部的风化壳可作为油气储层，其上覆不整合面之上的古近纪沙河街组泥岩既是生油层也是盖层。

沙一段作为一套连续性很好的区域盖层，能对下伏的沙二段和沙三段储层的油气形成良好的封盖。与沙一段相比，东三段泥岩的厚度更大，连续性更好。更重要的是，在东三段异常高压广泛发育，在毛细管压力封闭的基础上加强对沙河街组油气的封闭能力，因此，超压和泥岩的双重封堵作用阻止了下部油气向上运移（图4-30），所以目前辽西凸起和辽中凹陷北部油气主要聚集在沙河街组。在研究区北段的凸起带，这种双重封堵的特征表现的最为明显，这也说明了为什么天然气主要集中在辽西凸起的沙河街组，因为该地区的区域封盖条件是最好的，而天然气比石油在封盖条件方面具有更为苛刻的要求。

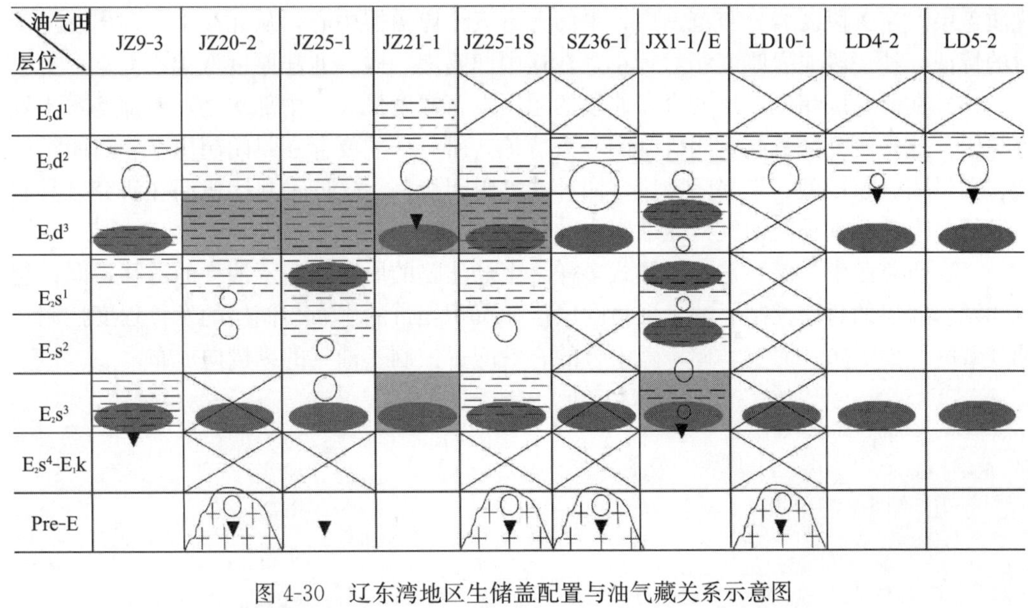

图4-30 辽东湾地区生储盖配置与油气藏关系示意图

▨ 表示超压；⊠ 表示地层缺失；▤ 表示泥岩盖层；
○ 表示油田在不同层位发育的相对规模；▼表示井底；⬬ 表示源岩

自北向南，随着超压幅度变小，封盖条件变逐渐差，通过断层沟通，油气开始穿过东三段泥岩盖层，进入浅部储层中，如 JX1-1 油田东二段油藏。另外，在凹陷区中心部位，东三段烃源岩已进入生烃门限并开始大量生烃，东三段超压为油气运移提供了强劲的动力，使其沿断层或直接进入东二段储层中，如 JZ21-1 油田东营组油气藏。

在研究区南部，东三段超压范围、幅度明显缩小，在辽西凸起和斜坡区基本为正常压力，封盖能力变差，辽中凹陷南洼东营组和沙河街组烃源岩生成的油气沿断层浅部和侧向运移在古近系和新近系储层中聚集成藏，如 LD27-2 油田。

总的来说，研究区生、储、盖组合样式多样。生烃洼陷的展布决定了油气的运移指向；超压和泥岩盖层的封堵控制了油气聚集的层位；沉积相带的展布与储层的发育程度控制了油气藏的平面展布；而生、储、盖组合的有效配置控制了油气的纵横向展布。

4.4 小　　结

(1) 在研究区内，含油气碎屑岩储层主要发育在古近系，在新近系的明化镇组和馆陶组分布很少，新近系储层以辽中凹陷南洼 LD27-2 油田最为典型。古近系储层分布于全区但展布特征复杂，宏观上砂体的分布明显受控于当时沉积相的平面展布；古近系储层微观上储集层物性随着深度的增大逐渐变差，且非均质性强。

新近系的储层普遍属于高孔高渗的Ⅰ类储层；东营组次之，属于中高孔中渗储层，多为Ⅰ类和Ⅱ类储层；沙河街组储层的储集物性最差，主要为Ⅲ、Ⅳ类储层。还发育有基底型潜山油气藏，其中主要为变质岩储层，裂缝是该类储层油气富集的关键因素。

(2) 研究区发育沙一段和东三段两套区域性盖层，但从单一岩性封闭能力看，属于优质盖层。东三段泥岩分布范围广，平面上有五个厚盖层中心，从北往南呈现出逐渐变薄的特征；沙一段泥岩厚度相对较小，在辽中凹陷南、中、北洼厚度变化不大。

(3) 在研究区超压广泛发育，北段的超压发育幅度最大，中部次之，南部基本不发育超压。这是研究区盖层封闭机制的一大特色。研究区主要存在封闭超压型、封闭常压型、半封闭微超压型、半封闭常压型四种油气封闭机制，这四种封闭机制在研究区具有明显的分带性和差异的油气封盖效率。

(4) 研究区生、储、盖组合样式多样。生烃洼陷的展布决定了油气的运移指向；超压和泥岩盖层的封堵控制了油气聚集的层位；沉积相带的展布与储层的发育程度控制了油气藏的平面展布；而生、储、盖组合的有效配置控制了油气的纵横向展布。

第 5 章 油气输导体系

输导体系研究的主要是油气生成之后运移并聚集成藏的过程，其最终目的是建立油气运移的输导格架。关于输导体系的类型，前人做了大量广泛而细致的工作，综合归纳前人不同的分类方案，结合本区的实际地质情况，将研究区的输导体系类型划分为断层输导体系、不整合输导体系和砂体输导体系三种。

5.1 断层输导体系

受到郯庐断裂带的影响，以断层为主的输导系统是本区最主要的输导体系类型。断层不仅是油气运移的主要通道，同时，封闭性好的断层又能为油气提供有力的遮挡，使之聚集成藏。同时，断层输导体系还和砂体输导体系、不整合输导体系相互配合，构成复合输导体系。在本区所有的主要油气田中，断层对油气的运聚，几乎都扮演着重要的角色。

5.1.1 断裂系统的分布特征

1. 断裂系统的分级及其特征

为了明确辽东湾断裂系统与沉积盆地构造单元分布的关系以及新生代的断裂分布，根据断层断穿层位的不同，将断层划分为Ⅰ级走滑断裂、Ⅱ级主干断裂、Ⅲ级派生断裂三个级别。

Ⅰ级断裂断穿基底，呈 NNE-NE 向展布，大部分为控制凹陷和凸起发育的走滑断裂，主要形成于中生代末期，后又继承性发育。Ⅰ级断裂主要包括辽西1号、辽西2号、辽西3号、辽中1号、辽中2号、辽东1号、辽东2号、秦南1号和渤东2号等。新生代的郯庐断裂在辽东湾呈 NNE 向穿越，它与沉积盆地构造单元的分布关系密切，其间发育众多雁列式派生断层，派生断层在各时期的发育程度和主要发育位置有所差异。盆地的构造格局为东西两个前古近纪凸起带夹中部凹陷带。Ⅱ级断裂走向与Ⅰ级断裂一致，与Ⅰ级断裂相比，Ⅱ级断裂断开层位少、平面延伸距离近；在辽东湾的北部，主要发育在沙河街组，而在辽东湾中南部的中浅层最为发育。Ⅲ级断裂是郯庐断裂晚期活动形成的派生断裂，具有发育最晚最多最密集的特征，呈 NNE-NE 向和近 EW 两个走向展布，主要发育在东营组一段、东营组二段和馆陶组等浅部地层中。Ⅱ、Ⅲ级断裂在深层往往与主干断裂汇合，在剖面上形成负花状构造，这种负花状构造对于油气从深部烃源岩向浅部地层运移并聚集成藏具有重要的意义。

2. 断裂系统的分段性

通过对数条横穿辽东湾的 NWW-SEE 向地震剖面的分析，研究了郯庐断裂带（辽东湾段）的剖面结构，进而比较了郯庐断裂带在不同地段的地质特征的异同（图 5-1）。总体而言，郯庐断裂带在剖面上表现为三个分支，均较直立。西分支（辽中 1 号断裂）位于辽中凹陷中部，负花状构造发育。东部两分支（辽中 2 号断裂、辽东 2 号断裂）位于辽东凸起两侧，为辽东凸起同西侧的辽中凹陷和东侧的辽东凹陷的边界。东分支（辽中 2 号断裂）北段负花状构造发育，南段在剖面上主要表现为正断层特征。东分支（辽东 2 号断裂）靠近北部地区略呈上陡下缓的铲状。辽东湾地区的一系列剖面的构造特征表明，郯庐断裂带具有明显的分带、分段差异变形特征，而且在垂向上对不同时代地层变形特征的影响也不一致。大致分别以测线 A 和测线 B 为界可将郯庐断裂带（辽东湾段）划分为三段：南段、中段、北段。

在郯庐断裂带（辽东湾段）南段，辽东凸起并不发育，辽中凹陷直接与辽东凹陷相隔，其分界断层是辽中 1 号断裂，在剖面上表现出典型的负花状构造特征（表 5-1 和图 5-1）。辽中凹陷和辽东凹陷内沙河街组沉积较薄，主要表现为与负花状构造有关的突起构造。西部地区新生界埋深都较浅，辽西凸起基本缺失古近系。

在郯庐断裂带（辽东湾段）中段，与南段相比，新生界埋深加大，沙河街组在凹陷和凸起位置均变厚。辽中 1 号断裂在晚期经历了强烈的扭压作用，辽中凹陷在东营期末发生反转。中段进一步可分为中南亚段和中北亚段，其中，中南亚段出现三个凸起，分别为辽东凸起、辽西凸起和辽西南凸起，表现为"四凹夹三凸"的结构特征（表 5-1 和图 5-1）。中北亚段仅有一个辽西凸起，辽西南凸起发生横向尖灭，而辽东凸起被辽东 2 号断裂分割。

在郯庐断裂带（辽东湾段）北段，郯庐断裂带主要由辽中 1 号、辽中 2 号和辽东 2 号等 3 条断裂组成，表现为"三凹夹两凸"的结构特征（表 5-1 和图 5-1）。与中段相比，新生界埋深继续加大，辽西凸起上沉积了沙河街组。辽中 1 号断裂倾向由直立变为东倾，走滑作用减弱；而辽中 2 号和辽东 2 号断裂走滑作用强烈，取代辽中 1 号断裂成为研究区最主要的走滑断裂。晚期断裂主要集中在辽东凸起周缘。

总体来看，郯庐断裂在沙河街组三段沉积末期、东营组沉积末期、馆陶组沉积末期都自南西向北东穿越辽中凹陷；新生界埋深不断加大，沙河街组沉积不断增厚，走滑作用具有从坳陷中央向两侧迁移的趋势。郯庐Ⅰ、Ⅱ级断裂在辽东湾的分布在沙河街组三段沉积末期比东营组沉积末期、馆陶组沉积末期更密集、更广泛、更连续；而郯庐断裂的Ⅲ级派生断裂在辽东湾的分布在东营组沉积末期、馆陶组沉积末期比沙河街组三段沉积末期更密集、更广泛、更规则，反映出Ⅰ、Ⅱ级断裂断得深、断得早、断得远，Ⅲ级断裂断得浅、断得晚、断得近，这决定了各级断裂对油气成藏的不同影响。断层发育历史制约了断层的输导作用。

在时间上，辽东湾地区主要发育三期断层。早期断层主要发育在沙河街组沉积末期至东营组沉积早期；晚期断层主要发育在新近纪沉积期，即馆陶末期至明化镇初期。这两期断层多属于Ⅲ级断层。第三期从沙河街早期持续活动到第四纪，呈继承性发育（Ⅰ、Ⅱ级断裂）。因为研究区烃源岩的主要生、排烃期为东一段沉积末期至明化镇沉积期，因此早期断裂对油气运移的作用较小，趋向于封闭作用。持续活动的Ⅰ、Ⅱ级断裂是油气运移的主要通道；晚期的Ⅲ级断层与通源断层（Ⅰ、Ⅱ级断裂）组成的负花状构

第 5 章 油气输导体系

造对于该区的油气运聚产生了重要的影响。

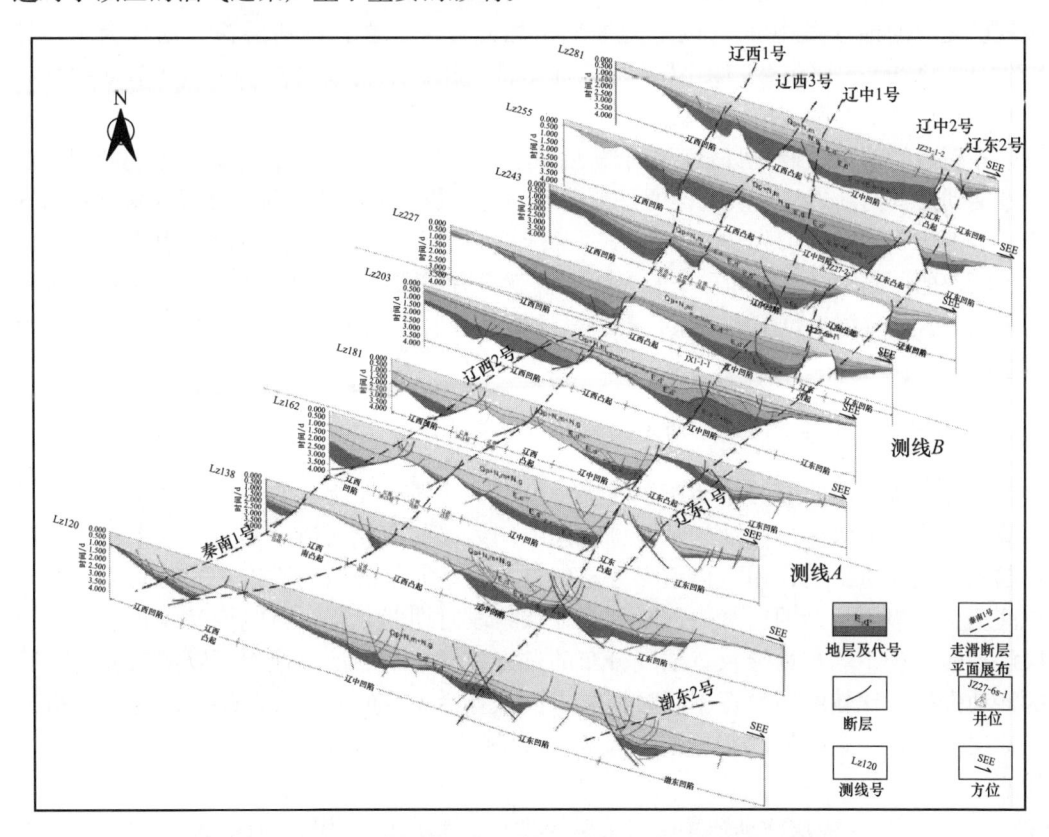

图 5-1 郯庐断裂带（辽东湾段）分带、分段差异变形特征

表 5-1 郯庐断裂带（辽东湾段）分段性特征

断裂名称		凸起、凹陷发育情况	构造及沉积特征
郯庐断裂带	北段	辽东凸起、辽西凸起、辽东凹陷、辽中凹陷、辽西凹陷	辽中 1 号断裂有向北东方向倾伏的趋势；辽中 2 号和辽东 2 号断裂成为主要的走滑断裂；负花状构造不发育；新生界埋深继续加大，辽西凸起上沉积了沙河街组
	中段	辽东凸起、辽西凸起、辽西南凸起、辽东凹陷、辽中凹陷、辽西凹陷	辽中 1 号断裂在东营期末发生强烈反转；负花状构造较发育；新生界埋深加大，沙河街组沉积在凹陷和凸起区均变厚
	南段	辽西凸起、辽东凹陷、辽中凹陷、辽西凹陷	负花状构造发育，凹陷内沙河街组沉积薄，凸起区缺失古近系

5.1.2 断层活动速率与油气运聚的关系

在古近纪，郯庐断裂的伸展、走滑沟通了烃源岩，是不同期油气藏形成的主输导通

道。凡是靠近这类Ⅰ、Ⅱ级断裂的圈闭，成藏的概率就高；否则，较难成藏。在渤海海域现已发现的油气藏中80%以上的油气田均靠近主断裂，以断层输导油气为主，如SZ36-1、JZ25-1、JZ20-2、LD27-2、JX1-1等油气田。中新世以来，继承性活动的郯庐断裂和新构造期的断裂构成了新近纪油气成藏的主输导系统。断层输导对油气分布的控制，在新近系油田中最为明显，由于新近系本身没有烃源岩层系，因此古近纪断裂的继承性活动及其与新近纪断裂的沟通是新近系油气成藏的关键，目前已发现的新近系油气田，如LD27-2构造均是此类成藏模式。而有些新近纪断裂组成的圈闭，由于处于远离主干断裂的凹陷中，没有和主干断裂沟通，就没有成藏，如LD17-2构造。而研究区绝大多数的含油气层系位于古近系，断裂输导体系对于古近系油气运聚的控制作用则更为复杂。

1. 不同时期断层活动速率的差异与油气运聚

烃源岩排烃期断层的活动速率的快慢决定了油气输导能力的强弱。总体而言，辽东湾地区Ⅰ、Ⅱ级断层是油气从烃源岩向圈闭运移的主要通道，其活动速率对油气输导起到了至关重要的作用。但值得注意的是，这些断层的活动不论是在时间上还是在空间上又是极不均衡的，某一段时期强，某一段时期弱，某一段时期又停止活动。断层活动的这种不均衡性导致了油气分布的贫富差异。断层活动速率可以用来表征断层的活动强弱，比较断层发育不同时期和不同位置活动性的差异。断层活动速率是指某一地层单元在一定时期内因断裂活动形成的落差与相应沉积时间的比值，计算公式如下：

$$断层活动速率 = (上盘厚度 - 下盘厚度) / 沉积时间$$

利用三维地震资料，沿测线号（Inline）方向等间距选择地震剖面，用VSP资料将时间剖面转化为深度剖面，然后计算断层上下盘的厚度。结合地层沉积时间，计算了辽西1号、辽西2号、辽中1号等断层的活动速率。在此以辽西1号断层为例（表5-2），从该断层活动速率的计算结果可以看出，在不同沉积时期（E_2s^3-E_3d^1）活动速率不同，E_2s^3和E_2s^2期断层活动性强，断层最大速率可以达到132.2m/Ma，而E_2s^1-E_3d^1期断层活动性变弱，到E_3d^1沉积末期，断层虽然仍在活动，但活动速率已经很小了。

辽西1号、2号断层是辽西凹陷的两条主要控凹断层，是长期继承性活动的Ⅰ级断层（沙河街-明化镇期）。JZ25-1S油气田分布在这两条断层的两侧。在油气运移时期，这两条断层一直活动，有利于油气从辽西凹陷沿断层向辽西低凸起运移，成为该区最重要的油气输导通道（图5-2）。虽然这两条断层总体上活动性强，有利于油气的输导，但其活动速率具有一定的时变性。自新近纪以来断层活动性呈减弱趋势，油气输导能力不足，而不能运移至浅部。因此，JZ25-1S构造油气多聚集于太古界的花岗岩古潜山和古近系沙河街组储层中，而未在浅层形成油气藏。

第 5 章 油气输导体系

表 5-2 辽西 1 号断层活动速率计算参数及结果统计表

测线	Es³ 沉积期 上盘厚度/m	Es³ 沉积期 下盘厚度/m	Es³ 沉积期 沉积时间/Ma	Es³ 沉积期 活动速率/(m/Ma)	测线	Es² 沉积期 上盘厚度/m	Es² 沉积期 下盘厚度/m	Es² 沉积期 沉积时间/Ma	Es² 沉积期 活动速率/(m/Ma)	测线	Es¹+Ed³+Ed²ᴸ 沉积期 上盘厚度/m	Es¹+Ed³+Ed²ᴸ 沉积期 下盘厚度/m	Es¹+Ed³+Ed²ᴸ 沉积期 沉积时间/Ma	Es¹+Ed³+Ed²ᴸ 沉积期 活动速率/(m/Ma)	测线	Ed²ᵁ+Ed¹ 沉积期 上盘厚度/m	Ed²ᵁ+Ed¹ 沉积期 下盘厚度/m	Ed²ᵁ+Ed¹ 沉积期 沉积时间/Ma	Ed²ᵁ+Ed¹ 沉积期 活动速率/(m/Ma)
1590	428.5	363.2	4	16.3	1430	156.9	115.0	2	21.0	1430	1072.9	938.1	8	16.9	1430	1629.0	1615.4	3.4	1.1
1670	513.9	470.0		10.9	1470	127.9	117.5		5.2	1470	1209.1	1089.6		14.9	1670	398.3	396.1		0.7
1710	751.2	590.3		40.2	1510	147.3	128.3		9.5	1510	1381.1	1256.1		15.6	1710	384.3	334.7		14.6
1750	803.0	610.2		48.2	1550	140.9	125.0		8.0	1550	1378.1	1322.3		7.0	1750	322.3	274.1		14.2
					1590	214.9	141.6		36.6	1590	1307.5	1206.6		12.6					
					1630	233.5	190.0		21.7	1670	1521.5	1122.6		49.9					
					1670	449.8	185.5		132.2	1710	1592.5	1414.2		22.3					
					1710	225.5	118.0		53.7	1750	1133.2	911.2		27.8					
					1750	286.3	234.2		26.0										

(a) 辽西1号断层活动速率分布图

(b) 辽西2号断层活动速率分布图

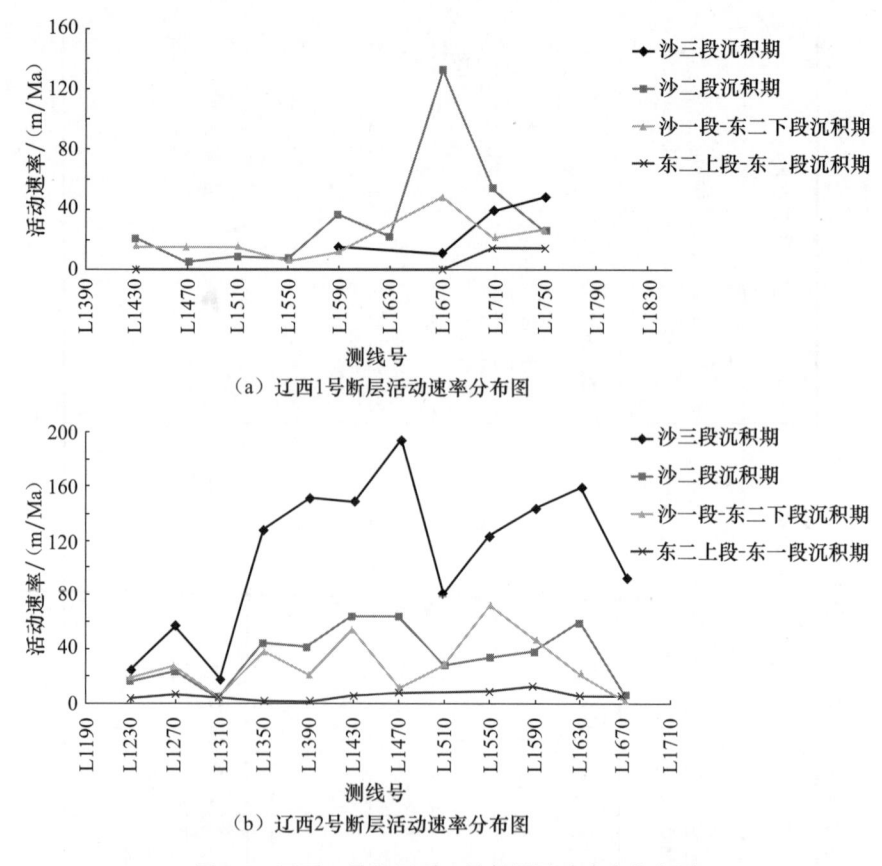

图 5-2　辽西 1 号和辽西 2 号断层活动速率分布图

2. 不同走向活动速率的变化与油气运聚

一般而言，Ⅰ、Ⅱ级断裂活动性强，对油气的输导作用占优势，而Ⅲ级断裂普遍活动性较弱，有利于油气的聚集。但沿Ⅰ级断裂的走向，断层活动速率往往会存在分段性变化，这种变化又会影响到油气的运移及聚集。以 JX1-1 油田为例，它位于辽中凹陷中洼，辽中 1 号断层将油田分为东西两个区块，是一条继承性发育的Ⅰ级断裂，走向为 NNE 向。在东营组一段沉积期，辽中 1 号断层的活动速率呈中间高两边低的趋势，中部最大值超过 160m/Ma；在北段断层活动速率最低（＜20m/Ma）。此时，JX1-1 油田已经开始进入生油高峰期，JX1-1 油田的位置正是位于该断层活动速率的低值区，较低的断层活动速率有利于油气聚集成藏（图 5-3）。

5.1.3　断裂系统对油气的封闭机理

断层封闭性的研究目前已经取得了较大的进展，主要表现在断层封闭机理、影响因素定量评价及封闭性分析方法方面。断层封闭性是指断层上下盘岩石或断裂带由于岩性、物性等差异导致排替压力的差异，从而阻止流体沿断裂带的运移。在空间上表现为两个方面：一是断层的侧向封闭性；二是断层的垂向封闭性。本节研究着重分析了断层对油气的侧向封堵。

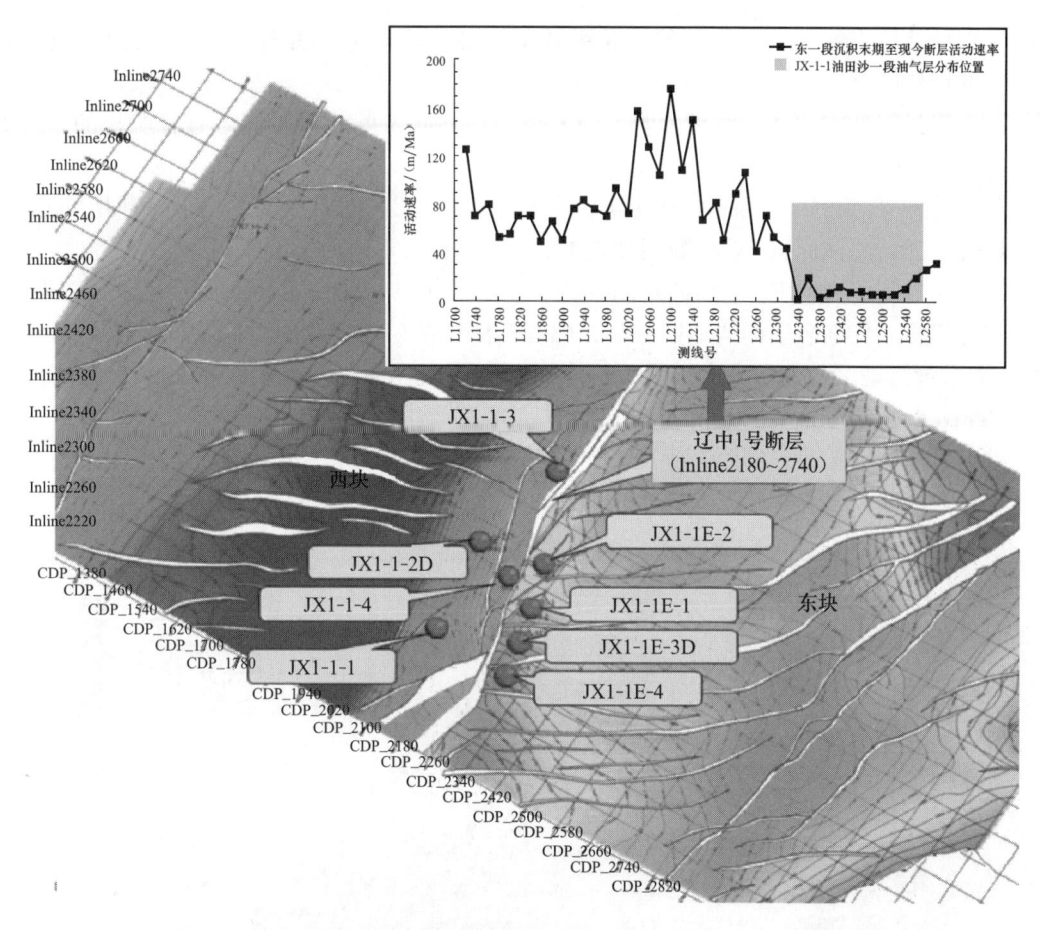

图 5-3 辽中 1 号 I 级断裂沿走向活动速率变化示意图（东一段沉积期）

断层侧向封闭机理分为以下三种形式：砂泥岩对接、断裂带高排替压力封闭、泥岩涂抹封闭。而影响断层垂向封闭性的主要因素为断层正压力、断面产状、断移地层砂泥比值及断裂填充物质的性质等。研究表明，当砂泥对接形成侧向封闭时，断层在垂向上也是封闭的；当断裂填充物构成侧向封闭，断层在垂向上也应是封闭的。目前石油行业主要运用 Allan 剖面以及三角并置图分析断层两侧岩性的并置关系。而页岩涂抹因子（SSF）、涂抹断层泥比（SGR）、黏土涂抹势（CSP）、页岩断层泥比（SGR）、黏土含量比（CCR）等参数被用来表征断层的封闭性能。Kinpe 三角图表征的是不同断距条件下断层两盘对接特征，利用断距和断移地层泥岩累积厚度可计算任何对接区域页岩断层泥比的大小，从而实现了断层封闭性的定量化计算：

$$SGR = \sum (Vsh \Delta Z) \times 100\% / D$$

式中，Vsh 为泥质含量（%）；ΔZ 为断距范围内地层厚度（m）；D 为断距（m）。

下面以 LD27-2 油田和 JZ21-1 油田为例，运用页岩断层泥比进行断层封闭性的定量分析。

1. LD27-2 油田断层侧向封闭性研究

图 5-4 是断层的三角并置图，表示了随断层断距的变化，其页岩断层泥比的变化情

况。根据计算出的 SGR，利用经验关系式可以估算断层的毛细管压力，从而估算断层封闭的烃柱高度。

断层封闭性能的计算结果表明，同一断层在不同深度的封闭能力有着明显的差异，所能封闭的烃柱高度差别非常明显。如图 5-5 所示，A 油层组平均 SGR 为 0.48，B 油层组平均 SGR 为 0.78，而 C 油层组平均 SGR 为 0.82，随着深度的增加，断层的侧向封堵性变强，总体而言，FA 断层侧向封闭性较好。而 D 油组的平均 SGR 仅为 0.33，表现为弱封闭，说明 FB 断层的封闭性要弱于 FA 断层。这一结论从实际的钻探结果也得到了证实。依据砂层的构造图、测井解释和测试结果确定的油气水界面计算了 LD27-2-1 井东营组油藏的油柱高度（图 5-5），LD27-2-1 井东营组油藏烃柱高度高，最大达到了 92m，断层的毛细管阻力大于 92m 烃柱高度所产生的浮力，封闭性强。而 LD27-2-4 井处的烃柱高度较小，圈闭充满度低。究其原因不是油气充注不足，而是由于断层封闭性不好造成的。

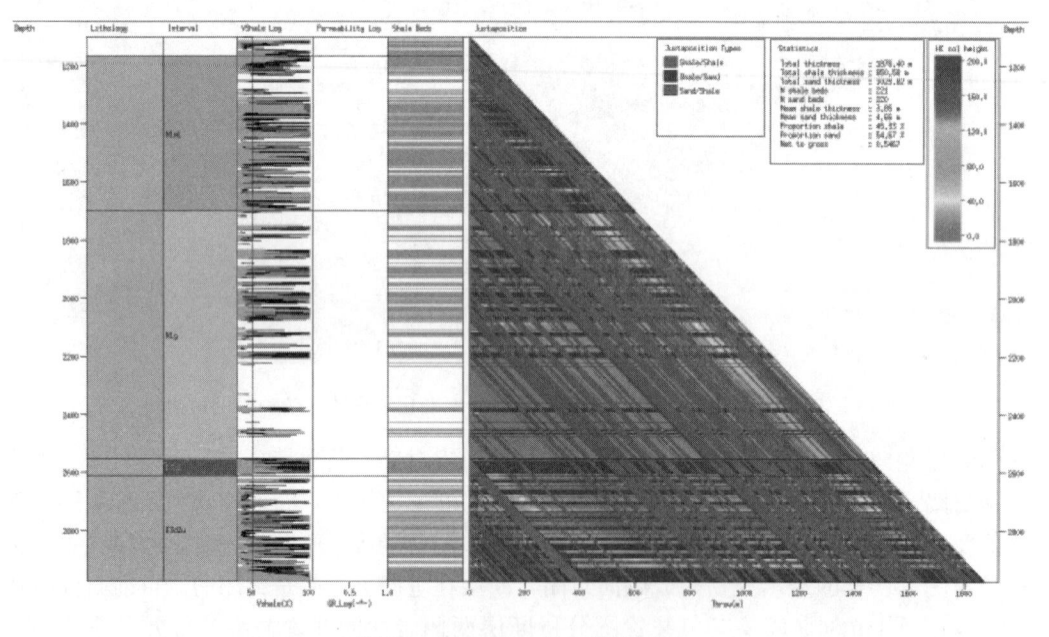

图 5-4 LD27-2-1 井三角并置图

计算和实际的资料均表明，断层的封闭性能决定了油气的富集程度。然而，在断裂的活动期，断面大部分是开启的，此时则起到输导和运移油气流体的作用。由图 5-2 可知，研究区断裂的主要活动期在沙河街组三段-东营组二段下沉积期，从东营组二段沉积期-东营组一段沉积期以来，断裂的活动性能逐渐减弱，主要表现为热沉降。而烃源岩的生排烃作用主要在东营组三段沉积期至现今完成的。事实上，渤海地区古近系-新近系的油气充注和聚集成藏也主要发生在晚期，这也表明了在油气聚集成藏后，断裂活动速率低，断层的封闭性能变好，断裂活动对油气藏改造和破坏的可能性小。

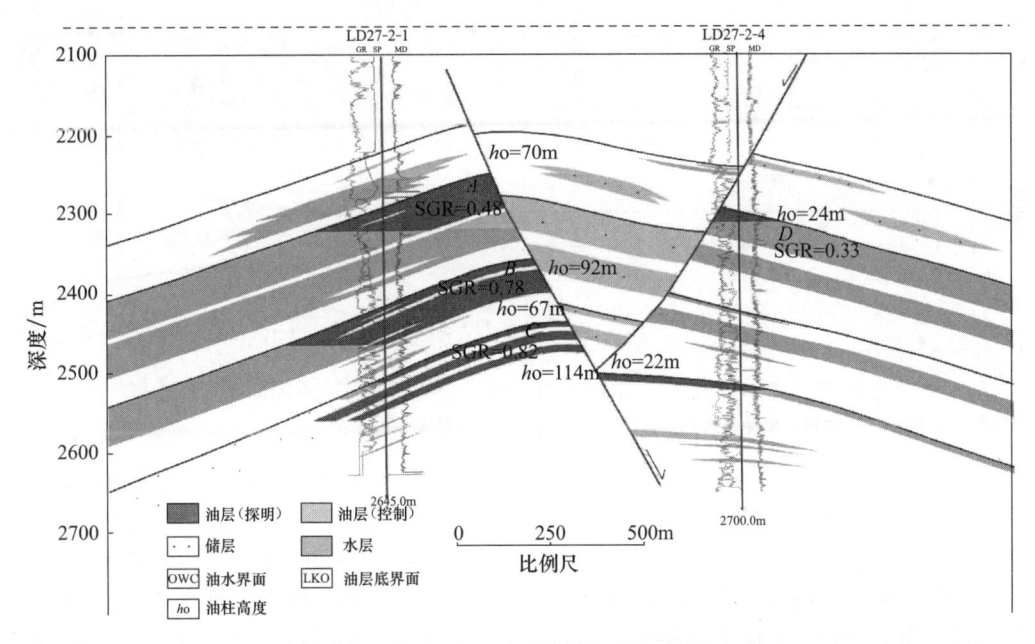

图 5-5　LD27-2 油田东营组断层封闭性示意图

2. JZ21-1 油田断层侧向封闭性研究

表 5-3 为 JZ21-1 油气田断层要素表。图 5-6 为其最大断距和断层的延伸长度的关系图。可以发现，随断层延伸长度的增加，断层的最大断距增加。断层的延伸距离越长，其活动性越强，所形成的断距越大。而事实上，断距较大的断层在历史时期的活动性较强，主要为油气的运移提供通道，而小断距断层或者大断层的小断距部分则对现今油藏流体的分布格局起到了决定性的作用，即断层的泥岩涂抹效应所形成的侧向封堵性能的变化。

本次计算了分割 JZ21-1 油气田油气藏主要断层的侧向封堵性能。根据图 5-7 和图 5-8 可知，F_1、F_2 和 F_3 断层（图 5-7 和图 5-8）对该区的油气分布起到了决定性的作用，因此主要分析这两条断层的封闭性能。

表 5-3　JZ21-1 油气田断层要素表

断层名称	断层性质	走向	倾向	最大断距/m	工区内延伸长度/km
F_1		近 EW	S	85	8.8
F_2		NEE	NW	130	3.9
F_3		近 EW	S	220	4.5
F_4	正断层	近 EW	N	110	5.9
F_5		NEE	SE	—	6.5
F_6		NWW	NE	—	5.1
F_7		NWW	SW	30	1.2

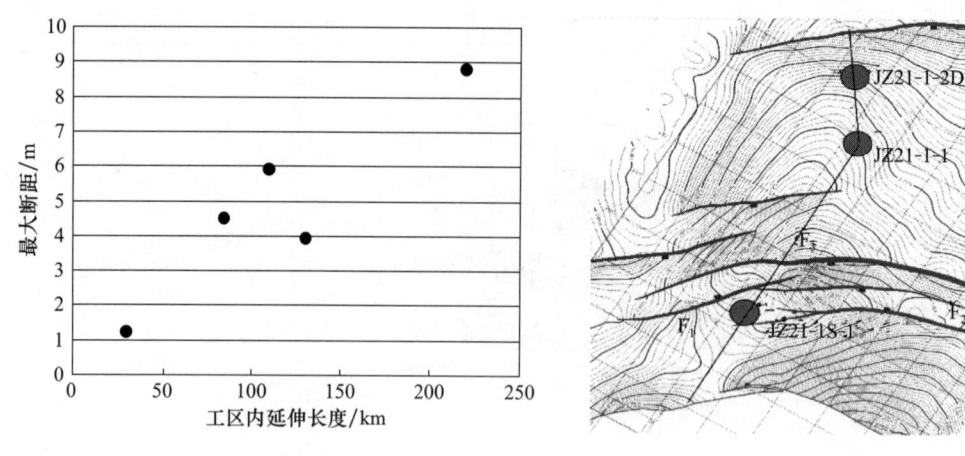

图 5-6 JZ21-1 油气田主要断层最大断距与断层延伸长度关系图

图 5-7 JZ21-1 油气田断层平面展布图

从图 5-8 可以看出，F_1 断层的断距很小，仅有数十米，难以对油气形成良好的侧向封堵，而 F_2 和 F_3 断层的断距分别超过了 100m 和 200m，因此，F_2 和 F_3 断层侧向封闭性的好坏是控制油藏纵向分布的主要因素。在计算 JZ21-1-1、JZ21-1-2D 和 JZ21-1S-1 三口井泥质含量的基础上，分别计算了二油组与三油组与 F_2 和 F_3 断层对接段的地层的 SGR，计算结果如图 5-9 和图 5-10 所示。计算结果说明，A、B 两点所处的位置，SGR 为 $0.2 \sim 0.3$，反映出断层的封闭性差，不能对油气形成良好的封堵。而事实上，在 F_2 断层下盘一油组和二油组确实无油气产出。在 C 点附近，一油组的断层 SGR 在 0.61 左

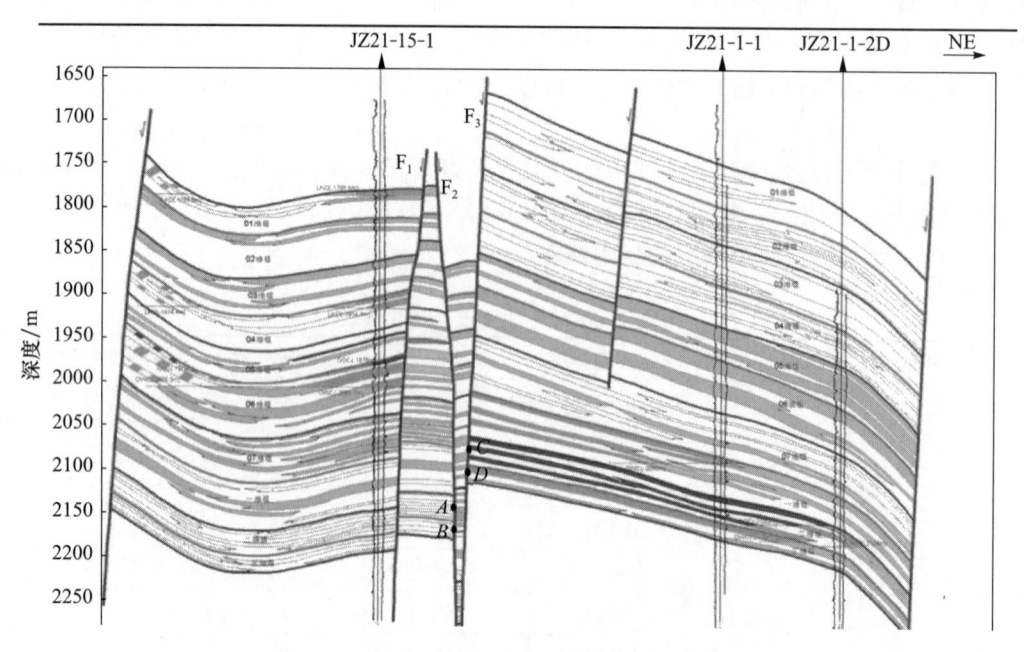

图 5-8 JZ21-1 油气田断层封闭性计算剖面示意图

右，而D点达到了0.65，远大于SGR封闭的临界值0.2，说明F_3断层对下盘的一油组和二油组具有很好的侧向封闭性，经测试，JZ21-1S-1井在2106～2114m测试获油54.61m^3/d，气3801m^3/d，水2.1m^3/d，与实际吻合较好。在2010m深度以下，随断距的增加，断层对流体的侧向封堵性能增强，这均与测井解释结果和实际测试结果一致。因此，断层的侧向封堵性能的差异造成了位于不同断层两侧的相同油组中油气的差异聚集，断层的封闭性控制了JZ21-1油气田现今烃类流体的分布特征。

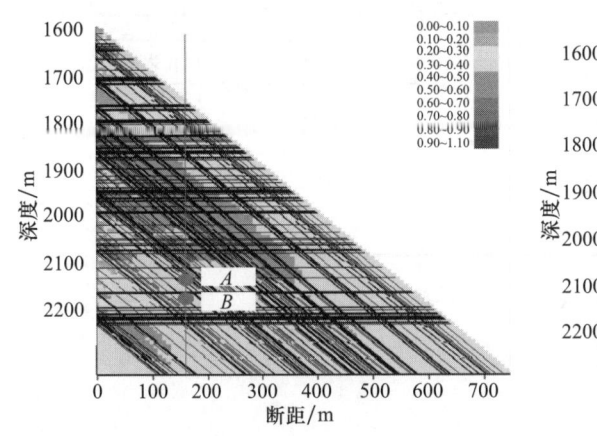

图5-9　JZ21-1含油气构造F_1断层上下盘砂泥并置关系图及SGR分布情况

图5-10　JZ21-1含油气构造F_3断层上下盘砂泥并置关系图及SGR分布情况

5.2　不整合输导体系

5.2.1　不整合空间结构的划分

不整合是地壳浅层一种常见的地质现象，其形成通常是区域性的地壳运动、海（湖）平面升降或局部构造作用的结果，代表着区域性的沉积间断或剥蚀事件。不整合在油气成藏过程中起着十分重要的作用，可以形成地层超覆、地层削截不整合等油气圈闭，可以改善油气的储集空间及性能，同时其区域性、稳定性的特点对油气侧向运移非常有利，提供运移通道，导致不同层系的油气聚集。

何登发（2007）通过研究发现，不整合不同于不整合面，由三层结构组成，即不整合面之上的岩石（通常指底砾岩或砂岩）、不整合面之下的风化黏土层以及风化黏土层之下的半风化岩层（风化淋滤带）（图5-11）。总体而言，不整合之上的底砾岩或砂岩以及风化黏土层之下的风化淋滤带，由于其孔隙或裂缝系统发育，可以作为油气运移的良好通道，而风化黏土层本身在上覆沉积物压实作用下较致密，可具有良好的封盖能力。实际上，不整合的三层结构并不是一成不变的，很多情况下不整合结构会缺失风化黏土层，有时不整合面上覆岩层为泥岩，而非底砾岩，而不整合之下也并不总是发育有半风化岩石，经常会出现发育泥岩、灰岩、火成岩的情况，这种情况下，不整合之下的岩层输导性能大大下降或不起输导作用。总而言之，对于不整合的结构不能生搬硬套已有的模式，而要根据实际的地质情况，寻找合适的分类方案。

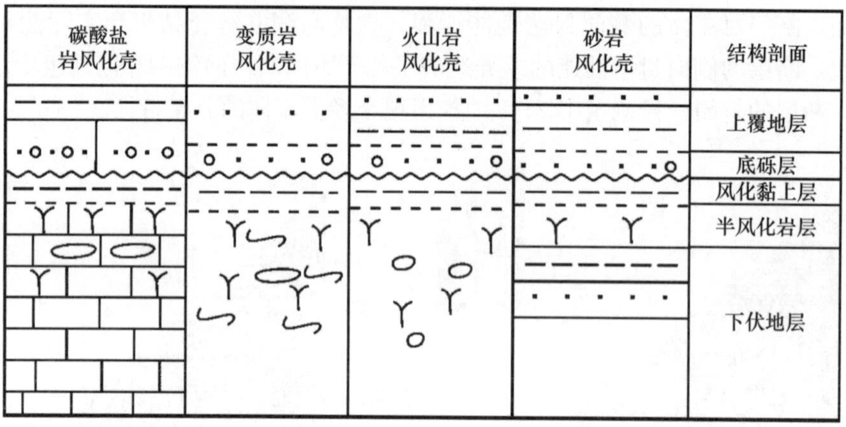

碳酸盐岩风化壳	变质岩风化壳	火山岩风化壳	砂岩风化壳	结构剖面
				上覆地层
				底砾层
				风化黏土层
				半风化岩层
				下伏地层

图 5-11　不整合输导体的三层结构（何登发，2007）

5.2.2　不整合输导体系实例分析

1. JZ25-1S 油田

JZ25-1S 油田位于辽西凸起的北部，是一个复合式油气田，既有古近系沙河街组的砂岩油气藏，也有基底太古界的潜山油气藏，其中，JZ25-1S-1 井、JZ25-1S-2 井、JZ25-1S-3 井、JZ25-1S-4 井、JZ25-1S-5 井、JZ25-1S-7 井、JZ25-1S-8 井在潜山部位有油气产出，潜山油气藏是该油田的重要产层之一。前述研究表明，辽中凹陷烃源岩已经达到成熟阶段，是潜山油藏的主要油源，辽中凹陷与辽西低凸起呈不整合接触关系，不整合的结构特征对于辽中凹陷沙河街组烃源岩生成的油气向潜山侧向运移、成藏具有重要的控制作用。

由于在不整合面之上，各井普遍发育有一套沙河街组三段的泥岩，因此利用现有的资料，很难将风化黏土层和泥岩层分开，因此在本节研究中，以不整合面为界，将其结构简化为双层结构。在不整合面之上，主要发育一套沙三段的泥岩，仅 JZ25-1S-4 井和 JZ25-1S-5 井发育有一套含砾细砂岩，泥质含量高，因此，整个不整合面之上岩性以泥岩为主，孔渗性很差，不能起到输导作用，其上覆于古潜山之上，可以作为一套良好的盖层，阻止潜山油气藏的油气向上逸散。不整合面之下发育有一套太古界花岗岩地层，其顶部风化壳的风化淋滤带裂缝发育，裂缝发育段厚度为 20~150m，同时还包含有溶蚀孔洞，既能作为油气的输导通道，也能作为良好的含油气储集体（表 5-4 和图 5-12）。沙三段泥岩作为一套成熟烃源岩，其生成的油气可以向潜山充注。总体而言，不整合面之下的风化淋滤带对油气在潜山油气藏中的侧向输导起到了至关重要的作用，辽中凹陷沙三段的烃源岩生成的油气沿着不整合面在潜山内侧向运移，在处于构造高部位的辽西凸起带上聚集成藏。

表 5-4 JZ25-1S 油田潜山油气藏不整合输导体内幕结构分析表

	井名	1井	2井	3井	4井	5井	7井	8井
不整合面之上	岩性	深灰色泥岩	深灰色泥岩	褐色泥岩	灰白色含砾细砂岩，包含绿色泥岩夹层	灰色含砾细砂岩	褐色泥岩	紫红色泥岩
	输导性	低孔低渗，不具备输导性，但是可以作为潜山油气藏良好的盖层和烃源层							
不整合面之下	岩性	花岗岩，裂缝发育							
	裂缝层段厚度/m	100	130	60	35	20	105	150
	总孔隙度/%	3～6	1～14	10～15	4.5～6.8	2.5～7.5	3-15	2～11
	裂缝渗透率/($\times 10^{-3} \mu m^2$)	1～1000	10～100	10～200	10～900	0.01～10.00	5～200	10～100
	输导性	裂缝普遍发育，既能作为油气的输导通道，也能作为良好的含油气储集体							

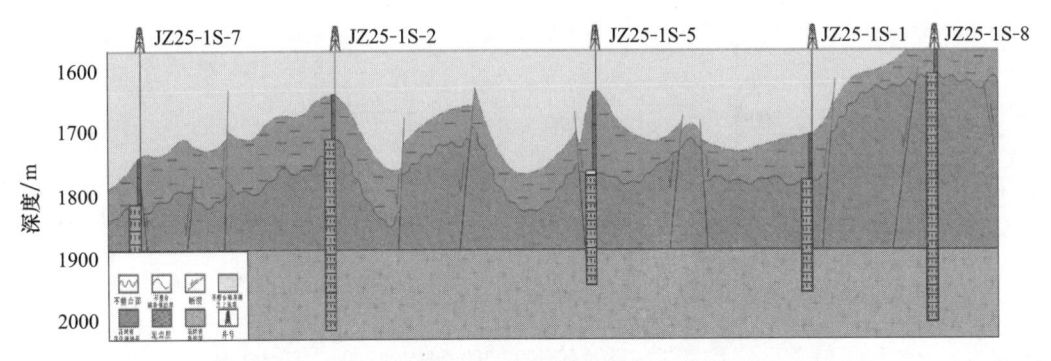

图 5-12 JZ25-1S 油田不整合输导体单通道内幕结构示意图

2. JZ20-2 油气田

类似于 JZ25-1S 油田，位于辽西凸起北部的 JZ20-2 油田也是一个复合式油气田，既有古近系的砂岩和白云岩油气藏，也有基底的潜山油气藏。其中，JZ20-2-2 井、JZ20-2-3 井、JZ20-2-4 井、JZ20-2-5 井、JZ20-2-6 井、JZ20-2-7 井钻遇潜山，潜山油气藏是该油气田的重要产层之一。相较于 JZ25-1S 油田，JZ20-2 油田的不整合结构显得更为复杂。不整合面之上发育有沙河街组的白云岩，而不整合面之下的潜山包含了太古界变质花岗岩和其上覆盖的中生界火山岩，具有岩性多变、物性变化大、非均质性强的特点。

JZ20-2 油气田在不整合面之上主要发育一套白云岩和泥岩的互层，白云岩孔渗性好，孔隙度大于 15% 的储层段占到了 91%，而渗透率大于 $500\times10^{-3} \mu m^2$ 的储层段占到了 61.1%，普遍属于高孔高渗储集体，有利与油气的运聚（图 5-13、图 5-14 和表 5-5）。通过录井资料分析表明，不整合面之上的白云岩储层段与不整合面之下的潜山储集体之间存在着一个厚度较薄的过度带，岩性较为杂乱，以泥岩为主，还包括凝灰岩、灰质角砾岩等，岩性致密，孔渗性差，将不整合上下两套输导体（有时亦为储集体）分隔开来。从该过渡带往下，为岩性较纯的火山岩地层或花岗岩地层，且裂缝发育部位可以作为良好的油气输导体和储集体。

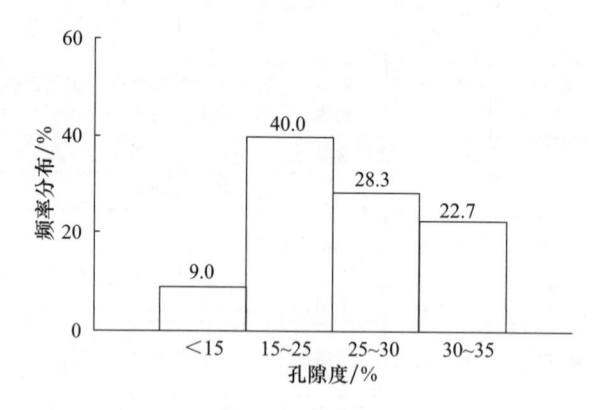

图 5-13 JZ20-2 油气田不整合面之上白云岩储层孔隙度分布直方图

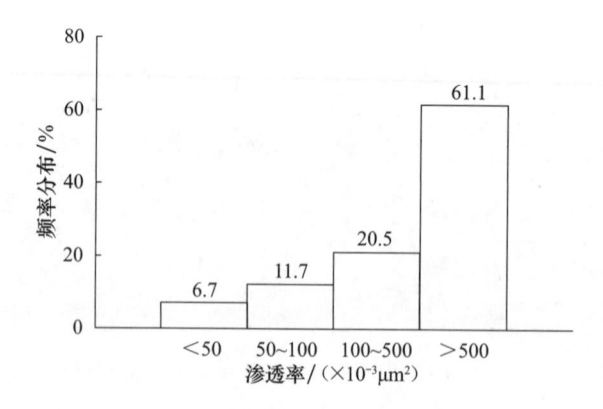

图 5-14 JZ20-2 油气田不整合面之上白云岩储层渗透率分布直方图

表 5-5 JZ20-2 油田潜山油气藏不整合输导体内幕结构分析表

不整合微观结构		2井	3井	4井	5井	6井	7井
不整合面之上	岩性	褐色白云岩和褐色泥岩互层，含浅灰色砂岩夹层	深灰色生物白云岩和褐色泥岩互层	深灰色生物白云岩和褐色泥岩互层	白云岩、泥岩和生物灰岩互层	白云岩、泥岩和生物灰岩互层	泥岩和白云岩互层，夹薄层灰岩
	输导性	发育一套较为连续的白云岩地层，物性好，既是有利的输导层，也是油气的有利聚集场所					
	白云岩储层的孔隙度分布/%	16.0~26.9	13.6~33.4	—	19.4~23.9	20.2~33.6	1.37
	白云岩储层的渗透率/($\times 10^{-3} \mu m^2$)	0.9~50.6	0.5~554.6	—	3.2~16.7	3.4~185.4	0.4
	白云岩储层累计厚度/m	15.5	31.5	—	17	29.7	1.4

续表

不整合微观结构		2井	3井	4井	5井	6井	7井
不整合面之下	岩性	上部为中生界的火山岩，下伏太古界的花岗岩	不整合面直接上覆在太古界的花岗岩地层之上，缺失中生界的火山岩	上部为中生界的火山岩，下伏太古界的花岗岩	上部为中生界的火山岩，但地层很薄，主要为下伏太古界的花岗岩地层	不整合面上覆在中生界的火山岩地层之上	上部为中生界的火山岩，下伏太古界的花岗岩
	输导性	裂缝发育部位可以作为良好的油气输导体和储集体					
	潜山储层孔隙度分布/%	7.7~16.0	3.2~11.3	—	—	18.6~19.0	12.8~16.0
	潜山储层累计厚度/m	105.8	131	—	—	54	100.9

因此，不同于JZ25-1S油田的单通道不整合输导体系，JZ20-2油田的不整合输导体系具有双通道运移的的特点，辽中凹陷沙河街组的烃源岩既可以通过不整合面上部沙河街组的白云岩输导层，也可以通过复合潜山中的风化淋滤带侧向输导，在辽西凸起带聚集成藏。由于潜山岩性复杂，非均质性强，油气在潜山内的运移聚集情况更为复杂（图5-15）。

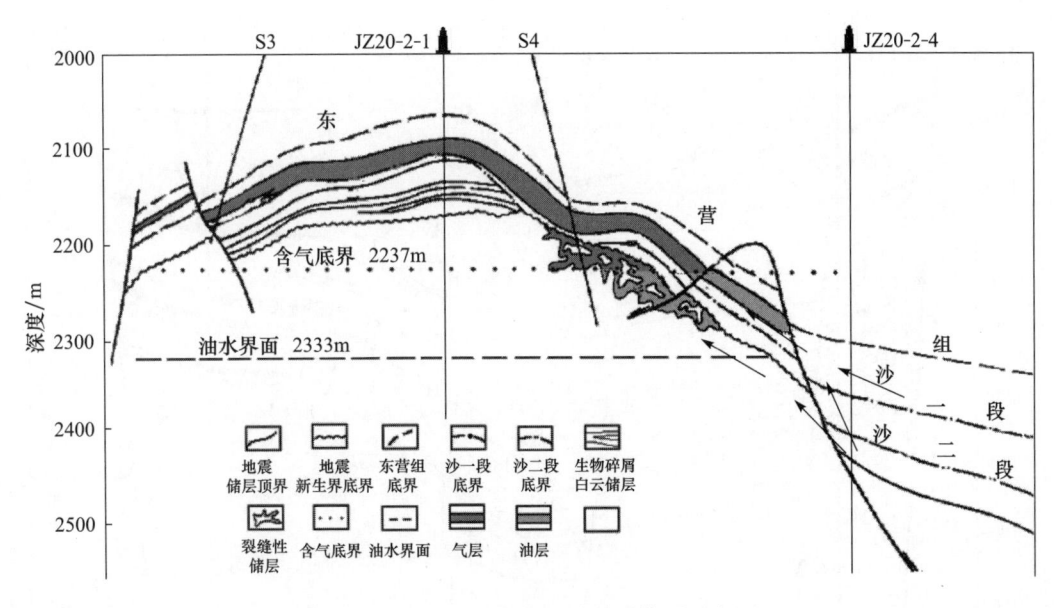

图5-15 JZ20-2油田不整合输导体系示意图

5.3 砂体输导体系

砂体输导体系主要以侧向输导为主，其输导能力取决于平面上宏观的连通性和微观的储集物性。宏观上，沉积相决定了各沉积期次砂体的横向展布特征和纵向叠置关系，是影响砂体输导体系侧向输导能力的关键因素。例如，河道砂体、三角洲砂体等均具有良好的孔渗性能，可以为油气提供良好的运移通道。微观上，成岩作用控制着埋藏过程中砂体孔渗性能的破坏、改善以及保存，进而影响着砂体输导能力在空间和时间上的变化。研究区砂体的宏观展布特征与微观特征在第3章已经作了较为详细的阐述，在此不再赘述。研究区内新近系储层主要集中在研究区南部，以LD27-2油田为代表，主要是通过断层沟通古近系烃源岩从而在浅部聚集成藏的，砂体输导体不起主要作用，因此以下仅对古近系东营组和沙河街组的砂体输导体系作简要的介绍。

对于沙河街组的砂体输导体而言，在辽中凹陷北洼的凹陷带及东部陡坡带的JZ21-1、JZ27-6构造附近发育扇三角洲砂体（图5-16），同时和烃源岩层系的平面展布位置有很好的匹配关系，因而砂体成为油气侧向运移的主要通道。值得注意的是，通过对沙河集组储层微观分析表明，随着深度的变深，储层物性变差，在凹陷带较深部位，沙河街组（尤其是沙三段）的储层物性很差，普遍属于Ⅲ类储层，因此在这种情况下，砂体输导体微观孔渗性的优劣对其输导能力起到了关键的作用。辽西低凸起中、南段高部位多缺失沙河街组沉积，在辽中凹陷JX1-1、LD10-1、LD22-1附近发育扇三角洲砂体，并邻近辽中凹陷南洼和中洼的烃源岩，依靠砂体输导体近距离运移成藏是凹陷带内主要油气田油气聚集成藏的一大特点。

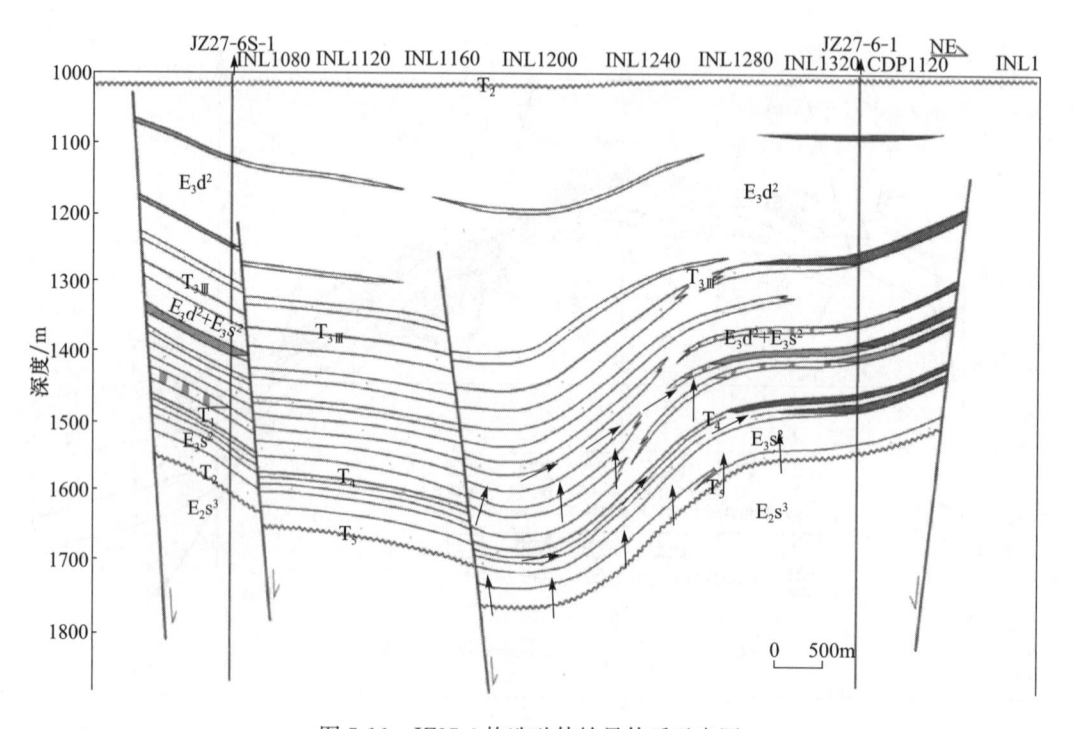

图5-16 JZ27-6构造砂体输导体系示意图

位于研究区辽中凹陷北洼的JZ21-1地区发育大型的三角洲前缘砂体，且处于沙三、东三主力烃源岩的叠合部位，砂体输导系统发挥着重要的作用。研究区中部东二段砂体非常发育，在辽西低凸起、辽中凹陷的斜坡带、陡坡带均发育大型的三角洲砂体，因此输导系统以砂体为主。大型三角洲砂体可能直接与东三段烃源岩沟通，或者沙三段烃源岩生成的油气先通过油源断层、后主要通过三角洲砂体运移，形成 SZ36-1 油田东二下段主力油藏（图 5-17）。

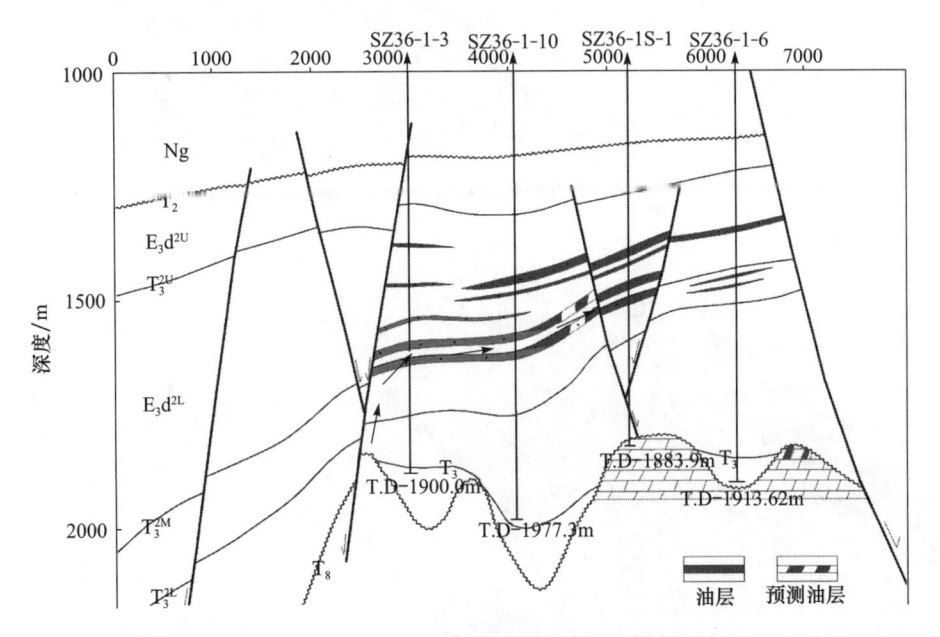

图 5-17 SZ36-1 油田砂体输导体系示意图

5.4 输导体系的时空配置

根据以上输导体系基本类型及组合，结合前人研究成果，认为研究区发育的输导体系包括：①断层型输导系统；②不整合型输导系统；③砂体输导体系；④断层-砂体输导体系；⑤断层-不整合输导体系；⑥断层-砂体-不整合输导体系。下面选取了三条横跨辽中凹陷的地震测线（图 5-18），分析其输导体的组合类型和输导模式。

测线一（图 5-19）是过 JZ22-1-1 井输导体系示意图，主要是断层＋砂体的输导体系模式。该井区在东二下段发育有一套湖底扇，储集物性好，可以作为良好油气储集层。但由于该井右侧断层断距小（仅为 50m 左右）断层两侧砂体发生了对接，没有形成泥岩封堵，因此油气沿着砂体继续向高部位的辽东凸起 JZ23-1 构造方向运移，在 JZ22-1-1 井区没有形成油气聚集。

测线二（图 5-20）横跨 JZ20-2 和 JZ21-1 两个油田。其主要产层均为东二下段的砂体。二者主要都是断层加砂体的输导体系模式。JZ21-1 油气藏中的油气主要来自辽中凹陷东三段烃源岩，由于 JZ21-1 油气田靠近辽中凹陷北洼，地层埋深较大，东三段烃源岩在现今已经进入了生气窗，具备生成油气的能力。从东三段烃源岩排出的油气沿断

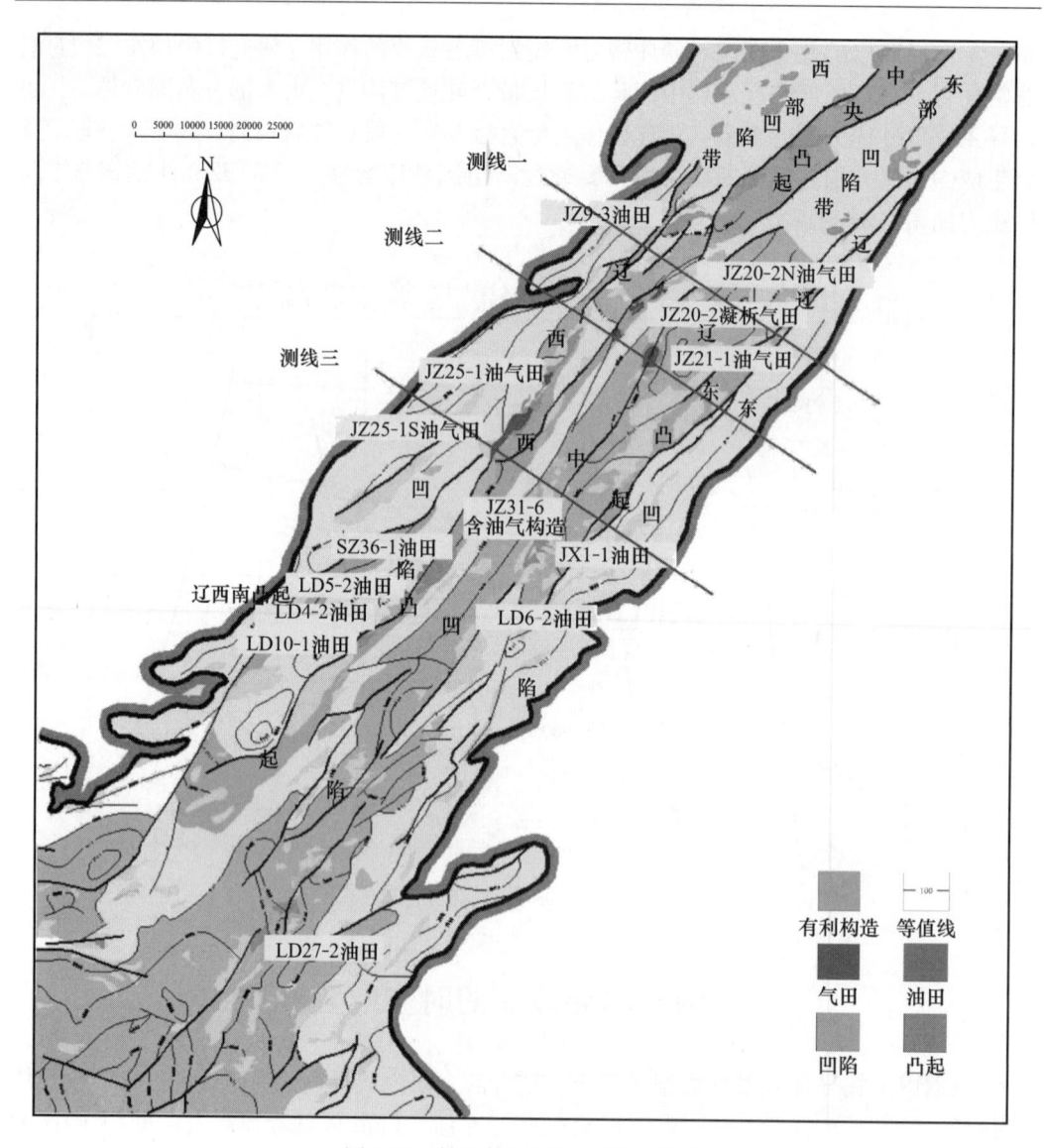

图 5-18 输导体系剖面位置示意图

层向上运移至东二段时，由于东二段发育广泛的三角洲水下分流河道和远砂坝砂体，横向连通性好，油气在砂体中作横向运移，在圈闭处聚集成藏。JZ20-2 油田油气主要来自辽中凹陷北洼沙三段烃源岩，其输导模式与 JZ21-1 油田相类似。

测线三（图 5-21）横跨 JZ25-1S 和 JZ31-6 两个油田。其中，JZ25-1S 主要产层位于沙二段砂体和基底的花岗岩潜山油气藏。烃源岩主要来自于辽西凹陷沙三段烃源岩。通过初步分析，沙河街组沙二段油藏主要是断层+砂体输导模式，而基底的潜山油气藏主要是断层加不整合的输导模式，不整合面之下的裂缝系统对油气的侧向运移起到了关键的作用。JZ31-6 油田是一个岩性圈闭，主要以砂体输导为主。

第 5 章　油气输导体系

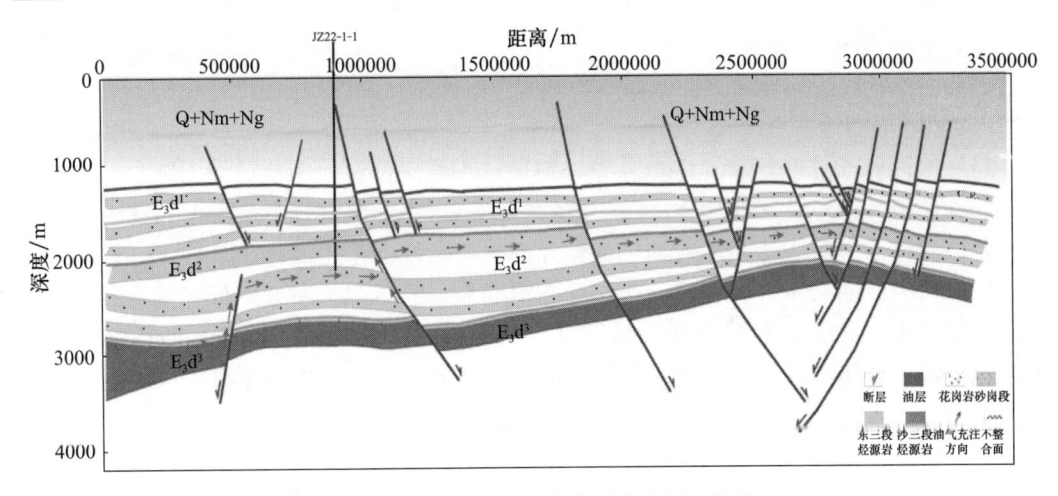

图 5-19　辽中凹陷油气输导体系模式图（测线一）

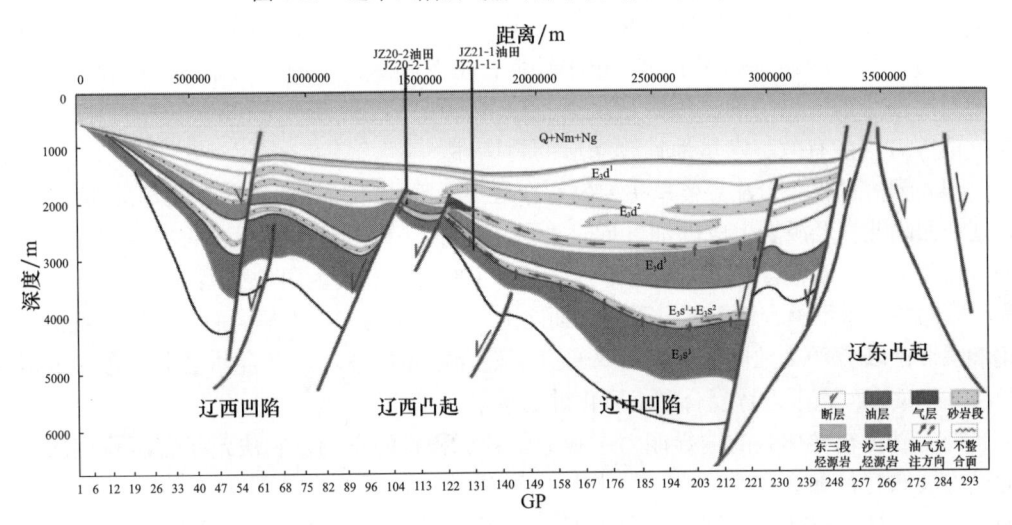

图 5-20　辽中凹陷油气输导体系模式图（测线二）

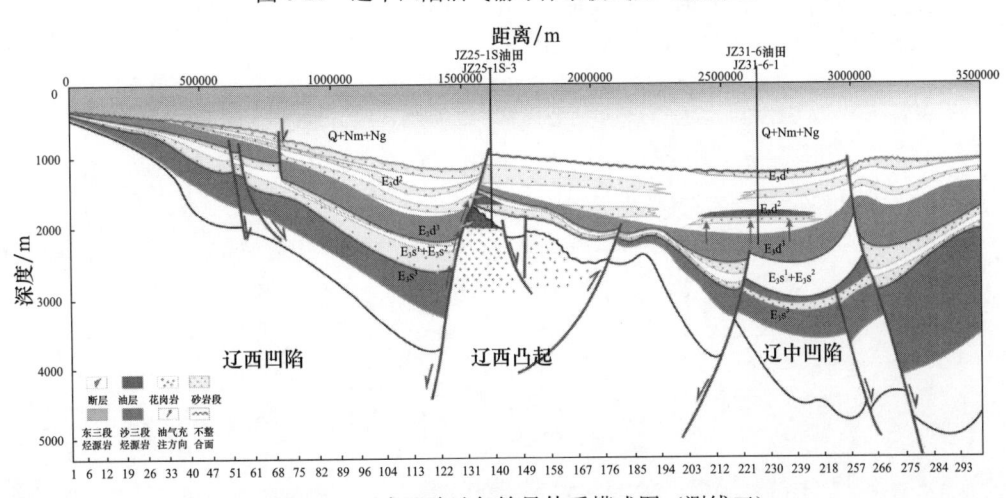

图 5-21　辽中凹陷油气输导体系模式图（测线三）

5.5 小　　结

（1）研究区发育六种输导体系类型，包括：①断层型输导体系；②不整合型输导体系；③砂体输导体系；④断层-砂体输导体系；⑤断层-不整合输导体系；⑥断层-砂体-不整合输导体系。其中，断层对油气的输导起着决定性的作用。

（2）研究区断裂系统可以划分为Ⅰ级走滑断裂、Ⅱ级主干断裂、Ⅲ级派生断裂三个级别。郯庐Ⅰ、Ⅱ级断裂断得深、断得早、断得远，Ⅲ级断裂断得浅、断得晚、断得近，这决定了各级次断裂对油气成藏的不同影响。同时郯庐断裂带在研究区可以划分为北、中、南三段，具有明显的分带、分段差异变形特征。

（3）辽中凹陷及邻区断裂系统具有"主次分明，动静结合"的特点，对油气运聚起着重要的控制作用。在动态上，Ⅰ、Ⅱ级断裂活动性总体都很强，对油气主要起到了垂向上的输导作用，难以形成油气聚集，但在其活动性较弱的部位同样具有聚集和保存油气的能力；而Ⅲ级断裂总体上活动速率较低，主要起到汇聚油气的作用。在静态上，断层的封闭性是油气富集的主控因素之一。综合使用页岩断层泥比和断面所能封闭的烃柱高度值等方法能有效、定量地计算断层的封堵性。

（4）研究区不整合输导体系主要发育在辽中凹陷北部和辽西低凸起北部的接触部位，是辽中凹陷北洼烃源岩生成的油气向辽西凸起上的有利构造部位充注的主要输导体系类型。在该地区，不整合的空间结构十分复杂，主要可以归纳为两种类型：以 JZ25-1S 油田为代表的单通道不整合输导体，不整合面之上发育泥岩盖层，不整合面之下发育花岗岩风化淋滤带；以 JZ20-2 油田为代表的双通道不整合输导体系，不整合面之上发育白云岩输导层，不整合面之下发育复合潜山风化淋滤带。

（5）砂体输导体系的输导能力宏观上受到沉积相的影响，它决定了各沉积期次砂体的横向展布特征和纵向叠置关系，是影响砂体输导体系侧向输导能力的关键因素。例如，河道砂体、三角洲砂体等均具有良好的孔渗性能，可以为油气提供良好的运移通道。微观上，成岩作用控制着埋藏过程中砂体孔渗性能的破坏、改善以及保存，进而影响着砂体输导能力在空间和时间上的变化。

第6章 郯庐断裂带（辽东湾段）对油气成藏的作用

郯城-庐江断裂带是东亚大陆上的一系列北东向巨型断裂系中的一条主干断裂带，纵贯我国东部，北起黑龙江省肇兴县，南至湖北省广济县并继续向南延伸，在我国境内绵延总长达3600km（图6-1）。郯城-庐江断裂带是中国大陆东部一条古老而现今仍在活动的巨型断裂带（从古至今在郯庐断裂带及其附近两侧大大小小的地震活动从未间断过），它经历过长期而复杂的演化过程，横跨中国东部三个古板块构造单元（华南板块、华北板块、松辽板块）和两个重要的造山带（秦岭大别造山带和燕山造山带）（图6-2）。从1923年谭锡畴在莒县发现南北向正断层，到地质矿产部航空物探大队904航磁队杨华和徐嘉炜1957年分别从地球物理和地面地质上识别出来并命名为郯城-庐江深断裂，直到今天，郯庐断裂带作为中国东部的一条重要的构造形迹，引起国内外众多地质学者的关注，一直是中国区域地质研究的热点之一。对它的研究不仅对中国的板块构造研究富有意义，而且对欧亚板块、太平洋板块的研究有重要理论意义，还对该断裂带周缘沉积盆地的油气勘探有重要实践价值。目前对郯庐断裂带

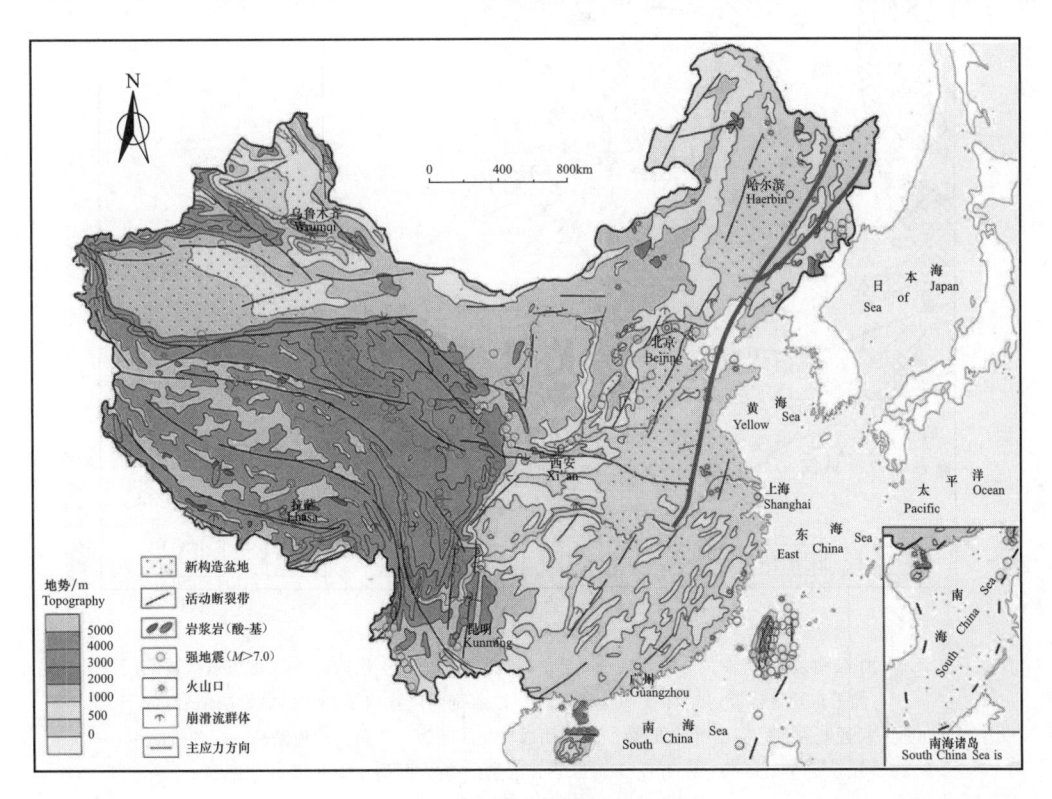

图6-1 郯庐断裂带的构造位置图
NNE向红色粗线为郯庐断裂

在陆上的研究程度已相对较高，并形成了一些共识，研究文献达上千篇，但郯庐断裂带在渤海湾的研究程度却较低，文献甚少（万桂梅等，2009）。

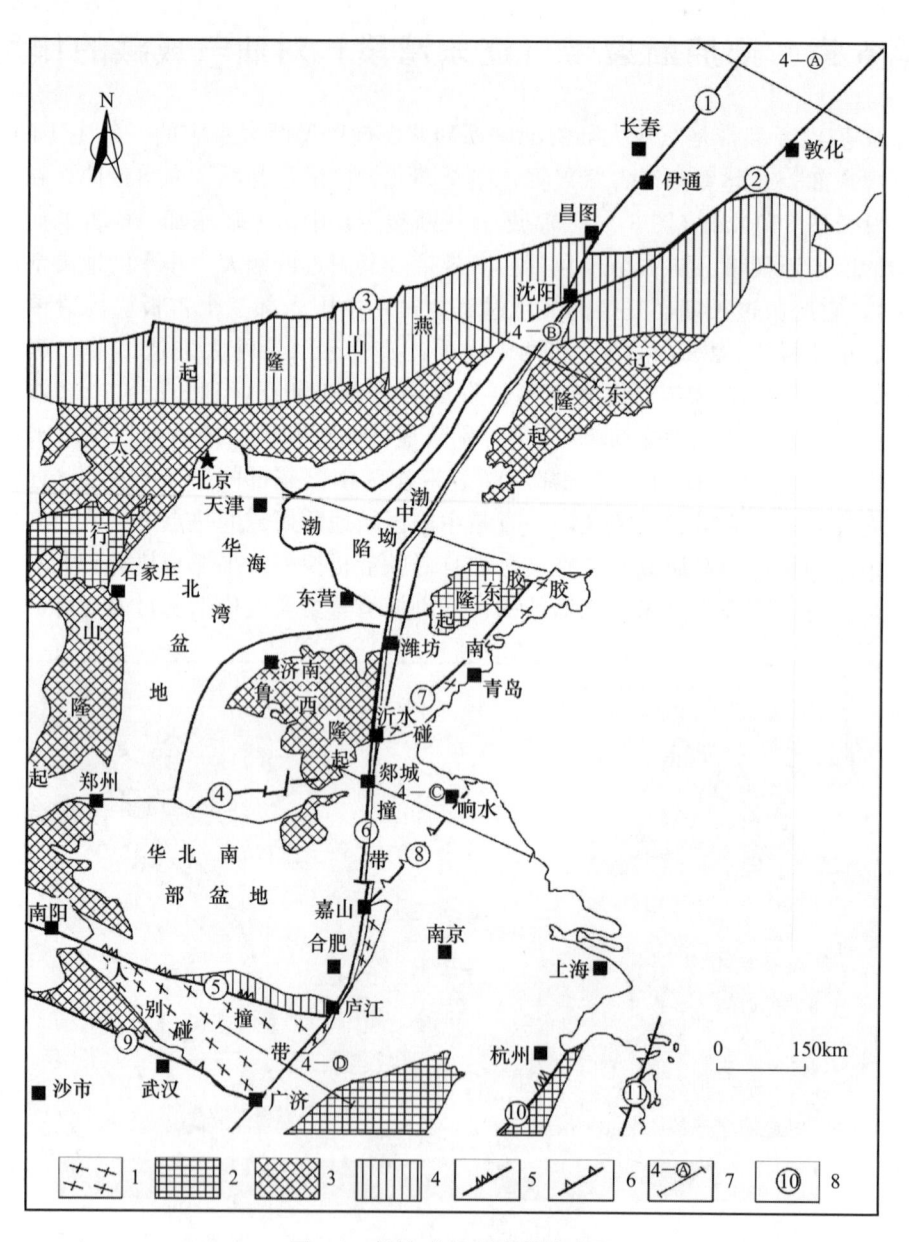

图 6-2 郯城-庐江断裂带构造图

1. 大别-胶南碰撞带；2. 太古-元古代基岩；3. 晚元古代-古生代地层；4. 加里东褶皱带；
5. 加里东期缝合带；6. 印支期缝合带；7. 地震剖面位置编号；8. 区域断层编号；
①依兰-伊通断裂；②密山-敦化断裂；③中朝板块北缘断裂；④黄河故道断裂；⑤商丹断裂；
⑥郯城-庐江断裂；⑦五莲-荣城断裂；⑧嘉山-响水断裂；⑨襄樊-广济断裂；
⑩江山-绍兴断裂；⑪长乐-南澳断裂

郯庐断裂带在渤海海域中的一段，即北起辽宁营口，南至山东潍坊，长约500公里。为了讨论的方便，人们通常将其称为营潍断裂带。该带完全被海水或第四纪地层覆盖。在过去，人们对它的了解主要是根据周边地质情况予以推断。近年来，中国海洋石油总公司及外国石油公司在渤海海域开展了大量的地震、重磁及钻井工作，获取了很多宝贵的资料，这促进人们不断深化对郯庐断裂带及渤海油气地质的认识。

郯庐断裂带在渤海湾地区是由四条主干断裂组成的，自北向南发育古近纪的下辽河-辽东湾盆地、渤中盆地和莱州湾-潍坊盆地（朱光等，2007）。根据新生代活动的差异，郯庐断裂中段又可以近EW向的龙口-黄河断裂（北京-蓬莱断裂）为界，分为南、北两个亚段（下辽河-渤海区为北亚段，鲁中-苏北区为南亚段）（图6-2）。郯庐断裂带东、西两侧的两条伸展断裂分别造成两个断隆，总体在断裂带上的渤海湾盆地中呈"三凹两凸"的格局。该断裂带平面上以错列分段式形态存在，由先存主干断裂向两侧派生、延展成断裂系统；剖面上由老到新、自下而上，断裂数量由少变多，呈树枝状向上伸展（图6-3）。其中，纵穿辽东湾中东部的郯庐断裂（辽东湾段）横向连续性最强。盆地内古近系（自下而上为孔店组、沙河街组和东营组）厚达5000~6000m，自下而上范围逐步扩大，向东、西两侧超覆。沿郯庐断裂带两侧或内部自北向南分布着一系列中、新生代含油气盆地，如松辽盆地、渤海湾盆地、鲁西盆地、沂沭盆地、苏北盆地等。这些盆地的空间分布、构造特征、形成和演化等与郯庐断裂带关系密切，杨占宝认为郯庐断裂带两侧的沉积盆地是断裂系的一部分，是郯庐断裂中、新生代演化过程中形成的局部派生构造。这些盆地内的油气储量与产量占到我国油气储量与产量的一半，例如，陆上的大庆、胜利、辽河油田以及海上的渤海油田等大型油气田都处于郯庐断裂带上。

从松辽盆地、渤海湾盆地、苏北盆地等三个典型含油气盆地构造特征及演化历史来看，虽然它们所处的大地构造位置和性质不同，形成和演化时期有所差异，但其演化过程（或阶段）相似且与郯庐断裂活动同步进行，因此盆地的形成和演化受到郯庐断裂控制。通过分析发现，沿郯庐断裂自北而南，盆地形成时代由老变新，盆地规模由大变小，油气储量由大变小，而且松辽盆地的形成机制与渤海湾盆地、苏北盆地不同。郯庐断裂带呈现出一定的油气分布规律：含油气普遍，东贫西富，南贫北富，带外贫、带内富，油多气少。对于造成这种油气富集差异的地质原因还有待进一步具体研究。

总体上，郯庐断裂带的研究成果丰富，争议也较大，不同的学者对同一个问题可能有不同的认识。目前人们对于郯庐断裂带的展布特征、构造样式、形成模式、构造演化等方面的研究较多，但都存在一些分歧。郯庐断裂带周边分布大量的含油气盆地，每个盆地的油气富集程度不同，对于造成这种油气富集差异的地质原因还没有学者系统研究过。所以，郯庐断裂带各段差异控油机理尚待进一步研究（万桂梅等，2009）。在此，研究郯庐断裂带（辽东湾段）对辽中凹陷成藏的影响也将深化郯庐断裂带各段差异控油机理的认识。

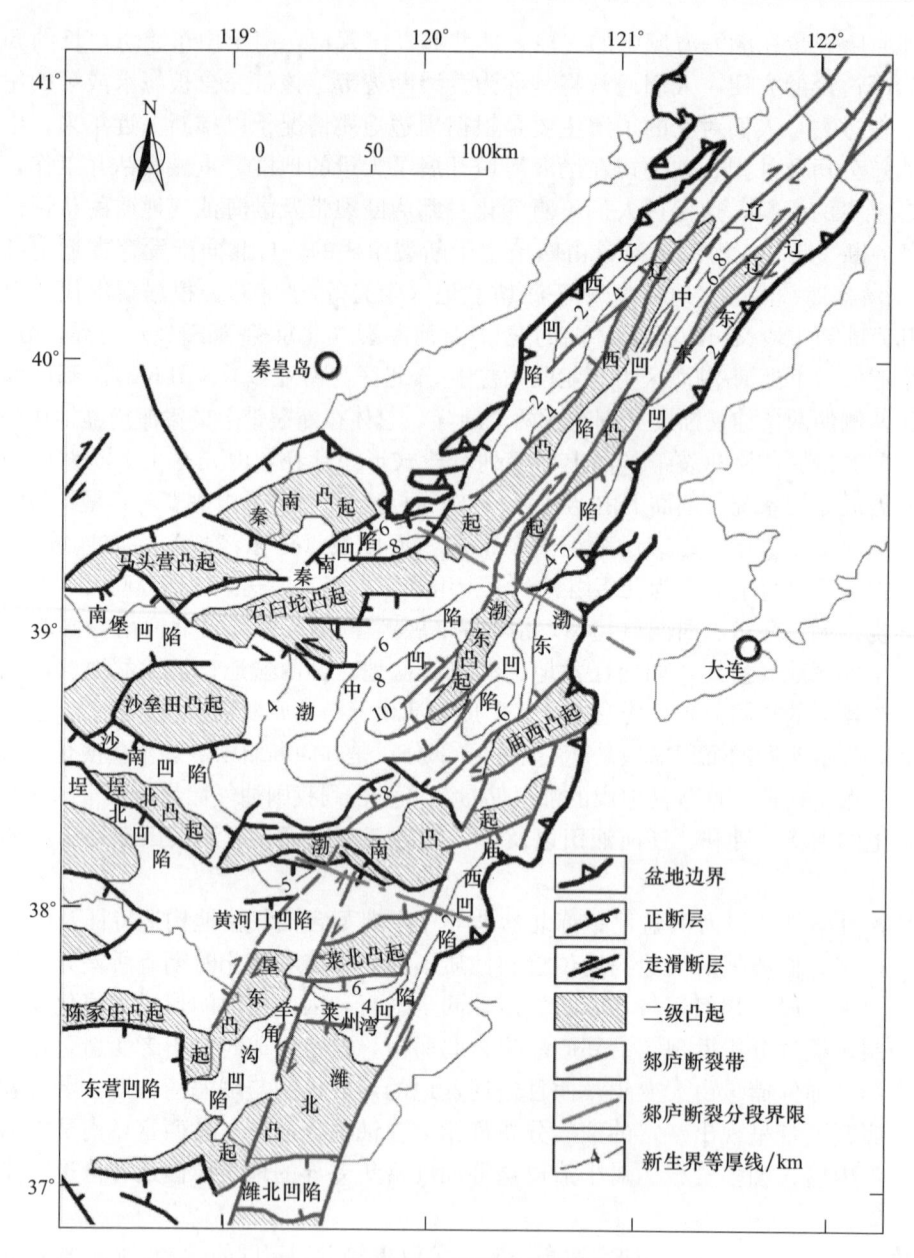

图 6-3 渤海海域营潍断裂带展布图

6.1 郯庐断裂带（辽东湾段）结构解剖

辽东湾坳陷是一个狭长的古近纪断陷盆地，表现为一系列 NNE 走向展布的凸起和凹陷，地震剖面上呈现"三凹夹两凸"的结构特征。本次研究从郯庐断裂带（辽东湾段）的剖面结构、平面展布、分段性等方面对辽东湾段的结构进行剖析，认识郯庐断裂带（辽东湾段）的几何学、运动学、动力学特征，为此后分析它对该区油气地质条件的影响奠定良好的基础。

6.1.1 郯庐断裂带（辽东湾段）平面展布特征

辽东湾地区的主要断裂均呈 NNE-NE 向展布，并控制了坳陷的整体构造格局。从断裂规模来看，辽东湾地区的一级断裂主要包括辽西 1 号、辽西 2 号、辽西 3 号、辽中 1 号、辽中 2 号、辽东 1 号、辽东 2 号、秦南 1 号和渤东 2 号等（图 6-4）。新生代的郯庐断裂在辽东湾呈 NNE 向穿越，它与沉积盆地构造单元的分布关系密切，其间发育

图 6-4 辽东湾断裂平面展布图

众多雁列式派生断层，派生断层在各时期的发育程度和主要发育位置有所差异。三个凹陷的边界断层都是垂直落差数百米至几千米的基底断层，断层在平面上呈 NNE-NE 向延伸，实际上是首尾相连或侧列的若干断层构成的断裂带。

辽中 1 号断裂是一条纵贯辽东湾南北的走滑断裂，全长超过 220km，走向 NNE，由北、中、南三段组成（图 6-4），其中，南段是辽中凹陷与辽东凹陷的分界断裂；中段是辽中凹陷的东边界断裂，也是辽东凸起南块的西界断层；北段位于辽中凹陷中部，并向北跨过辽中凹陷达到辽中凹陷的西边界。辽中 2 号断裂也是一条走滑特征明显的断裂，构成辽东凸起北块的西边界，全长约 93km。由南向北，断裂走向由 NNE 向变为 NE 向（图 6-4）。辽东 2 号也是一条走滑断裂，是辽东凹陷北块的东边界断裂，全长约 115km，走向为 NNE，倾向在南段为 SEE 向，在北段为 NWW 向。辽东 1 号走滑断裂全长约 43km，走向 NNE，倾向 SEE，向北走向转变为 NE 向（图 6-4），倾向也随之转变为 SE 向。它是辽东凸起南块的东界断裂，控制辽东凹陷的形成。

目前，关于辽东湾地区郯庐断裂带的具体展布还存在一定争议。有些学者强调郯庐断裂带的走滑性质，将夹持辽东凸起的两条产状较陡的走滑特征明显的断裂归属为郯庐断裂带的组成部分，而将主要表现为正断层性质的辽西凸起西界断裂排除在郯庐断裂带之外（邓运华等，2012）。而有些学者将辽西凸起的西侧边界断裂归为郯庐断裂带的组成部分（池英柳等，2001）。

从浅部地层的地震时间切片来看，次级断层的雁行式展布特征非常明显，表明辽西地区的主要 NNE 向断裂在晚期可能发生过一定程度的走滑作用，故将其归入广义的郯庐断裂带还是比较合适的。因此本书认为，狭义的郯庐断裂带应该仅包括辽东凸起东西两侧的边界断裂，即辽中 1 号、辽中 2 号、辽东 1 号和辽东 2 号断裂，而广义的郯庐断裂带不仅包括上述断裂，还应该包括夹持辽西凸起和辽西南凸起的边界断裂。

从郯庐断裂（辽东湾段）及相关断层在沙三末期、东营末期、馆陶末期的平面展布图的变化来看（图 6-5～图 6-7），郯庐断裂在沙三末期、东营末期、馆陶末期都自南西向北东穿越辽中凹陷；郯庐断裂及同级主干断裂在辽东湾的分布在沙三末期比东营末期、馆陶末期更密集、更广泛、更连续；而郯庐断裂的次级断裂在辽东湾的分布在东营末期、馆陶末期比沙三末期更密集、更广泛、更规则。这总体反映出：主干断裂断得深、断得早、断得远；次级断裂断得浅、断得晚、断得近。这决定了各级次断裂对油气成藏的不同影响。

其中，郯庐断裂（辽东湾段）主要为 NNE 向延伸的两个分支：西走滑断层与东走滑断层。每个分支走滑断层的性质在平面上又是变化的，例如，东走滑断层的断层倾向就呈北西倾和南东倾的间隔出现。这明显反映了郯庐断裂（辽东湾段）的构造多期性及复杂性。与郯庐断裂伴生的断层主要呈 NEE 向展布在走滑断层的两侧（图 6-8）。另外根据平面展布，并结合剖面结构，可将辽中凹陷及邻区分为西部凸起带、中部凹陷带和东部凸起带三个构造带，盆地构造格局为东西两个前古近系凸起带夹中部凹陷带。郯庐断裂在古近纪、新近纪具有继承性发育特征。

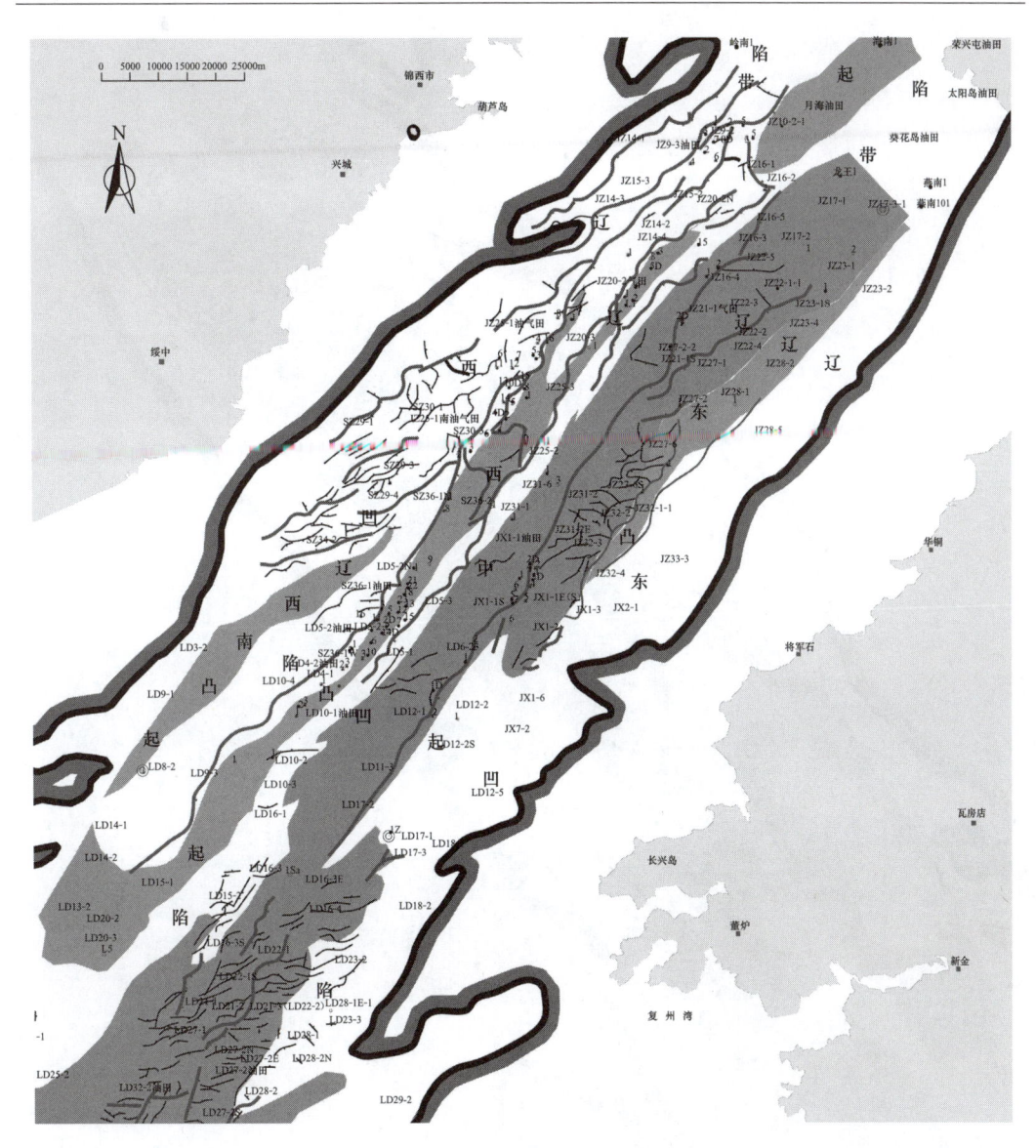

图 6-5　辽东湾沙三末期断裂系统分布图

6.1.2　郯庐断裂带（辽东湾段）剖面结构特征

受郯庐断裂带影响，辽东湾地区的凸起多由北西断、东南倾的单斜翘倾块体组成，而凹陷则表现为北西抬、东南倾，其中，辽西凹陷和辽中凹陷均是东断西超（剥）半地堑结构，辽东凹陷为西断东超（图 6-9）。

辽中凹陷的规模最大，充填的古近系相对较厚，辽东凹陷的规模最小，充填的古近系主要为沙一段、东营组。三个凹陷的边界断层都是垂直落差数百米至几千米的基底断层，断层在平面上呈 NNE-NE 向延伸，实际上是首尾相连或侧列的若干断层构成的断裂带。辽西凹陷、辽中凹陷的边界断层均向西倾斜，其中，辽西断层倾角相对较小。

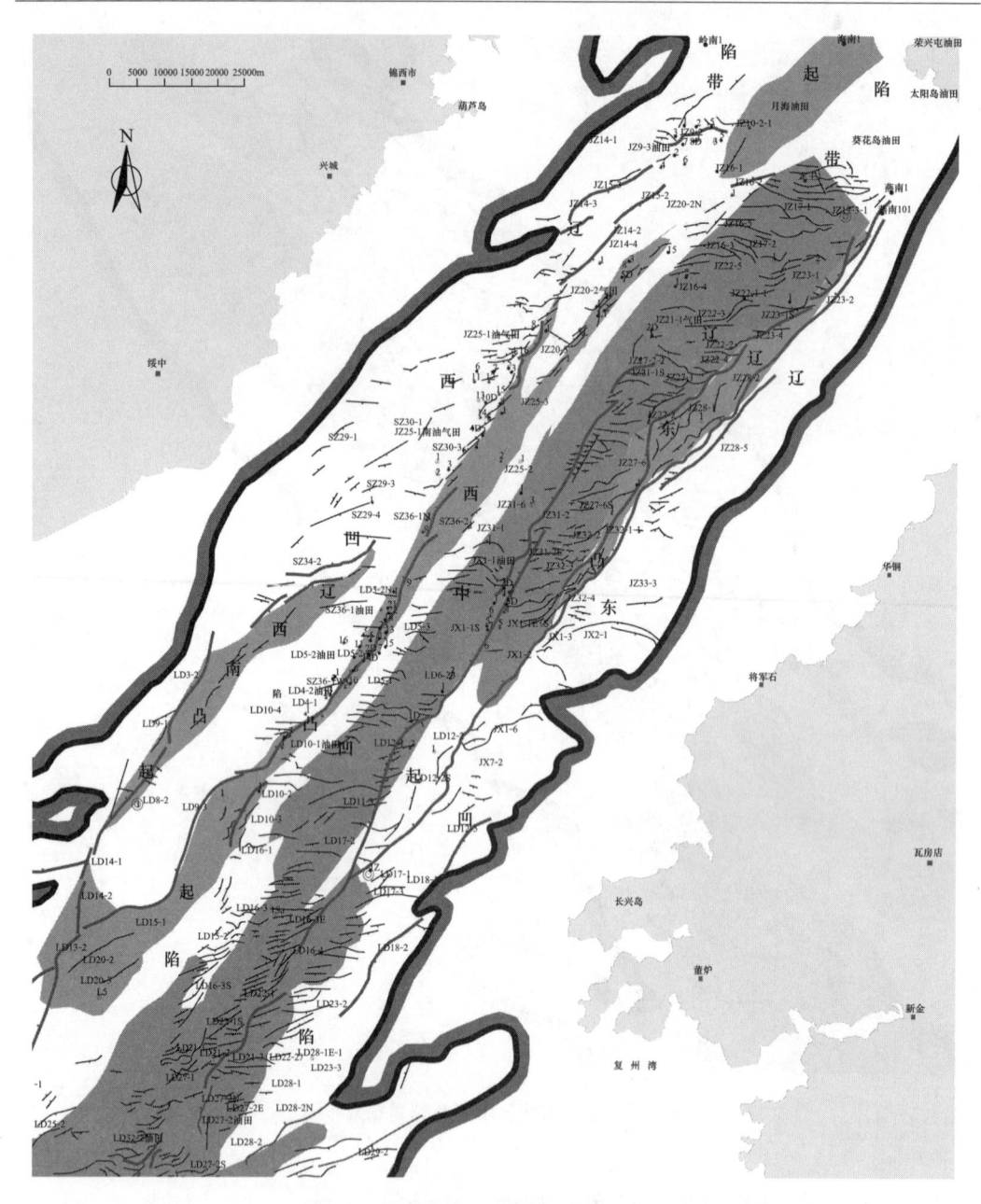

图 6-6 辽东湾东一末期断裂系统分布图

辽东断层是一条陡倾斜的断层，在平面上延伸长度远大于辽西和辽中断层（图6-10）。另一个显著的特征是辽东凸起北段西侧边界断层在浅层向西倾斜至深层变为东陡倾，或被向东陡倾的基底断层切割，剖面上显示逆冲断层位移特征，而东侧的边界断层近直立，并与分支断层构成典型的花状构造（图6-11）。辽东凸起南段其东侧的基底断层与分支断层组合仍表现为花状构造特征，而西侧的边界断层则向西陡倾，并有切割早期的缓倾斜断层的迹象（图6-12）。

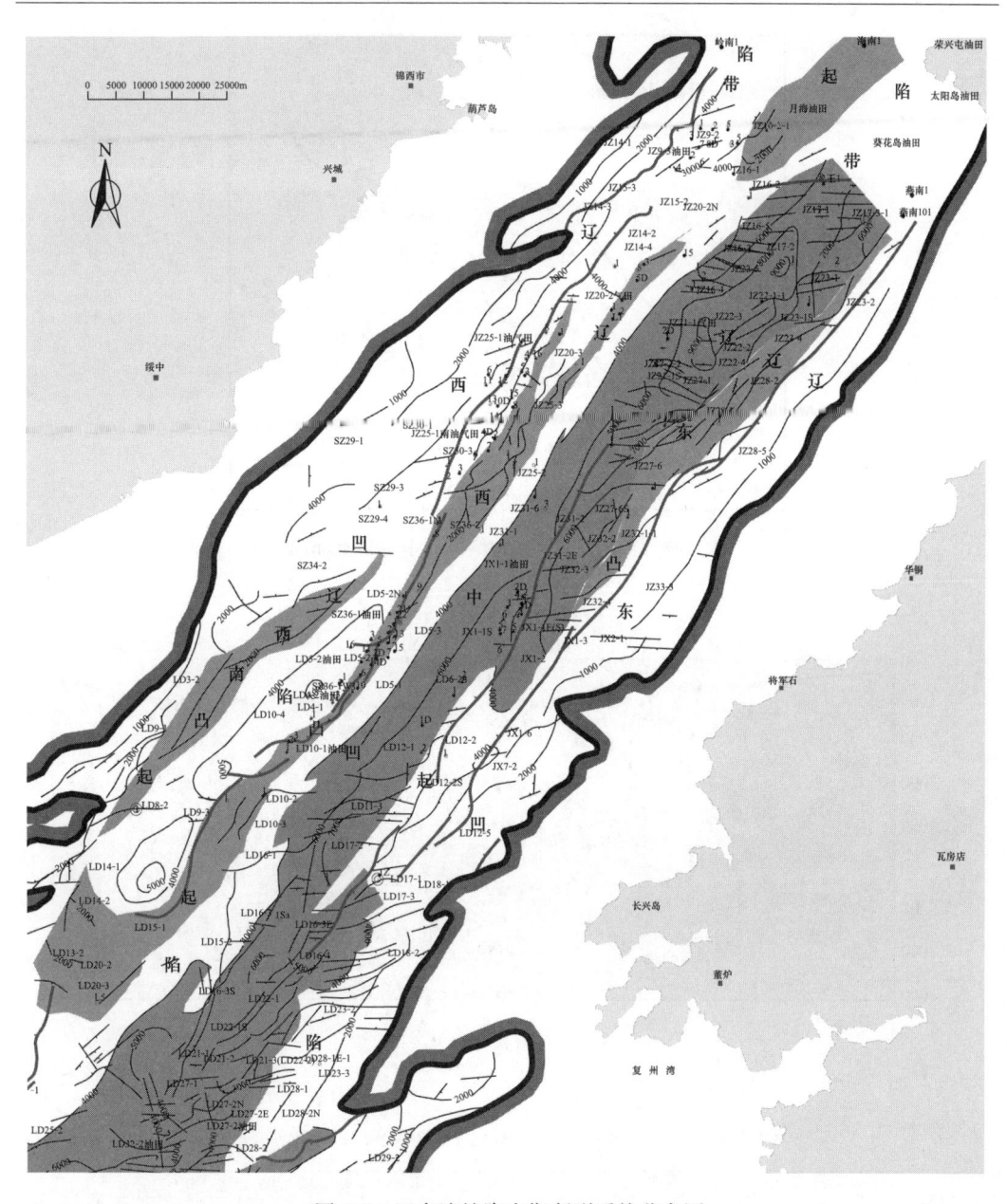

图 6-7　辽东湾馆陶末期断裂系统分布图

从剖面结构上看，辽中凹陷部分地段的边界断层有明显的经过后期改造的痕迹。早期的辽中凹陷可能向东超覆到辽东凸起上，由于辽东凸起的形成使辽中凹陷东部边缘成为辽东凹陷的一部分，辽东凸起和辽东凹陷的形成则可能与郯庐断裂带的活动有直接关系。因此，从几何结构上看，辽东湾段的郯庐断裂带应该主要与辽东凸起两侧的陡倾的基底断层有直接联络，而并非所有控制古近系断陷的基底断层都是深层郯庐断裂带在盆地盖层中的出露。

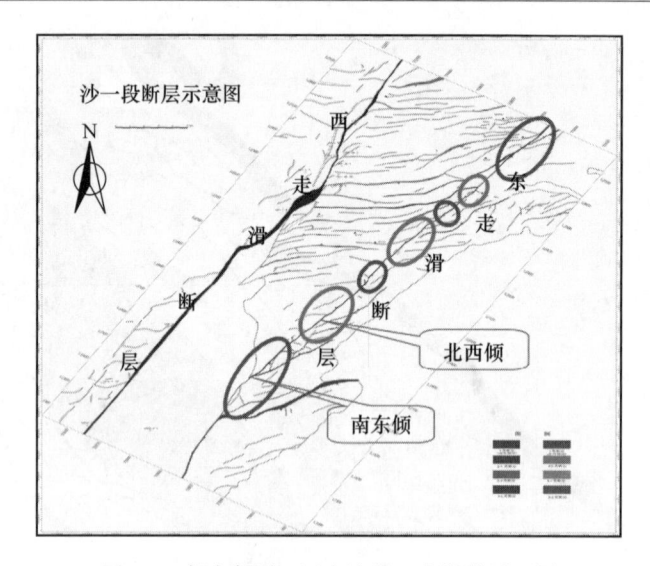

图 6-8 郯庐断裂（辽东湾段）走滑带平面图

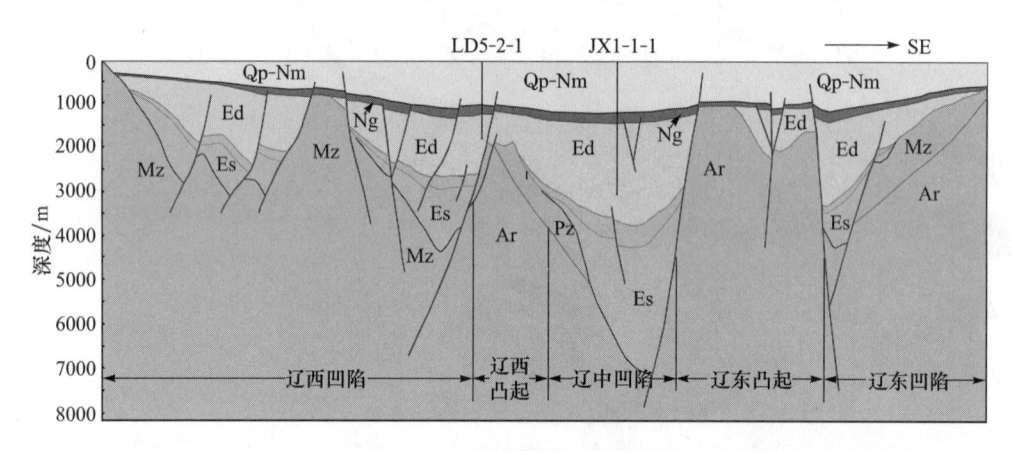

图 6-9 辽东湾地质结构剖面图

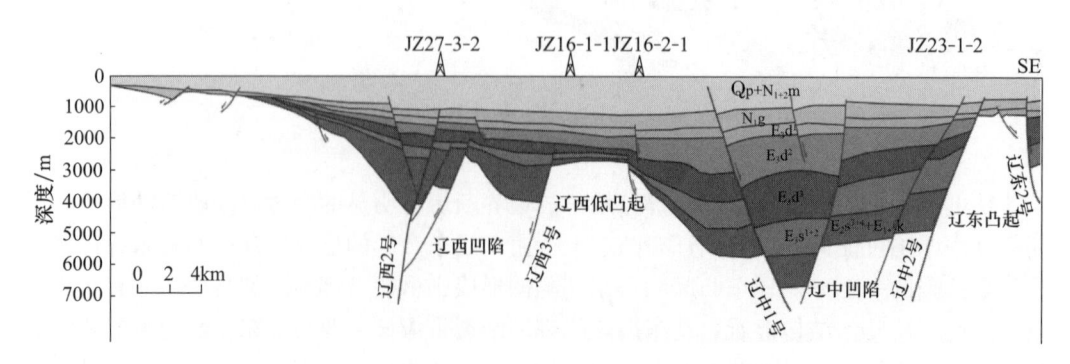

图 6-10 辽东湾地区北段 LZ283 测线地质剖面图

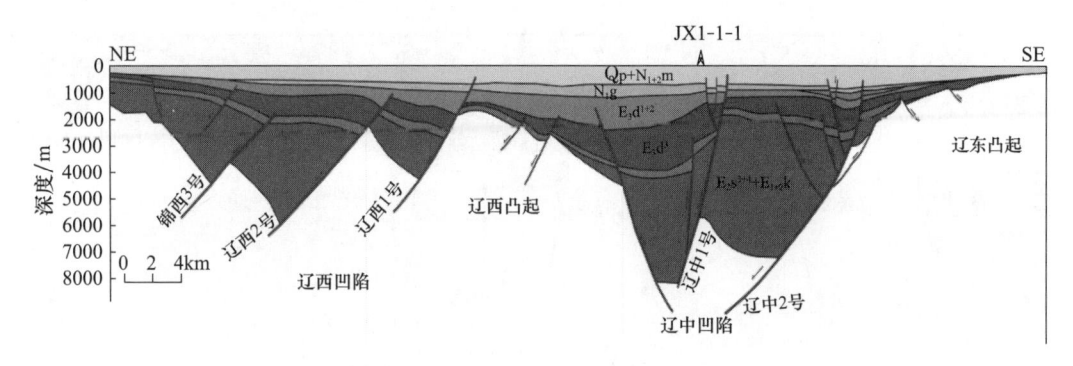

图 6-11　辽东湾地区中段 LZ211 测线地质剖面图

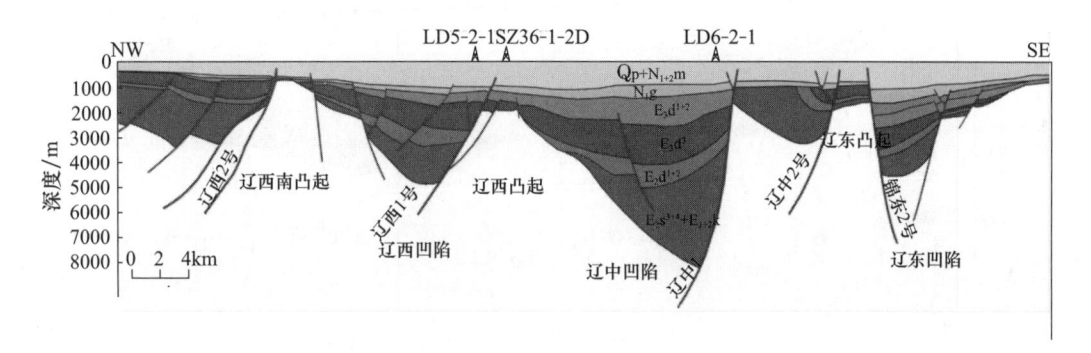

图 6-12　辽东湾地区南段 LZ185 测线地质剖面图

郯庐断裂（辽东湾段）西分支——辽中 1 号断裂较直立，花状构造发育（图 6-13 和图 6-14）。辽中 1 号断裂由北、中、南三段组成，断裂倾向分别为 SEE、NWW 和 SEE 向（图 6-4）。

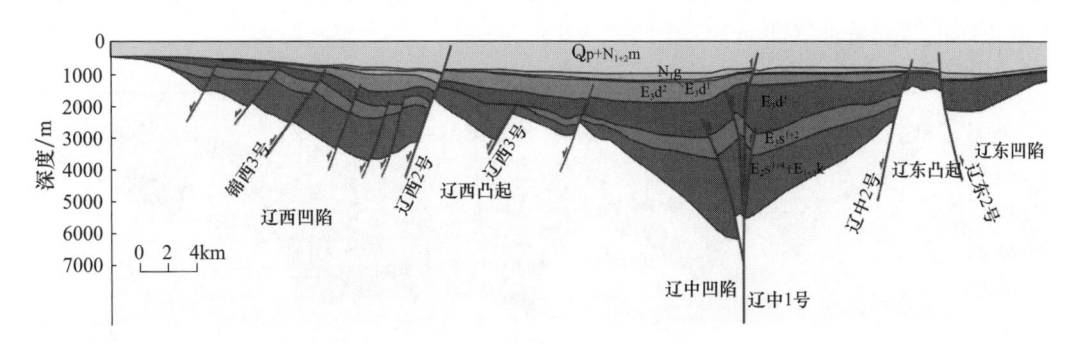

图 6-13　辽东湾地区中段 LZ221 测线地质剖面图

郯庐断裂（辽东湾段）东分支——辽中 2 号断裂也是一条走滑特征明显的断裂，由南向北，断裂走向由 NNE 向变为 NE 向，倾向为 NWW 变为 NW 向（图 6-4）。断裂较直立，北段花状构造发育（图 6-15），南段在剖面上主要表现为正断层特征（图 6-11）。

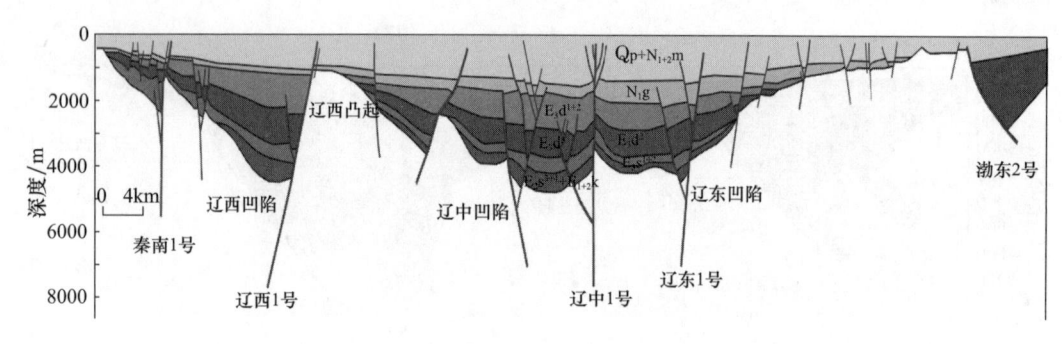

图 6-14 辽东湾地区南段 LZ142 测线地质剖面图

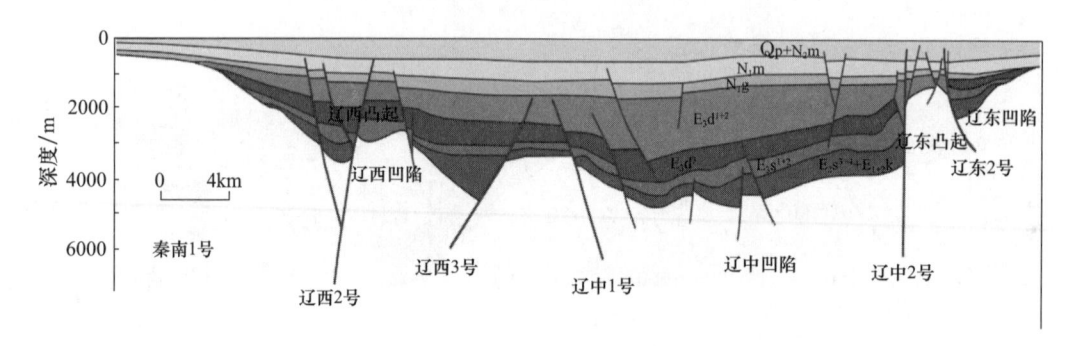

图 6-15 辽东湾地区南段 LZ281 测线地质剖面图

郯庐断裂（辽东湾段）东分支——辽东 1 号断裂是辽东凸起南块的东边界，走向自南向北由 NNE 变为 NE 向，倾向自南向北由 SEE 变为 SE 向，断面较陡，局部略呈上陡下缓的铲状。

郯庐断裂（辽东湾段）东分支——辽东 2 号断裂是辽东凹陷北块的东边界断裂，倾向在南段为 SEE 向，在北段为 NWW 向（图 6-4）。断面形态直立，靠近北部地区略呈上陡下缓的铲式特征（图 6-16）。

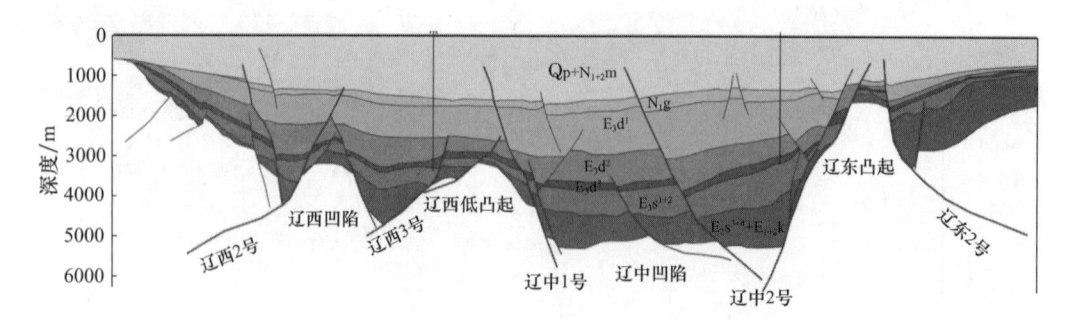

图 6-16 辽东湾地区南段 LZ273 测线地质剖面图

6.1.3 郯庐断裂带（辽东湾段）分段差异

辽东湾地区的系列剖面结构表明，郯庐断裂带具有明显的分带、分段差异变形特征，而且在垂向上对不同时代地层变形特征的影响也不一致。大致分别以 LZ160 测线和 LZ215 测线为界可将郯庐断裂带（辽东湾段）划分为三段：南段、中段、北段（图 6-17）。同时受到早期北西向断裂分割构造块的影响，郯庐断裂带 NNE 向纵贯的辽东湾被分为构造特征差异明显的几块，按照其相对位置可分为北、中、南三块，则辽中凹陷相应发育三个 NNE 向展布的次洼：北洼、中洼、南洼。它们在各套地层的沉积厚度、凹陷结构、构造性质等方面表现出明显的差异。

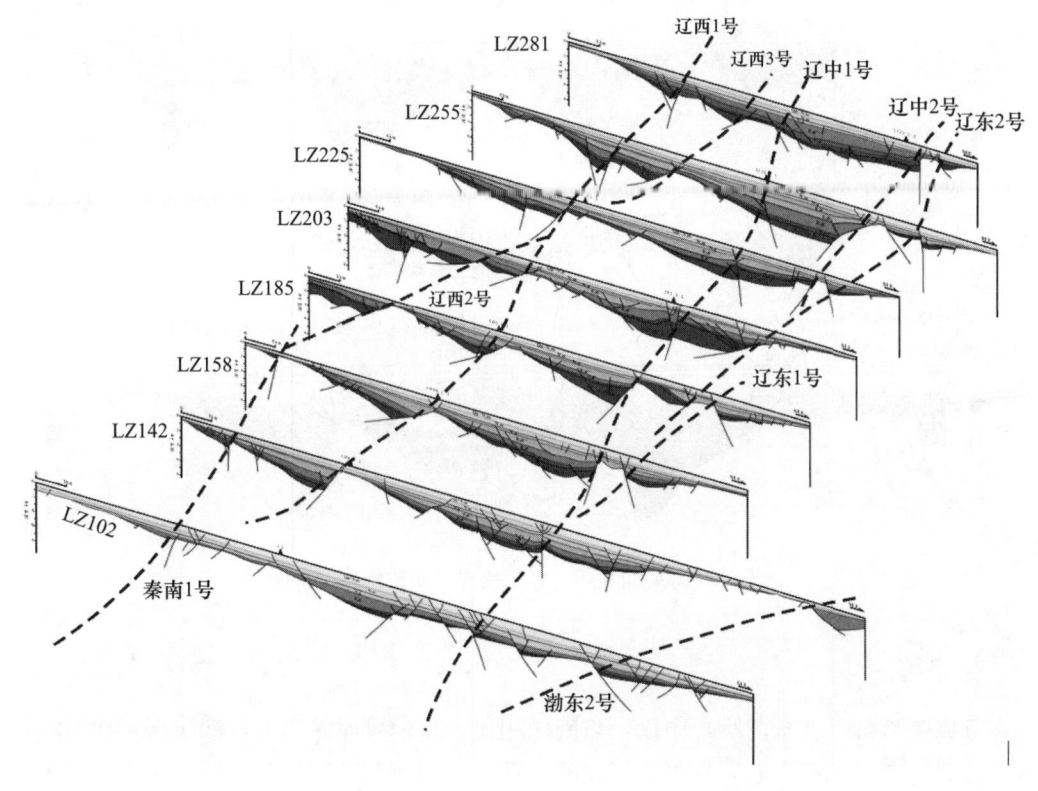

图 6-17 郯庐断裂带（辽东湾段）分带、分段差异变形特征

1. 南段

在郯庐断裂带（辽东湾段）南段，辽东凸起并不发育，辽中凹陷直接与辽东凹陷相隔。郯庐断裂带在南洼则表现为两个分支，分别位于辽东凸起西侧和辽中凹陷中部，辽东凸起西侧分支的断距明显大于辽中凹陷中部分支的断距。郯庐断裂带表现为右旋走滑正断层与走滑逆断层特征，处于右旋走滑伸展与右旋走滑挤压的转换部位，为剪切挤压。分界断层是辽中 1 号断裂，表现为 NW 倾向反转断层-铲式正断层-陡立半花状张扭特征，尤其是在 LZ142 剖面上表现出典型的花状构造特征（图 6-18），具有北早南晚的发育序列；而辽中 2 号断裂由 NW 倾向反 "Y" 字形正断层转变为 NW 倾向反转断层，具有早强晚弱特征。辽中凹陷和辽东凹陷内沙河街组沉积较薄，主要表现为与正花状构造有关的突起构造。西部地区新生界埋深都较浅，辽西凸起基本缺失古近系。LD17-1 构造以南及 LD27-2 构造以北的辽中凹陷部分为南洼，它包括

LD17-1、LD16-3、LD22-1、LD27-1、LD27-2 等构造。

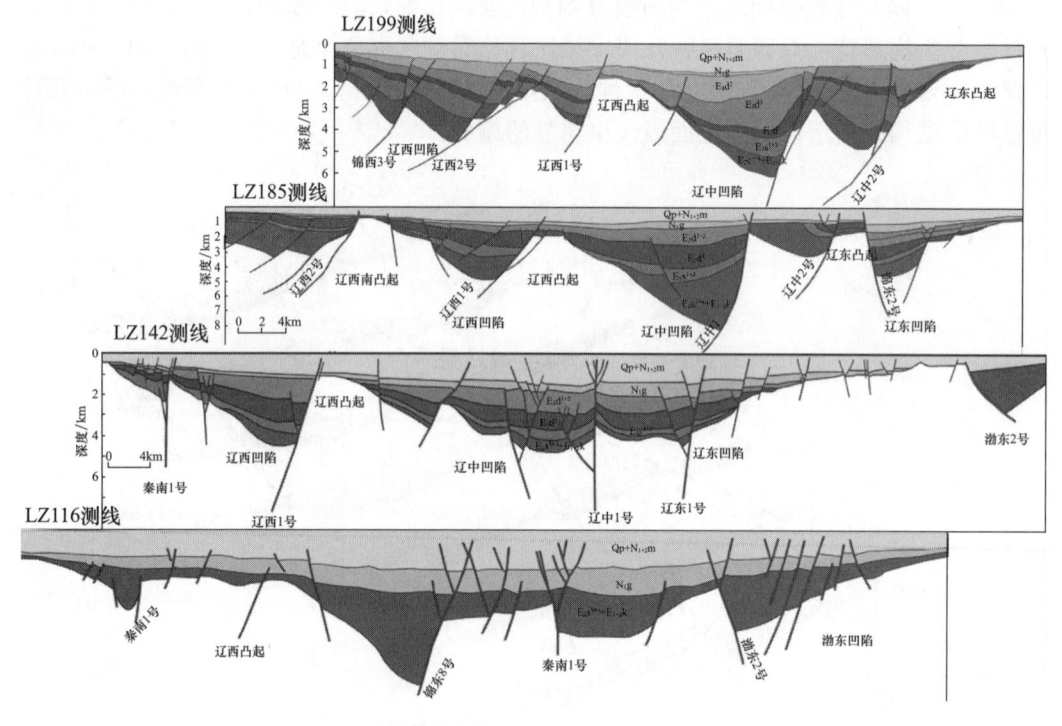

图 6-18 郯庐断裂带（辽东湾段）南段地质剖面图

2. 中段

郯庐断裂带（辽东湾段）中段，与南段相比，新生界埋深加大，沙河街组在凹陷和凸起位置均变厚。郯庐断裂带位于剖面的东部，在剖面上表现为三个分支，西分支（辽中1号）位于辽中凹陷中部，东部两分支（辽中2号、辽东2号）位于辽东凸起两侧。同北洼相比，郯庐断裂带的东西两个分支更靠近，辽东凸起有变窄的趋势。郯庐断裂带表现为右旋走滑正断层与走滑逆断层特征，处于右旋走滑伸展与右旋走滑挤压的转换部位，为剪切挤压（图6-19）。

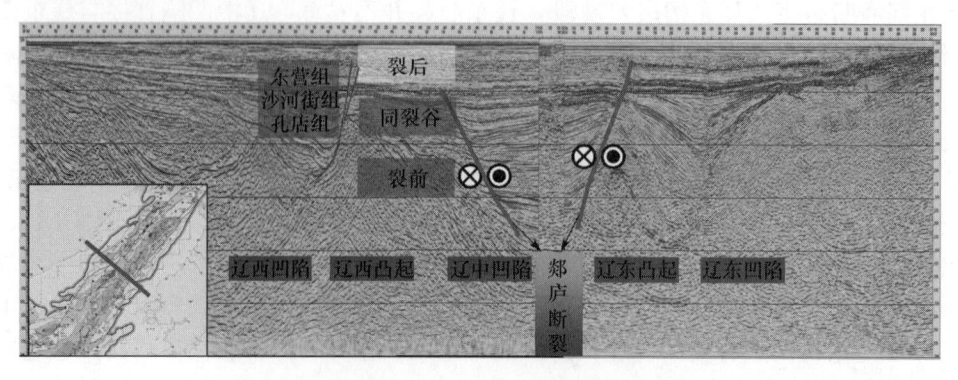

图 6-19 LZ193 测线剖面结构

辽中1号断裂在晚期经历了强烈的扭压作用，由陡立正花状走滑转变为SE倾向"Y"字形正断层，又转化为NW倾向半花状张扭，同时具有中强南北弱，南早北晚特征；辽中2号断裂NW倾向，由铲式正断层转变为半花状张扭，具有南强北弱特征；辽西3号-辽西1号断裂整体NW倾向，主要表现为铲式正断层，具有南强北弱，早强晚弱特征。中段进一步可分为中南亚段和中北亚段，其中，中南亚段出现三个凸起，分别为辽东凸起、辽西凸起和辽西南凸起，表现为"四凹夹三凸"的结构特征（图6-20）。中北亚段仅只有一个辽西凸起，辽西南凸起发生横向尖灭，而辽东凸起被辽东2号断裂分割。JZ27-6构造以南及LD12-1构造以北的辽中凹陷部分为中洼，它包括JZ27-6、JZ31-2、JZ32-3、JX1-1、LD6-2、LD12-1等构造。

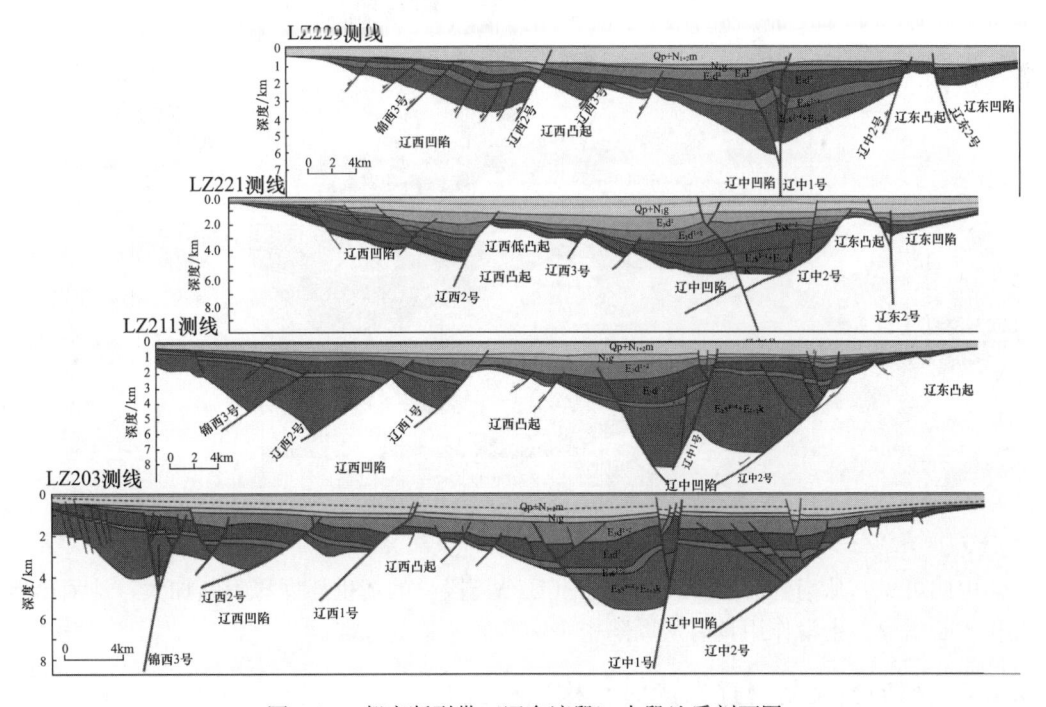

图6-20 郯庐断裂带（辽东湾段）中段地质剖面图

3. 北段

郯庐断裂带（辽东湾段）北段，主要由辽中1号、辽中2号和辽东2号等三条次级断裂组成，表现为"三凹夹两凸"的结构特征（图6-21）。与中段相比，北段新生界埋深继续加大，辽西凸起上沉积了沙河街组。在剖面上表现为三个分支，西分支（辽中1号）位于辽中凹陷中部，东部两分支（辽中2号、辽东2号）位于辽东凸起两侧，为辽东凸起同西侧的辽中凹陷和东侧的辽东凹陷划分的边界，郯庐断裂带西部两分支在深部相交。郯庐断裂带表现为右旋走滑逆断层特征，处于右旋走滑挤压部位。辽中1号断裂倾向由直立变为SE倾，走滑作用减弱，主要表现为铲式正断层，北强南弱特征明显；辽中2号和辽东2号断裂走滑作用强烈，取代辽中1号成为主要的走滑断裂，表现为NW倾向的铲式正断层转变为负花-半花张扭走滑特征，变形程度南强北弱；晚期断裂主要集中在辽东凸起周缘（图 6-21）；辽西 3 号断裂依然为 NW 倾向铲式正断层，南强北弱，早强晚弱。JZ27-2 构造以北的辽中凹陷部分为北洼，它包括 JZ17-23、JZ16-21、JZ22、JZ27、JZ28、JZ21-1 等构造。

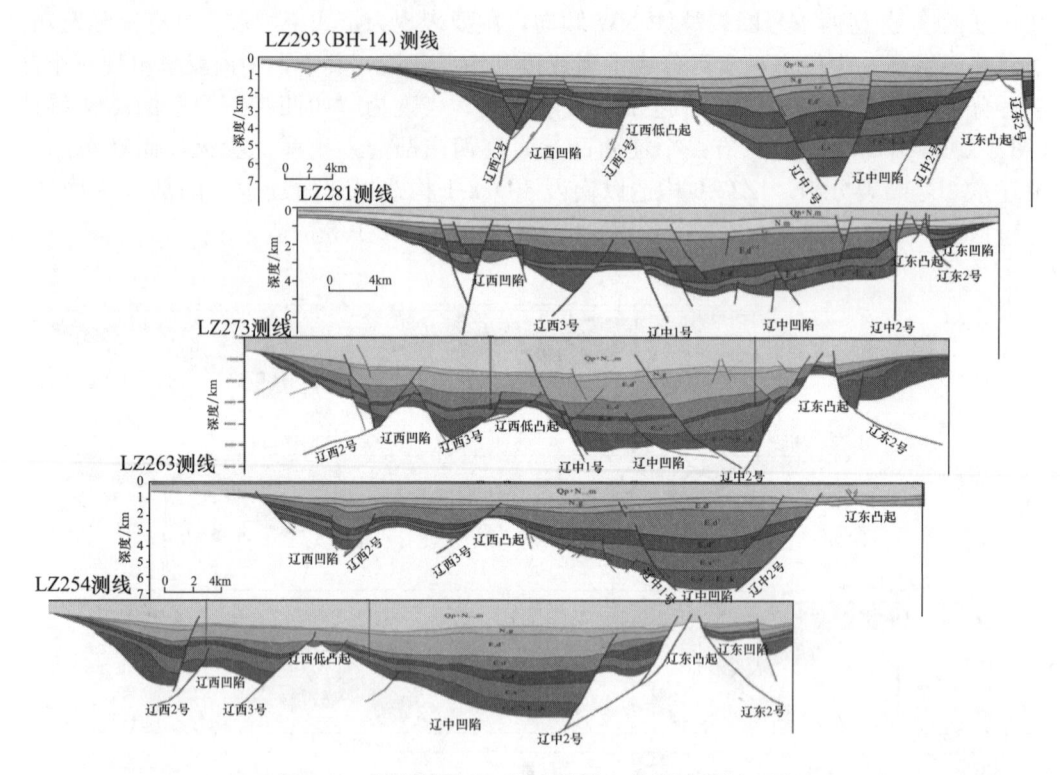

图 6-21　郯庐断裂带（辽东湾段）北段地质剖面图

由此可见，从南到北，郯庐断裂带（辽东湾段）的新生界埋深不断加大，沙河街组沉积不断增厚，走滑作用具有从坳陷中央向两侧迁移的趋势。

6.1.4　郯庐断裂带（辽东湾段）构造样式

构造样式是指同一期构造变形或同一应力作用下所产生的构造的总和。主要包含了基底卷入型和盖层滑脱型两大类，并根据构造性质，将前者基底卷入型划分为扭动构造组合、压性断块和逆冲断层、张性断块和翘曲、拱起、穹窿和拗陷；将盖层滑脱型划分出逆冲褶皱组合、正断层组合、盐构造和泥岩构造等，另外，在经历多期、多动力条件变形的盆地中还存在一系列复杂的叠合构造样式。

从辽东湾地区现今构造资料上看，构造样式主要为伸展构造样式和走滑构造样式，局部地区表现出反转和底辟构造样式（表 6-1），同时垂向发育深、浅两套系统，叠加构造样式复杂，其中，浅层（上部）断裂系统形成于中新世以后，晚期活动强烈，密集发育，同向和反向次级断裂并存。浅部断裂虽密集发育，但对沉积控制作用较小，常与主断裂构成多种组合形式。深层（下部）断裂体系发育时间早，数量较少，以基底主干断裂为主，活动时间长，控制了凹凸格局，对沉积和浅层断裂发育具有明显的控制作用。

表 6-1 辽东湾地区构造样式类型及典型特征表

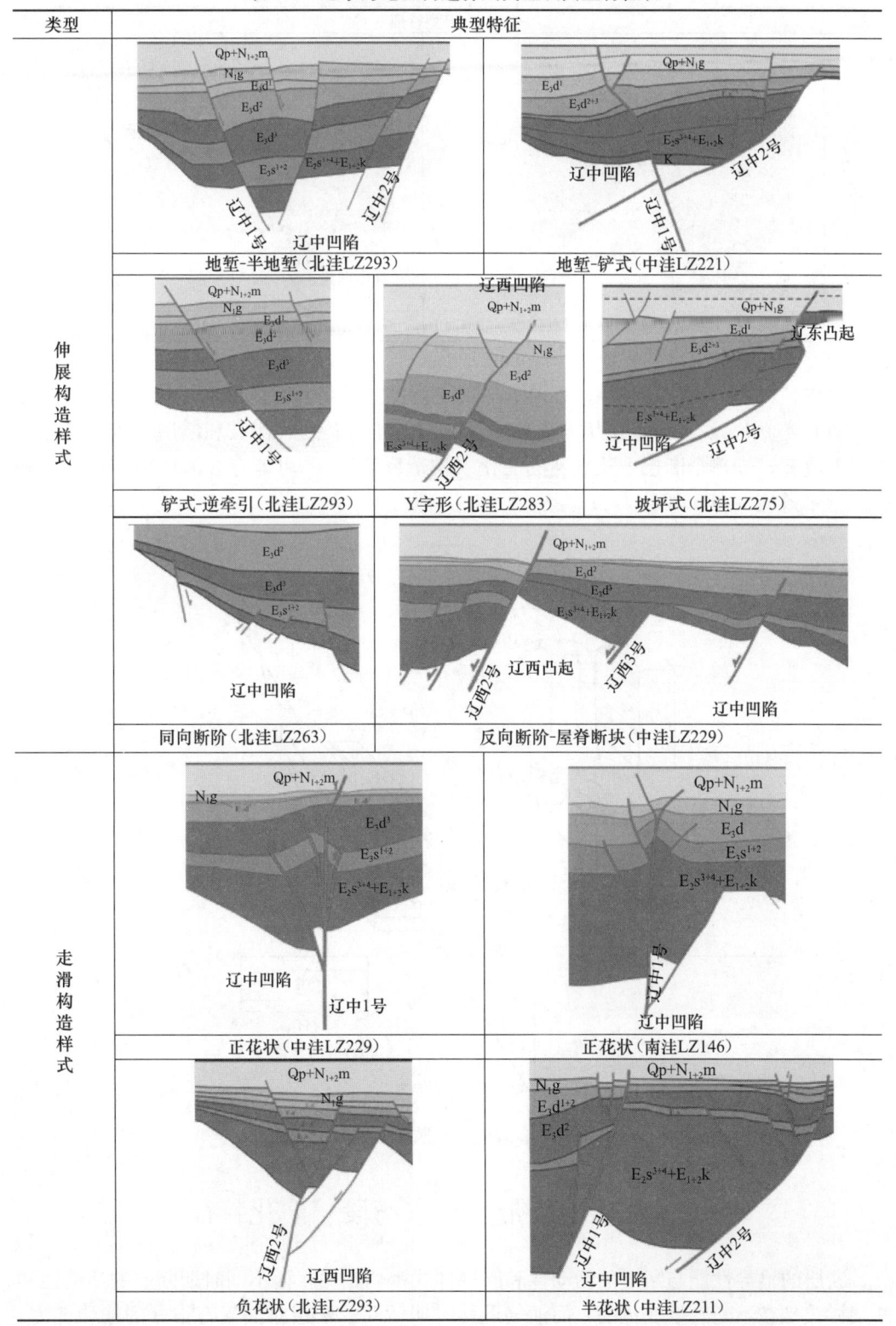

类型	典型特征		
伸展构造样式	地堑-半地堑（北洼LZ293）		地堑-铲式（中洼LZ221）
	铲式-逆牵引（北洼LZ293)	Y字形（北洼LZ283)	坡坪式（北洼LZ275)
	同向断阶（北洼LZ263)		反向断阶-屋脊断块（中洼LZ229)
走滑构造样式	正花状（中洼LZ229)		正花状（南洼LZ146)
	负花状（北洼LZ293)		半花状（中洼LZ211)

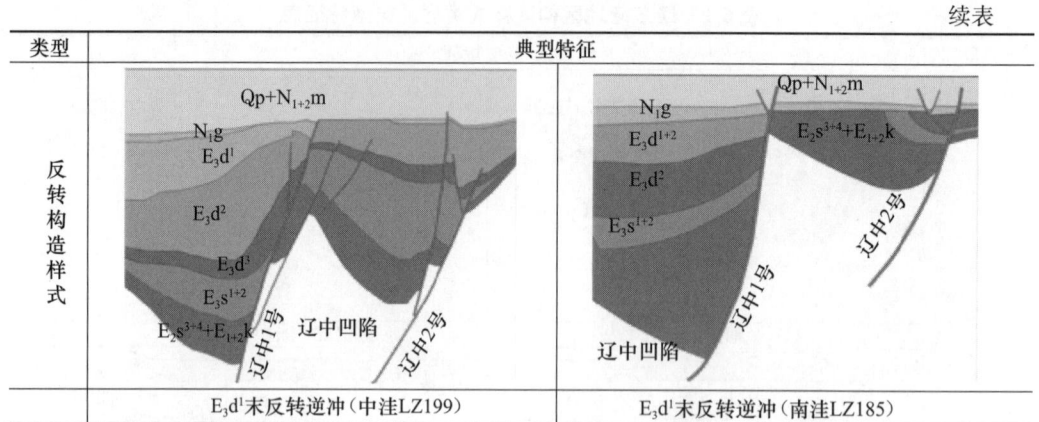

类型	典型特征	
反转构造样式	E₃d¹末反转逆冲（中洼LZ199）	E₃d¹末反转逆冲（南洼LZ185）

其中，郯庐断裂（辽东湾段）具有右旋走滑的显著特点：①断面比较平直（有的比较陡直）；②中、浅层伴生花状构造；③区域性延伸的雁列式褶皱和断层；④地震相发生突然改变；⑤单个断层由正到逆的变化（构造反转）；⑥可能存在海豚效应；⑦可能存在丝带效应（图6-22）。

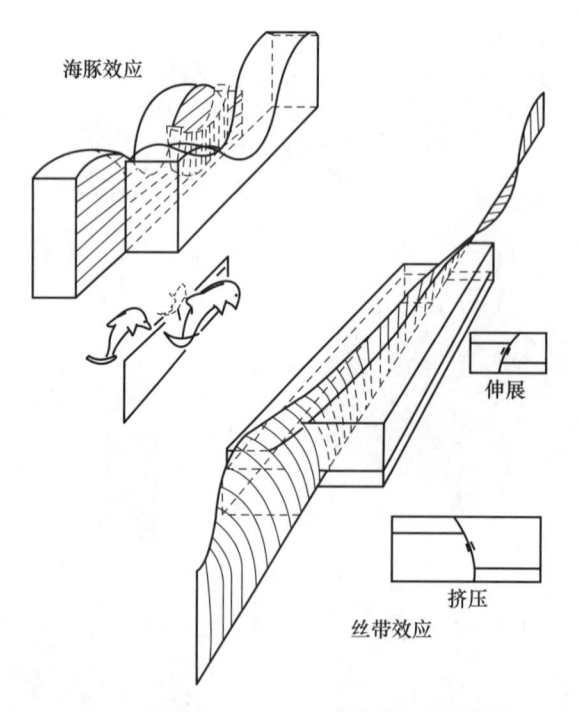

图6-22 走滑构造的海豚效应和丝带效应

6.2 郯庐断裂带（辽东湾段）演化特征

断层的输导性能与断层的活动性和断层样式密切相关，而不同时期断层的活动性和断层样式是在不断发生变化的，而油气运移时期活动的断层对油气有很好的输导能力，长期活动的断层对辽中凹陷生成的油气向凹陷内部或两侧低凸起的浅层运移有着重要作用。因此，只有对断层的演化过程进行详尽的研究，才能更好地了解不同时期断层输导性能的变化。

郯庐断裂带是在结晶基底拼接带基础上受印支运动和燕山运动影响而形成的，在中、新生代不同时期的运动学特征上有明显的差异。在地台盖层发育过程中，郯庐断裂带及周边表现为统一、缓慢的升降运动，印支运动使我国东部的区域构造发生重要变革，郯庐断裂带也在这次变革运动中应运而生，并在中、新生代的不同时期，具有明显不同的演化特征，即使在同一时期，郯庐断裂带不同区段的构造活动特征也有一定的差异。

6.2.1 郯庐断裂带（辽东湾段）分段演化特征

在整合构造演化各阶段的基础上（表 6-2），结合各期的构造应力场，从断层活动性和断层样式演化两个方面对辽东湾北、中、南三段断层发育演化特征进行系统研究，综合对比不同段主干断裂演化异同点。

通过辽东湾段中段 LZ211 测线平衡剖面恢复研究发现（图 6-23），沙三段-孔店组沉积期，断层发生强烈伸展，辽西 1 号、辽西 2 号、辽西 3 号、辽中 2 号断层均已形成，断层断距大，沉积层较厚；沙一、二段沉积时期，断层继续发生小幅度活动，断距小，沉积层较薄，处于断陷之后的断拗阶段，之后东三段-东二段沉积时期，断裂伸展走滑活动，辽中 1 号走滑断层形成，从辽中凹陷中央穿过，该期的沉积层较厚，在辽西凸起部位也有沉积，又因为渤中凹陷周围凸起也大多沉积了东营组，只在沙垒田凸起和石臼坨凸起等高部位缺失，因此，该期表现为大范围的统一沉降，既有一定的断裂活动，又有一定的热沉降作用，所以说该段时期处于较强烈断拗期；东一段沉积末期，发生了区域规模的构造反转活动，地层遭受剥蚀，东一段只在局部有残留；馆陶组沉积期，地层较薄几乎平铺在东二段之上，断裂不活动，说明此时盆地整体处于坳陷期的热沉降阶段，明化镇组沉积期-第四纪，东部继续走滑活动，西部断层几乎停止不动，盆地还是处于热沉降的坳陷期。

表 6-2 郯庐断裂（辽东湾段）构造演化阶段特征表

地层	地震层位代号	年龄/Ma	构造演化	动力学机理
Qp	—	2.0	新构造运动	近 EW 向挤压伴随右旋走滑
N_2m^u	—	5.1		
N_2m^L	T0（N_1m 底）	12.0	第二裂后热沉降	岩石圈热沉降
N_1g^u	—	20.2		
N_1g^L	T2（N_1g 底）	24.6		
E_3d^1	—	27.4	裂陷 II 幕	右旋走滑拉分非均匀-不连续伸展
E_3d^2	T3u（E_3d^2 上底）	30.3		
	T3m（E_3d^2 下底）			
E_3d^3	T3（E_3d^3 底）	32.8		

续表

地层	地震层位代号	年龄/Ma	构造演化	动力学机理
E_3s^{1-2}	T4（E_3s^1 底）	38.0	第一裂后热沉降	岩石圈热沉降
	T5（E_3s^2 底）			
E_3s^3	T6（E_3s^3 底）	42.0	裂陷 I_2 幕	NNW-SSE 向拉张伸展伴随幔隆
E_3s^4-$E_{1+2}k$	T7（E_3s^4 底）	65.0	裂陷 I_1 幕	
	T8（$E_{1+2}k$ 底）			

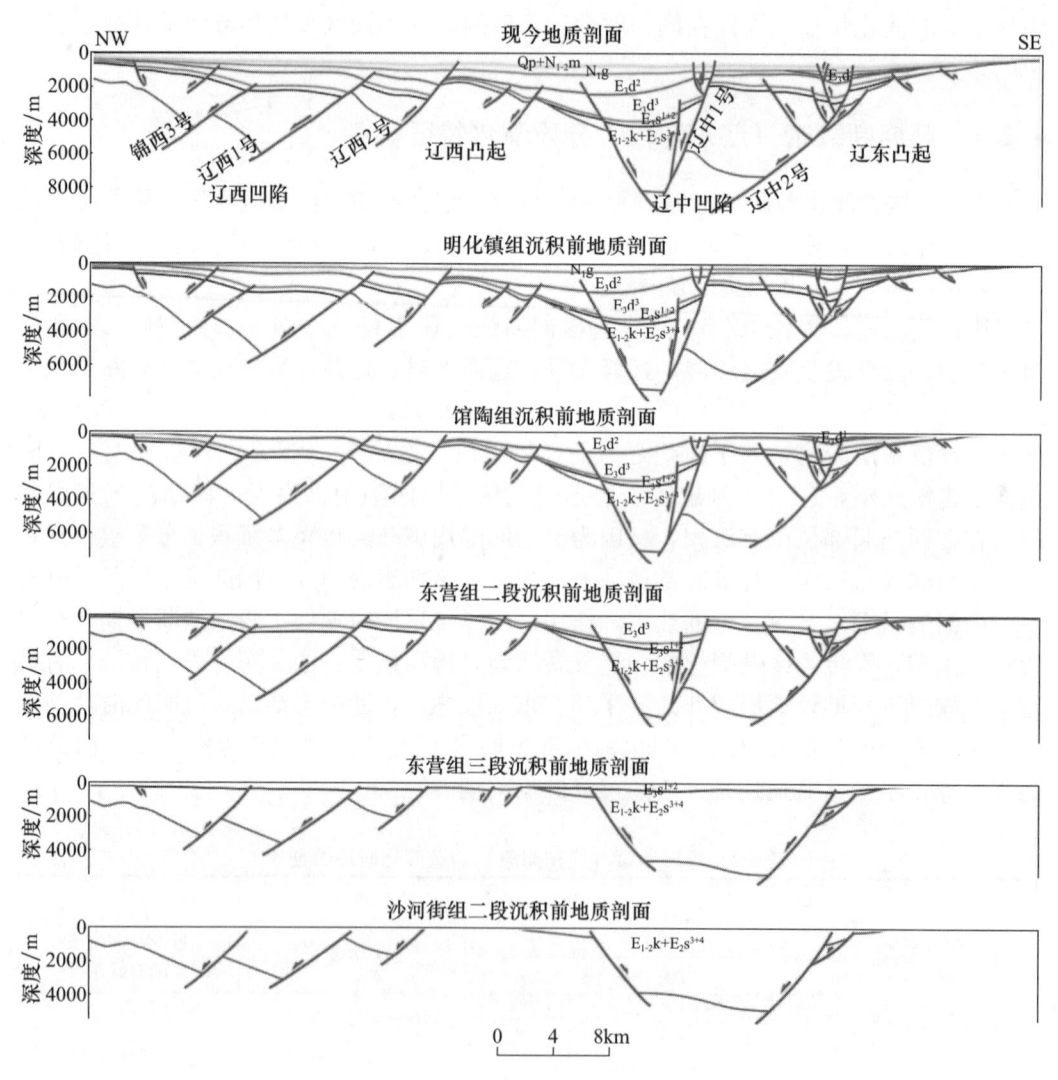

图 6-23　辽东湾中段 LZ211 平衡剖面演化图

同时通过平衡剖面的伸展量和伸展率统计（表 6-3），发现辽东湾地区伸展率以孔店组-沙三段沉积时期最大，其次是东营组沉积期，再次是沙一、二段沉积期，明化镇组-第四系沉积期伸展率最小。反映该区伸展活动主要发生在孔店组-沙三段沉积时期和东营组沉积期，明化镇组-第四系沉积期构造活动主要以走滑活动为主，伸展活动较弱。

表 6-3　辽东湾中段 LZ211 测线平衡剖面伸展参数

伸展期	剖面长度/km 伸展前	剖面长度/km 伸展后	各期伸展参数 伸展量/km	各期伸展参数 伸展率/%	累计伸展参数 伸展量/km	累计伸展参数 伸展率/%
$Qp+N_{1+2}m$	67.66	67.93	0.27	0.40	17.42	
N_1g	67.52	67.66	0.14	0.21	17.15	
E_3d^{1+2}	65.89	67.52	1.63	2.47	17.01	34.49
E_3d^3	64.08	65.89	1.81	2.82	15.38	
E_3s^{1+2}	63.06	64.08	1.02	1.62	13.57	
$E_2s^{3+4}+E_{1-2}k$	50.51	63.06	12.55	24.85	12.55	

在此基础上，对比北、中、南三段断裂演化特征（表 6-4～表 6-6）发现辽中 1 号断裂南强北弱，辽中 2 号断裂由北向南脉冲式增强，而辽西 1～3 号具有南强北弱，早强晚弱的特征。

表 6-4　辽东湾北段主干断裂发育演化特征表

断裂名称		辽西 2 号	辽西 3 号	辽中 1 号	辽中凹陷内部断裂	辽中 2 号
断裂样式		NW 倾向负花状走滑断层	NW 倾向铲式正断层	SE 倾向铲式正断层	NW 倾向铲式正断层	NW 倾向平面正断层
断裂活动期次及演化特征	$N_{1+2}m$	走滑张扭西翼定型期	—	弱拉张定型期	弱拉张定型期	弱拉张定型期
	N_1g	弱拉张	—	静止期	静止期	静止期
	E_3d^1	弱拉张主断裂继承性裂陷期	—	继承性生长弱裂陷期	弱生长	弱反转
	E_3d^2	弱拉张西翼继承性裂陷期	继承性弱拉张定型期	继承性生长强化裂陷期	继承性生长强化裂陷期	继承性生长弱裂陷强化期
	E_3d^3	弱拉张东翼定型期		强烈裂陷期	初始张裂期强烈裂陷期	初始张裂期强烈裂陷期
	E_2s^{1+2}	继承性生长弱裂陷强化期	继承性生长弱裂陷强化期	弱裂陷期	—	—
	$E_{1-2}k-E_2s^{3+4}$	强烈断陷初始张裂期	强烈断陷初始张裂期	弱裂陷期	—	—

表 6-5　辽东湾中段主干断裂发育演化特征表

断裂名称		辽西 1 号	辽中 1 号	辽中凹陷内部断裂	辽中 2 号
断裂样式		NW 倾向铲式正断层	NW 倾向负花状走滑断层	NW 倾向铲式正断层	NW 倾向负花状走滑断层
断裂活动期次及演化特征	$N_{1+2}m$	弱拉张定型期	右旋走滑定型期	弱拉张定型期	右旋走滑张扭定型期
	N_1g	静止期	静止期	静止期	静止期
	E_3d^{1+2}	弱拉张继承性裂陷期	西翼继承性弱裂陷	弱生长期	继承性生长弱裂陷
	E_3d^3	继承性生长裂陷强化期	继承性生长裂陷强化期	初始张裂期强烈裂陷期	继承性生长裂陷强化期
	E_2s^{1+2}	微弱裂陷期	微弱裂陷初始张裂期		微弱裂陷期
	$E_{1-2}k-E_2s^{3+4}$	强烈断陷初始张裂期			强烈断陷初始张裂期

表 6-6　辽东湾南段主干断裂发育演化特征表

断裂名称		辽西1号	辽中1号	辽中凹陷内部断裂	辽中2号
断裂样式		NW倾向铲式正断层	NW倾向"Y"字形铲式正断层	NW倾向铲式正断层	NW倾向负花状走滑断层
断裂活动期次及演化特征	$N_{1+2}m$	弱拉张定型期	弱拉张定型期	弱拉张定型期	右旋走滑张扭定型期
	N_1g	静止期	继承性弱拉张	静止期	微弱拉张
	E_3d^{1+2}	弱拉张继承性裂陷期	强化裂陷	弱生长	反转挤压变形抬升剥蚀
	E_3d^3	继承性生长裂陷强化期	继承性生长裂陷强化期	初始张裂	继承性生长弱裂陷
	E_2s^{1+2}	弱拉张继承性裂陷期	微弱裂陷初始张裂期	—	微弱裂陷期
	$E_{1-2}k$-E_2s^{3+4}	强烈断陷初始张裂期	强烈断陷初始张裂期	—	强烈断陷初始张裂期

6.2.2　郯庐断裂带（辽东湾段）活动强度

利用断层落差法可以分析断裂的活动速率。断层落差是指某地质历史时期垂直于断层走向的剖面上两盘相当层之间的铅直距离，也称铅直断层滑距，即

$$D_i = H_i - h_i$$

式中，D_i 是第 i 时期断层的落差（m）；H_i 是第 i 时期下降盘厚度（m）；h_i 是第 i 时期上升盘厚度（m）。

断层活动速率即为断层落差除以该地层所经历的地质时间，主要断层的活动速率见表6-7。

表 6-7　辽东湾主要断层活动速率表

地层	断层活动速率/(m/Ma)						
	辽西3号	辽中2号	辽东1号	辽东2号	旅大2号	辽西1号	辽西2号
$Qp+N_2m$	0	5.9	50.0	49.8	25.4	0	0
N_1m	0	2.9	20.0	50.0	—	3.2	0
N_1g	1.9	0	17.6	17.7	0	0	0
E_3d^1	15.0	41.4	0	17.2	0	9.5	60.4
E_3d^{2+3}	40.0	153.6	104.0	86.8	87.0	248.8	173.6
E_3s^{1+2}	40.8	13.1	56.2	14.8	4.8	50.0	19.2
E_2s^3-$E_{1-2}k$	14.6	160.9	4.2	9.9	14.7	150.0	150.5

根据主要断层各时期的活动速率分布图（图6-24）可以看出，断层的两个强伸展活动期为孔店组—沙三段沉积时期（尤其是沙三段沉积期）和东二段-东三段沉积期，其次为沙一、二段沉积期。

6.2.3　郯庐断裂带（辽东湾段）活动期次

根据北、中、南三段主干断层各时期的演化特征表，可将辽东湾地区断裂活动分为以下几个期次。

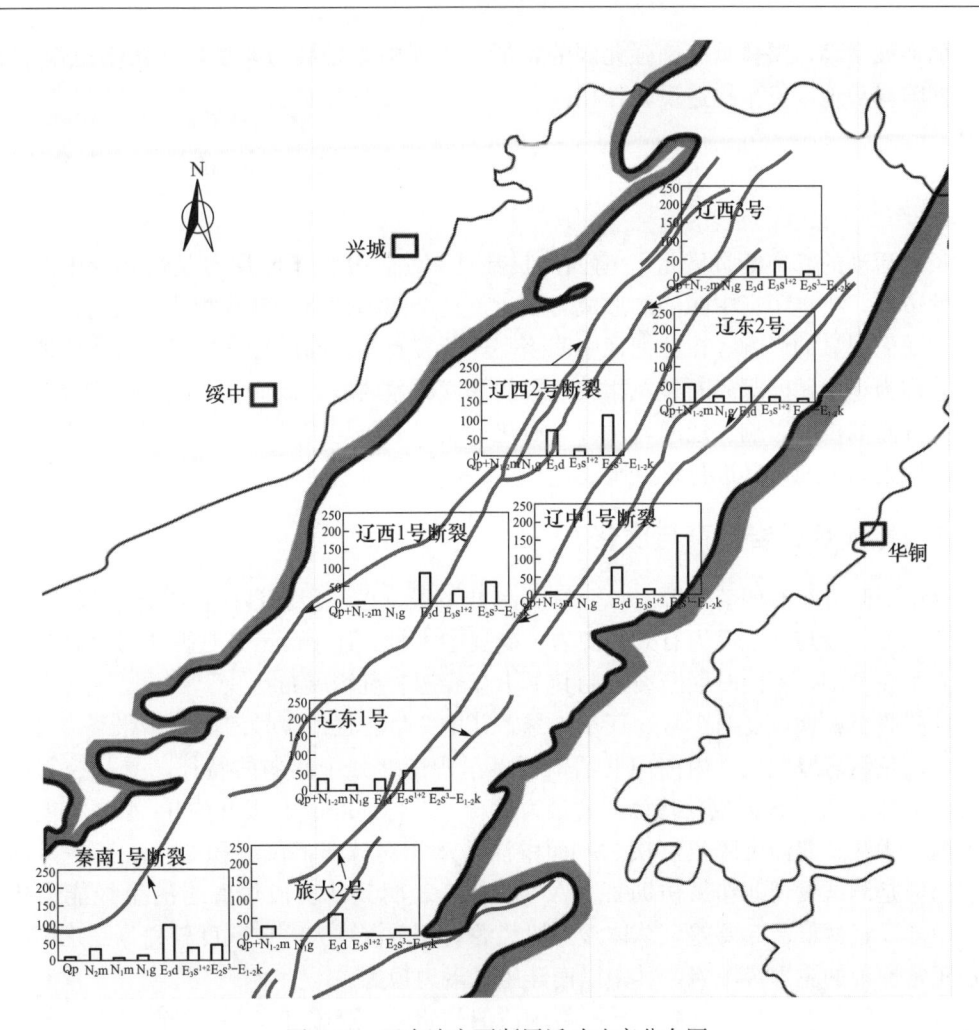

图 6-24 辽东湾主要断层活动速率分布图

(1) 强烈断陷期（$E_{1-2}k-E_2s^3$）：孔店组—沙四段沉积时期为断裂伸展早期，沙三段沉积时期为断层强烈伸展期，整体具有西强东弱，南强北弱的特征，以辽中 2 号、辽西 1 号断裂最为典型。

(2) 弱伸展裂陷期（E_3s^{1+2}）：沙一、二段沉积时期为继承性弱伸展裂陷期，主要表现为辽西 2 号、辽西 3 号断裂继承性弱伸展。

(3) 断拗强化期（E_3d^{2-3}）：东三段-东二段沉积时期表现为断裂强烈伸展Ⅱ期，辽中 1 号、辽中 2 号、辽西 2 号等断裂均表现为继承性张裂，辽中凹陷内部 NW 倾向铲式正断层也开始初始张裂。

(4) 反转期（E_3d^1 沉积末期）：东营组沉积末期，辽东湾地区发生区域规模的反转活动，以南洼辽中 2 号断裂反转挤压、抬升剥蚀为代表。

(5) 静-弱活动期（N_1g-N_1m）：断裂活动微弱，研究区处于坳陷热沉降阶段，断裂活动不明显。

(6) 走滑期（N_2m-Q）：明上段沉积期-第四纪，研究区右旋走滑作用非常强烈，伴有较弱伸展活动，整体具有南强北弱的特征，以辽中2号最为典型，并在张扭作用下，辽中凹陷局部地区发生构造反转作用。

6.3 郯庐断裂带（辽东湾段）的油气成藏效应

长期活动的郯庐断裂呈北东-南西向贯穿辽东湾，其主干断层也是辽东湾中部辽中凹陷的边界，决定了辽中凹陷的形成与演化，辽中凹陷郯庐断裂及相关断层对油气成藏具有广泛而明显的影响。在此把辽中凹陷郯庐断裂及相关断层在油气成藏过程中所起的作用总称为辽中凹陷郯庐断裂及相关断层的油气成藏效应。该油气成藏效应主要表现在以下几方面的重要影响：烃源岩发育与演化、储层分布与质量、圈闭类型与规模、油气运移及聚集。下面对其进行重点阐述。

6.3.1 影响烃源岩发育与演化

辽中凹陷分布有四套烃源岩，分别为东二下段、东三段、沙一段与沙三段。其中，东三段、沙一段与沙三段为有效烃源岩。受辽中1号、辽中2号、辽西1号及辽东1号等边界断裂分割，不同时期断裂控制其上下盘烃源岩沉积展布。

沙三段沉积期，辽西1号、辽东1号、辽中2号、辽中1号南段初始张裂，且强烈断陷，暗色泥岩厚度大，由南向北活动程度呈现南北强中间弱的特征，受其控制南洼（LD22-1与LD22-1S区域）暗色泥岩最为发育，发育500m好-极好的II_1型高丰度优质烃源岩，中洼、北洼沉降幅度次之，而中洼活动相对较弱，仅沉积350m中等-好的烃源岩。但是测试发现北洼氯仿沥青"A"较低，表明其沙三段烃源岩的生烃能力比中洼、南洼及辽西低凸起要差。总体沙三段烃源岩埋藏深度大，成熟度较高，是辽中凹陷形成正常原油的主力烃源岩，其中以南洼生烃潜力最大。

沙一段沉积期，仅以辽中1号断裂中段的初始微弱裂陷和辽西1号南段的继承性弱拉张为特征，因此，沙一段烃源岩较薄，整个辽中凹陷带只有150m左右，且烃源岩主要发育在中洼、南洼部分地区（LD17-1、LD17-2与LD16-4区域），但是有机质丰度高，总体处于低熟-生油高峰阶段，能够形成正常成熟的原油。

东三段沉积期，辽中1号、辽东1号和辽中2号南段断裂均表现为继承性强化裂陷，因此南洼（LD21-2区域）、中洼（LD12-1、JX1-1与JZ31-2区域）发育500~600m好-极好的II_1型、II_2型高丰度暗色泥岩，北洼（JZ22-5区域）暗色泥岩厚度达600m，但有机质丰度略低，而且在构造高部位处于低熟阶段，在低部位处于低熟-生油高峰阶段，所以东三段烃源岩不仅能够形成低熟油而且能形成一定量的成熟油。

东二下段沉积期，仅以辽中1号断裂中北段表现为强化裂陷，而辽中2号南段则挤压反转，其他断裂均继承性弱拉张，因此，主要在辽中凹陷中洼（LD12-1与JZ32-1）发育440m高有机碳含量湖相暗色泥岩，但有机质主要类型为III型干酪根，热演化程度低，对油气资源贡献较少。同时，辽中凹陷北洼中心区域沙三段烃源岩正处于生油高峰期，可生成大量成熟油；而南洼沙三段烃源岩刚进入生油早期阶段。

同时，辽中凹陷受断裂发育程度及组合样式影响，各次洼生烃门限深度差异明显，南洼门限深度为 2450m 左右、中洼的门限深度为 2400m 左右，北洼为 2600m 左右，表现为中洼、南洼浅，北洼深的特点，因此，总体烃源岩生烃指标对比可发现南、中洼生油气条件好于北洼。另外，局部高地温梯度异常区沿辽西低凸起呈串珠状分布，其延伸方向与辽东湾地区 NE 向主断裂方向一致。其中，沙一段异常高压主要分布在南、北两个地区，而中段（SZ36-1 油田、JX1-1 油田）基本无超压分布，局部高地温梯度异常区往往位于断裂的交叉处，例如，JZ25-1S 油气田位于辽西一号、辽西二号和辽西三号断层的交汇处，地温梯度达到 3.2℃/100m。断裂交叉处易引起热流增加，促进烃类成熟、运移和成藏，因此易成为油气聚集的有利区带。

6.3.2 影响储层分布与质量

断裂走滑活动使沉积体系发生平错位移，造成沉积相的横向迁移，可形成"洒水车洒水"的沉积格局（图 6-25）。走滑断层，特别是作为控盆边界断裂的走滑断层的附近沉积古地貌横向相变剧烈，常发育冲积扇、扇-三角洲。沉积的侧向迁移也使储集层大范围叠合连片，易形成较大规模的优质储集层。

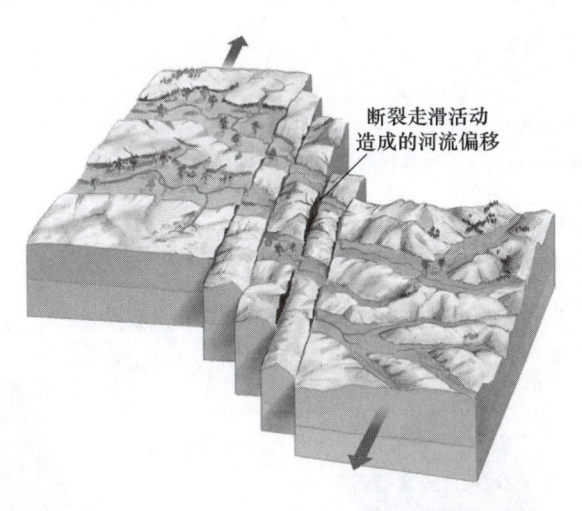

图 6-25 走滑断层对沉积体系分布的影响示意图

美国南加利福尼亚州地区的圣安德烈斯大型断裂在渐新世和中新世主要为伸展及走滑构造变形；到晚新世和第四纪主要变为挤压构造变形域（图 6-26）。南加利福尼亚州的陆上及海岸地带分布着一系列构造相似的富含油气的新生代沉积盆地，其中，规模较大的自南往北依次为洛杉矶盆地、Santa Barbara-Ventura 盆地和 Santa Maria 盆地。并且这些盆地都具有丰富的陆上和近海油气藏。其中，洛杉矶盆地最大，储油量最丰富，是世界上最富集石油天然气的区域之一。

郯庐断裂西分支（辽中 1 号断裂）位于辽中凹陷中部，主要是层位的水平错断，还伴随着层位的垂向错断。它对断层活动时期沉积的砂体展布和储层质量有一定影响，后期活动可能对储层展布形态有一定改造。郯庐断裂东分支（辽中 2 号断裂、辽东 1 号断裂）主要作为辽中凹陷、辽东凹陷与辽东凸起之间的边界断层，其垂向升降、水平走滑运动对断层活动时期沉积的砂体展布与储层质量有控制作用，后期活动可能对储层展布形态有一定改造。

辽中凹陷及邻区的地震相、属性、时间切片都展示了明显的水平位移迹象。据推算，新近系的水平走滑距离为3公里左右，古近系的水平走滑距离为3~4公里。穿越郯庐断裂的沉积体系（如三角洲前缘亚相）在形成过程中发生平错位移，即断裂控制沉积（图6-27）。在辽东湾这样的新生代裂谷型盆地进行油气勘探，要重视控制沉积的主断裂带的研究，这些断裂带都可能是油气富集带。因为走滑断层的平移错断，可造成走滑断层两盘的储层特征发生很大变化，在油气勘探中对于郯庐断裂走滑断层两侧的东盘、西盘要区别对待，认真分析，谨慎布井。

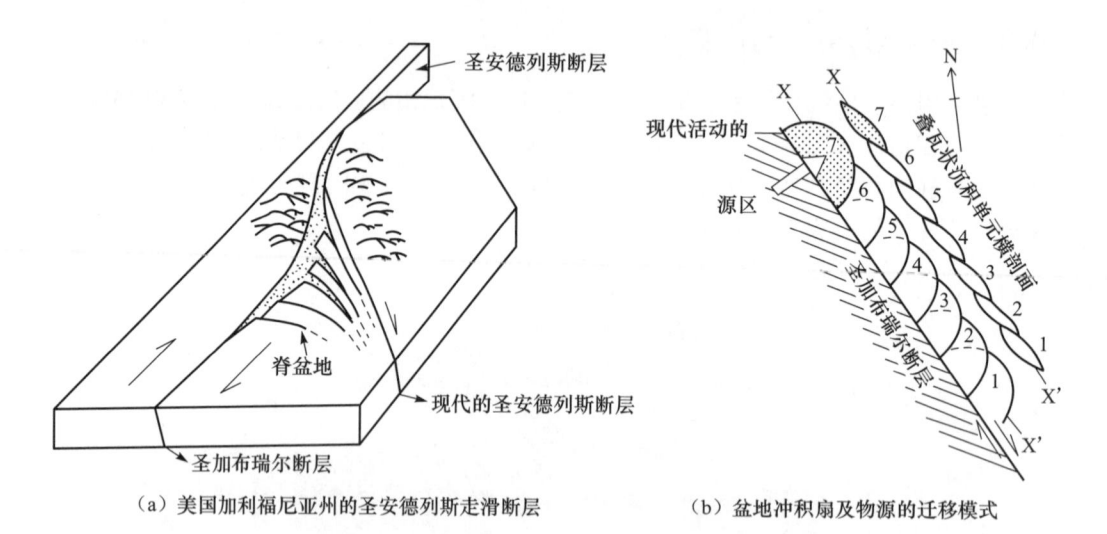

(a) 美国加利福尼亚州的圣安德列斯走滑断层　(b) 盆地冲积扇及物源的迁移模式

图6-26　圣安德烈斯走滑断层及沉积模式

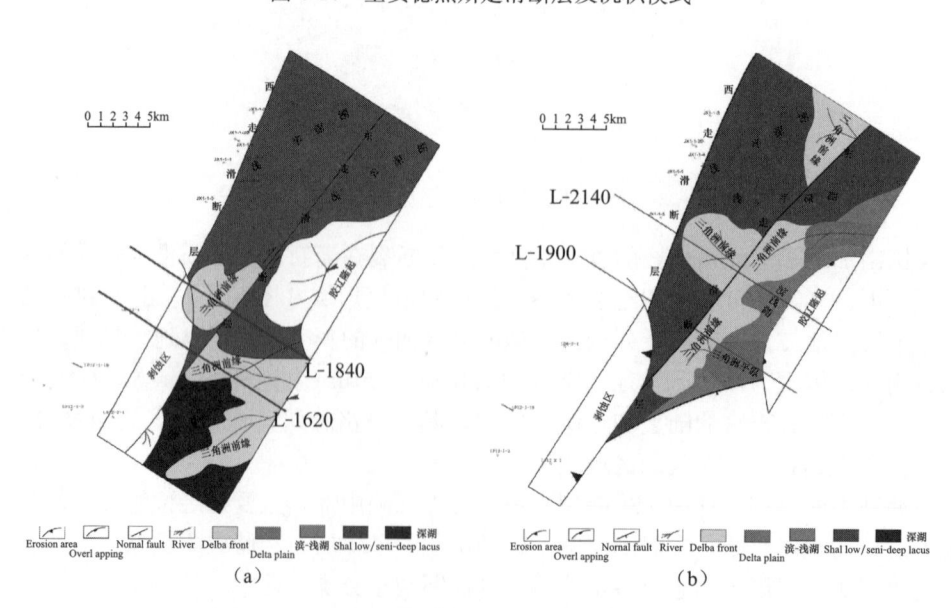

图6-27　辽中凹陷东部东三段的沉积环境图
(a) 东三段上部沉积环境图；(b) 东三段中部沉积环境图

6.3.3 影响圈闭类型与规模

郯庐断裂的伸展和走滑活动造就了大量圈闭，其类型多种多样。龚再升等将其分为以下三类：①与伸展断裂活动有关的圈闭；②与伸展、走滑断裂叠合作用相关的圈闭；③受新构造运动改造形成的圈闭。邓运华在研究郯庐断裂带新构造运动对渤海东部油气聚集的控制作用时，将郯庐断裂带的圈闭类型分为：①张扭性断裂背斜圈闭；②压扭性断裂背斜圈闭；③塑性拱张-底辟背斜圈闭；④后期改造的披覆背斜圈闭。邓运华按背斜类型把渤海湾盆地新近系油藏类型归纳为以下五类：①披覆背斜油藏；②后期改造的披覆背斜油藏；③逆牵引背斜油藏；④张扭背斜油藏；⑤压扭背斜油藏。

参考前人的研究成果，结合辽东湾地区典型构造的地质资料，本节主要依据构造性质、构造形态、钻探成果并利用剖面和平面资料识别了研究区的近 30 个构造的圈闭类型（表 6-8），主要包括断鼻、背斜、半背斜、断背斜、逆牵引断背斜、断块、古潜山、披覆背斜、岩性等圈闭类型。

表 6-8　辽东湾地区圈闭类型模式

圈闭类型	典型模式 平面图	典型模式 剖面图	构造带	构造部位
断鼻			辽中凹陷 辽东凸起	斜坡带 反转构造带
背斜			辽中凹陷	洼陷区（凹中隆）
半背斜			辽中凹陷 辽东凸起	凸起区 反转构造带
断背斜			辽西凸起 辽中凹陷	斜坡带 陡坡带 凸起区 洼陷区 反转构造带
逆牵引断背斜			辽中凹陷 LD21-3	反转构造带

续表

圈闭类型	典型模式 平面图	典型模式 剖面图	构造带	构造部位
断块			辽东湾	辽东湾
古潜山			辽西凸起	凸起区
披覆背斜			辽西凸起	凸起区
岩性			辽中凹陷 JZ22-1、JZ31-6	洼陷带

郯庐断裂带控制着区内绝大多数断裂的发育及分布，而区内大多数的构造圈闭受断裂控制。郯庐断裂的多期次活动（伸展及走滑）都形成大量的断块、断鼻及断背斜等构造，这些构造是主要的圈闭类型。在渤海湾盆地绝大多数圈闭为断块、断鼻、断背斜构造，完整的背斜构造较少见。

断层圈闭是重要的构造型油气圈闭类型，是沿储集层上倾方向受断层遮挡所形成的圈闭，这在我国东部的断陷盆地中分布比较普遍，也在渤海湾盆地的辽中凹陷具有举足轻重的地位，其中，与走滑断层相关的断层圈闭在几何形态和形成机制上具有特殊性。走滑断裂带主断裂两侧强烈挤压，纵向上向上撒开生长，上盘易形成断背斜、断鼻圈闭，下盘易形成断块圈闭，横向上圈闭成条带状分布，这些圈闭往往是油气富集的最有利场所。

在辽东湾海域，油气勘探实践证实辽中1号断层和辽西1号断层是油气富集区带，先后发现了亿吨级的JX1-1E油田和JZ25-1油田（徐长贵等，2011）。郯庐断裂及相关断层（调节断层）的形成促使辽中凹陷发育三种类型的重要油气圈闭：断层圈闭（如JZ20-5-1井）、（断）背斜圈闭（如JZ20-5-2井）、古潜山圈闭（如JZ20-2-1井）（图6-28和图6-29）。JZ20-5-1井钻探的是一个断层圈闭，该圈闭依附于辽中1号走滑断层，主要油气产层在沙二段。JZ20-5-2井钻探的是一个（断）背斜圈闭，被辽中1号走滑断层复杂化的反转背斜，反转时期在沙河街组沉积末期，主要油气产层在沙二段。下盘（上升盘）中生界（Mz）地层经历抬升剥蚀，地表风化淋滤作用造就良好的油气储层，在紧邻走滑断裂的位置于后期经历油气充注，可形成古潜山油气藏（如JZ20-2气田）。

断层是油气圈闭的双刃剑，既有助于油气的运聚，又可对已经形成的油气藏造成破坏。辽东湾海域近六年油气勘探统计表明，近半数钻探失利或不理想钻井是由于断层侧向封堵性不好。事实证明，断层封闭性是影响断块油气成藏差异的主要原因，也是辽中凹陷油气勘探的主要风险。在油气勘探实践中，很有必要从构造应力机制上分区、分带讨论断层圈闭的有效性，从而揭示辽中凹陷的成藏机制。

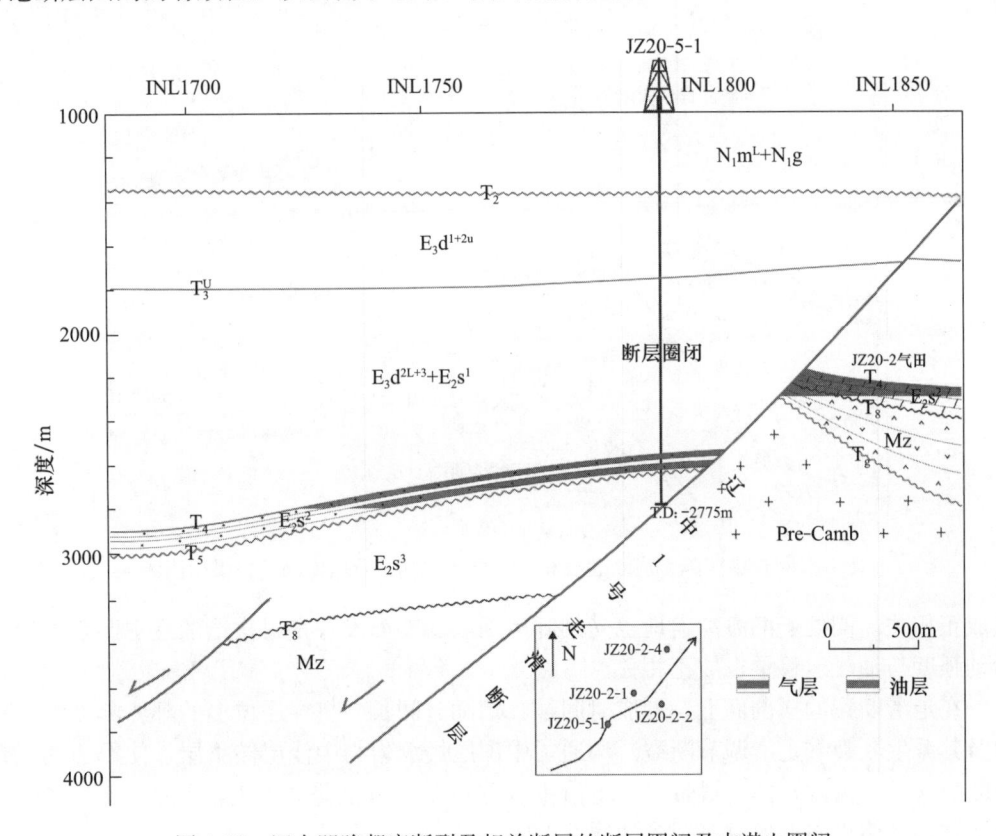

图 6-28　辽中凹陷郯庐断裂及相关断层的断层圈闭及古潜山圈闭

6.3.4　影响油气运移与聚集

据 JX1-1 油田的原油成熟度分析表明，原油成熟度较高，原油来自埋深较大的烃源岩。根据与烃源岩成熟度的比较来看，这些原油主要来自沙三段深部烃源岩。深部的油气源在浅部形成了大量的油气聚集，这显示该区存在油气垂向运移高速通道。通常情况下断裂是最重要的油气垂向运移通道。JX1-1 油田处于郯庐断裂带上，平面图及剖面图显示其主干断裂及分支断裂发育，这些断裂构成了垂向网络通道，为该区油气的后期运移（特别是垂向运移）提供了良好的条件（图 6-30）。这说明郯庐走滑断裂的辽中 1 号大断裂是 JX1-1 油田东、西两块重要的油气运移通道。JX1-1 构造就是以走滑断裂系统（走滑断层及派生断层）为主形成油气输导体系的典型成功实例（图 6-31 和图 6-32）。前人在对渤海湾盆地济阳坳陷的"惠民凹陷油气运移优势通道及成藏规律"研究中发现，运用断层活动速率对不同时期断层的活动强度进行分析，断层活动强度与油气运移

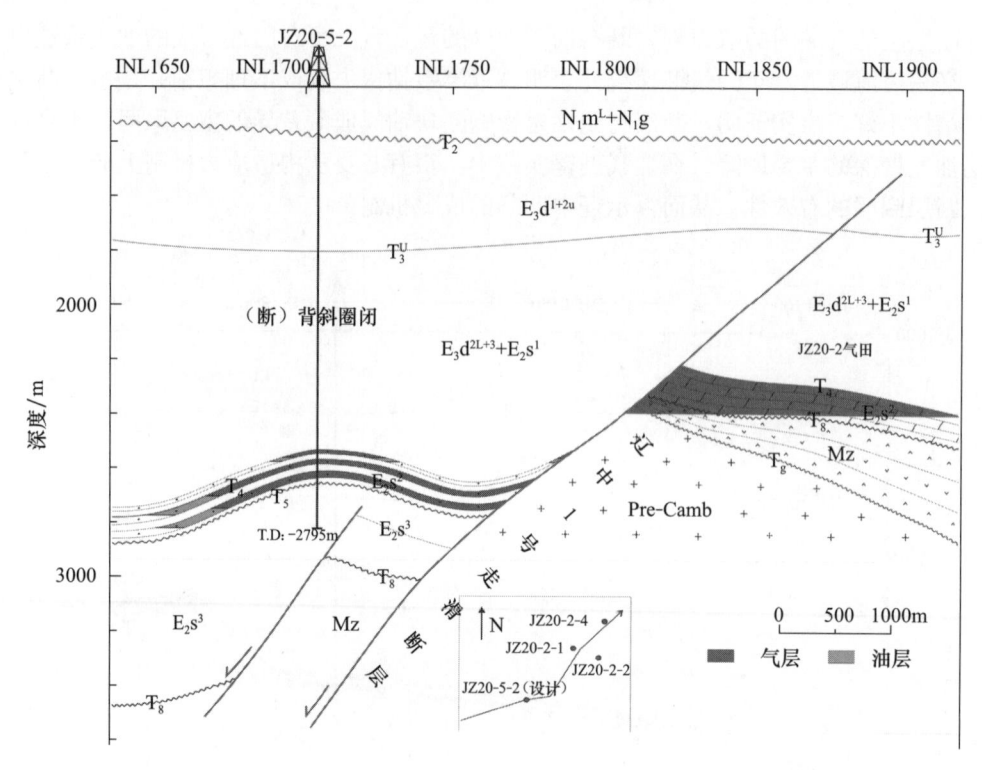

图 6-29 辽中凹陷郯庐断裂及相关断层的（断）背斜圈闭及古潜山圈闭

量成正相关。同处于渤海湾盆地也受到郯庐断裂影响而发育走滑构造的辽中凹陷内断层活动强度与油气运移量也成正相关。

在走滑断裂的横剖面上，形成时间早、活动时间长、贯穿层位多的郯庐断裂主干断裂及其派生断裂（走滑调节断裂）沟通了中深层烃源岩与中浅层储集层，使得油气在郯庐断裂（辽东湾段）西走滑带、东走滑带（陡坡带）分别呈"莲花"形、"Y"字形向上运移，最终纵向上形成多个含油层系（图 6-31）。

在走滑断裂的纵剖面上，郯庐断裂东西分支两侧发育的一系列南倾（反向正断层）、北倾（顺向正断层）的近 EW 走向"多米诺骨牌"形派生断裂（走滑调节断裂）沟通了中深层烃源岩与中浅层储集层，使得油气呈"多"字形、"阶梯"形向上运移至沙河街组、东营组圈闭内聚集成藏（图 6-32）。

因为辽中凹陷郯庐断裂及相关断层的存在，凹陷带中处于背向断层或相向断层之间并且和断层直接连通的储层有机会接受到两条或多条供源断层的提供的烃源岩，可谓"左右逢源"；走滑断层沟通了上下不同地质时代的多套储层，如果因为断层的供源在其两侧形成了有效的油气聚集，就会形成所谓的"上下开花"（图 6-31）。

断层对油气成藏的作用具有两面性。它可以成为油气运移的通道，也可能成为油气漏失的路径。2011 年 6 月期间中国海洋石油有限公司与美国康菲国际石油有限公司合作的渤海湾 PL19-3 油田溢油事故就是断层封堵性变化的一个典型实例。PL19-3 油田位于辽中凹陷西南侧的郯庐断裂带上，处于一个较为破碎的构造断块上，其内分布着南北走向两组断裂构造。浅部的断层封堵性较差，深部的断层封堵性相对较好。但有部分断

(a) JX1-1油田的平面图

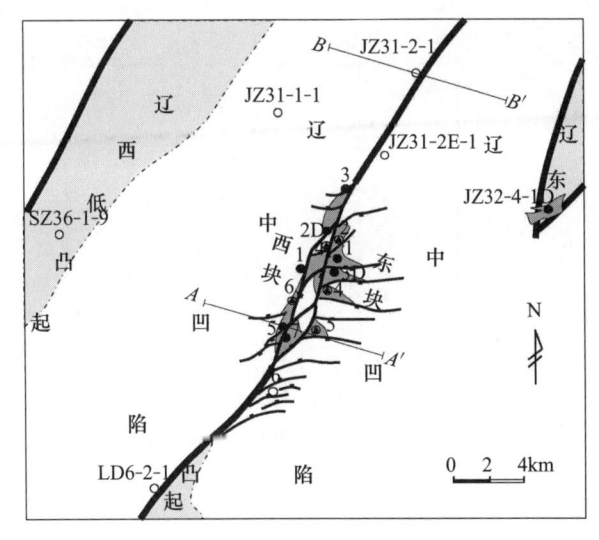

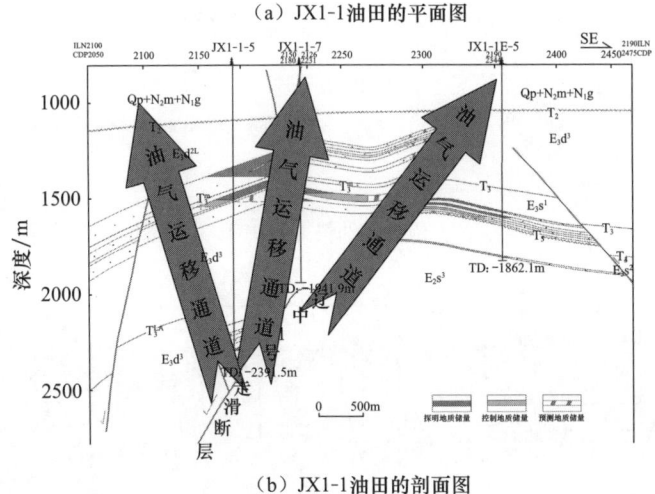

(b) JX1-1油田的剖面图

图 6-30　辽中凹陷郯庐断裂及相关断层作为油气运移通道

层从下部延伸到了浅表层，即"通天"断层，从海底向下错断了第四系平原组、新近系明化镇组、馆陶组和古近系东营组、沙河街组等地层。在原油的注水开发过程中，由于注水压力控制失当，破坏了断层封堵性，原油在异常高压驱动下沿"通天"断层向上运移直达海底，则发生重大海洋溢油污染。断裂周边现今是否存在工业性油气藏则主要取决于后期遮挡断层封闭性变化（如 JX1-1 油田）。

　　从平面和剖面上看，辽中凹陷断层发育的构造部位及层位富集油气的可能性很大。反之，在断层不发育的构造部位及层位是否不富集油气呢？最近辽中凹陷的勘探成果从一定程度上给出了答案。辽中凹陷南洼的 LD16-3E-1Sa 井因缺乏沟通油气源的主干断裂，油气运移不畅，油气勘探失利。辽中凹陷北洼的 JZ23-1-2 井因不发育断层，不处于优势运移方向上，油气显示差，油气勘探失利。2011 年 12 月 2 日完钻的辽中凹陷北洼的 JX1-2-1 井显示，JX1-2 构造的东二下段在钻井中无油气显示，其下部的沙二段发现 4.4m 气层。根据地震剖面上分析，东二下段的构造圈闭是存在的。为什么该圈闭无

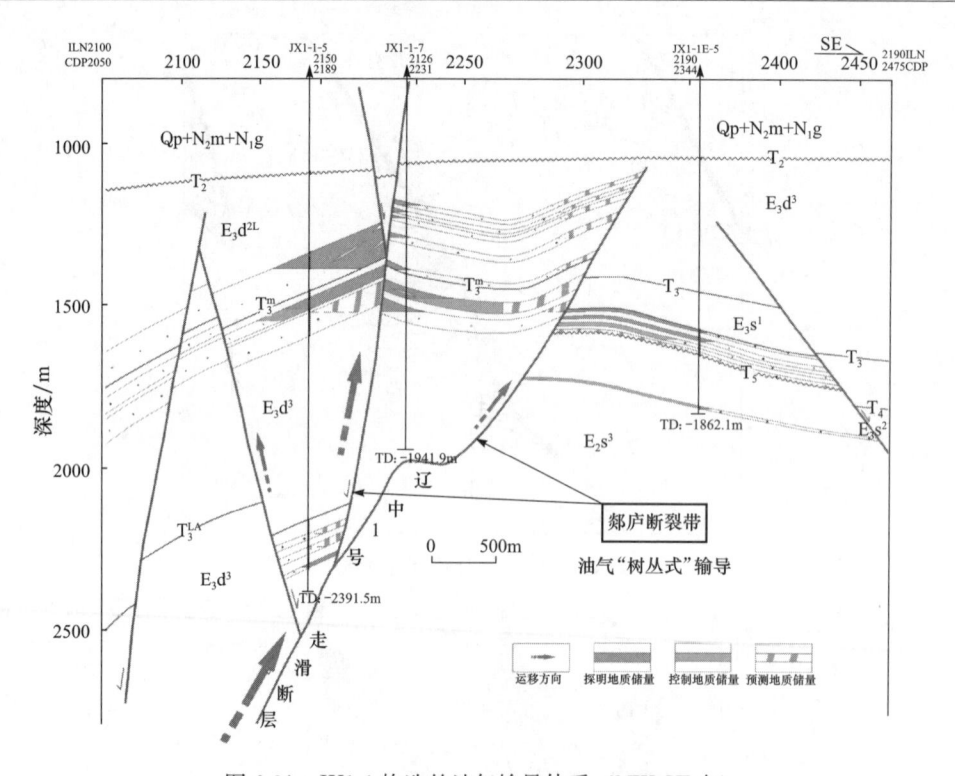

图6-31 JX1-1构造的油气输导体系（NW-SE向）

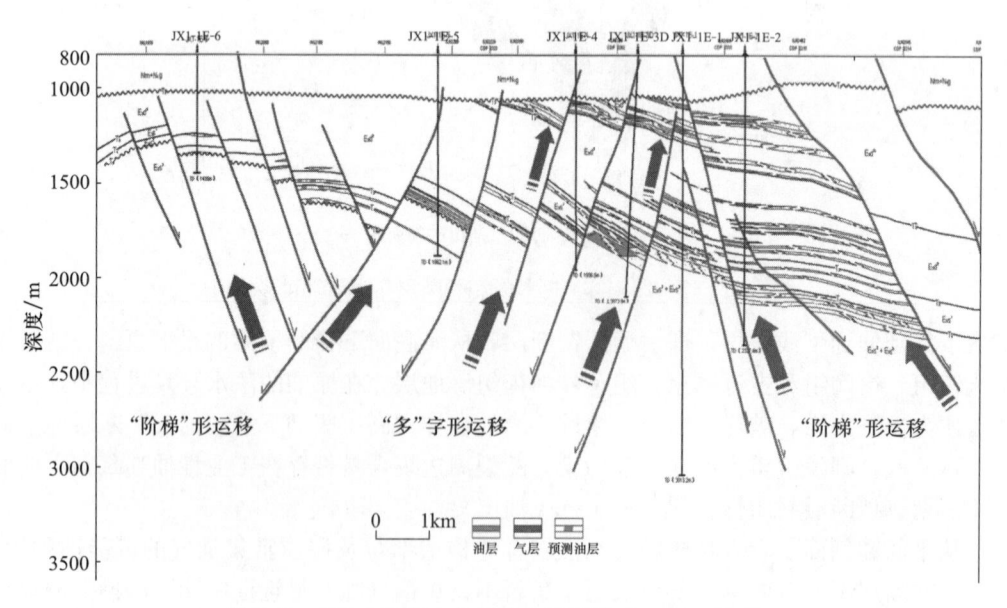

图6-32 JX1-1构造东盘的油气输导体系（SW-NE向）

油气聚集？主要是因为断层不发育，油气运移存在问题（图6-33）。地震剖面上也显示，圈闭东南侧近直立的走滑断层的垂向断距不大，众多分支断层中只有少数几条延伸到圈闭，并且本身垂向断距很小，这些断层不能大规模沟通深部烃源岩与浅部圈闭，在此情况下断层很难作为东二下段构造圈闭的有效油气运移通道。与JX1-2构造的情况类似，JX1-1 构造的东二下段在钻井中无油气显示，可能主要是因为断层不发育，则有效的油气运移通道不存在（图 6-34）。由此看来，在辽中凹陷如果断层不发育，油气运移通道很可能存在问题。

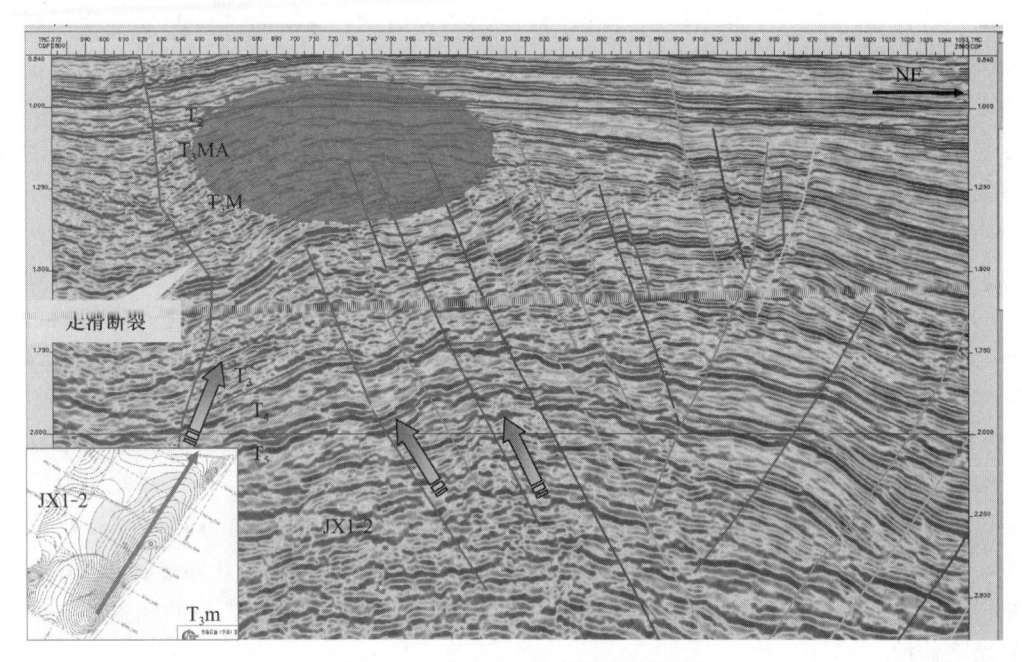

图 6-33 过 JX1-2 构造的地震剖面

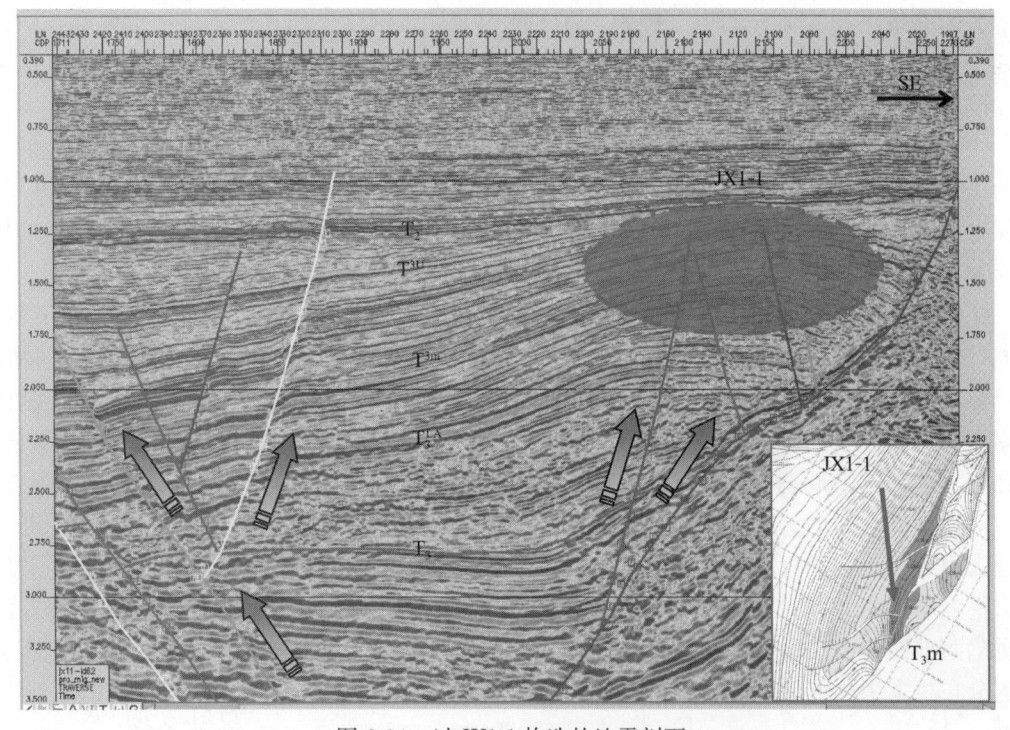

图 6-34 过 JX1-1 构造的地震剖面

6.4 辽东湾与周边地区油气构造特征对比

随着地质历史中太平洋板块对欧亚板块俯冲方向从 NNW 向 NWW 的变化，郯庐断裂的活动方式在中生代、古近纪、新近纪也发生相应变化，其周缘中、新生代盆地的发育逐渐向北迁移。郯庐断裂带及其周缘发育的中、新生代沉积盆地，自南向北主要包括合肥盆地、郯城-嘉山盆地、马站-中楼盆地、安丘-莒县盆地、胶莱盆地、渤海湾盆地、依兰-伊通盆地、虎林-鸡西盆地、梅河盆地和抚顺盆地。渤海湾盆地所在的郯庐断裂中段周缘盆地主要为中、新生代叠加盆地。渤海湾盆地在区域性拉张和扭动为主的应力场作用下，中生代形成的断陷构造在古近纪进一步发育，形成了一系列大型的北断南超的箕状断陷和隆起相间排列的构造格局。渤海湾盆地自北向南包括下辽河-辽东湾坳陷、渤中坳陷、济阳坳陷，自西向东依次为冀中坳陷带、沧县隆起带、黄骅坳陷带、内黄-埕宁隆起带、东濮-济阳坳陷带、下辽河-辽东湾坳陷带。除了下辽河-辽东湾坳陷带位于郯庐断裂带内，呈 NNE 向展布，其他坳陷带和隆起带位于郯庐断裂带以西，组合形成向北东撒开、向南西收敛的帚状构造形式。每个坳陷带和隆起带可进一步划分为若干次级凹陷和凸起，这些次级构造平面上均为左列式雁行状展布，显示经受了拉张和旋扭构造应力场的作用。新近纪自中新世开始全区整体沉降，使得古近纪时期的隆起或凸起等正向构造全部接受了新近纪沉积，使断陷盆地发展成为坳陷盆地。

在上述区域地质背景的控制作用下，辽东湾坳陷与其周边同处于郯庐断裂带两侧及郯庐断裂带内的含油气坳陷（例如，辽东湾东北侧辽河油田所在的下辽河坳陷和辽东湾西南侧胜利油田所在的济阳坳陷）在油气地质特征上具有一定的相似性，其中，辽东湾坳陷与下辽河坳陷的油气地质特征更为接近。

在郯庐断裂这种走滑断裂的两侧，聚集了该区相当数量的油气田，郯庐断裂先后经历了左旋、右旋运动以及挤压、拉张活动，在不同构造部位对油气生成、运移、聚集、保存、再分布产生了重要影响，所以"走滑断裂"是辽东湾及邻区油气分布的"特殊性控制因素"。

郯庐断裂等主干断裂决定了这几个含油气盆地内凹陷与隆起的分布，这种"凹隆相间"的构造格局决定了含油气区带的分布，因为主干断裂分别控制了源岩、储层、圈闭的分布、质量、类型，所以"主干断裂"是辽东湾及邻区油气分布的"先天性控制因素"，例如，下辽河坳陷内郯庐断裂呈 NNE 向穿越，而目前下辽河坳陷（凹陷、斜坡、凸起）的油气发现总体上也呈 NNE 向展布（图 6-35 和图 6-36）。

单个油气藏的分布，则明显受到郯庐断裂等主干断裂的派生断裂的控制，派生断裂很大程度上决定油气成藏的有效性，所以"派生断裂"是辽东湾及邻区油气分布的"后天性控制因素"，与构造直接相关、以晚期成藏为主的油气藏尤其如此，例如，下辽河坳陷西部凹陷中南段双台子地区和辽东湾坳陷辽中凹陷 JX1-1 构造的近东西向分支断裂的分布决定了油气藏的位置（图 6-37 和图 6-38）。

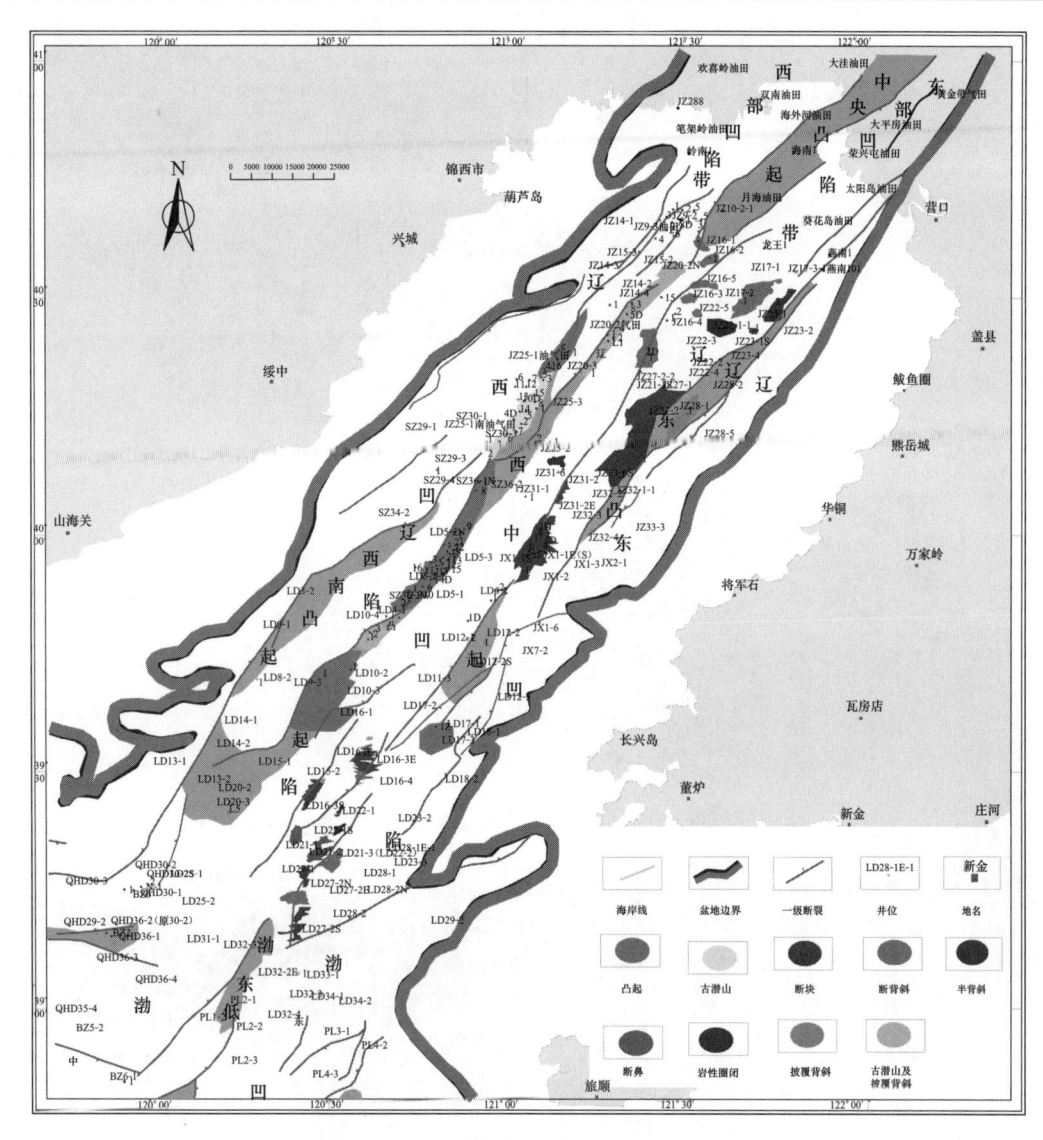

第6章 郯庐断裂带（辽东湾段）对油气成藏的作用

图 6-35 辽东湾构造单元划分与油气圈闭分布图

例如，在辽河西部凹陷，东营期走滑拉分形成的雁列式正断层断距有限且均匀，一般在 50~100m，小于区域盖层平均厚度。下部源岩生排油气顺断层向上运移，遇到没有破坏的区域盖层后侧向运聚成藏。走滑断裂作用的匀化断距效应是导致辽河西部凹陷油气高度富集的两个关键原因之一（庞雄奇等，2003）。

通过对比发现，郯庐断裂对油气成藏具有特殊性控制作用，表现为"走滑聚烃，主干定带，派生控藏"的特征。

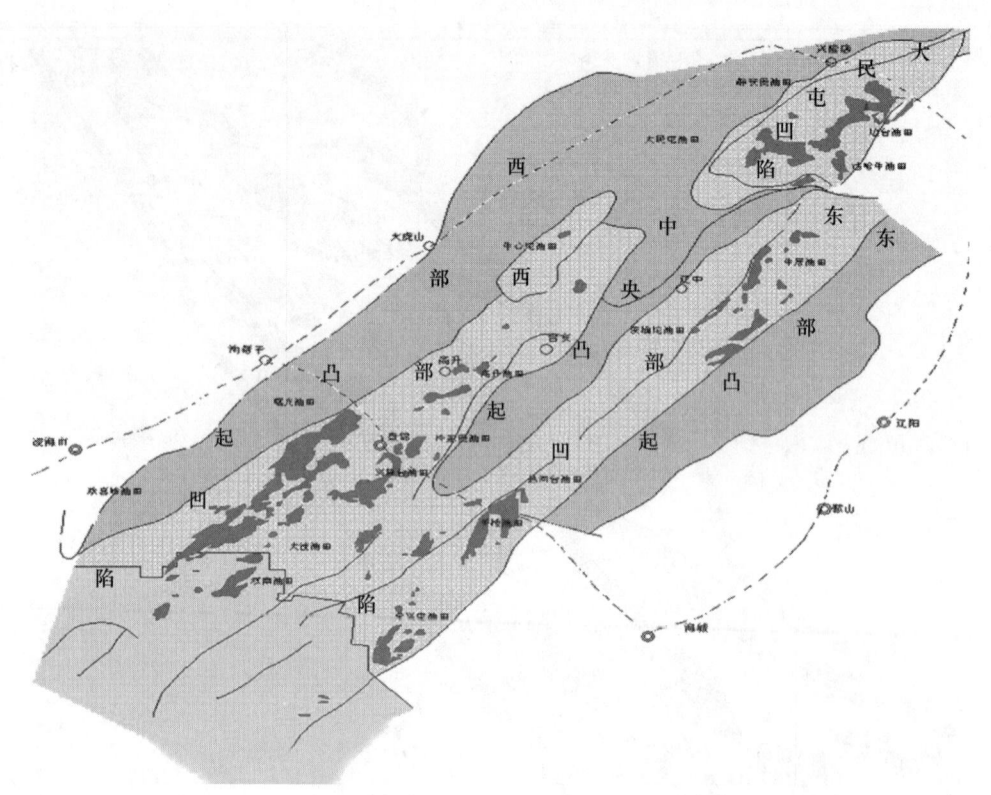

图 6-36　辽河油田构造单元划分与油气分布图

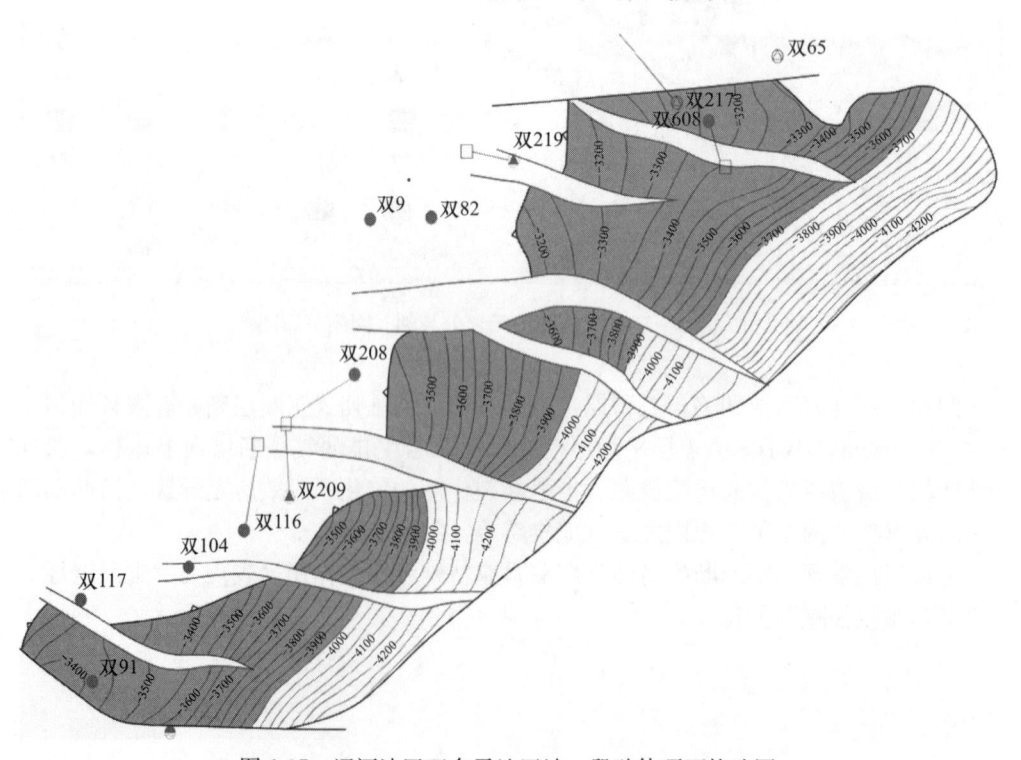

图 6-37　辽河油田双台子地区沙一段砂体顶面构造图

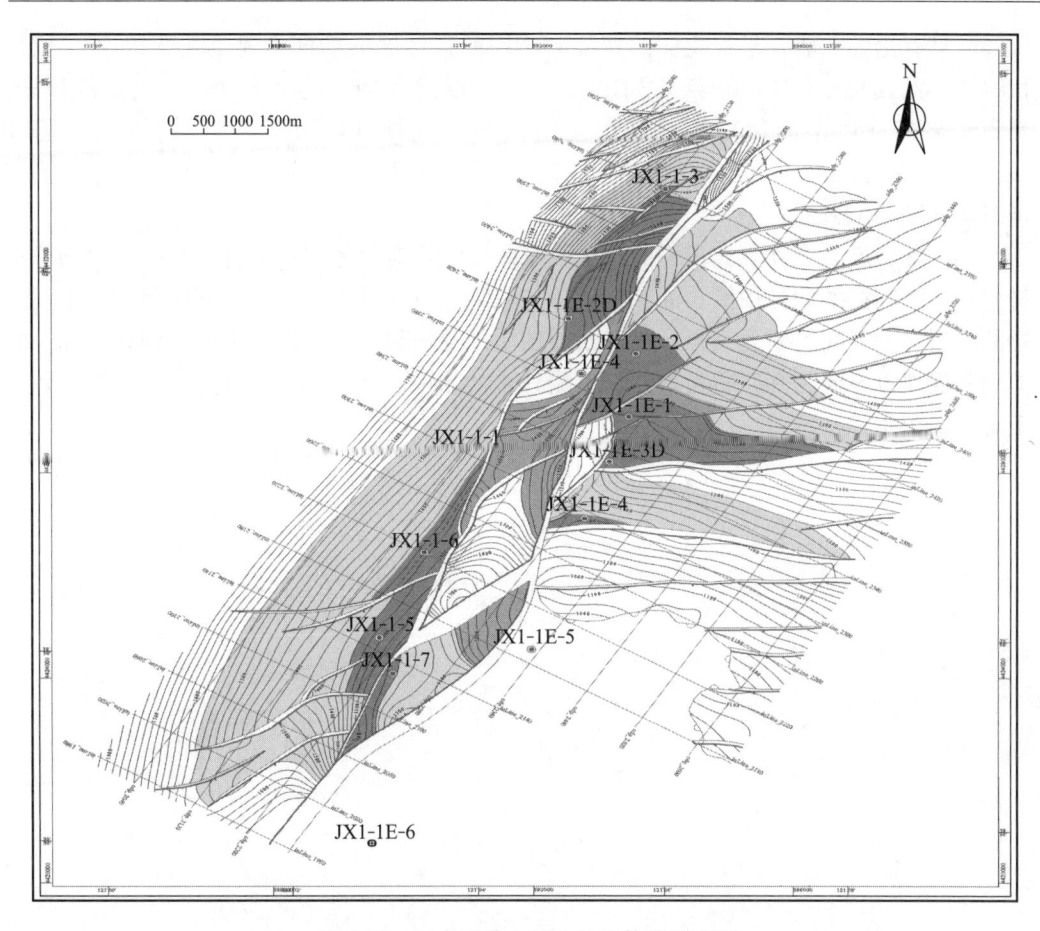

图 6-38　辽中凹陷 JX1-1 油田构造平面图

6.5　小　结

（1）郯庐断裂带作为中国东部的一条重要的构造形迹，引起国内外众多地质学者的关注，一直是中国区域地质研究的热点之一。沿郯庐断裂带自北向南分布着一系列中、新生代大中型含油气盆地，这些盆地内的油气储量与产量都占到我国油气储量与产量的一半，各个盆地的油气富集程度不同。渤海海域探明的油气储量大部分都分布在郯庐断裂带沿线，但郯庐断裂带各段控油机理差异性大。

（2）郯庐断裂带（辽东湾段）可分为北、中、南三段，辽中凹陷也相应被分成北洼、中洼、南洼。郯庐断裂带（辽东湾段）呈 NNE 向穿越，它与沉积盆地构造单元的分布关系密切，其间发育众多雁列式派生断层。郯庐断裂带（辽东湾段）在北洼、中洼、南洼的剖面结构及平面展布特征均有所变化，但都表现出晚期典型右旋走滑的特点。

（3）郯庐断裂带（辽东湾段）的演化具有多期性和复杂性。在其北、中、南三段断裂演化特征上，辽中 1 号断裂南强北弱，辽中 2 号断裂由北向南脉冲式增强，而辽西

1~3号具有南强北弱，早强晚弱的特征。断层的强伸展活动期主要是孔店组-沙三段沉积时期（尤其是沙三段沉积期）和东二段-东三段沉积期，其次为沙一、二段沉积期。郯庐断裂带（辽东湾段）活动期次包括强烈断陷期（$E_{1-2}k-E_2s^3$）、弱伸展裂陷期（E_3s^{1+2}）、断拗强化期（E_3d^{2-3}）、反转期（E_3d^1沉积末期）、静-弱活动期（N_1g-N_1m）、走滑期（N_2m-Q）。

（4）郯庐断裂（辽东湾段）的油气成藏效应表现对烃源岩的发育与演化、储层分布与质量、圈闭的类型与规模、油气的运移与聚集等方面的重要影响。郯庐断裂在不同地段的断裂活动时间、断裂组合形式、断裂性质以及断裂规模不同，造成不同地段油气藏类型和规模也不同。郯庐断裂对油气成藏具有特殊性控制作用，表现为"走滑聚烃，主干定带，派生控藏"的特征。

第 7 章　典型油气田成藏解剖及油气成藏规律

辽东湾实际勘探的成果表明，不同的构造带发育的油气藏类型不同。在凸起主体带主要发育半背斜、披覆背斜类、潜山类型油气藏等。例如，JZ20-2、JZ20-2N，SZ36-1等油田。在斜坡带主要发育断鼻、断块、地层超覆、岩性油藏，如 SZ29-4 油气藏。在陡坡断裂带主要发育断块油藏、断鼻油藏、断裂背斜油藏等，如 LD6-2 油藏。在凹陷带发现了背斜油藏、断块油藏和一些岩性-构造油藏，如 JZ21-1 油气藏。

7.1　低凸起带油气成藏特征

7.1.1　JZ20-2N 油气田油气成藏解剖

1. 烃源岩的生烃史

根据实际的岩性剖面和实测的镜质体反射率剖面，计算了 JZ20-2N-1 井的生烃史和热演化史特征（图 7-1）。在东二段段沉积末期，JZ20-2N-1 井沙三段烃源岩镜质体反射率超过 0.6%，而东三段烃源岩还未成熟。在东一段沉积期沙三段烃源岩 Ro 最大值达到 0.8%，开始生烃，而其上的东三段烃源岩也进入生油门限。构造抬升以后，随着馆陶组和明化镇组地层的沉积，沙河街组烃源岩再次大量生烃，且埋深较东一段沉积末期更大，具有更强的生烃潜力。

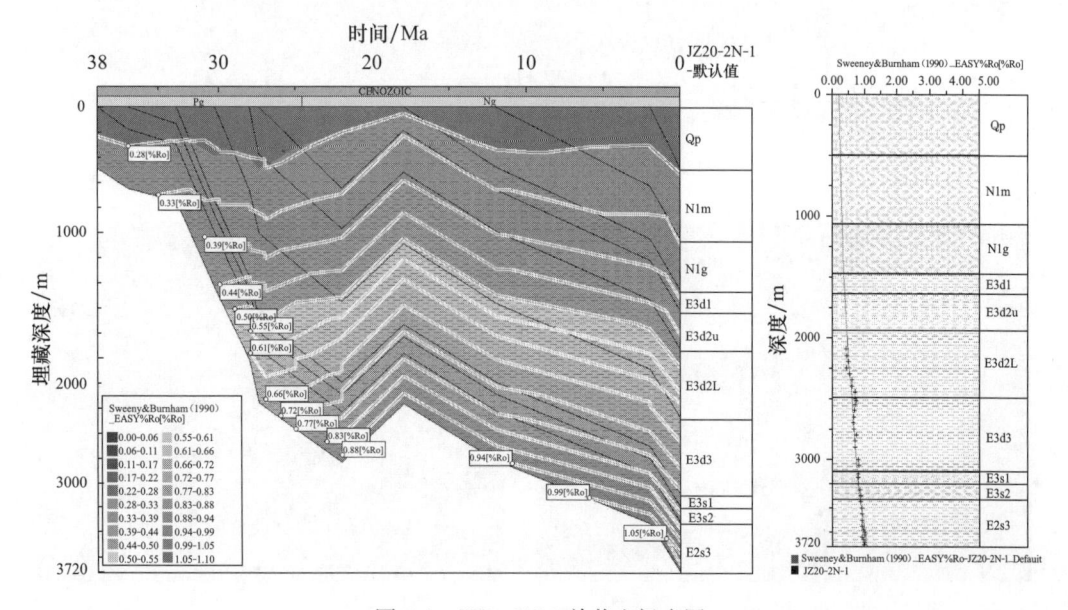

图 7-1　JZ20-2N-1 单井生烃史图

2. 油气充注历史

本次研究收集到了 JZ20-2N-1 井主要产层段的包裹体采样和分析结果（图 7-2～图 7-7），获得了较为全面和准确的包裹体地球化学信息。

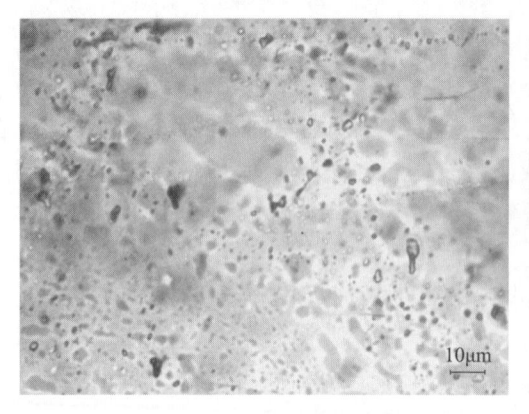

图 7-2　石英颗粒内裂纹中止见盐水包裹体（1960m）

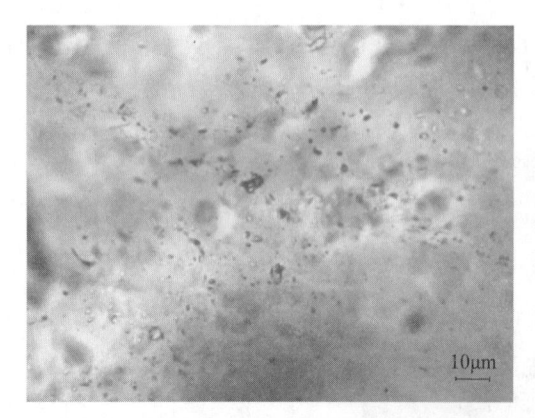

图 7-3　石英颗粒内裂纹中止见盐水包裹体（2280m）

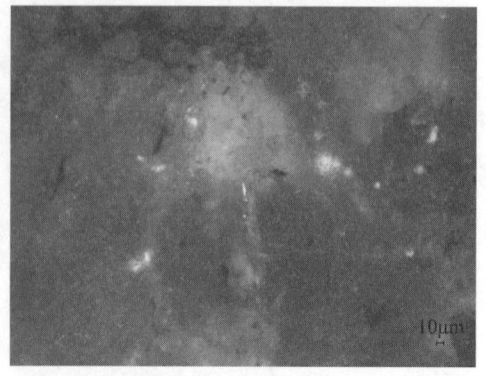

图 7-4　石英颗粒内裂纹及胶结物中见黄色荧光油包裹体（3228m）（一）

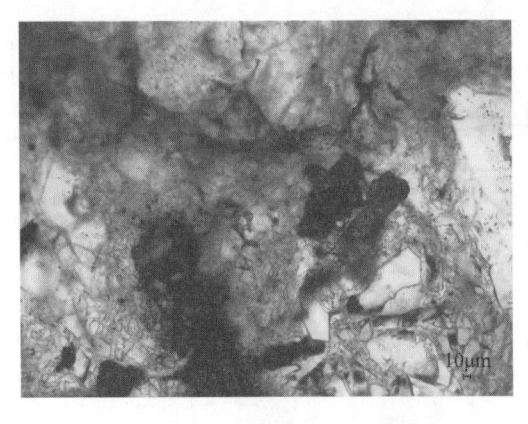

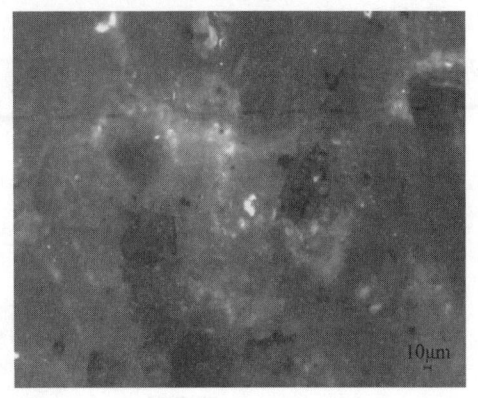

图 7-5 石英颗粒内裂纹及胶结物中见黄色荧光油包裹体（3228m）（二）

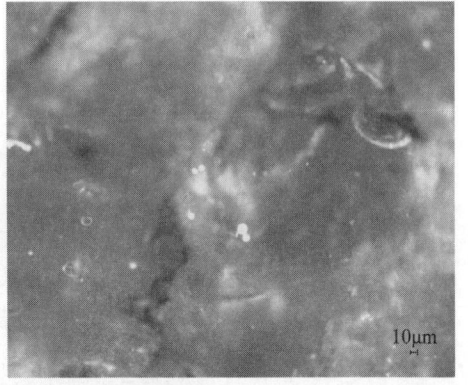

图 7-6 石英颗粒内裂纹及胶结物中见黄色荧光油包裹体（3228m）（三）

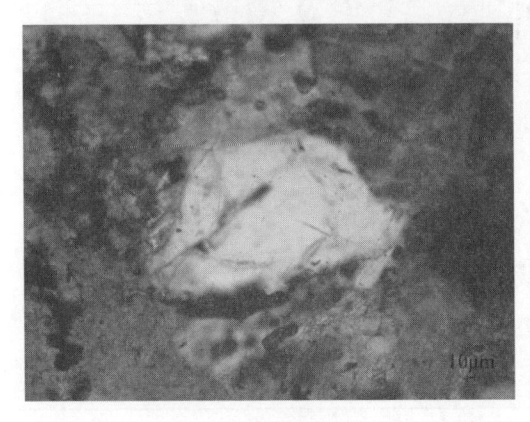

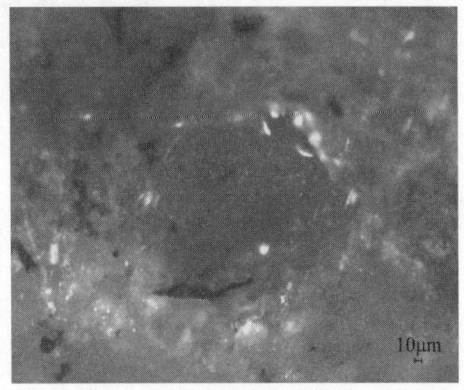

图 7-7 石英颗粒内裂纹及胶结物中见黄色荧光油包裹体（3228m）（四）

从 JZ20-2N-1 井包裹体均一温度直方图（图 7-8）可以看出，JZ20-2N-1 井沙三段（3561m）包裹体均一温度主要分布在 110～140℃。从 JZ20-2N-1 井热史演化图上（图 7-9）可以看出，沙三段油气主要的充注期距今 5Ma 以来，东一段沉积末期也可能存在少量的油气充注。而从该井包裹体 GOI 测试结果（表 7-1）也可以看出，该井沙二段和沙三段储层油气充注程度高，GOI 值全都超过了 5%，沙二段 3299~3311m 经测试为油气层，这也与其 74% 的 GOI 相对应。由于沙三段 GOI 值也较高，在更深的沙三段储层中，可能也存在一定量的油气聚集。JZ20-2N 油气成藏模式见图 7-10。

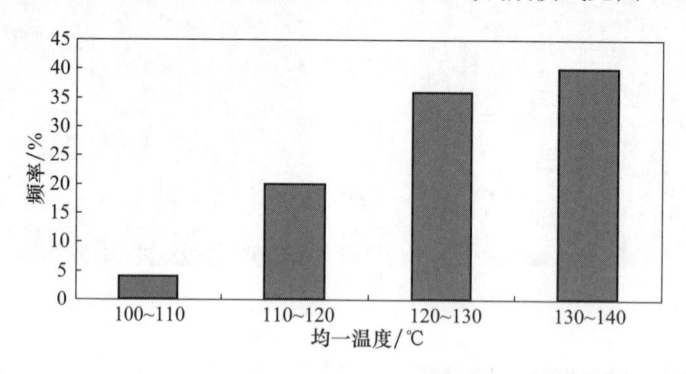

图 7-8　JZ20-2N-1 井 E_2s^3（3561m）包裹体均一温度直方图

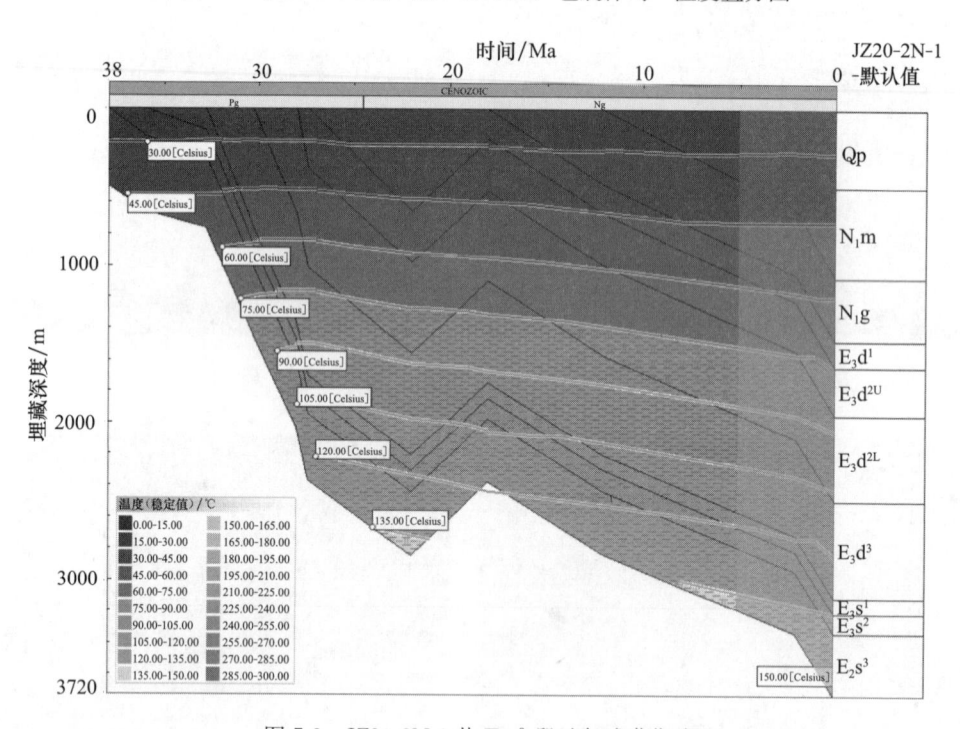

图 7-9　JZ20-2N-1 井 E_2s^3 段油气成藏期次

表 7-1　JZ20-2N-1 井有机包裹体荧光观察与 GOI 测试结果

编号	深度/m	GOI/%	荧光观察结果
1	1960	0	未见油包裹体
2	2280	0	未见油包裹体
3	3228	41.0	石英颗粒内裂纹及胶结物中见黄色荧光油包裹体
4	3302	74.0	石英颗粒内裂纹及胶结物中见黄色荧光油包裹体
5	3383	5.2	石英颗粒内裂纹中见黄色荧光油包裹体
6	3561	38.4	石英颗粒内裂纹及胶结物中见黄色荧光油包裹体

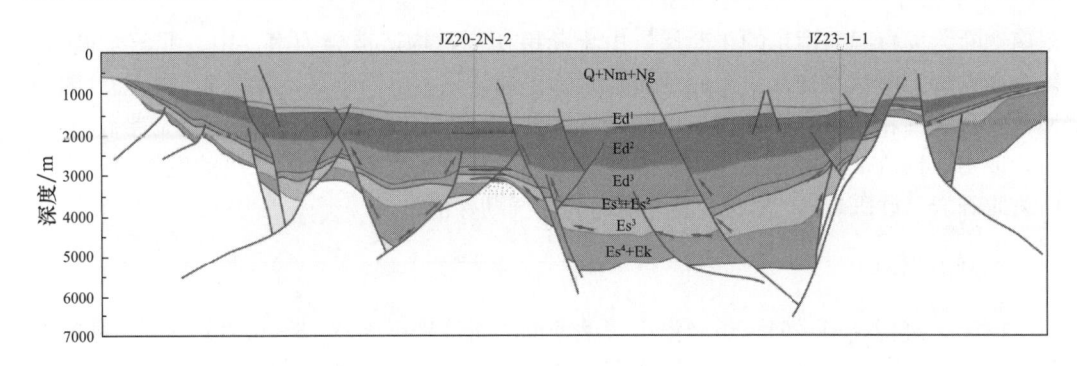

图 7-10　JZ20-2N 油气成藏模式图

7.1.2　JZ20-2 油气田油气成藏解剖

1. 工区地质概况

JZ20-2 油气田位于辽东凹陷辽西低凸起带北端，构造主体为北东走向的高垒带，长约 21km，宽 2~3km（图 7-11），基底为元古宇和中生界组成的潜山，其上为古近系和新近系披覆背斜，构造两侧存在两条大断层，西为辽西 3 号边界大断层，向北西倾；

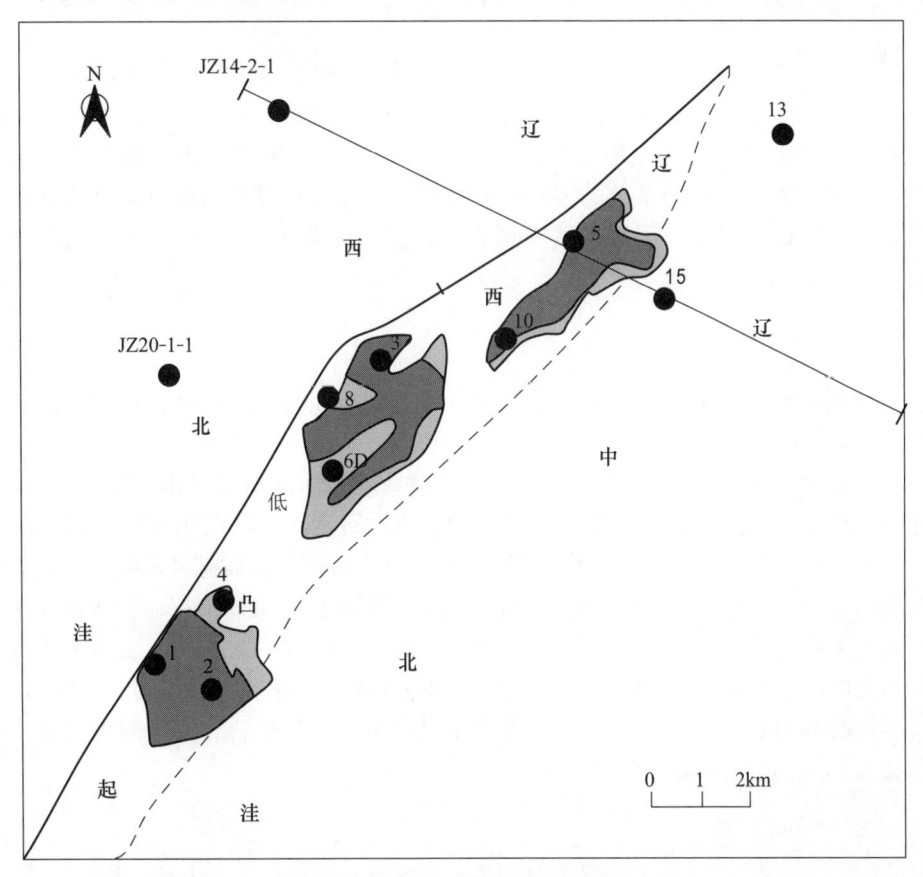

图 7-11　JZ20-2 油气藏构造位置图

东南侧断续发育倾向南东的正断层。由于断层切割，构造被分为南、中、北三个高点，每个高点均为断背斜构造。东西两侧都紧邻生油洼陷，具有很好的油源条件。油气藏类型为具有底油和底水的异常高压块状凝析气藏。自1979年以来，已在该构造带钻井15口，证实该构造带多层含油气，主力油气层为渐新统沙河街组一、二段的生物白云岩和白云质砾岩（砂砾岩），展示了极为丰富的油气勘探前景。

2. 流体特征

JZ20-2凝析气田沙河街组及潜山气藏地面凝析油密度为0.75~0.76g/cm³、黏度小于1mPa·s，凝析气层底部的油层密度为0.842~0.919g/cm³、黏度为5mPa·s。东营组油藏地面原油密度为0.836~0.883g/cm³、黏度为6.8~14.4mPa·s。地层水属$NaHCO_3$，总矿化度2649~11031mg/kg。原油含硫量0.006%~0.54%，平均为0.087%，为低硫原油；含蜡量0.25%~21.96%，平均为8.42%；沥青质含量0.072%~4.02%；胶质含量0.04%~25.5%，平均为7.31%。由于JZ20-2油气田的油气基本都储存在2000m以下，未遭受生物降解。JZ20-2油气田天然气CH_4含量为56.6%~94.6%，平均为84.8%，C_2^+含量为3.93%~40.01%，平均为13.4%，均为湿气。

3. 油气藏类型

上部东营组油藏为断块控制的正常地层压力层状油藏，流体为低熟-成熟油。下部沙河街组及潜山凝析气藏为受岩性和断背斜构造共同控制的具有底油、底水的异常高压块状凝析气藏。每个高点不同地层层位、不同岩性的储层互相连通，构成具有统一的油、气、水界面和统一压力系统的独立凝析气藏。三个高点凝析气藏之间互不连通，各具不同的油、气、水界面，但油气藏类型相同，流体主要为高成熟凝析气（图7-12和图7-13）。

4. 储盖组合和储层特征

JZ20-2凝析气田由东二段下亚段-东三段巨厚的湖相泥岩优质区域盖层的分隔，分为上、下两类不同性质的油藏系统。上部油藏系统为东营组油藏，只存在于中部高点，储层为东二段上亚段三角洲相的粉-细砂岩。下部油藏系统为沙河街及潜山凝析气藏，在南、中、北三个高点都存在，是JZ20-2凝析气田的主力油藏系统，储层由三套地层四种岩性组成，即沙一段的碳酸盐岩台坪相生物粒屑白云岩，沙二段的白云质砾岩，中生界的火山角砾岩及安山岩，以及元古宇的混合花岗岩。其中，沙河街组白云岩储层在构造范围内分布稳定，以次生粒间孔为主，平均孔隙度为24%，渗透率为$80\times10^{-3}\mu m^2$，是该凝析气田的主要高产储层；中生界火山岩储层主要分布在风化壳附近，孔隙度为10%~20%，渗透率低，多数低于$0.1\times10^{-3}\mu m^2$；元古宇混合花岗岩储层分布在裂缝发育的构造部位，裂缝孔隙度为2%~4%，渗透率在$1000\times10^{-3}\mu m^2$以上。

5. 地温和地压特征

JZ20-2构造地温未见明显异常，油层温度为57~107℃，地温梯度平均为3.0℃/

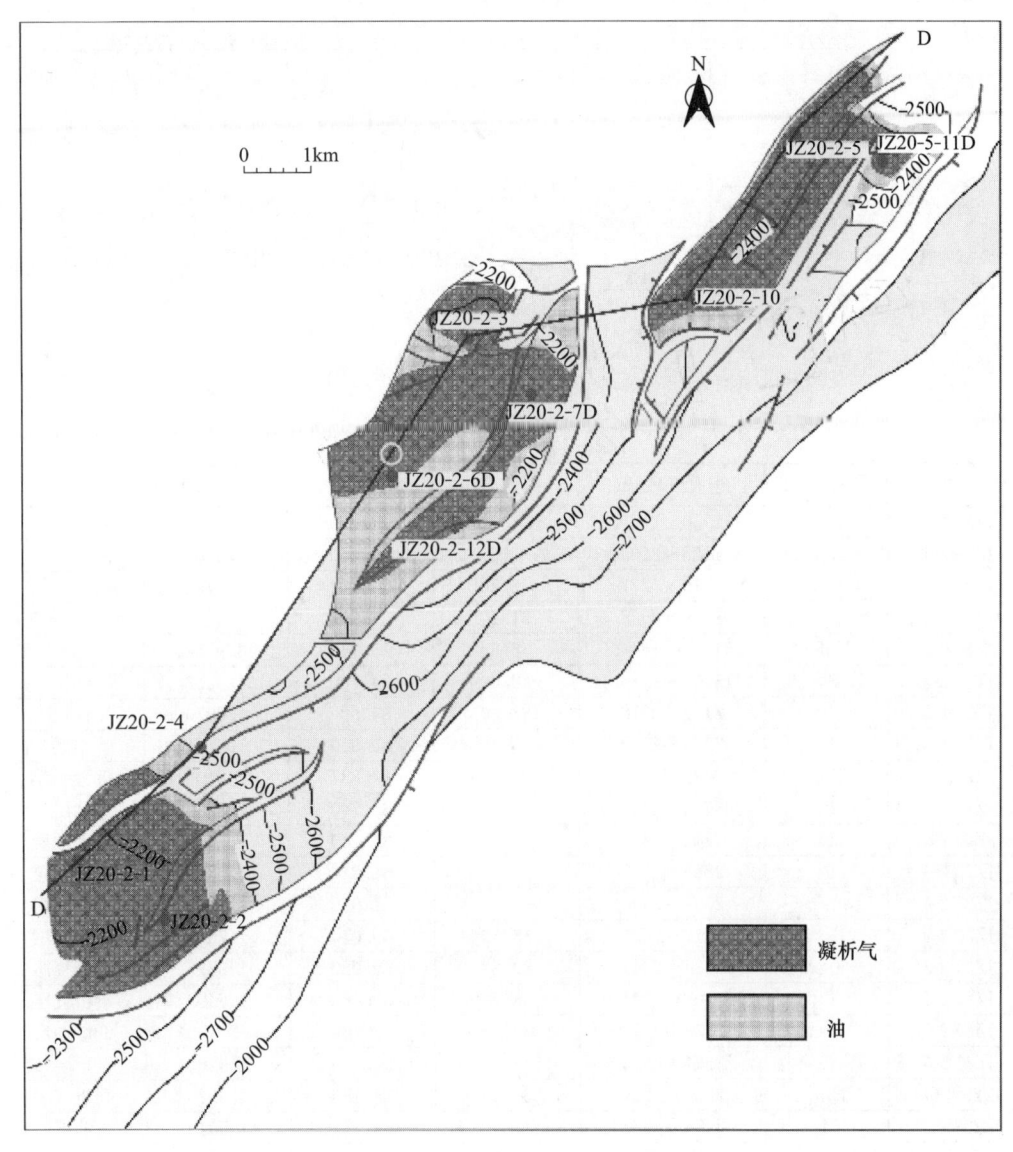

图 7-12 JZ20-2 凝析气田 T8 构造图

100m。JZ20-2 构造东二段下亚段-东三段区域盖层之上为正常地层压力，之下发育异常高压。凝析气田南、中、北三个构造高点的油气藏都具异常高压，压力系数为 1.56~1.70，剩余压力达到 10~16MPa（表 7-2）。

6. 烃源岩成熟度

前人对该区油源对比表明，油气主要来自辽中凹陷北洼沙三段的烃源岩，JZ20-2-13 井钻遇了沙三段并对干酪根显微组分进行了测试，腐泥组占 4%，壳质组占 85%，而镜质组和惰质组占 11%，为混合型干酪根。

辽中凹陷北洼沙三段烃源岩埋深较大，现今已处于大量生气阶段，其沉积时水体较深，以半深湖-深湖相为主，低等水生生物相对富集，有机质丰度高。

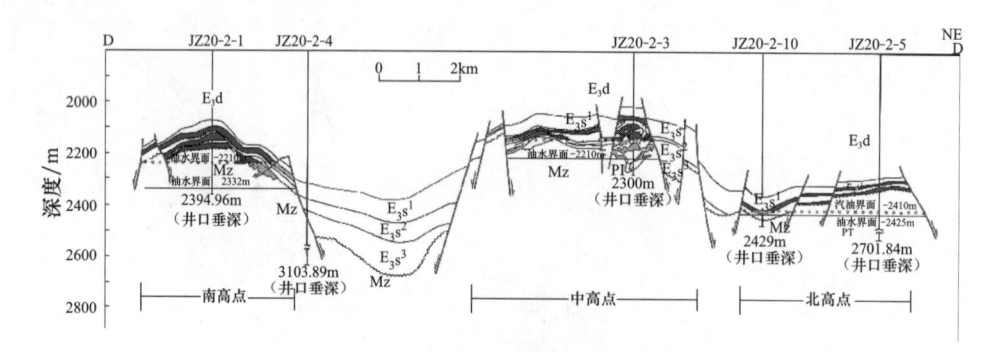

图 7-13 JZ20-2 气田连井剖面示意图

表 7-2 JZ20-2 油气田 DST 测试结果表

钻井	层位	射孔井段/m	静温/℃	静压/MPa	压力系数	试油结果
JZ20-2-1	E_3s^1	2119.0~2135.5	—	34.220	1.6280	凝析气层
JZ20-2-1	E_3s^1	2158~2203	—	33.570	1.5690	凝析气层
JZ20-2-2	E_3s^1	2219~2227	78.20	34.700	1.5893	凝析气层
JZ20-2-2	Mz	2338.9~2538.5	91.10	35.200	1.5566	水层(含气)
JZ20-2-3	E_3d^{2-3}	1615.5~1641.0	56.60	15.740	0.9764	油层
JZ20-2-3	E_3s^2, Pt	2115.04~2216.70	82.00	34.760	1.6452	油层
JZ20-2-3	Pt	2172~2218	88.20	34.920	1.6070	油层
JZ20-2-3	Pt	2243~2273	95.10	35.510	1.5851	水层
JZ20-2-4	E_3s^2	2462~2506	—	33.837	1.3400	低渗水层
JZ20-2-4	Pt	2667.4~2763.0	—	35.740	1.3380	油层
JZ20-2-4	Pt	2702~2746	—	34.240	1.2640	致密油层
JZ20-2-4	Pt	2883~2927	—	31.240	1.0080	油水同层
JZ20-2-4	$E_{2-3}s^{1-2-3}$	2384~2434	—	31.070	1.2800	低渗油层
JZ20-2-5	E_3s^1	2317~2326	88.70	39.030	1.7001	凝析气层
JZ20-2-5	E_3s^2	2334~2347	89.80	39.080	1.6875	凝析气层
JZ20-2-5	Pt	2364.00~2701.84	100.90	39.460	1.6499	凝析气层
JZ20-2-5	Pt	2438~2526	106.70	32.740	1.3100	低渗油层
JZ20-2-5	Pt	2577~2635	—	26.510	1.0100	干层
JZ20-2-6D	E_3s^2	2237~2246	87.20	34.180	1.6220	凝析气层
JZ20-2-6D	Mz	2278~2287	—	34.170	1.5940	油层
JZ20-2-7D	Mz-E_3s^1	2430~2445	88.10	34.040	1.6500	凝析气层
JZ20-2-7D	Mz	2476~2494	89.70	34.110	1.6580	凝析气层
JZ20-2-7D	Mz	2581~2595	86.70	27.970	1.2810	干层
JZ20-2-7D	Pt	2758~2850	101.10	35.150	1.5080	含油水层
JZ20-2-10	Mz-E_3s^1	2423.5~2453.0	107.20	40.110	1.6765	油层
JZ20-2-11D	E_3s^1	2873~2880	99.98	39.479	1.6865	气层
JZ20-2-12D	E_3d^{2-3}	1820.2~1823.0	58.40	16.303	1.0421	油层
JZ20-2-12D	Mz	2501.2~2550.0	83.78	34.840	1.6488	凝析气层
JZ20-2-12D	Mz	2544~2550	87.83	28.800	1.3042	干层
JZ20-2-15	E_3s^2	2807~2826	102.20	42.075	1.5130	油层

从 JZ20-2 地区 JZ20-2-13 与 JZ20-2-4 两口井热史演化模拟结果（图 7-14 和图 7-15）可以看出，JZ20-2-4 井沙河街组烃源岩未进入生烃门限，几乎没有油气生成，而 JZ20-2-13 井只有沙河街组烃源岩在东一段沉积期进入了生油门限，东营组始终未成熟，这

在实测 Ro 图上可以看出，东三段烃源岩 Ro 基本上都小于 0.5%。

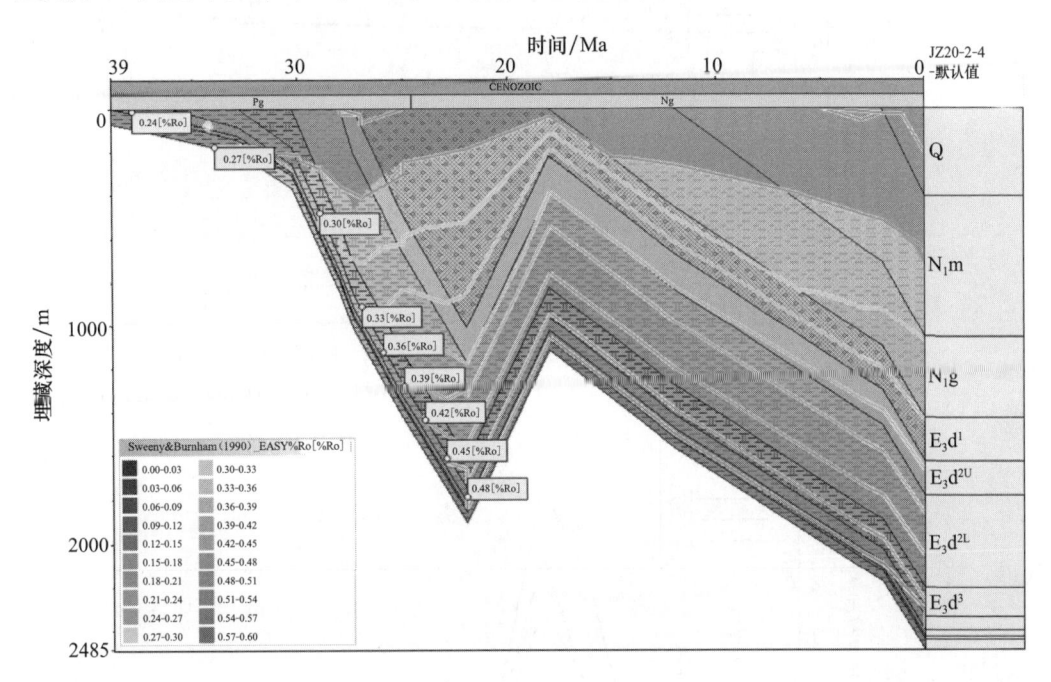

图 7-14 JZ20-2-4 井热史演化图

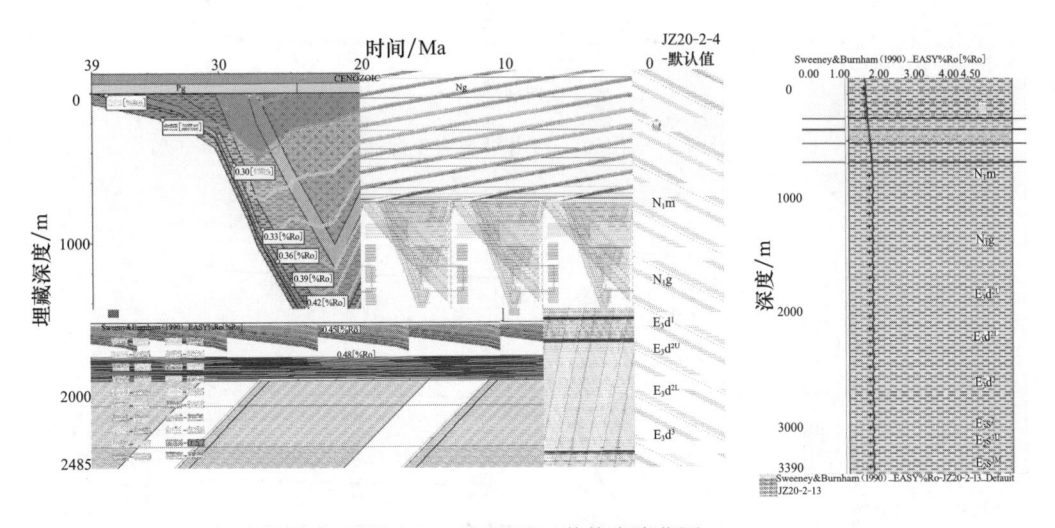

图 7-15 JZ20-2-13 井热史演化图

从 JZ20-2-13 井烃源岩转化率和生烃速率图以及生烃动力学模拟结果（图 7-16～图 7-18）上也可以看到，JZ20-2-13 井沙三段烃源岩生成了少量的油气，沙一段烃源岩转化率较低，仅生成微量的原油。由于 JZ20-2 地区位于辽西凸起上，地层埋深较浅，烃源岩几乎不具备大量生烃的能力。而 JZ20-2 地区是一个凝析气田，既有油又有气产出，只有当烃源岩 Ro>1.2% 以后才具备生气能力，JZ20-2 地区邻近辽中凹陷北洼，其沙三段烃源岩 Ro>1.2%，油气主要来自辽中凹陷北洼沙三段烃源岩。

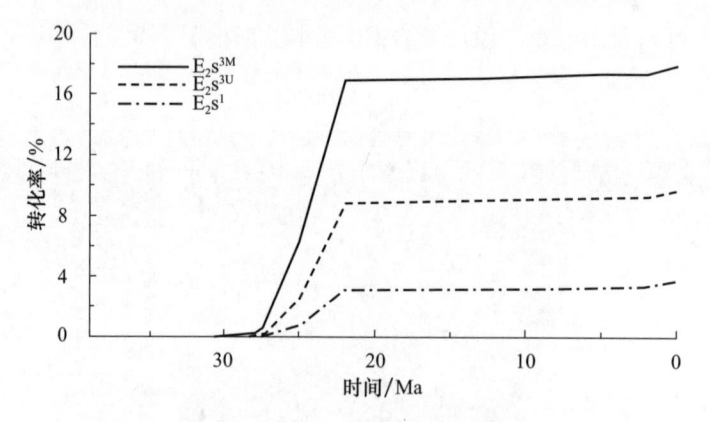

图 7-16　JZ20-2-13 井烃源岩转化率

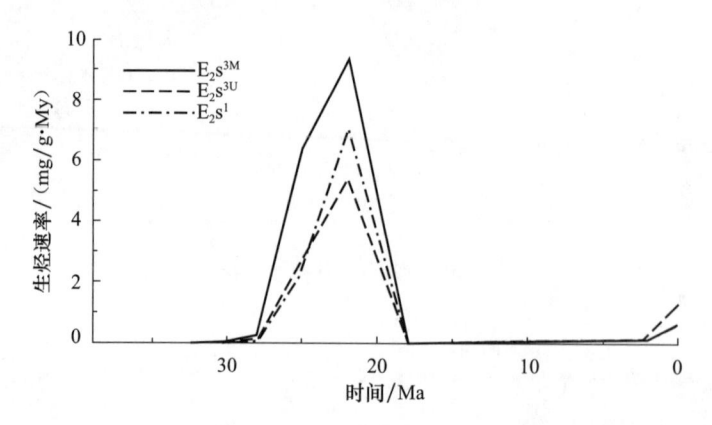

图 7-17　JZ20-2-13 井烃源岩生烃速率

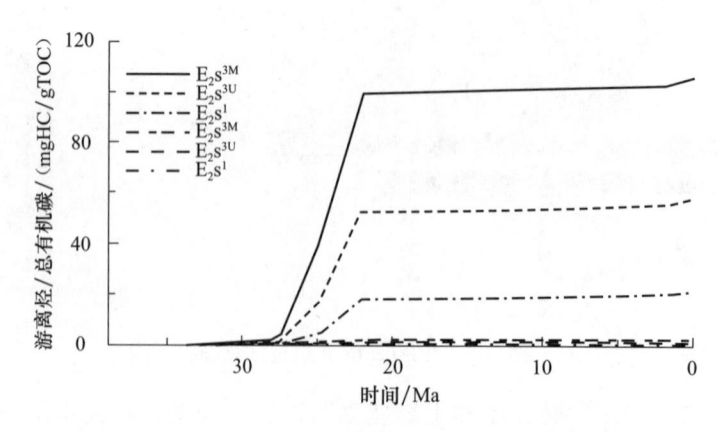

图 7-18　JZ20-2-13 井烃源岩生烃动力学模拟结果

7. 天然气类型

JZ20-2 油气田天然气的组分碳同位素及 $C_1/(C_2+C_3)$，天然气的化学组成和同位素组成是研究天然气成因和和来源的重要参数，国内外学者根据大量分析数据建立了许多分类图版。其中，Bernard 图版是国际上应用较为广泛的一种，该图版考虑了有机质类型、成熟度、运移对参数的影响。按照天然气的演化规律进行了定向延伸。JZ20-2 油气田的天然气甲烷碳同位素均分布在 $-50‰\sim-35‰$，$C_1/(C_2+C_3)$ 基本都小于 1000（表 7-3）。从图 7-19 可以看出，该地区的天然气均属于热成因气。

表 7-3 JZ20-2 地区天然气碳同位素及组分分析数据表

井号	井段/m	地层	$\delta^{13}C/‰$（PDB）				$C_1/(C_2+C_3)$
			C_1	C_2	C_3	C_4	
JZ20-2-12D	1813.0~1820.2	东二上	−40.38	−24.35	—	−23.70	13.02
JZ20-2-12D	2501~2550	中生界	−36.36	−26.14	−25.06	−25.90	8.85
JZ20-2-6D	2237~2246	沙二段	−36.48	−25.78	−26.11	−25.80	7.15
JZ20-2-6D	2278~2287	中生界	−35.95	−26.41	−25.21	−22.80	7.49
JZ20-2-9D	2671~2689	沙一段	−38.16	−26.48	−26.59	−26.50	8.79
JZ20-2-CN5	2294.5~2296.0	东三段	−36.39	−26.54	−25.22	−25.58	11.58

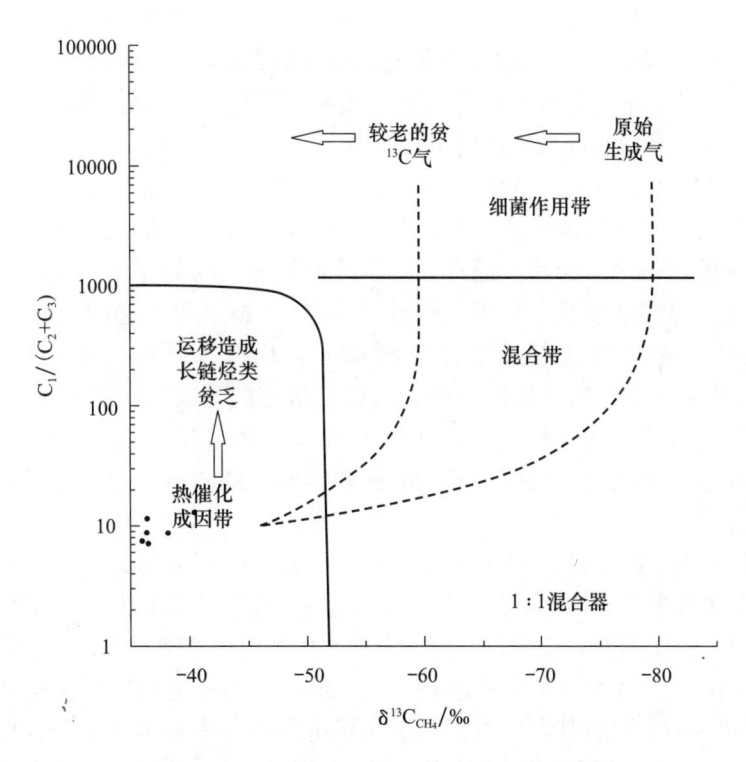

图 7-19 JZ20-2 油气田天然气成因类型判别图

而从 JZ20-2 地区天然气碳同位素对比图（图 7-20）可以看出，该地区不同层位的天然气应该为同一期的产物。而除了 JZ20-2-6D 井沙一段天然气，其余几个天然气样品均出现了碳同位素倒转，这是由来自不同烃源岩生成的天然气混合造成的。

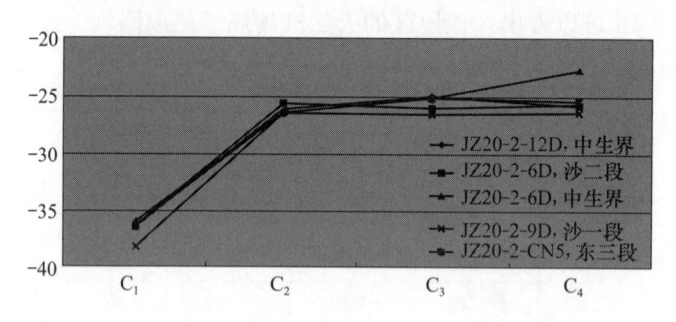

图 7-20　JZ20-2 地区天然气甲烷-丁烷碳同位素对比

8. 超压形成与侧向传导机制

位于辽东湾西部低凸起北端的 JZ20-超压凝析气田，距离主要供烃中心辽中凹陷北洼陷超过 10km。远离生烃中心且发育如此高幅度的超压油、气藏，在我国东部的裂谷盆地比较少见，从以下几个方面探讨 JZ20-2 凝析气田超压形成的原因。

(1) 缺乏自源高压和邻源高压的形成机制

自源高压的主要形成机制是油气藏范围内流体密度差引起的浮力增压作用、油层内原油的热裂解以及储层的压实、压溶和胶结等成岩作用。虽然在油气藏范围内由流体密度差引起的浮力增压作用广泛存在，但这种机理引起的超压幅度小，尤其对于较低高度的烃柱。JZ20-2 凝析气田最高气柱约 150m，由浮力引起的超压一般不会超过 1.5MPa，显然不是该气田超压的主要贡献者。JZ20-2 凝析气田油层温度最高为 107℃，原油热裂解增压的可能性更小。从目前研究的现状看，储层矿物成岩作用对异常高压的形成可能仅起辅助作用，而且 JZ20-2 凝析气田白云岩、火山岩和混合花岗岩三套性质差异如此之大的储层却均具备相同幅度的超压，说明成岩作用不可能是超压的主要原因。

邻源高压是由于相邻高压泥质岩的流体和压力传递而引起的储层超压。JZ20-2 构造本身不具备生烃条件，沙河街组上覆的东二段下亚段-东三段 350~500m 厚的岩性单一的湖相泥岩欠压实强烈，根据声波测井资料利用等效深度法计算该泥岩段地层压力系数为 1.4~1.6，其流体和压力可传递到沙河街组而引起一定幅度的储层超压，但不可能是 JZ20-2 超压的主要贡献者。由相邻高压泥质岩的流体和压力传递引起的储层超压往往在泥岩中的砂层夹层和孤立的砂岩透镜体中，而 JZ20-2 凝析气田储层分布比较广泛，而且，如果 JZ20-2 的储层在油气充注之前由上覆高压泥岩的传递形成高幅度超压，则造成该构造势能高，不利于油气充注。

JZ20-2 凝析气田异常高压的形成与其所处的特殊的地质背景紧密相关。超压凝析油气的运移充注以及伴随的能量侧向传递与积累是异常高压形成的根本原因；上覆巨厚超压泥岩封盖、断层封闭遮挡共同构成的强封闭环境是异常高压得以保存的关键因素。

(2) 超压的侧向传递与积累

超压传递是由源超压系统释放的超压流体的流动而导致其他压力系统地层压力增加、超压再分配的作用。JZ20-2 构造的凝析油气主要来源于辽中凹陷北洼沙三段深湖-半深湖相烃源岩。因至今无井钻达辽中凹陷北洼沙三段，故缺乏实测地层压力资料；但辽中凹陷北洼 JZ16-4-2 井东三段实测地层压力系数高达 1.93，辽西凹陷北洼陷 JZ14-2-1 井沙三段实测地层压力系数为 1.44；辽中凹陷北洼比辽西凹陷北洼沙三段烃源岩有机质丰度高、厚度大、分布广，热演化程度高（现今辽中凹陷北洼陷沙三段处于高成熟-过成熟阶段，而辽西凹陷北洼仅处于成熟阶段），因此辽中凹陷北洼陷沙三段可能存在更大幅度的异常高压，是主要的源超压系统。辽中凹陷北洼陷缺乏断达油源的断层，油气垂向输导受到限制，但中生界与元古宇、古近系与前古近系、沙二段与沙三段之间普遍为不整合接触关系。钻井揭示：元古宇混合花岗岩不整合面附近及中生界火成岩不整合面附近，裂缝和溶蚀孔隙比较发育，使不整合面成为油气侧向运移的重要通道和储集空间，辽东湾中、北部潜山为重要含油层系即是有力的证明。辽东湾沙一段和沙二段扇三角洲、辫状河三角洲砂体发育，JZ20-2 地区还发育碳酸盐台地相沉积，沙三段上亚段基本被剥蚀，但局部发育扇三角洲砂体。辽东湾西部低凸起砂体厚度较大，向辽中凹陷北洼陷砂体发育变差。在洼陷中油气主要沿不整合面运移，砂体作用较弱，邻近凸起砂体的侧向输导作用增强。辽中凹陷北洼陷沙三段超压凝析油气和能量首先通过压裂的微裂缝从源超压系统释放出，然后进入邻近的不整合面和砂体，再在异常高压强动力和浮力的配合下主要沿不整合面或不整合面-砂体组成的输导系统向辽东湾西部低凸起侧向运移。伴随超压流体的运移，地层间的流体压力也在不断地进行传递调整，在有利的构造和储层发育部位，超压凝析油气不断充注和聚集，能量也不断积聚。渗透性好的储层超压流体充注多，超压可能越明显。JZ20-2 构造单井地层测试数据显示：凝析气层、油层和水层压力系数为 1.56～1.70，而低渗层、致密油层和干层压力系数仅为 1.00～1.34。

9. JZ20-2 油气田油气成藏过程

如图 7-21 所示，从东三段沉积期末到现今的构造演化过程来看，JZ20-2 油气田沙河街组圈闭在东三段沉积期末时已经形成。不过此时沙三段烃源岩总体上还未成熟，还没开始大量排烃。到了东二段沉积末期，沙三段烃源岩开始大量生油，而东三段烃源岩还未成熟，沙三段生成的油气沿不整合面和不整合-砂体疏导通道往辽西低凸起运移。随着东一段地层沉积，沙三段烃源岩开始进入生气窗，东三段烃源岩也开始生油。JZ20-2 构造在这个阶段的油气聚集已经有了一定的规模，但随着东营组沉积末期的构造抬升剥蚀作用，早期生成的油藏在此时埋深变浅，盖层厚度变薄，断层基本上断至地表，断层也处于活动状态，油气逸散至地表。早期生成的油气散失殆尽。随着新近系地层沉积，沙三段烃源岩和东三段烃源岩再次生烃，伴随超压流体的运移，地层间的流体压力也在不断地进行传递调整，在 JZ20-2 地区构造和储层发育的部位，超压凝析油气不断充注和聚集，能量也在不断聚集，从而形成了侧向传导型超压油气藏。

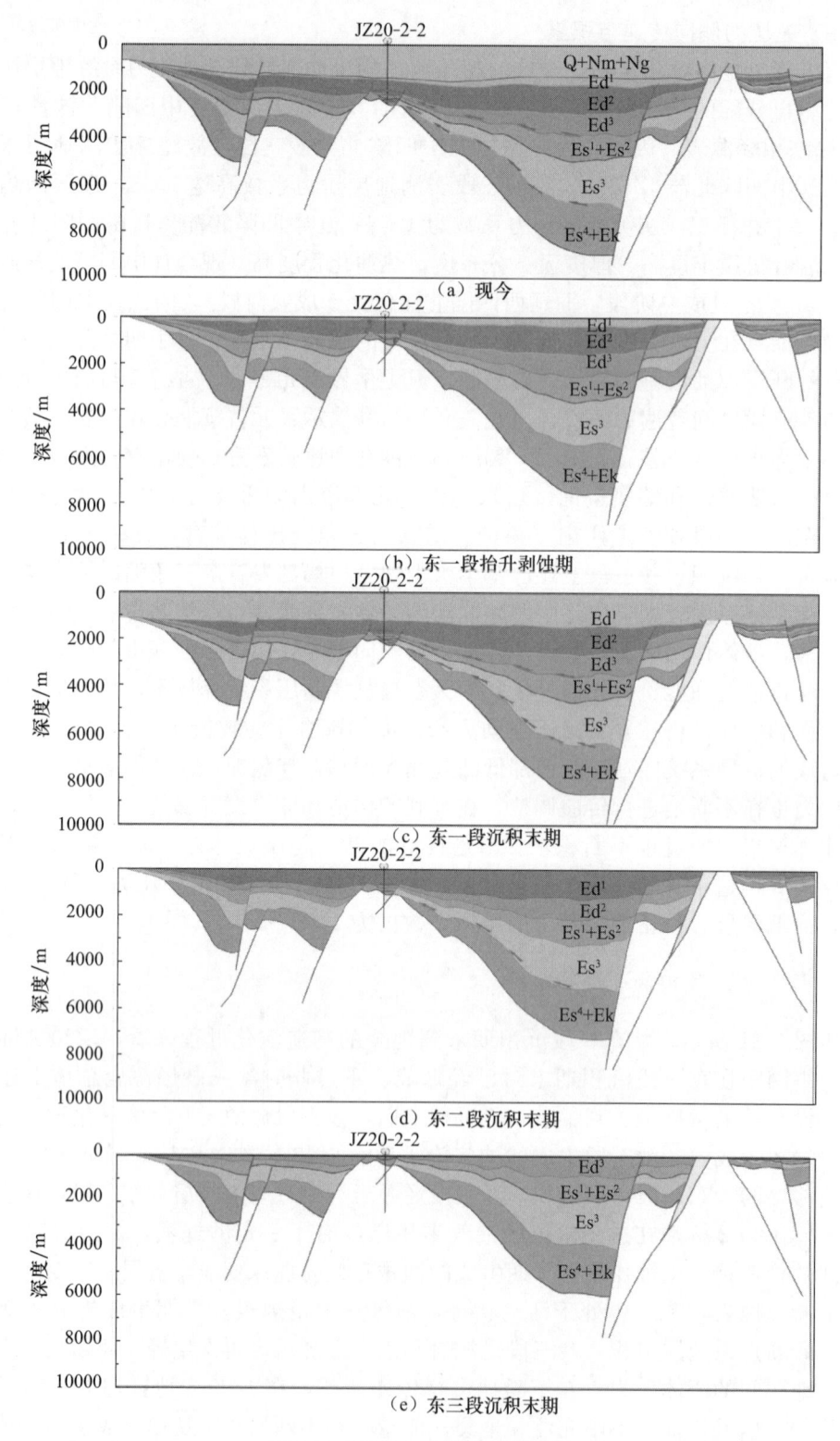

图 7-21 JZ20-2 油气成藏模式图

7.1.3 JZ25-1S 油气田油气成藏解剖

1. 烃源岩生烃史

JZ25-1S-1 井生烃史分析表明,Es^3 段烃源岩的演化成熟度较低,现今的成熟度为 0.48%,烃源岩还未成熟。

油源对比表明,该区的油气的主要源岩为 Es^3 段泥岩;从该区各井所钻遇的 Es^3 段烃源岩的成熟度演化史来看,低凸起部位烃源岩的成熟度较低,有些井的烃源岩还未进入成烃门限,未开始大量生油。部分井 Es^3 段烃源岩已经成熟,进入大量生烃期。可见,该区 Es^2 和 Es^3 段储层中的大部分油气主要来自于西侧的生烃洼陷,低凸起部位 Es^3 段烃源岩由于成熟度较低,对其贡献有限。

利用地震剖面模拟了该区烃源岩在东一段沉积末期时的热演化史图(图 7-22),Es^3 顶面埋深达到最大,顶部烃源岩的 Ro 达到最大,辽西北洼烃源岩的 Ro 最大可以达到 1.45%,生成大量的凝析油和湿气,中洼烃源岩的 Ro 达到了 1.15%,进入生烃高峰期。该时期 Es^3 顶面烃源岩 Ro 大于 0.7%的区域相比 26Ma 时期烃源岩成熟度区域明显扩大,表明洼陷的烃源岩相继进入成熟阶段。

这种各洼陷烃源岩的持续、相继成熟并"接力供烃"为辽西低凸起部位的 Es^2 和 Es^3 段油气成藏提供了物质基础,在成藏的过程中,即使某一阶段构造运动破坏了油气的聚集,烃源岩的"接力供烃"也可在某种程度上弥补这些缺陷。

2. 油气充注历史

该区油气成藏期次的确定主要结合包裹体相态特征、均一温度、埋藏史和古地温史确定成藏期次。图 7-23～图 7-28 为该区砂岩储层及花岗岩储层中盐水流体包裹体均一温度分布直方图,JZ25-1S-1 井 Es^2 储层成藏的古地温为 80～100℃(图 7-23),将古地温投上直方图可确定其成藏时间在 26～20Ma,大致为东一段沉积期末期。距今 5Ma 以来也有一定量的油气充注(图 7-29)。

利用包裹体压力的 PVTsim 模拟技术计算包裹体的捕获压力,计算结果表明,油气大规模充注成藏时的古压力表现出超压的特征,表明了油气充注的强度大(图 7-30 和图 7-31)。

根据烃源岩成熟度演化历史,储层研究结果、温度场、压力场的研究结果,结合该区的构造演化历史,建立了该区的油气成藏模式。

图 7-32 为利用 PetroMod 程序模拟的 CDP_720 测线的油气成藏过程。在 30.3Ma 左右时,即东二下段沉积末时期,辽西凹陷北洼较深部位的 Es^3 段顶面烃源岩 Ro 进入生烃门限,Ro>0.6%,开始生烃,而位于中洼的 Es^3 段烃源岩还未成熟;在该阶段仅有北洼的烃源岩生成的油气在其洼陷周围沿断层、不整合面和砂体进行运移,此时,位于北洼较深部位 Ed^3-Es^1 段烃源岩还未成熟。在 25Ma 时,东一段沉积末时期,辽西凹陷北洼 Es^3 段顶面烃源岩 Ro 进入生烃高峰期,Ro>1.0%,北洼较浅部位 Es^3 段顶面烃源岩的成熟度大约为 0.8%,而中洼的 Es^3 段顶面烃源岩也进入生烃门限,开始大量

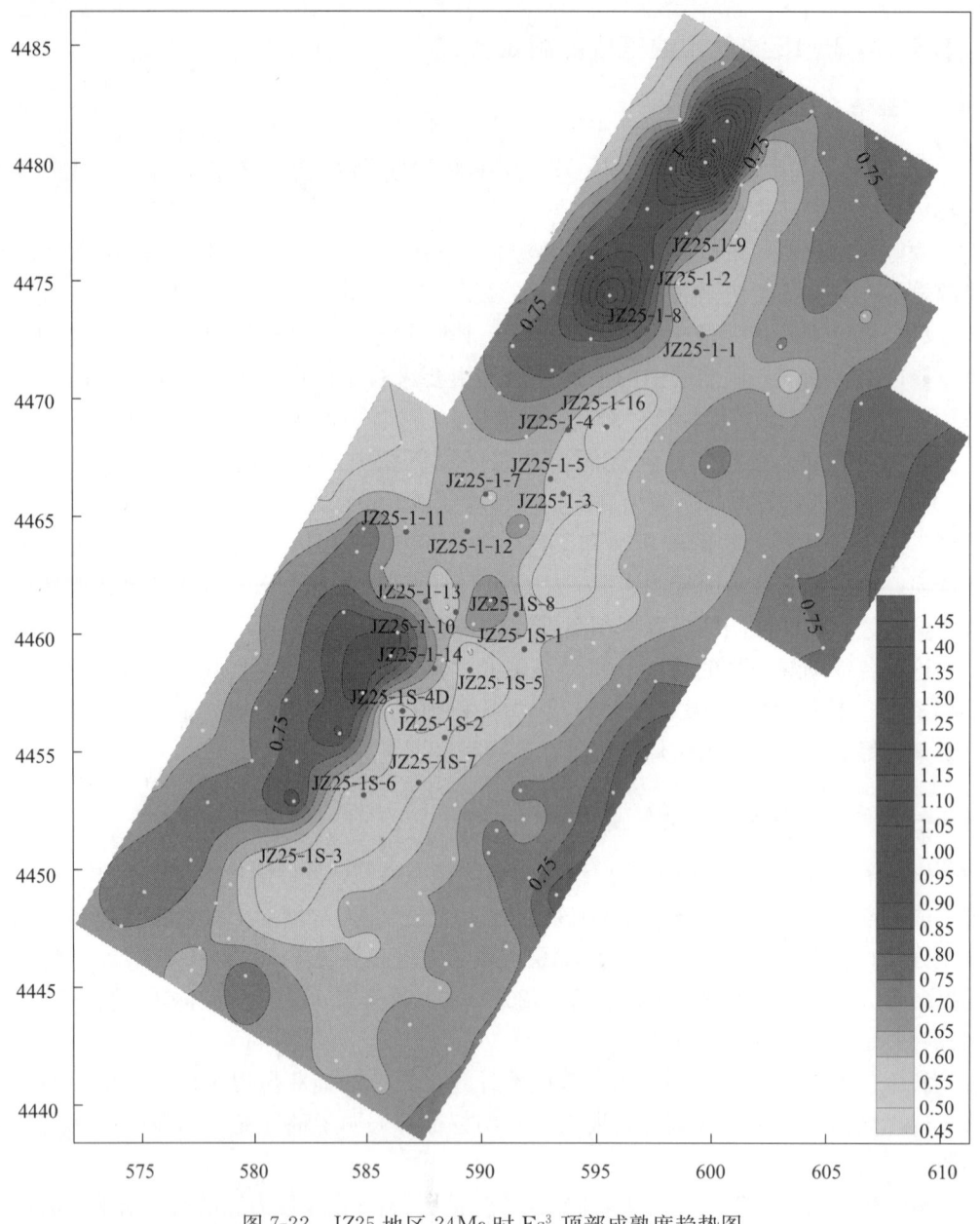

图 7-22 JZ25 地区 24Ma 时 Es³ 顶部成熟度趋势图

生烃。此时处于北洼和中洼的 Ed³-Es¹ 段烃源岩开始成熟、生烃，中洼 Ed³-Es¹ 段烃源岩的 Ro 最大为 $0.6\%\sim0.7\%$，北洼 Ed³-Es¹ 段烃源岩的 Ro 最大为 $0.7\%\sim1.0\%$。该时期为中洼和北洼烃源岩的主要大规模的生烃期，油气包裹体的地球化学特征和均一温度也表明，该时期为主要的运移成藏期，其运移的通道主要为不整合面、断层和砂体等组成的复合输导体系，该时期的油气充注也造成了 Es² 和 Es³ 段储层的超压。

$25\sim17$Ma 时主要为东一段的抬升剥蚀期，该时期的抬升造成了 Es² 段和 Es³ 段先前由于大规模流体充注形成的超压流体的释放（图 7-25 和图 7-26）。

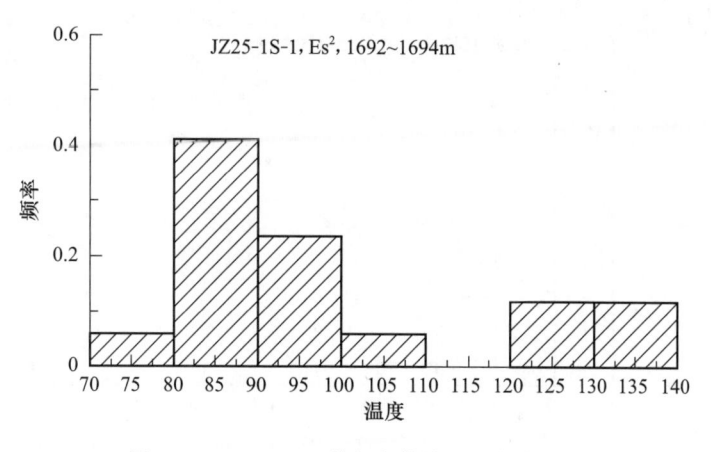

图 7-23　JZ25-1S-1 井包裹体均一温度直方图

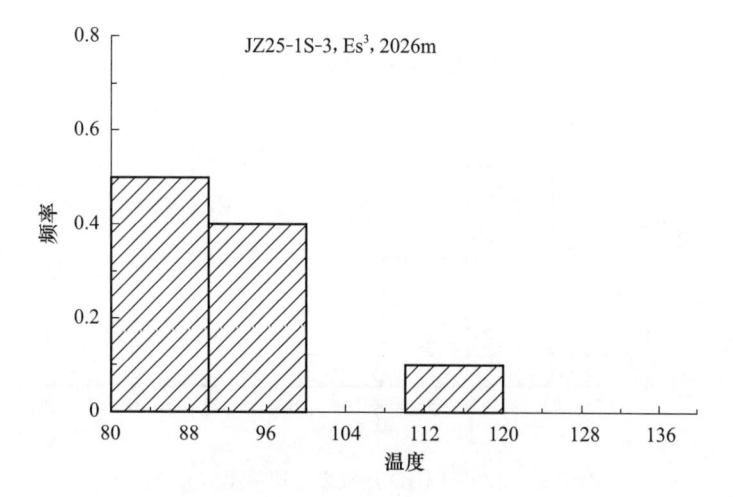

图 7-24　JZ25-1S-3 井包裹体均一温度直方图

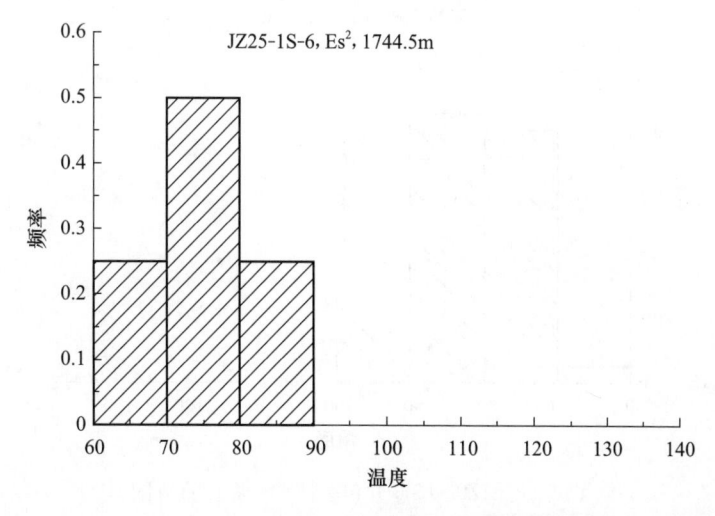

图 7-25　JZ25-1S-6 井包裹体均一温度直方图

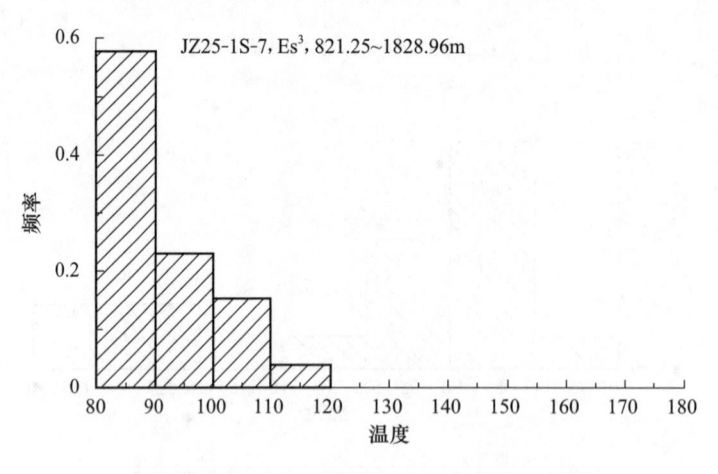

图 7-26　JZ25-1S-7 井包裹体均一温度直方图

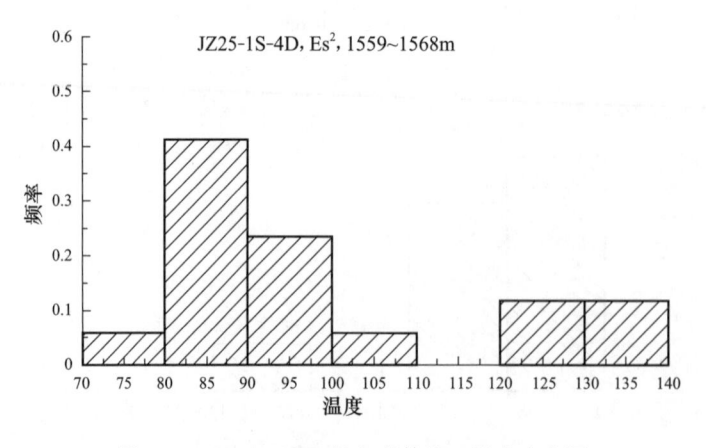

图 7-27　JZ25-1S-4D 井包裹体均一温度直方图

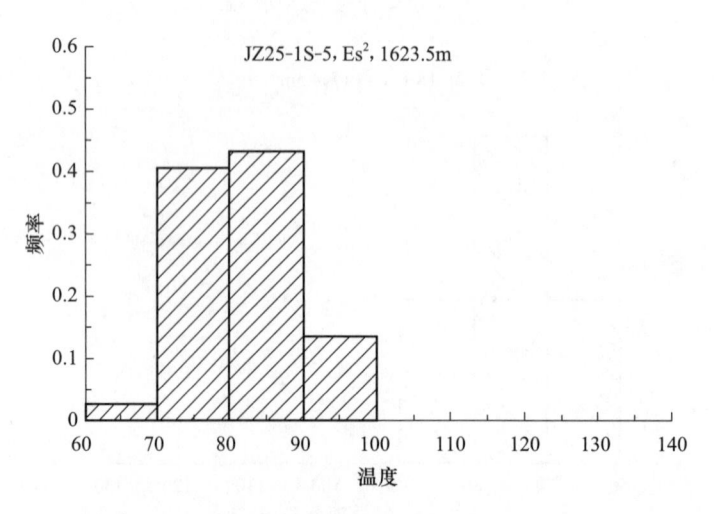

图 7-28　JZ25-1S-5 井包裹体均一温度直方图

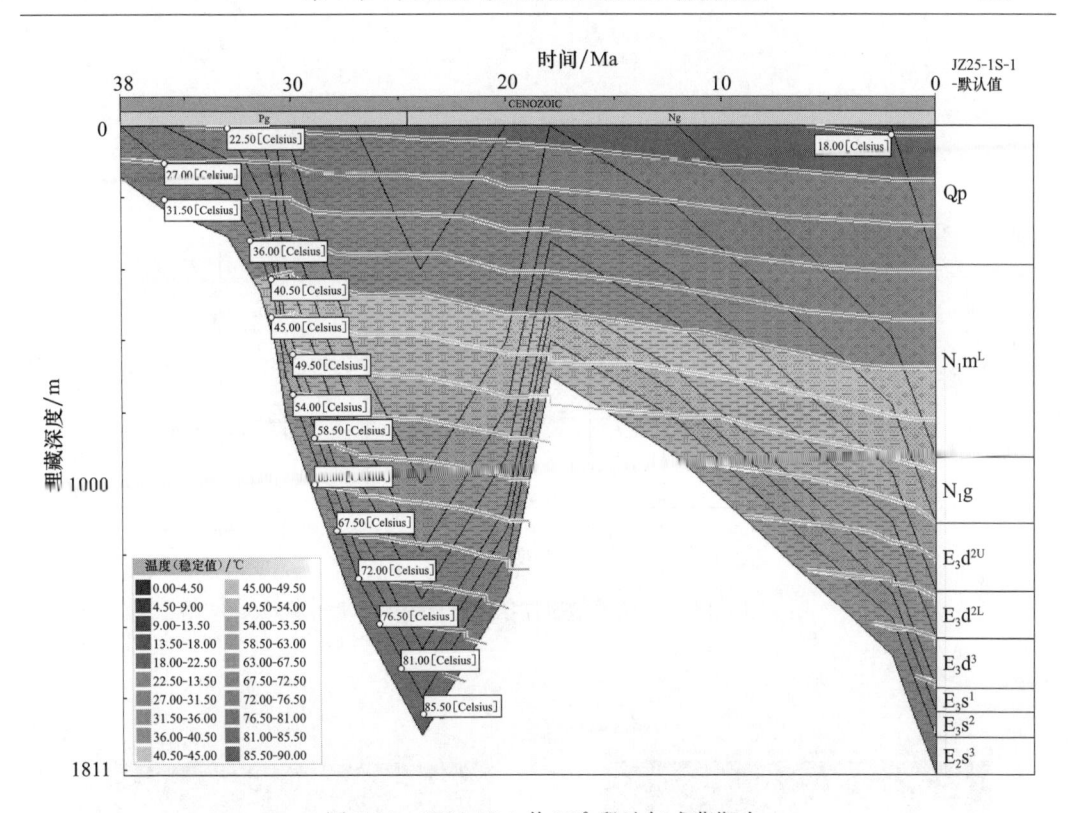

图 7-29　JZ25-1S-1 井 ES^2 段油气成藏期次

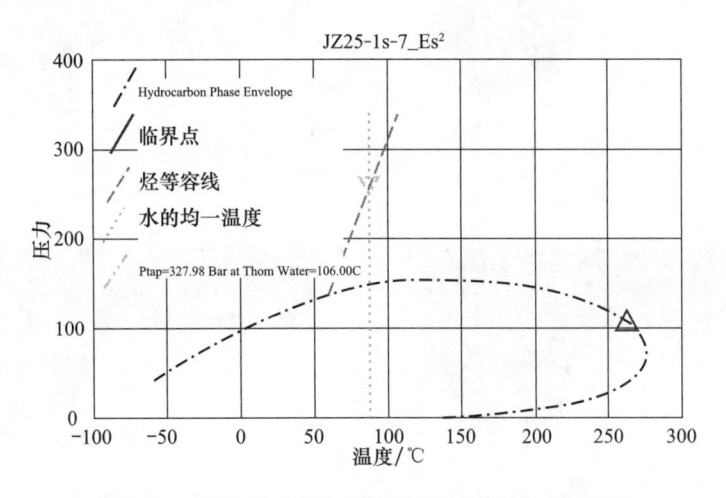

图 7-30　JZ25-1S-7 井包裹体压力计算图解（沙二段）

5~0Ma，由于馆陶组和明化镇组的沉积，Es^3 段地层又继续进入埋藏过程，先前由于构造隆升而暂时停滞的生烃过程现又继续生排烃，直至形成现今油气藏的流体分布状态（图 7-32 和图 7-33）。

根据上述分析，可将该区油气成藏的主控因素总结为"四控论"：①接力供烃控制油气充注；②复合输导控制油气运聚；③超压封盖控制油气保存；④储层发育控制油气富集。

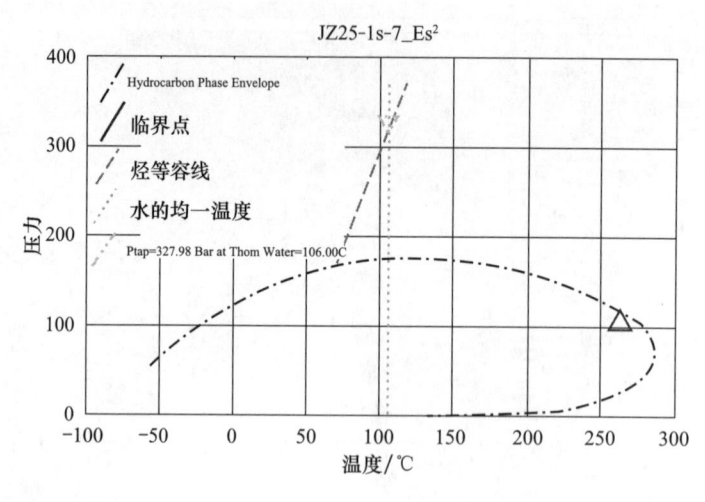

图 7-31　JZ25-1S-7 井包裹体压力计算图解（太古界）

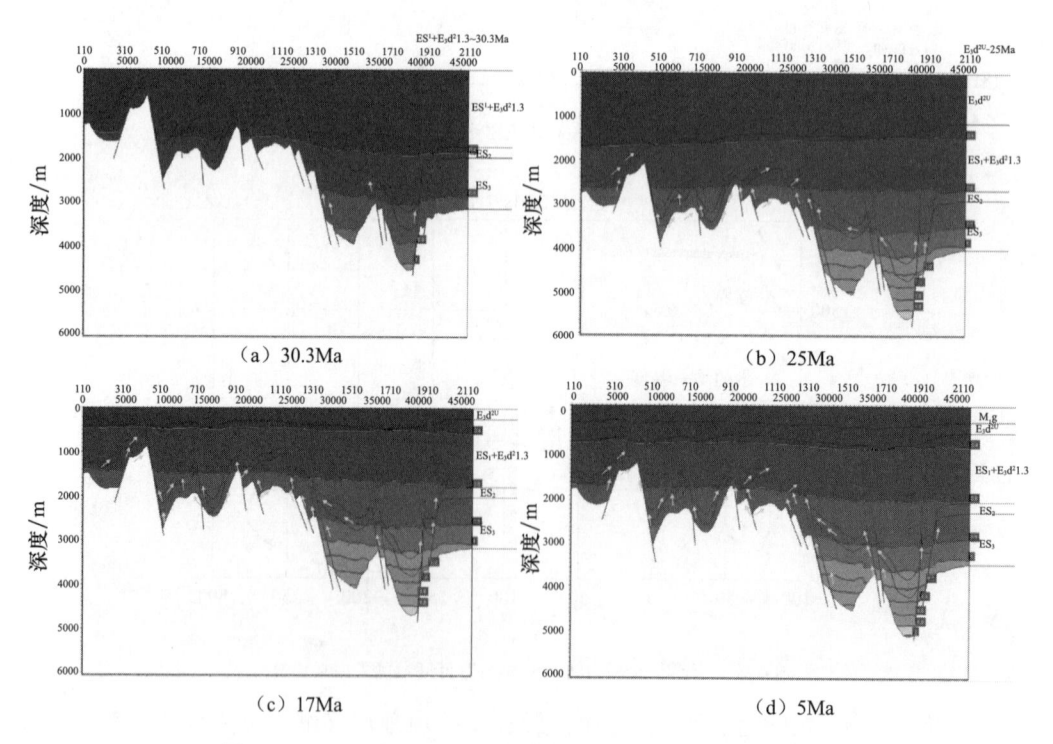

图 7-32　JZ25 地区 CDP_720 线油气成藏过程二维模拟结果

图中给出了 30.3～5Ma 油气成藏过程；主要给出了各个时期各地烃源岩成熟度的变化；
箭头为油气运移方向

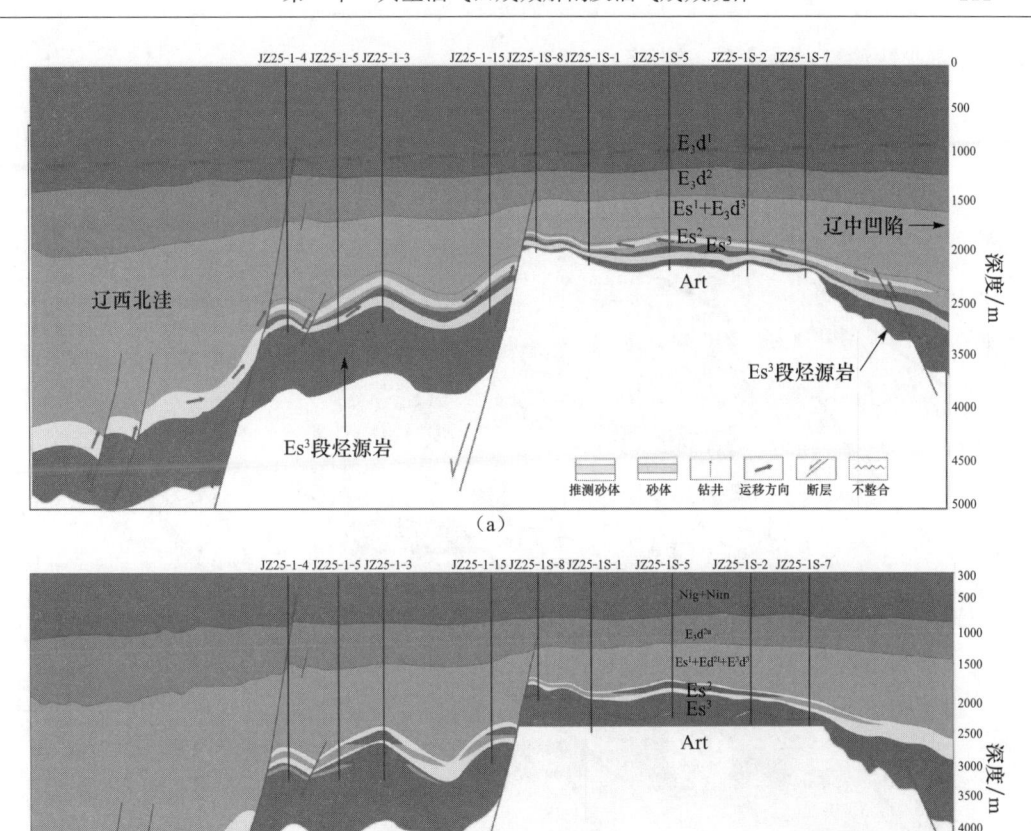

图 7-33 JZ25 地区油气成藏模式图

(a) 26～24Ma 时油气充注和运聚状态；(b) 现今油气藏剖面图

7.2 凹陷带油气成藏特征

7.2.1 JZ21-1 油气田油气成藏解剖

1. JZ21-1 油气田基本地质情况

JZ21-1 油气田位于渤海辽东湾海域，东经 121°19′～121°28′，北纬 40°19′～40°25′，西北距 JZ20-2 凝析气田 10km，距兴城市约 65km。油气田范围内水深 18.5～20.4m。区域构造上，JZ21-1 油气田位于辽东湾辽中凹陷的北洼，四周被辽中生油凹陷环绕，该区块是渤海最有利的油气富集区之一，具有良好的油气富集成藏的石油地质条件（图 7-34）。JZ21-1 构造为一晚期反转断裂背斜，由主体区（北高点）和南高点两个部分组成。从 JZ21-1 地区三口井先后东营组地层经 DST 测试均获得较高产能，在东二下段地层获得商业性油流（表 7-4、表 7-5）。

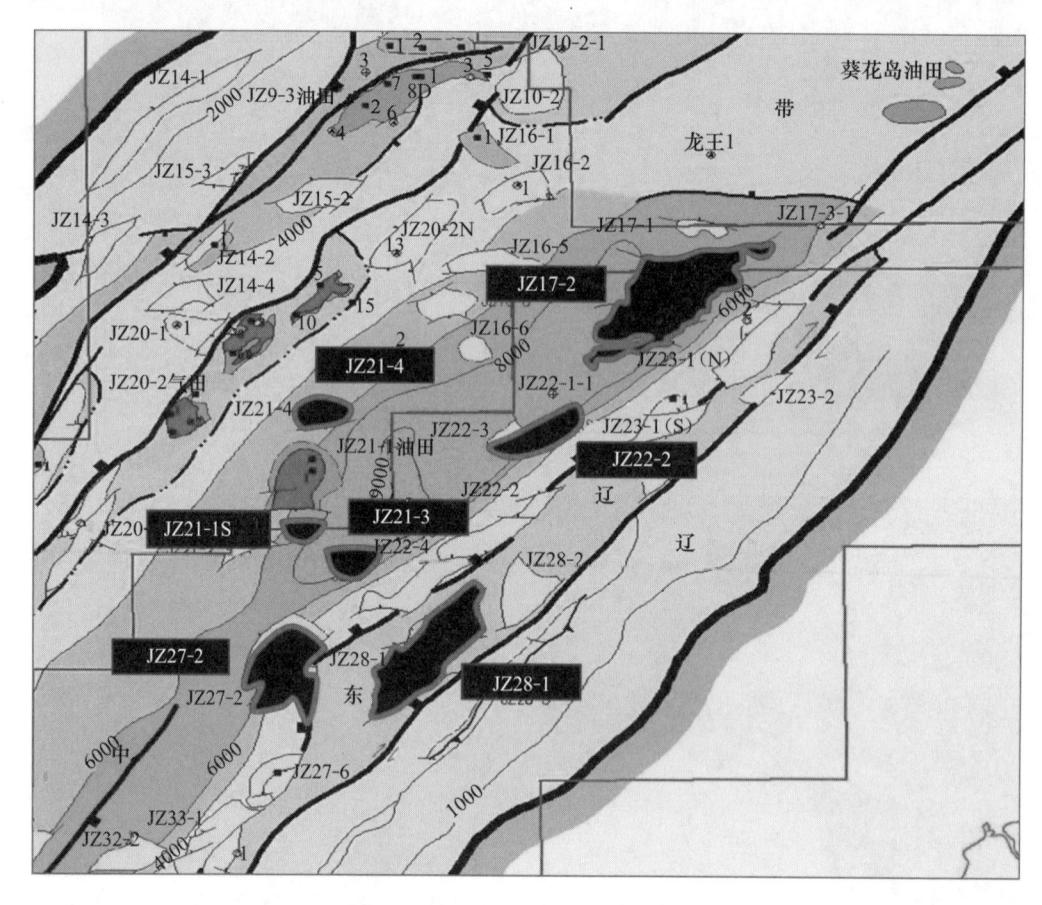

图 7-34 JZ21-1 油气田区域位置图

表 7-4 JZ21-1-1 井和 JZ21-1-2D 井测试结果

井名	测试层号	射孔井段/m	折算日产量/m³ 油	气	水	地层压力系数	试油结论
JZ21-1-1	1	2 551.5~2 556.0	0.43	—	2.48（水垫）	1.6558	致密油层
	2A	2 181~2 187	62.02	15 680		1.020 7	油气层
	3	2 170~2 174 2 163.5~2 166.5 2 151.5~2 156.0	35.45	276 787	—	1.020 5	凝析气层
	4	2 106~2 114	54.61	3 801	2.1	0.995 8	油水同层
	5	2 021.5~2 024.0	测液面			1.005 3	非自溢水层
JZ21-1-2D	1	2 385.5~2 391.0 2 188.4~2 193.7 2 394~2 400 2 196.5~220 2.3	276.41	33 418	—	0.984 4	油层

表7-5 JZ21-1S-1井测试结果

测试层号	测试层 层位	测试层 岩性	测试层 射孔井段/m	流量/m³ 油	流量/m³ 气	流量/m³ 水	地层压力系数	测试结论
1	E_3d^{2U}	中-细砂岩	2008.5~2017.0	100.4	7092	—	1.0055	油层
2	E_3d^{2U}	中-细砂岩	1928~1930 1934.5~1939.5	69.2	3160	—	1.0024	油层

2. 有机质类型

JZ21-1地区紧邻辽中凹陷中洼，油源充足，对JZ21-1S-1井东营组烃源岩分析测试结果（表7-6）可以看出，东营组内部，随着深度的增大，烃源岩由Ⅲ型干酪根，逐渐过渡到了$Ⅱ_1$型，烃源岩性质逐渐变好。从干酪根显微组分三角图（图7-35）可以看出，东一段和东二段上干酪根类型为腐殖型干酪根，而东二段下烃源岩干酪根主要为混合型干酪根，生油潜力增加。东三段沉积时期，水体较东二段沉积期更深，有机质保存条件良好，推测东三段干酪根类型为$Ⅱ_2$-$Ⅱ_1$型干酪根，有机质类型应为混合型。

表7-6 JZ21-1S-1井干酪根显微组分分析结果

层位	深度/m	腐泥组/%	壳质组/%	镜质组/%	惰质组/%	干酪根类型
E_3d^1	1775	5	34	55	5	Ⅲ
E_3d^1	1825	3	29	60	8	Ⅲ
E_3d^1	1850	4	14	77	5	Ⅲ
E_3d^1	1875	5	37	55	3	Ⅲ
E_3d^{2U}	1925	4	19	71	5	Ⅲ
E_3d^{2U}	1975	0	12	78	10	Ⅲ
E_3d^{2U}	2025	0	8	81	10	Ⅲ
E_3d^{2U}	2050	4	16	75	5	Ⅲ
E_3d^{2L}	2125	14	54	30	2	Ⅱ₂
E_3d^{2L}	2175	6	27	62	5	Ⅲ
E_3d^{2L}	2200	8	22	65	5	Ⅲ
E_3d^{2L}	2225	5	79	15	1	Ⅱ₂
E_3d^{2L}	2250	8	61	30	1	Ⅱ₂
E_3d^{2L}	2275	10	71	19	0	Ⅱ₂
E_3d^{2L}	2325	6	58	35	1	Ⅱ₂
E_3d^{2L}	2375	7	76	15	1	Ⅱ₂
E_3d^{2L}	2385	6	79	14	1	Ⅱ₂

3. 有机质丰度

从JZ21-1-1井烃源岩岩石热解数据和可溶有机物族组分分析结果表（表7-7和表7-8）中可以看出，东一段及东二上烃源岩有机碳含量低，I_H低，不是有效的烃源岩。而从东二下段开始直到东三段，有机碳含量逐渐增加，到东二下底部，有机碳含量增加到了1.93%，而东二下氯仿沥青"A"上升至0.3027%，东二下烃源岩有机质丰度高，为大

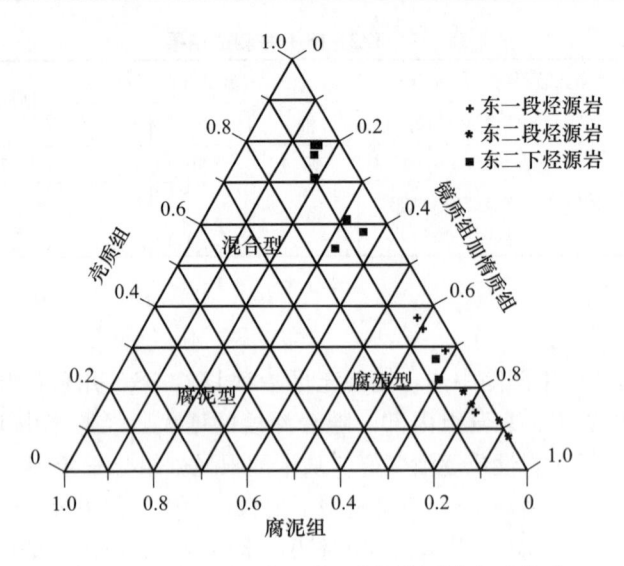

图 7-35 干酪根显微组分三角图判别有机质类型

量生烃提供了物质基础。而东三段烃源岩有机碳含量超过了 2‰，S_1+S_2 达到了 9.81mg/g，生烃潜量大，氯仿沥青"A"达到了 0.3645%，而总烃含量上升到 2169.87ppm，东三段烃源岩为很好的烃源岩。东营组内部随着深度的增加，有机质丰度逐渐增高。

表 7-7 JZ21-1-1 井岩石热解分析数据表

层位	深度/m	I_H/(mg/g)	I_O/(mg/g)	S_1+S_2/(mg/g)	有机碳/%	T_{max}/℃
E_3d^1	1600	39.28	321.42	0.13	0.28	437
E_3d^1	1750	41.37	317.24	0.17	0.29	413
E_3d^1	1850	53.84	346.15	0.18	0.26	418
E_3d^{2U}	1950	65.78	305.26	0.34	0.38	421
E_3d^{2U}	2000	58.13	186.04	0.34	0.43	427
E_3d^{2U}	2050	80.00	220.00	0.60	0.55	429
E_3d^{2U}	2090	38.29	70.21	0.19	0.47	430
E_3d^{2L}	2100	68.00	52.00	0.34	0.50	426
E_3d^{2L}	2100	73.68	118.42	0.34	0.38	436
E_3d^{2L}	2150	164.70	198.52	1.35	0.68	432
E_3d^{2L}	2200	100.00	366.07	0.65	0.56	425
E_3d^{2L}	2250	176.00	154.66	2.78	1.50	433
E_3d^{2L}	2300	102.50	302.5	0.93	0.80	428
E_3d^{2L}	2350	92.53	292.53	0.75	0.67	426
E_3d^{2L}	2400	216.29	297.19	4.08	1.78	434
E_3d^{2L}	2450	229.56	287.09	4.49	1.86	431
E_3d^{2L}	2500	240.25	277.98	3.97	1.59	437
E_3d^{2L}	2550	223.14	209.25	2.77	1.08	433
E_3d^{2L}	2600	189.58	255.20	2.34	0.96	427
E_3d^{2L}	2650	343.00	151.29	7.23	1.93	436
E_3d^{2L}	2700	409.94	108.18	7.47	1.71	440
E_3d^3	2750	461.74	126.17	7.55	1.49	436
E_3d^3	2800	446.66	106.15	9.52	1.95	441
E_3d^3	2850	402.98	119.40	9.14	2.01	439
E_3d^3	2925	370.87	133.00	9.81	2.06	436

表 7-8　JZ21-1-1 井岩石可溶有机物族组分分析结果表

层位	起始深度/m	结束深度/m	氯仿沥青"A"/%	芳烃/%	沥青值/%	非烃/%	烷烃/%	总烃含量/ppm
E_3d^{2U}	2050.00	0	0.0900	7.16	4.96	10.19	66.95	666.99
E_3d^{2L}	2097.83	2099.48	0.0105	13.70	6.64	36.10	33.61	49.68
E_3d^{2L}	2100.00	0	0.0151	11.66	16.25	34.63	27.21	58.69
E_3d^{2L}	2110.00	2110.00	0	12.7	1.97	6.78	62.40	0
E_3d^{2L}	2150.00	0	0.0794	9.43	4.85	9.97	63.07	575.65
E_3d^{2L}	2180.00	2190.00	0	11.10	1.50	4.49	57.70	0
E_3d^{2L}	2200.00	0	0.1047	7.85	4.30	9.62	69.37	808.49
E_3d^{2L}	2250.00	0	0.0909	8.57	5.45	13.25	53.76	566.58
E_3d^{2L}	2300.00	0	0.0702	8.35	5.01	11.98	58.21	467.25
E_3d^{2L}	2350.00	0	0.0523	8.40	4.49	14.06	65.04	384.00
E_3d^{2L}	2400.00	0	0.1008	9.04	7.24	21.96	48.32	578.19
E_3d^{2L}	2450.00	0	0.1092	8.71	11.30	20.47	42.35	557.58
E_3d^{2L}	2500.00	0	0.1002	10.86	8.57	21.43	68.86	798.79
E_3d^{2L}	2550.00	0	0.1351	9.72	6.95	12.78	53.61	855.59
E_3d^{2L}	2550.00	2560.00	0	11.80	2.33	6.77	64.50	0
E_3d^{2L}	2600.00	0	0.1568	8.51	8.24	16.76	52.13	950.84
E_3d^{2L}	2650.00	0	0.3027	9.6	8.13	20.44	46.06	1684.83
E_3d^{2L}	2700.00	0	0.2032	10.73	8.98	27.83	34.2	912.98
E_3d^3	2750.00	0	0.2302	10.34	6.20	28.17	39.79	1153.99
E_3d^3	2800.00	0	0.3195	7.93	7.93	25.83	43.74	1650.86
E_3d^3	2850.00	0	0.3254	8.28	5.52	20.82	46.02	1766.92
E_3d^3	2900.00	2950.00	0.3645	10.85	7.57	18.75	48.68	2169.87

4. 烃源岩热演化特征与生烃速率

从 JZ21-1-1 井热史演化模拟结果（图 7-36）可以看出，该井只钻遇了东三段，东三段烃源岩在东一段沉积末期进入生烃门限，至今，其 Ro＝0.5%～0.6%，只能生成少量成熟度较低的原油。从 JZ21-1S-1 井热史演化模拟结果也可以看出，该井东二段下烃源岩一直没有进入生烃门限，其实测 Ro 也小于 0.5%（图 7-37）。

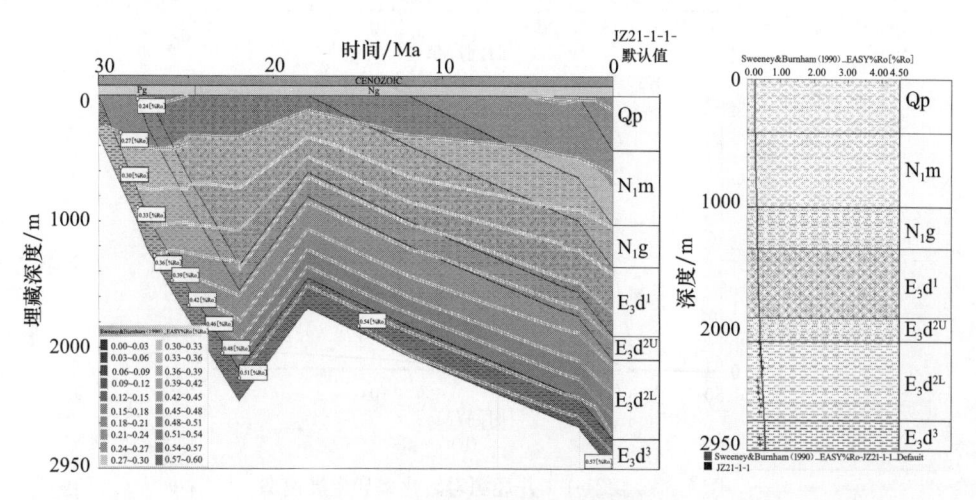

图 7-36　JZ21-1-1 井热史演化图

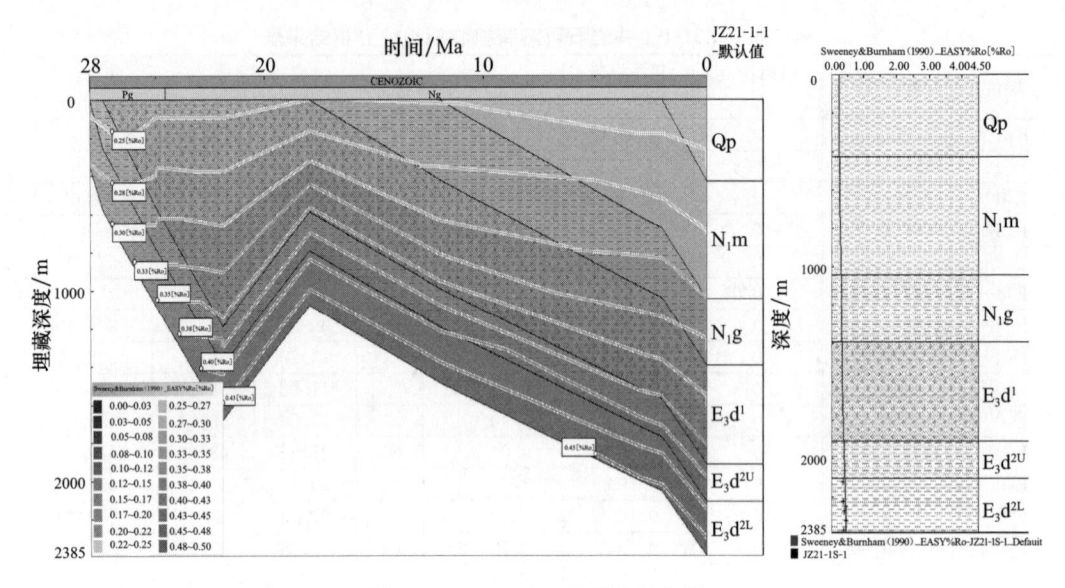

图 7-37　JZ21-1S-1 井热史演化图

从 JZ21-1-1 井烃源岩转化率、生烃速率以及生烃动力学模拟结果可以看出，JZ21-1-1 井东三段烃源岩在东一段沉积期间进入了生烃门限，烃源岩转化率突然加大，生烃速率达到最大值，开始有油气生成，而东二下烃源岩转化率与生烃速率都较低，仅有微量的油气生成（图 7-38 和图 7-39）。由于 JZ21-1 油气田紧邻辽中凹陷北洼，东营组埋

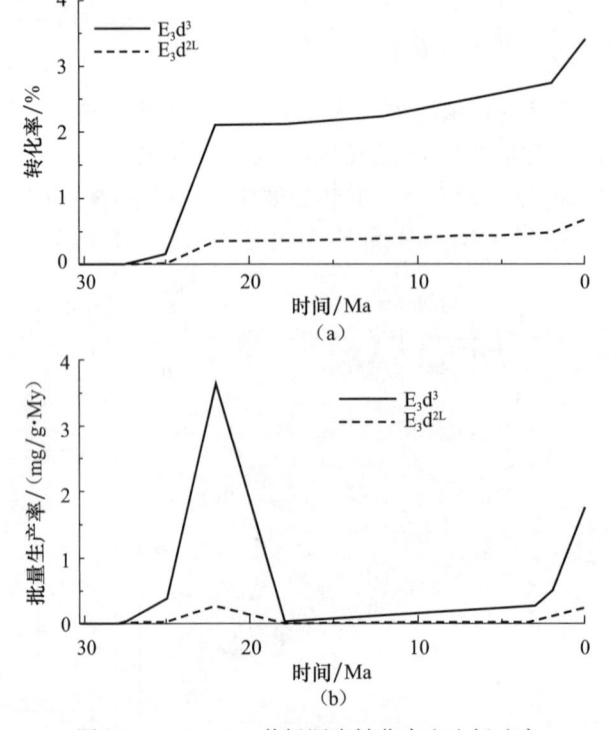

图 7-38　JZ21-1-1 井烃源岩转化率和生烃速率

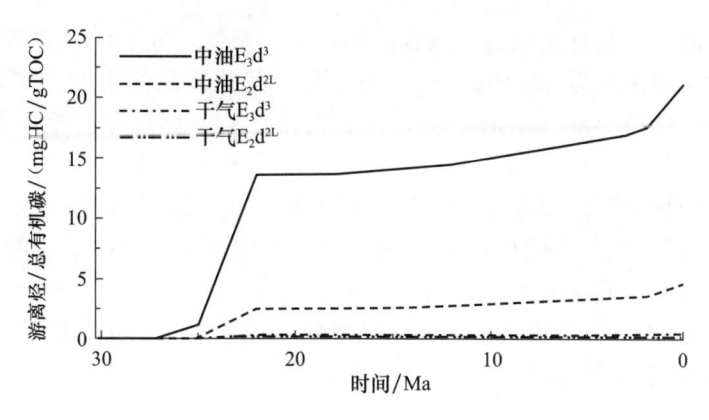

图 7-30 JZ21-1-1 井烃源岩生烃动力学模拟结果

深增大，逐步具备大量生烃的能力。前人对该地区油气进行油源对比的结果也表明，JZ21-1 油气田的油气主要来自东三段烃源岩。

5. JZ21-1 地区油气成藏特征

区域构造上，JZ21-1 油气田位于辽东湾辽中凹陷的北洼，四周被辽中生油凹陷环绕，该区块是渤海海域最有利的油气富集区之一，具有良好的油气富集成藏地质条件。

JZ21-1 地区获得了 JZ21-1S-1 井的油藏流体的组分、原油密度及生物标志化合物的分析数据。图 7-40 为 JZ21-1S-1 井天然气组分 C_2^+/C_1 与 CH_4 含量关系图，它们均为 Ed_2^L 段的天然气样品，两个样品均表现出湿气的特征，成熟度相对较低。从组分特征来看，是烃源岩生成湿气阶段的产物，稍高于烃源岩生成原油伴生气阶段的成熟度。

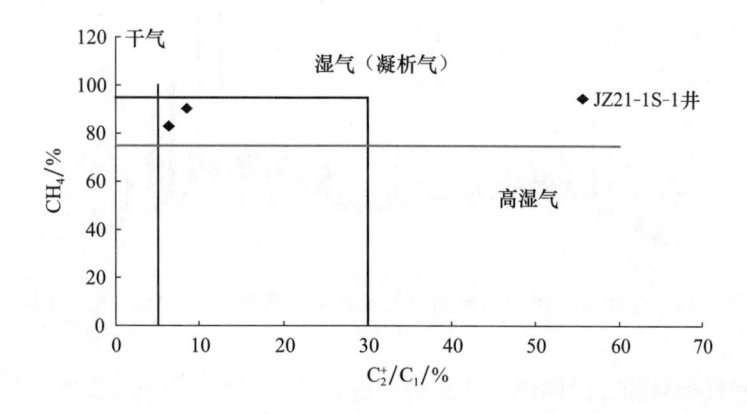

图 7-40 JZ21-1S-1 井天然气 C_2^+/C_1 与 CH_4 含量关系图

该油气田的地面原油的密度中等（表 7-9），含蜡量较高，黏度、含硫量、胶质沥青质含量和凝固点低的特点。从原油的密度及其组成来看，随深度的增加，原油的物性有变好的趋势。结合原油密度赋存的构造部位来看，处于构造高部位的JZ21-1S-1井的Ed^{2U}的原油密度为0.910g/cm³，明显高于其他样品的密度。如果仅从原油密度的特征分析，JZ21-1油气田的原油是从北向南、从下部烃源岩至上部储层中运移的。由饱和烃色谱图（图7-41）看，该原油受到了明显的生物降解作用，正构烷烃基本消失。而生标191图谱中JZ21-1S-1井原油与邻井的JZ21-1-1、JZ16-4-1/2井原油皆未出现25-降藿烷，表明原油只是受到中等程度降解，为中等5级降解。JZ21-1油气田及与邻井原油成熟度的比较来看（图7-42），JZ21-1S-1井原油明显低于JZ16-4-1/2井、JZ21-1-1井原油成熟度，介于低成熟与成熟之间；说明其母岩为已经成熟，但成熟度中等的东三段生油岩。

表7-9 JZ21-1油气田地面原油性质分析数据表

井名	油组	取样井段/m	密度/(g/cm³)	黏度/(mPa·s)	凝固点/℃	含硫量/%	含蜡量/%	胶质沥青质/%
JZ21-1-1	一	2106~2114	0.836	3.31	19	0.051	11.74	6.80
	二#	2151.5~2174.0	0.731	0.42	<-35	0.000	0	3.00
	三	2181~2187	0.807	1.67	14	0.000	9.22	4.20
JZ21-1-2D	二	2385.5~2400.0	0.829	2.64	23	0.174	12.23	8.60
JZ21-1S-1	E_3d^{2U}	2008.5~2017.0	0.888	10.30	-12	0.160	10.04	5.41
JZ21-1S-1	E_3d^{2U}	1928~1930 1934.5~1939.5	0.910	19.40	-15	0.210	7.07	6.91

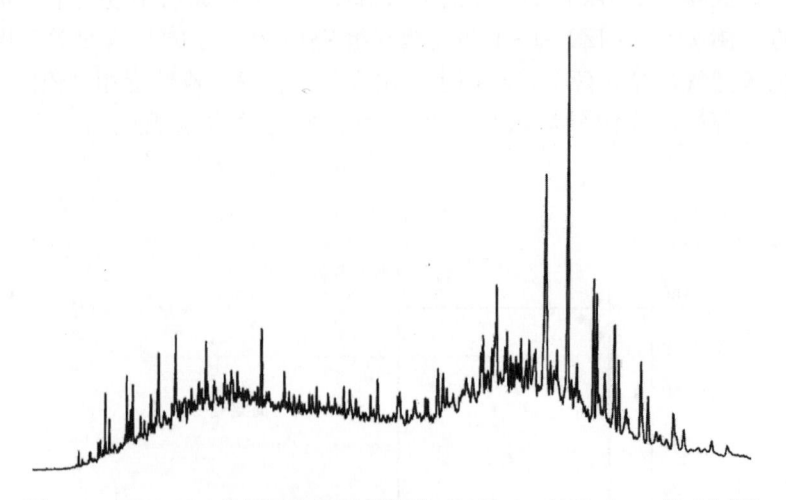

图7-41 JZ21-1S-1井原油饱和烃色谱图（1928.0~1939.5m，东二上段）

该区天然气运移的方向同样是从北向南运移的，JZ21-1-1和JZ21-1-2D两口井东二段天然气组分分析结果中，iC_4/nC_4分别为0.49和0.57，而JZ21-1S-1井东二段天然气组分分析结果中iC_4/nC_4达到了2.0，天然气气运移效应也很明显。

该区的原油运移效应图（图7-43）表明，JZ21-1S-1井和JZ21-1-1井原油运移效应较小，JZ16-4-2井运移效应较大，说明从南向北运移效应增大，暗示辽中北洼JZ21-1S-1井

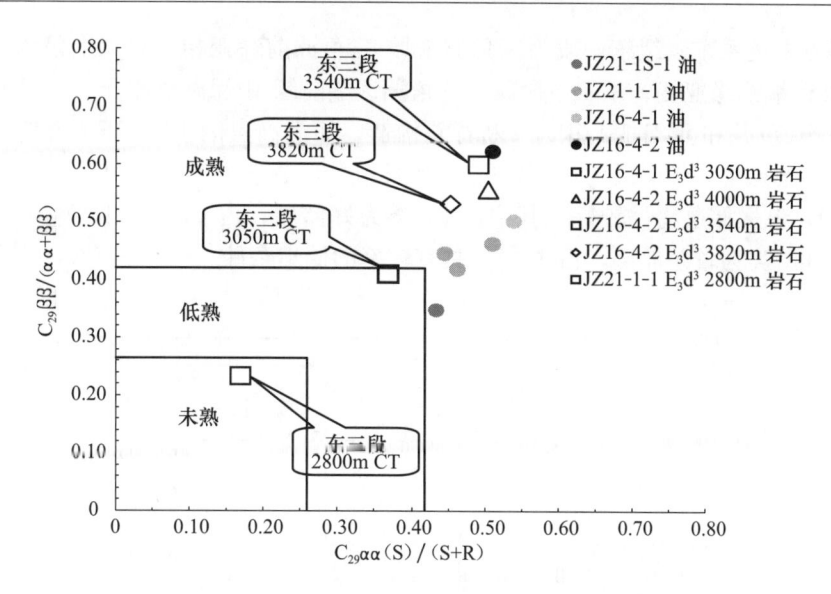

图 7-42　JZ21-1 地区原油与附近井区生油岩成熟度对比图

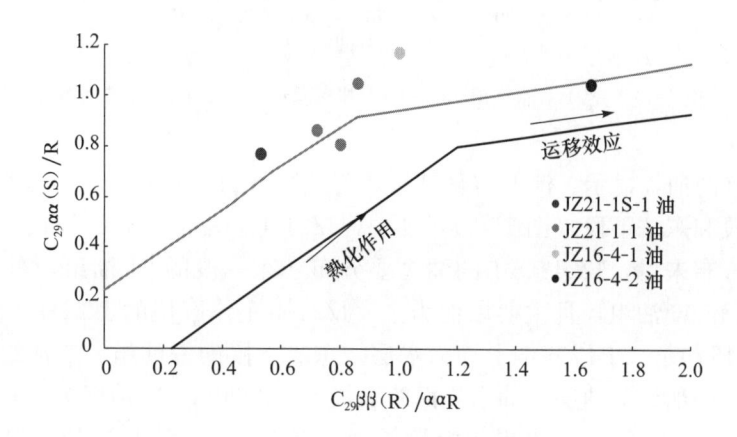

图 7-43　JZ21-1 地区及周围井区原油 C_{29} 甾烷运移效应图

原油来源于辽中北洼东三段中等成熟度的偏腐泥型烃源岩，是以纵向运移为主的原生油藏。

同时表明原油成藏后，JZ21-1S-1 井原油接受后期充注的效应不明显。说明该区存在至少两期原油充注，烃源岩晚期生成的成熟度更高的原油并没有运移到 JZ21-1S-1 井区，这种原因可能是原油在晚期运移的过程中遇到了运移的屏障作用，这种运移的屏障可能是断层的封闭作用造成的。

6. JZ21-1 油气田烃类流体的分布特征

区域沉积相研究认为，东营组沉积时期，辽东湾地区为一湖盆环境，三角洲沉积体系比较发育。根据测井、地震资料以及岩性组合、孢粉分析认为，JZ21-1 地区东营组属于湖相三角洲沉积，物源来自北东方向。

南高点古近系东营组东一段为三角洲平原-三角洲前缘亚相；东二上段为三角洲前缘-三角洲远端前缘亚相；东二下段属于三角洲远端前缘-中深湖亚相。

JZ21-1-2D井和JZ21-1-1井为一断背斜构造，而南高点的JZ21-1S-1井为一断块构造。该区储集层的岩性主要为细-中细粒岩屑长石砂，分选中等，磨圆次圆-次棱状。从图7-44看，该区储层物性较好，其中，I_b类为好储层，占44%，II_a类为较好储层，占44%，II_c类为较差储层，占12%，具有较好的储集条件。

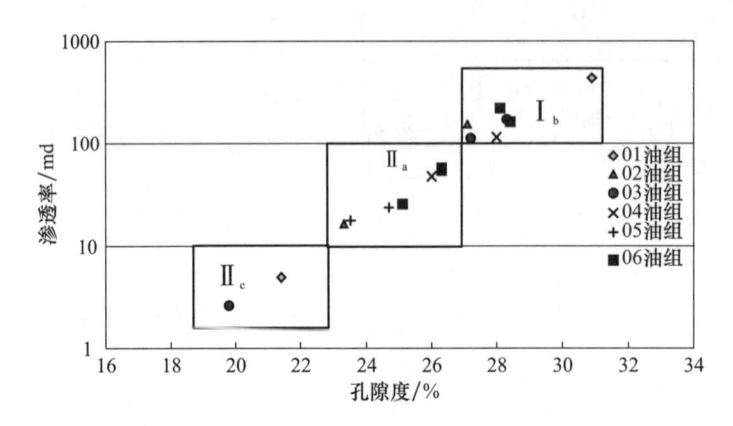

图7-44　JZ21-1油气田JZ21-1S-1井东营组01-06油组储层分类图

该油气藏的油气显示、测井解释结果及测试结果均表明的油气层主要集中在东一段、东二上段和东二下段（图7-45），其中，JZ21-1-1井有明显的气顶。从剖面上的烃类流体的分布来看，JZ21-1S-1的油主要分布在东一段的01油组，东二上段的04油组05油组和06油组，且主要以油为主。JZ21-1主体区块的JZ21-1-1井和JZ21-1-2D井的东一段和东二上段基本上均为水层，东二下段的一油组、二油组和三油组油气均有分布，一油组为油层，油水界面的海拔为－2090m；二油组为凝析气层，气油界面的海拔为－2160m，油水界面的海拔为－2184m；三油组的油水界面的海拔为－2179m。可以发现，JZ21-1S-1井区和JZ21-1主体区块油藏发育的部位、埋深、气油界面和油水界面的位置差异较大，JZ21-1S-1井区的油层的埋深要比主体区块浅的多，主要发育在东一段和东二上段。而主体区块的油气主要分布在东二下段。即使在同一井区内部，纵向上也存在多个流体系统，这主要是由纵向上的多个局部盖层的分割作用造成的，而烃类流体分布的平面差异则主要是断层的侧向封堵性造成的。为了进一步说明断层的侧向封堵性对流体平面分布的控制作用，本次计算了分割JZ21-1油气田油气藏主要断层的侧向封堵性能。

据构造图和油藏剖面图可知，F_1、F_2断层和F_3断层（图7-46和图7-47）对该区的油气分布起到了决定性的作用，因此主要分析这两条断层的封闭性能。

表7-10为JZ21-1油气田断层要素表，图7-48为其最大短距和断层的延伸长度的关系图，可以发现，随断层延伸长度的增加，断层的最大断距增加。断层的延伸距离越长，其活动性越强，所形成的断距越大。而事实上，断距较大的断层在历史时期的活动

性较强，主要为油气的运移提供通道，而小断距断层或者大断层的小断距部分则对现今油藏流体的分布格局起到了决定性的作用，即断层的泥岩涂抹效应所形成的侧向封堵性能的变化。

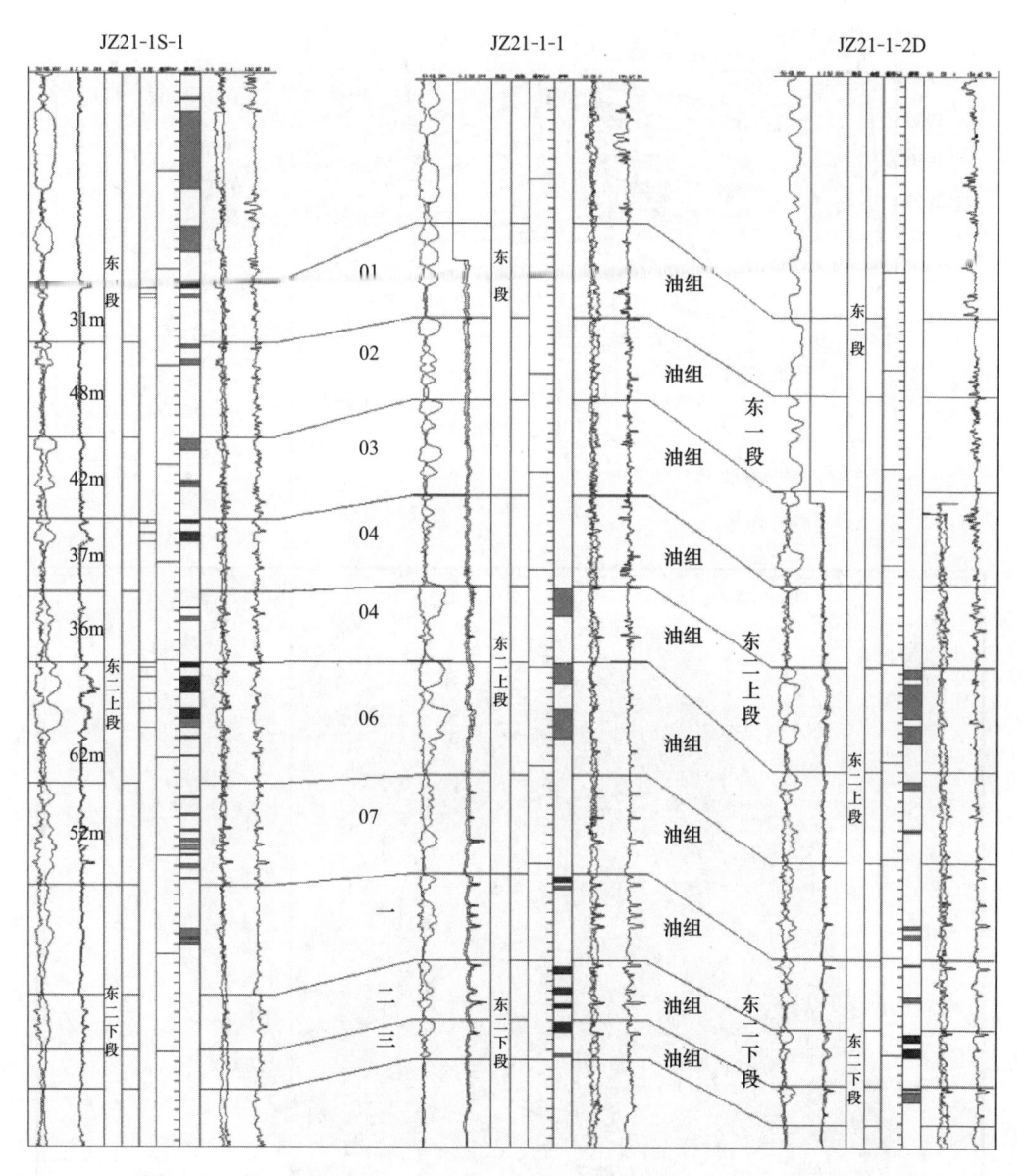

图 7-45 JZ21-1 油田 JZ21-1S-1 井、JZ21-1-1 井和 JZ21-1-2D 井油组对比图

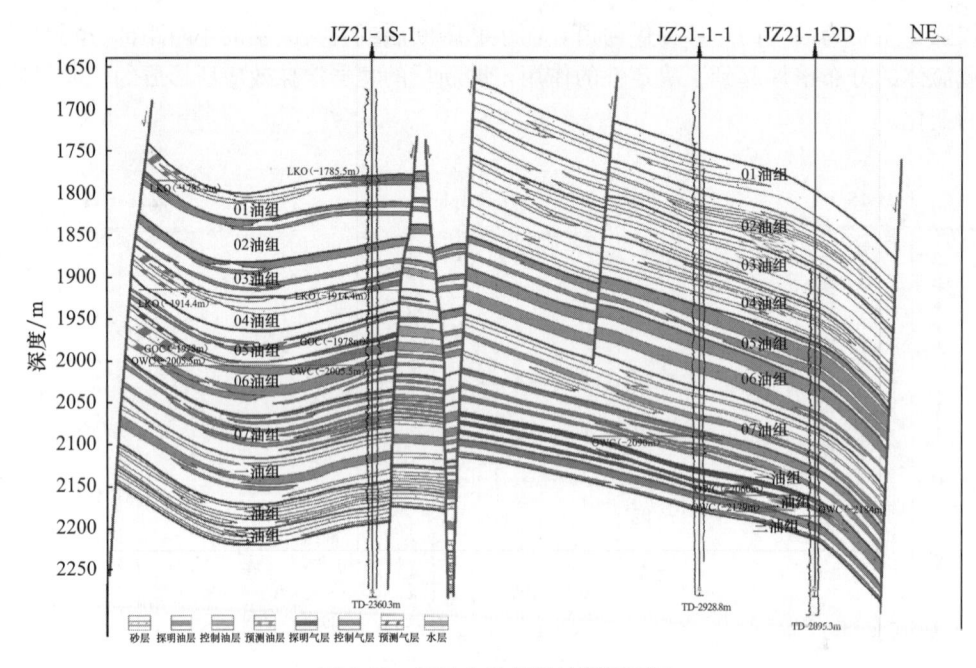

图 7-46　JZ21-1 油气田油藏剖面图

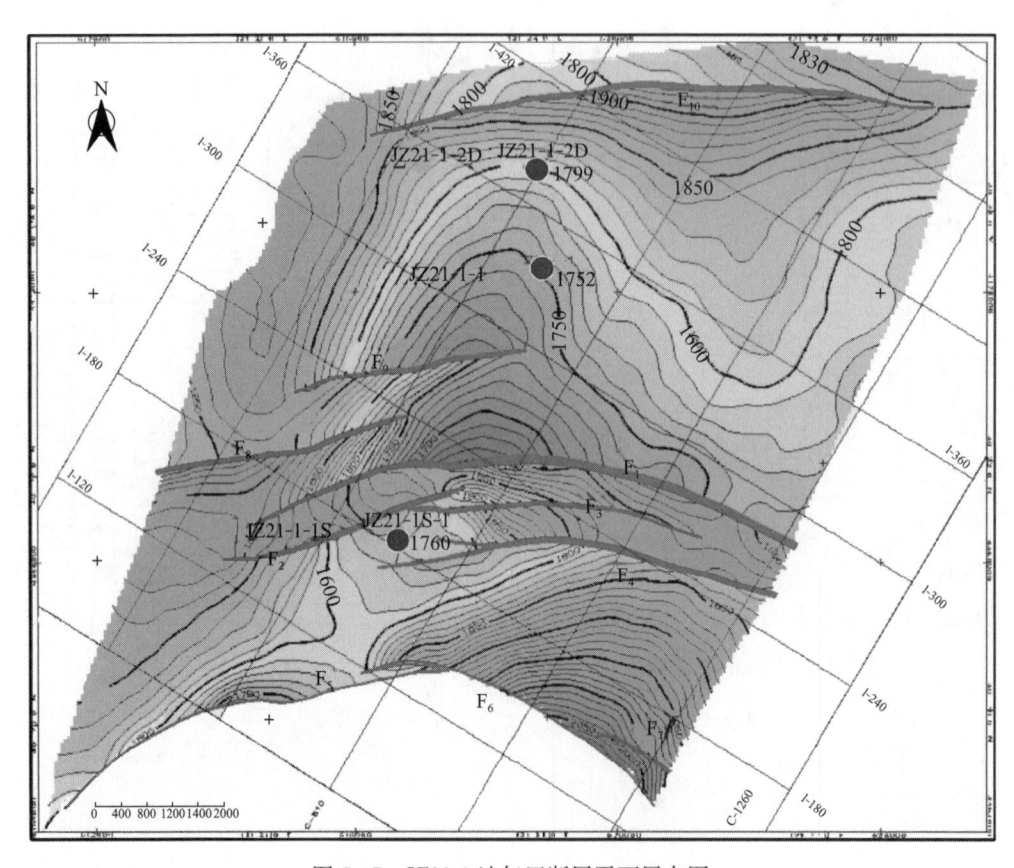

图 7-47　JZ21-1 油气田断层平面展布图

表 7-10 JZ21-1 油气田断层要素表

断层名称	断层性质	走向	倾向	最大断距/m	工区内延伸长度/km
F_1		近 EW	S	220	8.8
F_2		NEE	NW	130	3.9
F_3		近 EW	S	85	4.5
F_4	正断层	近 EW	N	110	5.9
F_5		NEE	SE	—	6.2
F_6		NWW	NE	—	5.1
F_7		NWW	SW	30	1.2

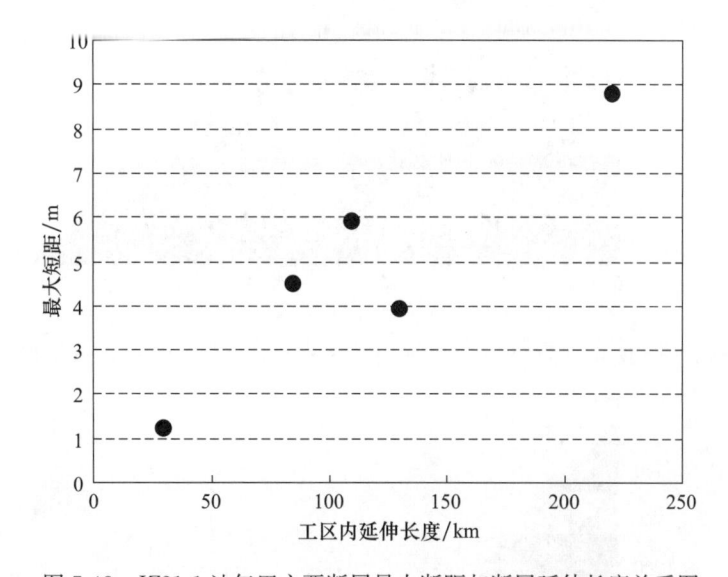

图 7-48 JZ21-1 油气田主要断层最大断距与断层延伸长度关系图

图 7-49 和图 7-50 为 F_1、F_3 断层上下盘的砂泥岩并置图及页岩断层泥比的分布情况。图 7-49 表明，控制 JZ21-1-1 井流体侧向封堵性的 F_1 断层断距随深度变化的规律显示，小于 2030m 深度范围内，断层的封闭性能较差，SGR 小于 0.2，事实上，测井解释结果及测试结果显示该深度范围内均为水层，与实际结果比较吻合；在 2030～2010m 的深度范围内，随断层断距的增加断层的侧向封堵性能是比较好的，SGR 为 0.51～0.58，远大于断层的 SGR 临界封闭值 0.2，具有优越的侧向封闭性能。在 2106～2114m 测试获油 54.61m³/d，气 3801m³/d，水 2.1m³/d，与实际吻合较好。在 2010m 深度以下，随断距的增加，断层对流体的的侧向封堵性能增强，这均与测井解释结果和实际测试结果一致。

由于泥岩涂抹作用造成 F_3 断层对断层两盘的侧向封堵性能及两盘的砂泥对接情况发生变化，如图 7-50 所示，该断层对两盘具有较好的封闭性能的开始深度范围为 1500～1625m 和深度大于 1760m 的范围内，SGR 均大于断层封闭的临界值。JZ21-1S-1 井的测井解释结果也支持这一结论，该井油层出现的深度范围为 1800～2050m。在

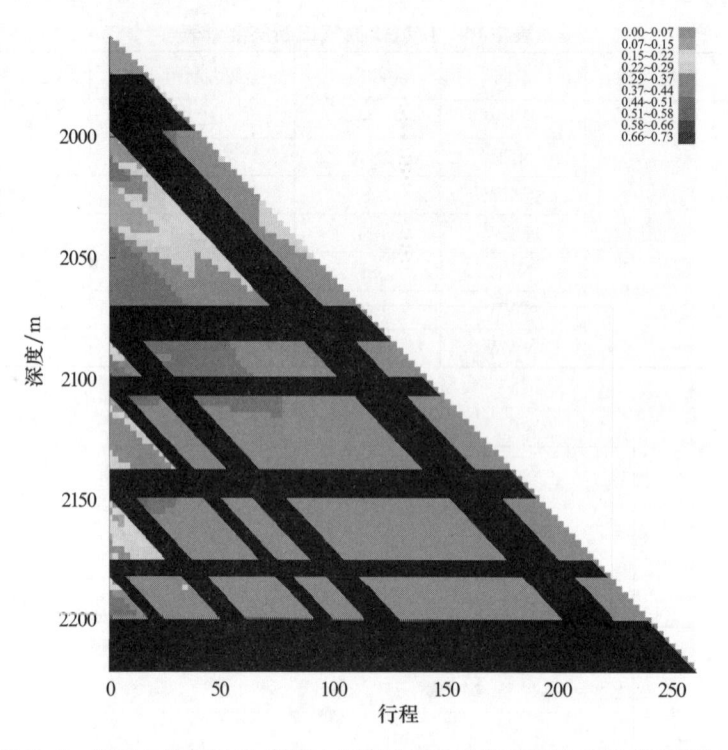

图 7-49　JZ21-1 油气田 F_1 断层上下盘砂泥并置关系图及 SGR 分布情况

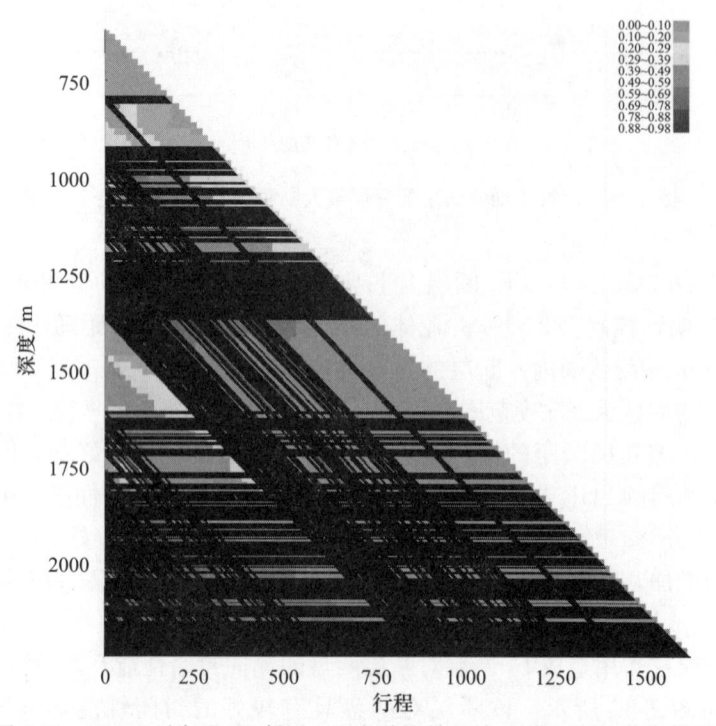

图 7-50　JZ21-1 油气田 F_3 断层上下盘砂泥并置关系图及 SGR 分布情况

1928.0~1939.5m 深度进行测试,获油 69.2m³/d,气 3160m³/d,在 2008.5~2017.0m 井段测试获油 100.4m³/d,气 7092m³/d,均与实际吻合较好。因此,断层的侧向封堵性能控制了 JZ21-1 油气田现今烃类流体的分布特征。

7. JZ21-1 油气田油气成藏模式

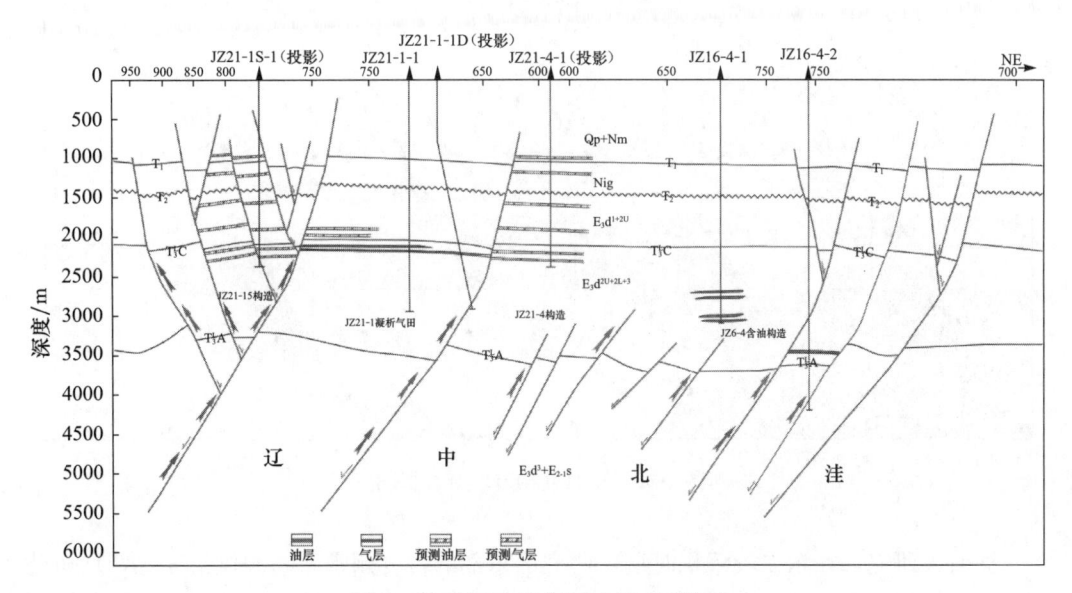

如图 7-51 所示,JZ21-1 油气田位于辽中凹陷北洼内部,相对于辽西低凸起上的油气田来说,该地区油气具有近距离运移成藏的特点,东营组的油气主要来自下部东三段烃源岩和成熟度较高的沙河街组烃源岩。油气通过断层向上疏导,在东二段及东一段内部聚集成藏,油气的运移成藏过程以及后期的保存受断层的控制十分明显。

图 7-51 JZ21-1 油气田油气成藏模式

7.2.2 JZ31-6 油田油气成藏解剖

1. JZ31-6-1 油气田地质特征

如图 7-52 所示,JZ31-6 区块位置位于辽中凹陷中北部,西临辽西凸起东斜坡,东接辽东凸起北块的倾没端。郯庐断裂带穿过该区块的东缘,表现为具走滑性质的高角度倾斜或近直立的主断层面及向上分支扩散并相向倾斜的分支断层系,构成"花状构造"(图 7-54)。受基底走滑断裂活动影响,在沙河街晚期和东三段沉积早期,沿该断裂带发育着长达 40km、宽仅 1km 左右的泥岩底辟带。

JZ31-6-1 井在东二下段有良好的油气显示,对东二段 1822.5~1837.0m 地层作 DST 测试,测试结果显示该层段为工业气层。测井解释显示 1822.6~1843.2m 为气层,岩性为细砂岩,砂岩净厚度为 13.6m,其他层位均为水层。

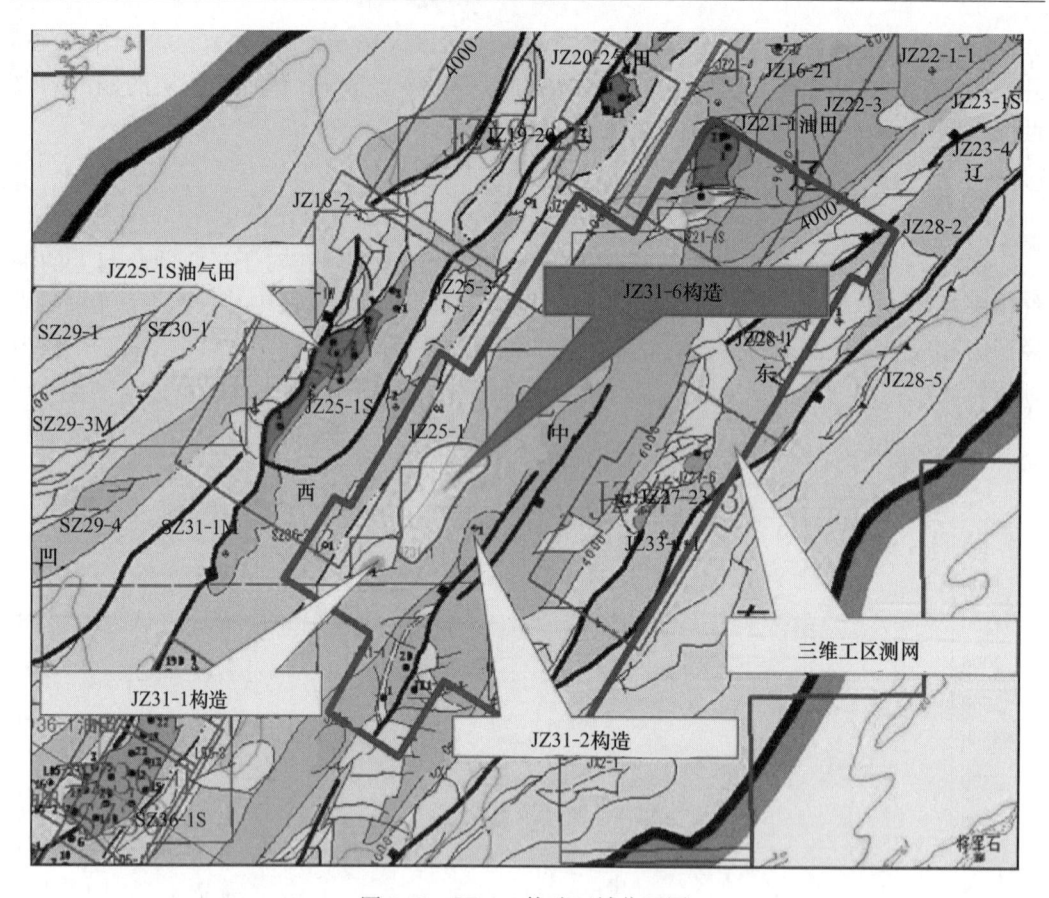

图 7-52 JZ31-6 构造区域位置图

据前人研究,在东二段沉积时期,研究区东部的古复州水系物源供给充足,辽东凸起南、北块间的断裂转换带输送能力强,沿转换构造坡折带和洼陷发育大型的辫状河三角洲-远源浊积扇沉积体系。其中,断裂转换带控制辫状河三角洲平原沉积,转换构造坡折带控制着辫状河三角洲前缘沉积,洼陷边缘泥拱作用形成的坡折带则控制着 JZ31-6 区块的远源浊积扇沉积(图 7-53)。JZ31-6-1 井为以该远源浊积扇为目标的预探井,钻后喜获成功。

2. JZ31-6 气田烃源岩特征

JZ31-6 地区紧邻辽中凹陷中洼,油源充足,从 JZ31-6-1 井东营组烃源岩干酪根显微组分分析结果(表 7-11)可以看出,东营组内部,随着深度的增大,烃源岩由Ⅲ型干酪根,逐渐过渡到了Ⅱ$_1$型,烃源岩性质逐渐变好。从干酪根显微组分三角图(图 7-55)可以看出,东二段和东三段干酪根类型为混合型干酪根,而东一段烃源岩干酪根为腐殖型干酪根。

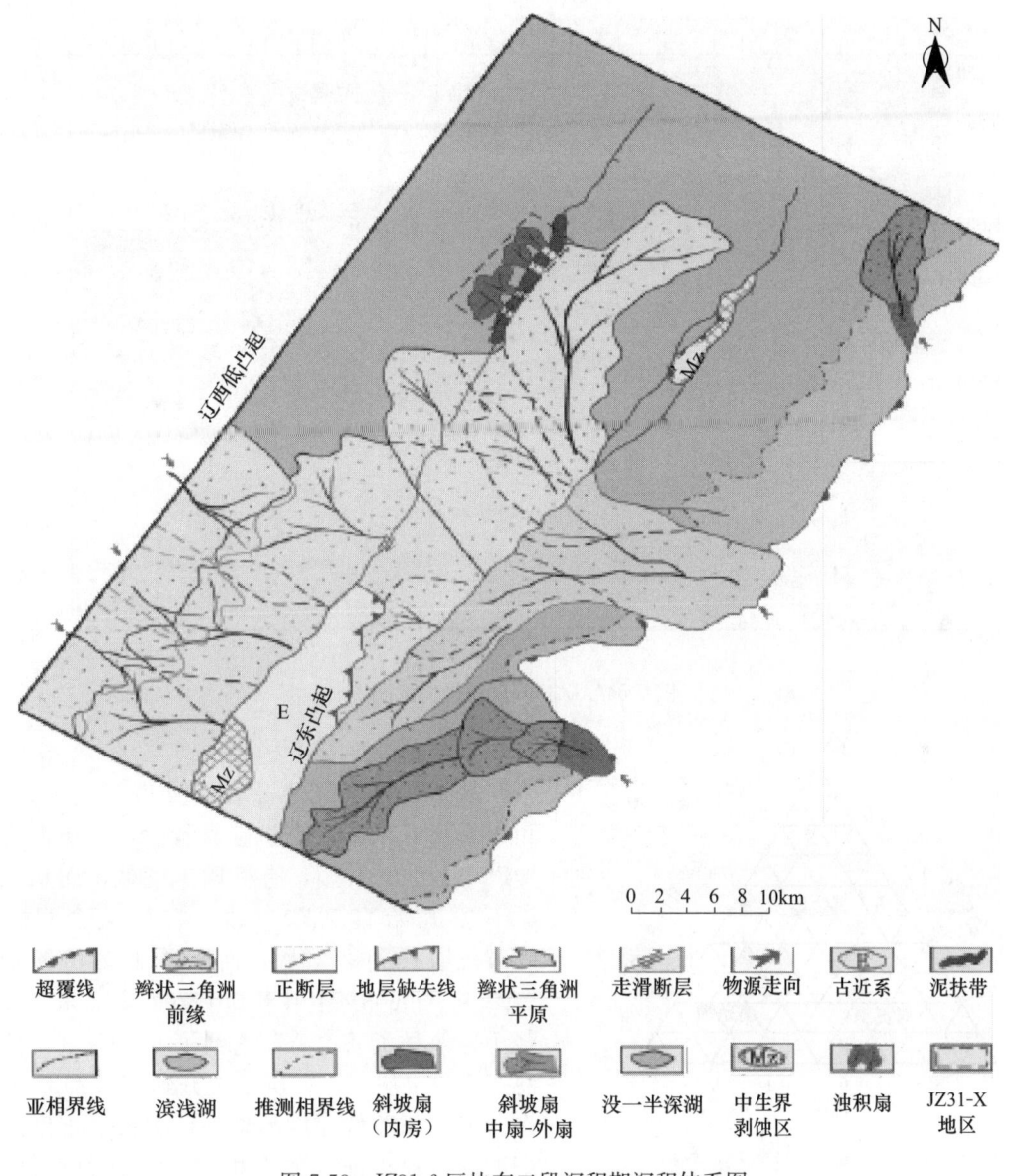

图 7-53　JZ31-6 区块东二段沉积期沉积体系图

表 7-11　JZ31-6-1 井干酪根显微组分分析结果

深度/m	层位	腐泥组/%	壳质组/%	镜质组/%	惰质组/%	干酪根类型
1487.5	东一段	3	53	41	3	Ⅲ
1587.5	东二上	0	73	25	2	Ⅱ2
1687.5	东二下	8	78	13	1	Ⅱ2
1800.0	东二下	5	80	13	2	Ⅱ2
1987.5	东二下	15	79	5	1	Ⅱ1
2087.5	东二下	12	81	6	1	Ⅱ1
2187.5	东二下	41	53	5	1	Ⅱ1
2237.5	东三段	6	84	8	2	Ⅱ1
2287.5	东三段	28	70	2	0	Ⅱ1

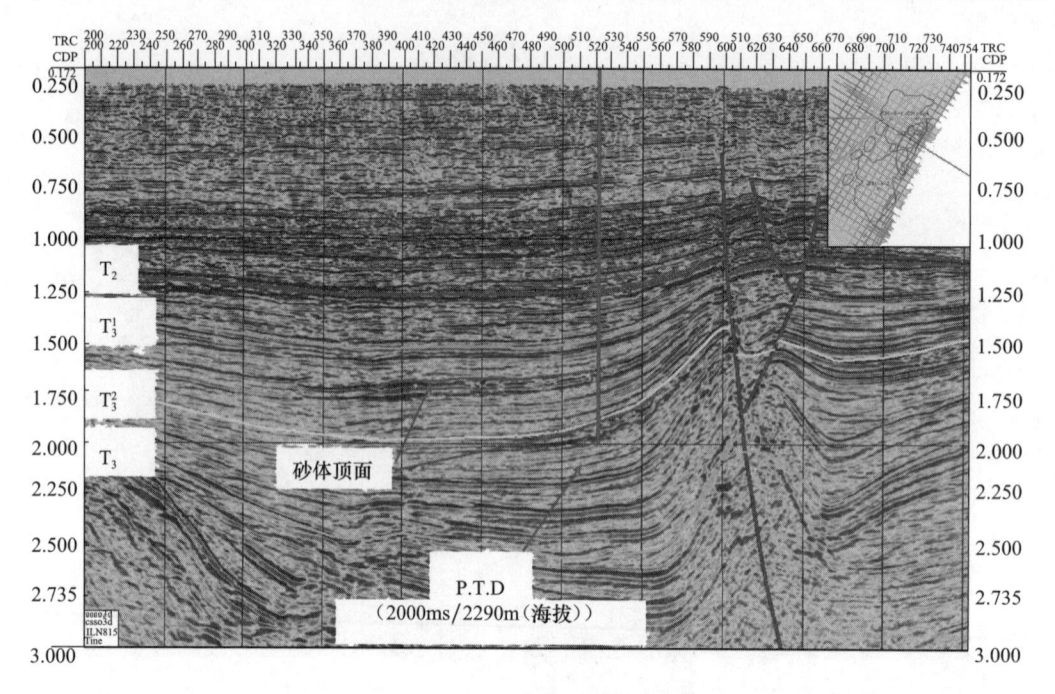

图 7-54 JZ31-6 区块构造剖面图

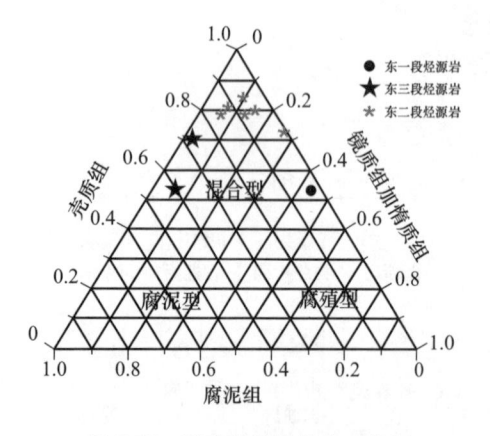

图 7-55 干酪根显微组分三角图

(1) 有机质丰度

从 JZ31-6-1 井烃源岩评价表（表 7-12）可以看出，东一段有机碳含量少，氯仿沥青 "A" 仅为 0.019%，有机质丰度低，而从东二下段开始直到东三段，有机碳含量从 1.53% 增长到 2.49%，而东二下氯仿沥青 "A" 从 0.0603% 上升至 0.1970%，而东三段烃源岩氯仿沥青 "A" 达到了 0.2416%，而总烃含量也从 195.64ppm 上升到 889.79ppm。东营组内部随着深度的增加，有机质丰度逐渐增高，根据前人的有机质丰度评价标准，JZ31-6-1 井东二段下以及东三段为较好-好的烃源岩。

表 7-12 JZ31-6-1 井烃源岩评价表

深度/m	层位	总有机碳/%	生烃潜量/(mg/g)	氢指数/(mg/g)	氧指数/(mg/g)	氯仿沥青"A"/%	总烃/ppm	镜质体反射率/%
1487.5	东一段	0.39	0.73	164	905	0.0190	87.40	0.40
1587.5	东二上	0.55	1.05	160	678	0.0233	100.97	0.40
1687.5	东二下	1.53	4.37	265	706	0.0603	195.64	0.46
1800.0	东二下	1.96	4.52	223	642	0.1365	453.86	0.44
1987.5	东二下	1.90	6.47	326	325	0.1235	393.25	0.48
2087.5	东二下	2.16	8.26	371	272	0.1672	520.18	0.64

续表

深度/m	层位	总有机碳/%	生烃潜量/(mg/g)	氢指数/(mg/g)	氧指数/(mg/g)	氯仿沥青"A"/%	总烃/ppm	镜质体反射率/%
2187.5	东二下	2.26	10.04	435	238	0.1970	651.19	0.68
2237.5	东三段	2.49	6.82	267	399	0.2649	889.79	0.58
2287.5	东三段	2.49	9.88	385	220	0.2416	767.08	0.65

(2) 有机质成熟度

从表 7-13 可以看出，JZ31-6-1 井 2000m 以下东营组烃源岩镜质体反射率超过了 0.5%，刚刚进入生油门限。从热史模拟结果图（图 7-56）也可以看出，现今，东二下段基本上还未成熟，东三段进入了生烃门限，由于东三段没有钻穿，推测 JZ31-6-1 井东三段下部的烃源岩已经处于生烃高峰阶段。

表 7-13 JZ31-6-1 井有机质成熟度分析表

深度/m	层位	T_{max}/℃	镜质体反射率/%	孢粉颜色指数 S.C.I
1487.5	东一段	311	0.4	2.310
1587.5	东二上	304	0.4	2.320
1687.5	东二下	433	0.46	2.310
1800	东二下	436	0.44	2.300
1987.5	东二下	433	0.48	2.380
2087.5	东二下	432	0.64	2.410
2187.5	东二下	434	0.68	2.430
2237.5	东三段	435	0.58	2.450
2287.5	东三段	434	0.65	2.490

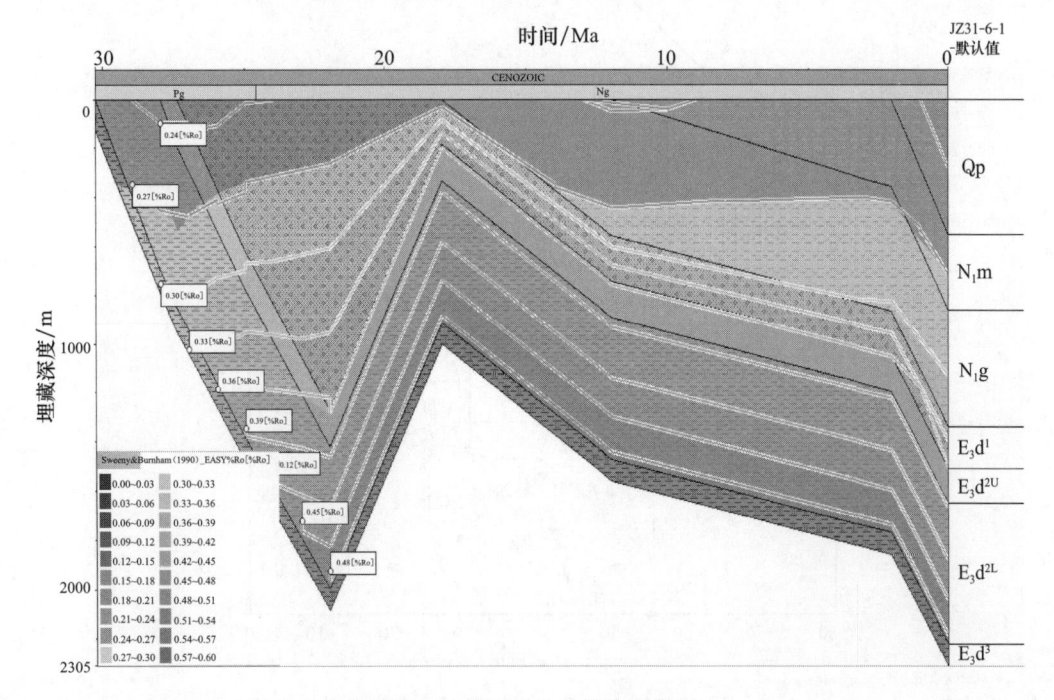

图 7-56 JZ31-6-1 井热史演化图

3. 天然气类型

从JZ31-6-1井天然气组分分析表（表7-14）可以看出，甲烷含量高，干气特征明显。而JZ31-6-1井天然气甲烷碳同位素为-58.4‰，乙烷碳同位素为-44.5‰，甲烷碳同位素值明显轻于正常成熟气和裂解气甲烷同位素，结合该区天然气干燥系数高的特点判断该井天然气为典型的生物成因气（图7-57和图7-58）。

表7-14　JZ31-6-1井天然气组分分析表

起始深度/m	结束深度/m	CO_2/%	N_2/%	CH_4/%	C_2^+/%	分析日期
1822.5	1837.0	0.09	0.58	98.89	0.45	2006-8-30
1822.5	1837.0	0	0.28	99.38	0.34	2006-9-28

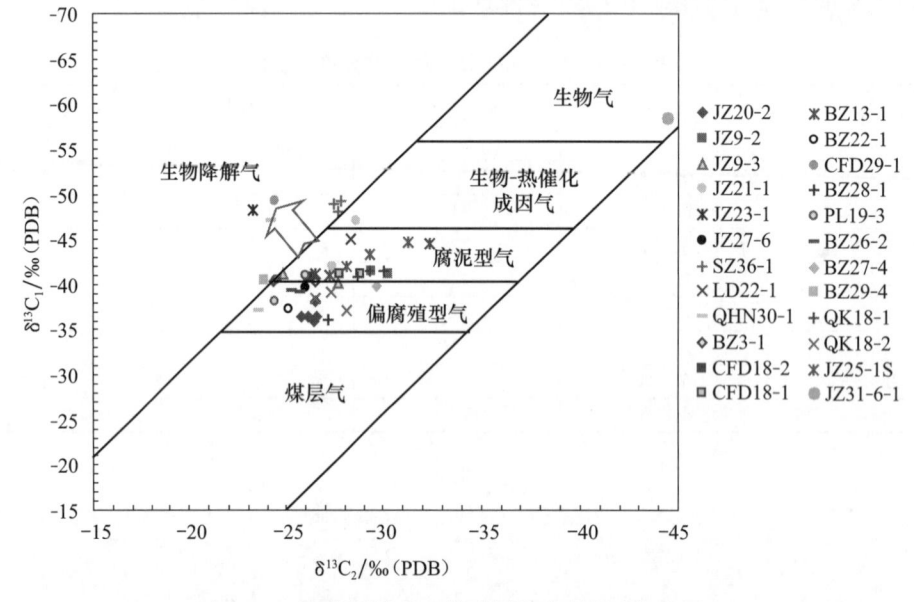

图7-57　根据甲烷和乙烷碳同位素判断油气成因

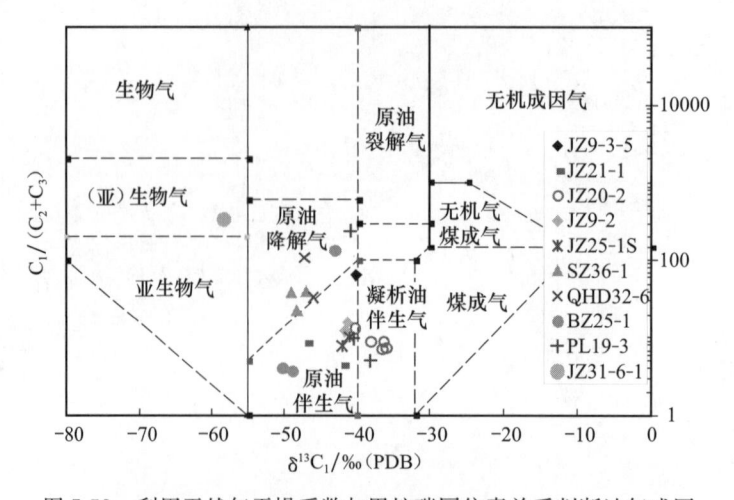

图7-58　利用天然气干燥系数与甲烷碳同位素关系判断油气成因

生物成因气是成岩作用阶段早期,在浅层生物化学作用带内,沉积有机质经微生物的群体发酵和合成作用形成的天然气,其中,有时混有早期低温降解形成的气体。这种气体出现在埋藏浅、时代新和演化程度低的岩层中,以甲烷为主。

4. JZ31-6 油田油气成藏模式

利用平衡剖面原理,恢复了 JZ31-6 地区主干剖面的构造演化过程(图 7-59),该剖面经过了 JZ31-6-1 井,从 JZ31-6 油田所处位置可以看出,其处于凹陷带内部,其成藏过程属于凹陷带内部的油气聚集成藏,从剖面的构造演化情况可以看出,从沙一段沉积期一直至今,JZ31-6 油田一直处于构造的低部位,也没有断层沟通沙河三段油源,没有良好的运移通道使沙河街组生成的油气能进入 JZ31-6 油田。该油田油气的运移与聚集成藏主要受岩性控制,属岩性油气藏,其储层为东二段河流-三角洲相的砂岩沉积,

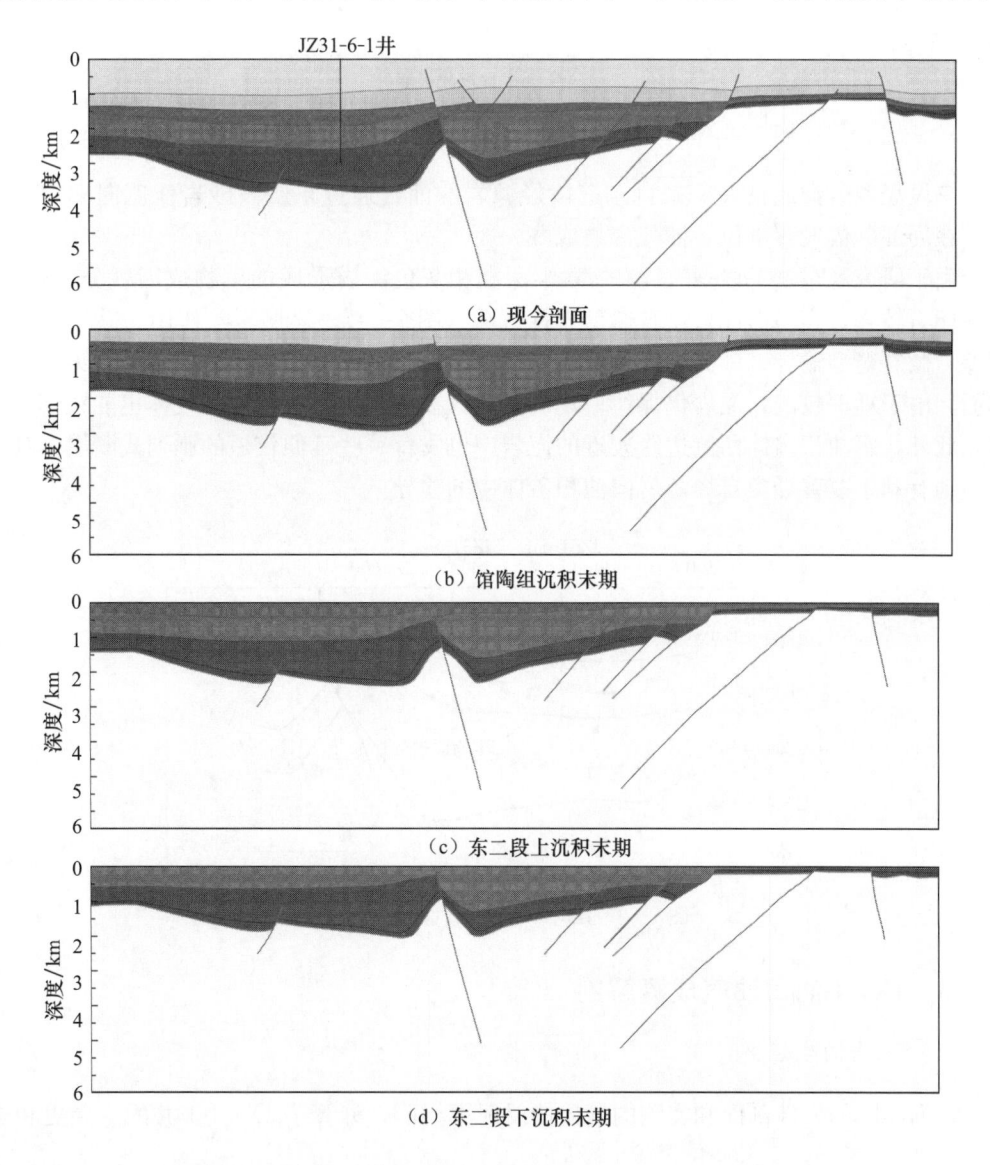

(a) 现今剖面

(b) 馆陶组沉积末期

(c) 东二段上沉积末期

(d) 东二段下沉积末期

（e）东三段沉积末期

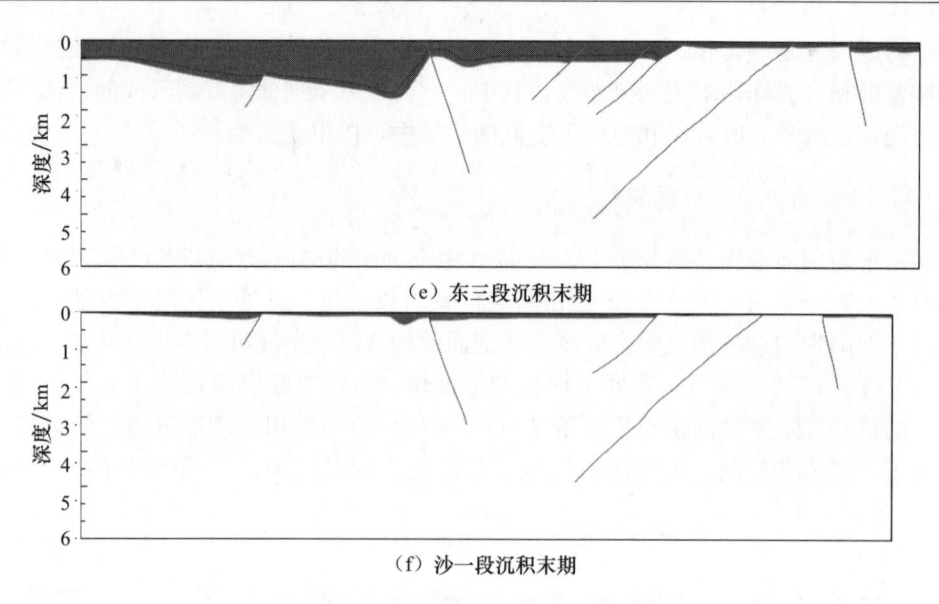

（f）沙一段沉积末期

图 7-59　JZ31-6-1 三维地震工区 Inline840 剖面构造演化图

与东三段烃源岩沟通良好，来自东三段烃源岩的油气通过东二段砂岩作侧向和垂向运移，在局部砂体发育部位，油气聚集成藏。

由于研究区东二下段-东三段的浅-半深湖相灰色泥岩形成的生物成因气分布较广，充注能力较强，容易形成自生自储型岩性气藏（图 7-60）。早期压实作用、砂泥岩烃浓度差、微裂缝型输导、砂泥岩表面毛细管压力差等都是气体初次运移的常见营力。另一方面，由于埋深较浅，泥岩仍保留一定的孔隙，在适当压力条件下，气体也能在其中运移。此外，距浊积扇体西侧边缘较近的泥岩中也发育一些延伸较短的雁列式断层，其构造活动有利于改善烃类自烃源岩向浊积砂体中的输导。

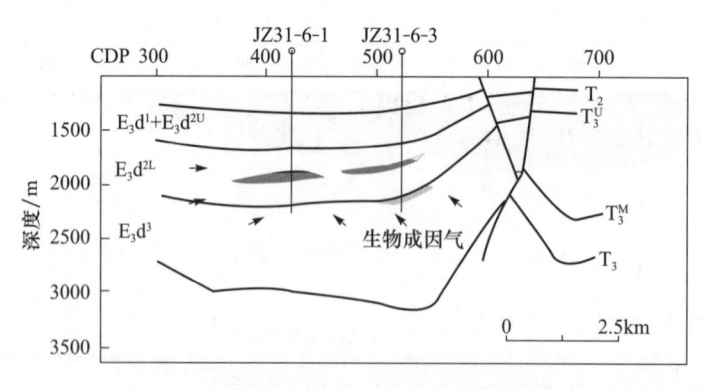

图 7-60　JZ31-6 气田油气成藏模式图

7.2.3　JX1-1 油田油气成藏解剖

1. 烃源岩的生烃史

根据实际的岩性剖面和实测的镜质体反射率剖面，计算了 JX1-1-1 井的生烃史和热演化史特征（图 7-61）。JX1-1-1 井沙三下段和沙三中段烃源岩镜质体反射率在沙一段沉积期超过 0.5%，在东一段沉积期最大值达到 0.7%，其沙三段烃源岩实测 Ro 也基本上超过了 0.6%，开始大量生烃，有机质转化率高，达到 20%～35%，生烃速率较快。而其上的沙一段烃源岩刚刚进入生油门限，只具备生成少量油气的能力。东三段烃源岩未进入生油门限，不具备大量生烃的能力。

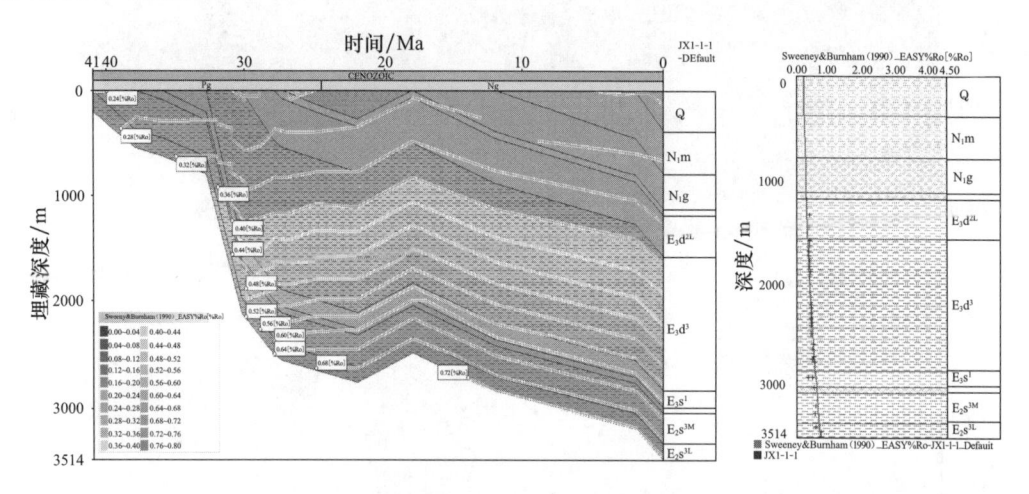

图 7-61　JX1-1-1 井热史演化图及与实测 Ro 对比

为了更好地分析 JX1-1-1 井区烃源灶的成熟度演化特征，分析了过 JX1-1-1 井的二维剖面（测线 LZ199）的构造——热演化过程（图 7-62～图 7-65）。在东二段沉积末期

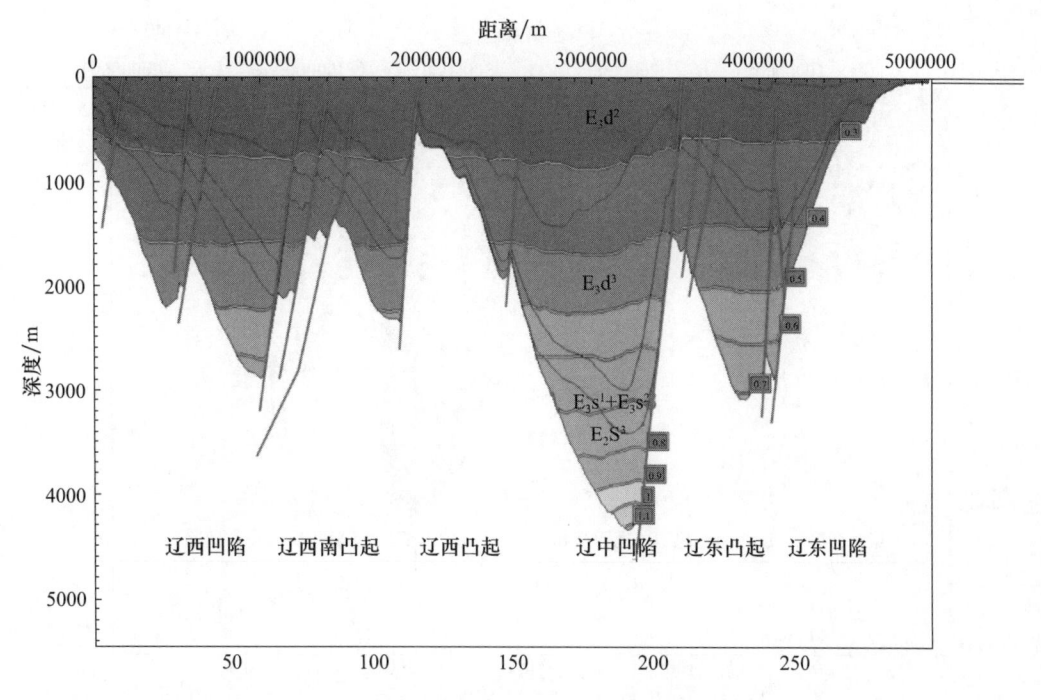

图 7-62　27.4Malz199 剖面烃源岩成熟度剖面图

(27.4Ma)，lz199 剖面烃源岩成熟度横向展布如图 7-62 所示，辽中凹陷沙三段底部烃源岩的 Ro 已经达到 1.1%，正处于生油高峰阶段并伴有凝析油生成；沙二段和沙一段烃源岩 Ro 为 0.6%~0.75%，已经进入生油窗；而东三段大部分还未进入生油门限。

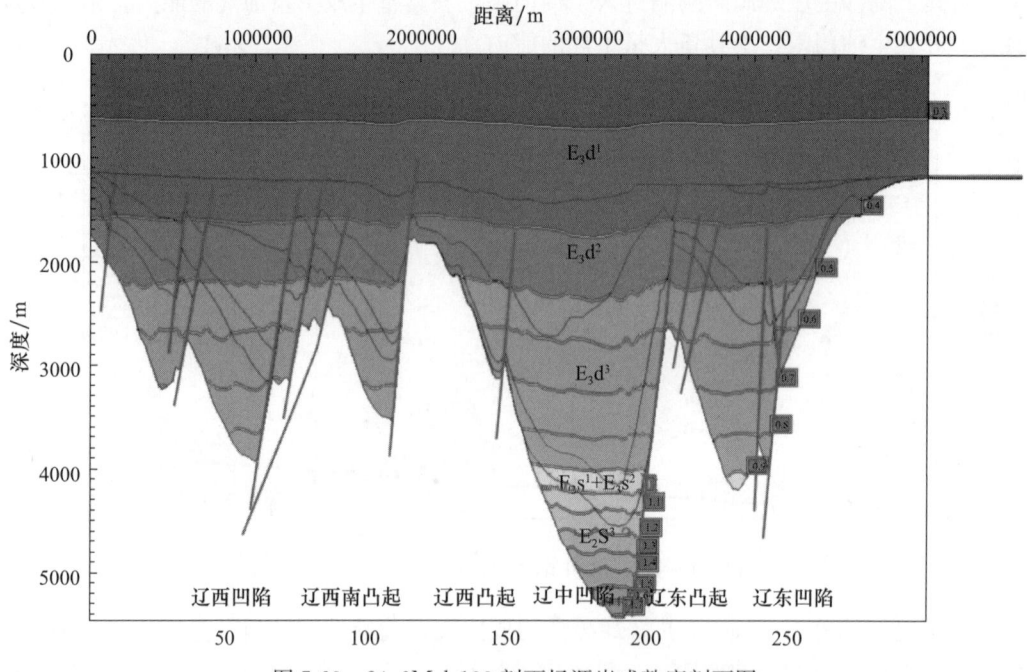

图 7-63 24.6Malz199 剖面烃源岩成熟度剖面图

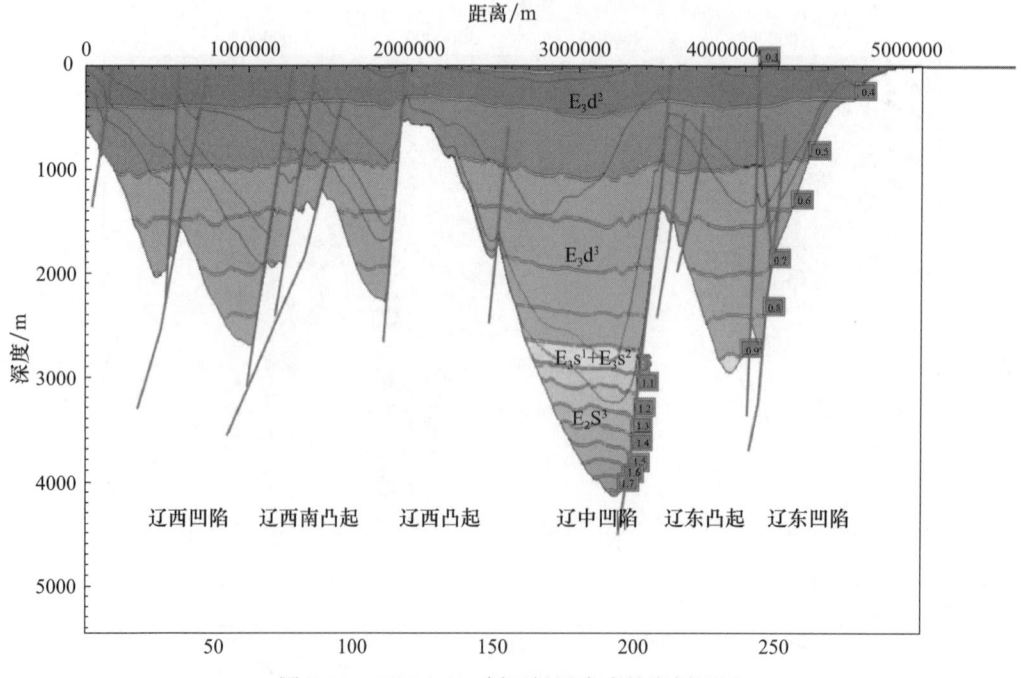

图 7-64 17Malz199 剖面烃源岩成熟度剖面图

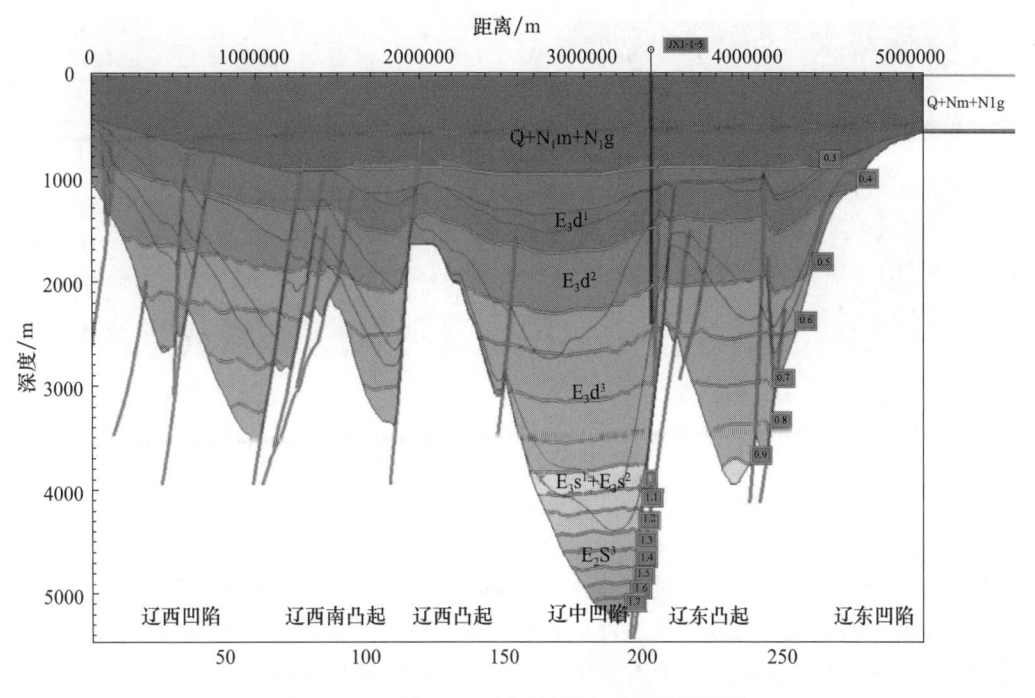

图 7-65 现今 lz199 剖面烃源岩成熟度剖面图

在东一段沉积末期（24.6Ma），lz199 剖面烃源岩成熟度横向展布如图 7-63 所示，由于埋藏深度增大，地温增高，辽中凹陷沙三段烃源岩 Ro 分布在 1.1%～1.74%，大量生成凝析油及湿气，沙二段和沙一段烃源岩 Ro 主要分布在 0.8%～1.15%，处于大量生油阶段，并伴有少量凝析油生成，东三段 Ro 普遍大于 0.6%，具有很好的生油潜力，且部分成熟度较高的区域已经进入了大量生油阶段。

构造抬升东营组遭受剥蚀以后，如图 7-64 所示，地温降低，Ro 总体相对于东一段沉积末期无明显变化。

现今 lz199 剖面烃源岩成熟度横向展布如图 7-65 所示，各套烃源层的 Ro 与 24.6Ma 时相比仅有少许提高，各段烃源层生油条件无显著变化。

而前述对 JX1-1 地区油源对比研究结果表明，JX1-1 油田的油气主要来自沙三段烃源岩。从单井及二维剖面的构造——热演化情况来看，沙三段烃源岩在东三段沉积期开始进入生烃门限，开始生油。东一段沉积期末沙三下烃源岩 Ro 为 0.7%，开始进入生烃高峰期。明化镇镇组和馆陶组沉积期末，沙三下烃源岩开始生成少量的湿气。

2. JX1-1 油田油气成藏过程及成藏模式

JX1-1 油田储层包裹体样品观察发现，发育一期烃类包裹体，主要发育在石英颗粒内裂纹中（图 7-66），呈浅黄色荧光，显示烃类具有较高的成熟度。

JX1-1-1 井 2745m 砂岩样品的包裹体均一温度为 105～125℃，明显高于背景温度（图 7-67）。在成藏时间确定过程中，值得注意的是油气包裹体均一温度普遍高于储层采样点现今的背景温度。这是因为油气主要来自于比储层埋深更大的烃源区，而且油气

(a) 单偏光　　　　　　　　　　　　(b) 荧光

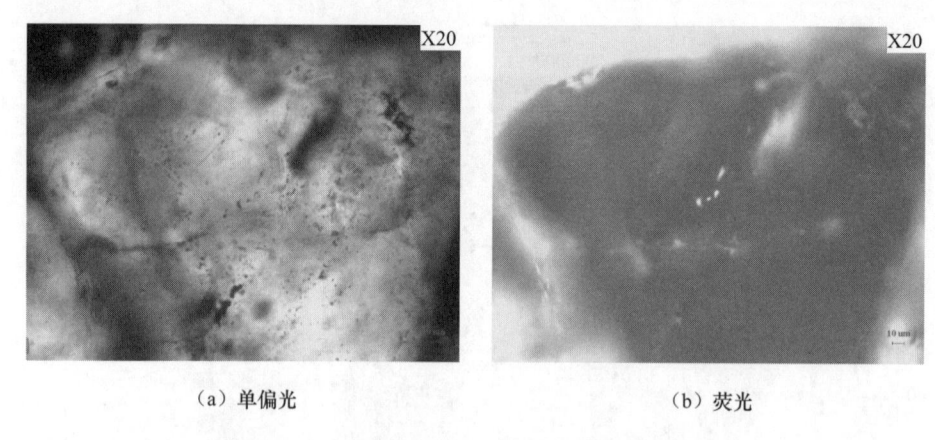

图 7-66　JX1-1-1 井 2745m 砂岩样品包裹体镜下照片

的运聚过程受构造运动或断裂活动的影响,以间歇式的热流体运移发生快速充注,大部分流体包裹体是在热流体温度未与背景温度平衡时,或在温度平衡过程中形成;况且该区油气成藏较晚,这两个因素使得流体包裹体均一温度大于储层的背景温度,这种情况下均一温度所确定的成藏期次比实际成藏期次晚。可认为这是快速成藏的一个表现。尽管如此,这种现象仍然说明油气充注的时间较晚,属于晚期成藏。

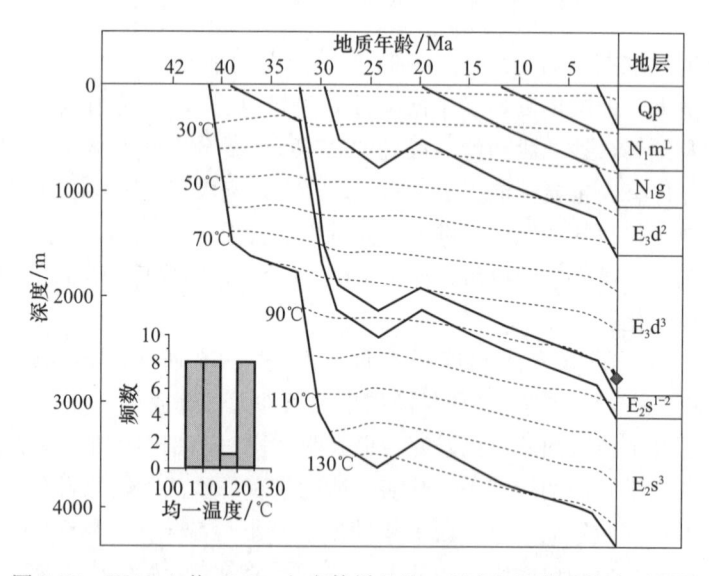

图 7-67　JX1-1-1 井 2745m 包裹体样品均一温度与埋藏史热史对照图

该油田含油层系较多,油层埋深差别也较大,浅层的原油普遍遭受了较强的生物降解,原油样品中均出现了 25-降藿烷,但是 1800m 以下的原油均未出现 25-降藿烷(图 7-68),且具有完整的正构烷烃序列,说明这些原油均未遭受生物降解。如此浅的储层,原油却未遭受生物降解,显然反映原油为晚期充注。

现今储层实测温度与背景温度相符,没有出现异常高的温度(图 7-69)。储层实测压力在 2300m 以下出现了异常,表现为弱超压(图 7-69)。在沉积盆地中,压力的泄放

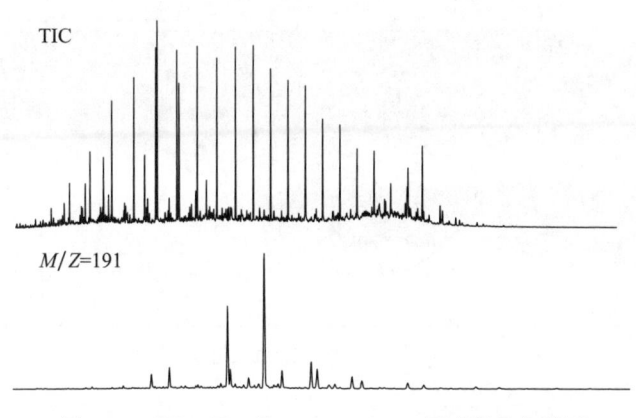

图 7-68　JX1-1E-1 井 1817~1850m 原油质量色谱图

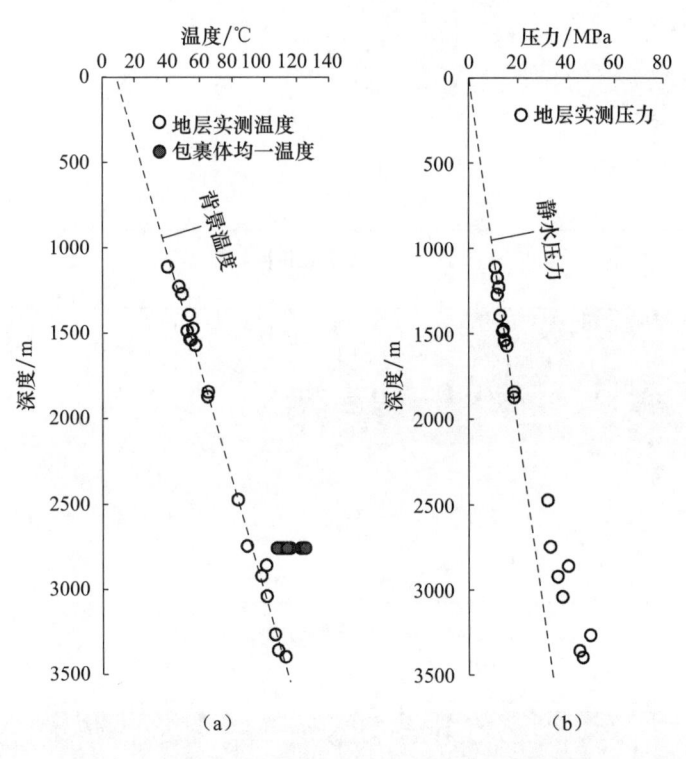

图 7-69　JX1-1 油田储层温度与压力分布剖面图

是比较迅速的，这种储层内的超压现象说明油气充注时期较晚。

为了分析其成藏过程，依据地震解释结果和实测的 VSP 数据，将时间剖面转化为深度剖面，利用 2DMove 构造演化软件，采用人机联作的方式，做出了 JX1-1 油田 12 口井连井剖面的构造演化过程（图 7-70）。

从东三段沉积末期到现今的构造演化过程来看（图 7-70），JX1-1 油田西块的沙河街组圈闭在东三段沉积期末时已经形成。东块的沙河街组断块型的圈闭此时也基本形成。东二段沉积期末时，西块的沙河街组构造圈闭、东三段的断背斜型圈闭定型，东块的东三段断块型的圈闭和沙河街组圈闭断块圈闭也基本定型。东一段沉积期的抬升剥蚀

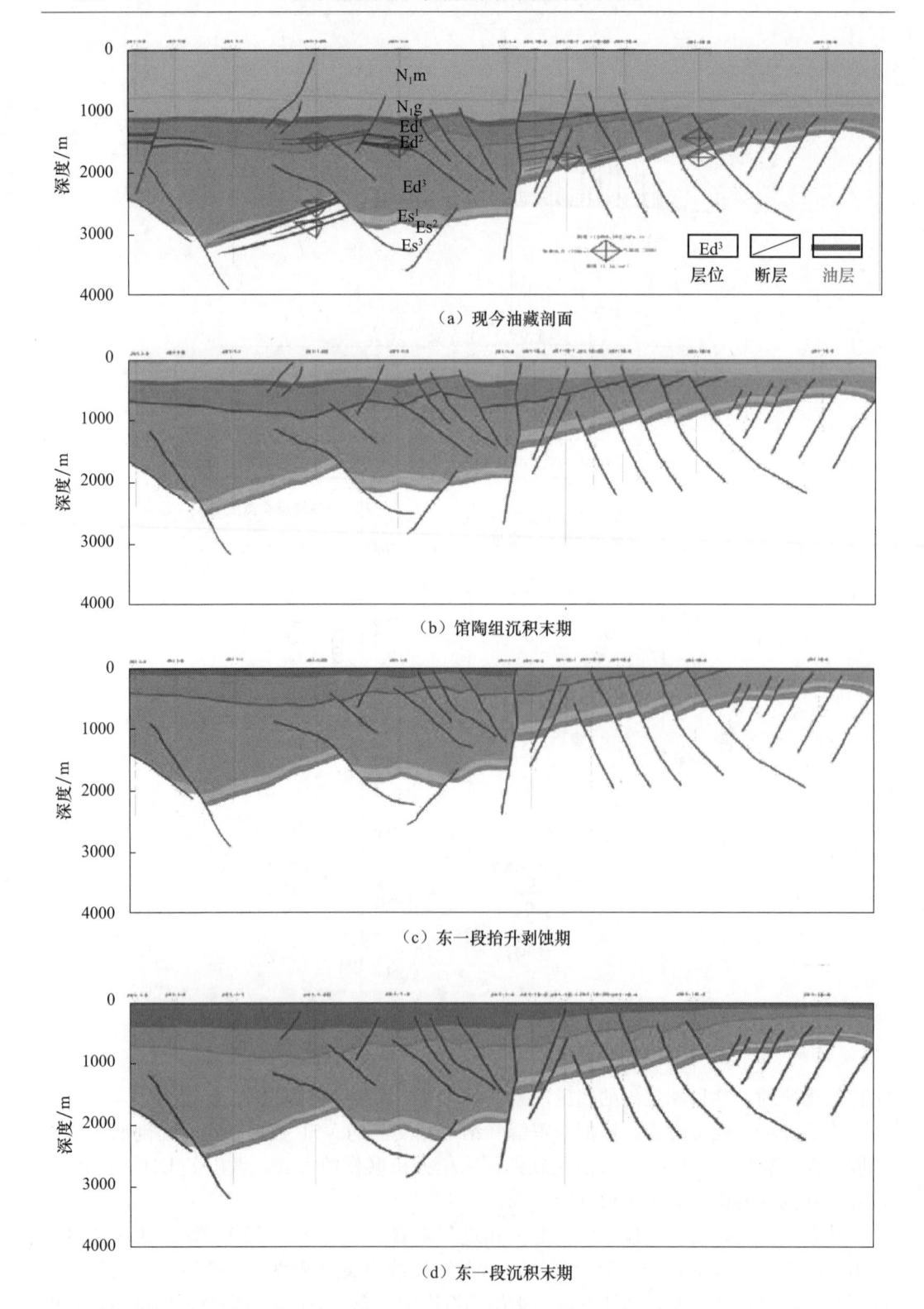

(a) 现今油藏剖面

(b) 馆陶组沉积末期

(c) 东一段抬升剥蚀期

(d) 东一段沉积末期

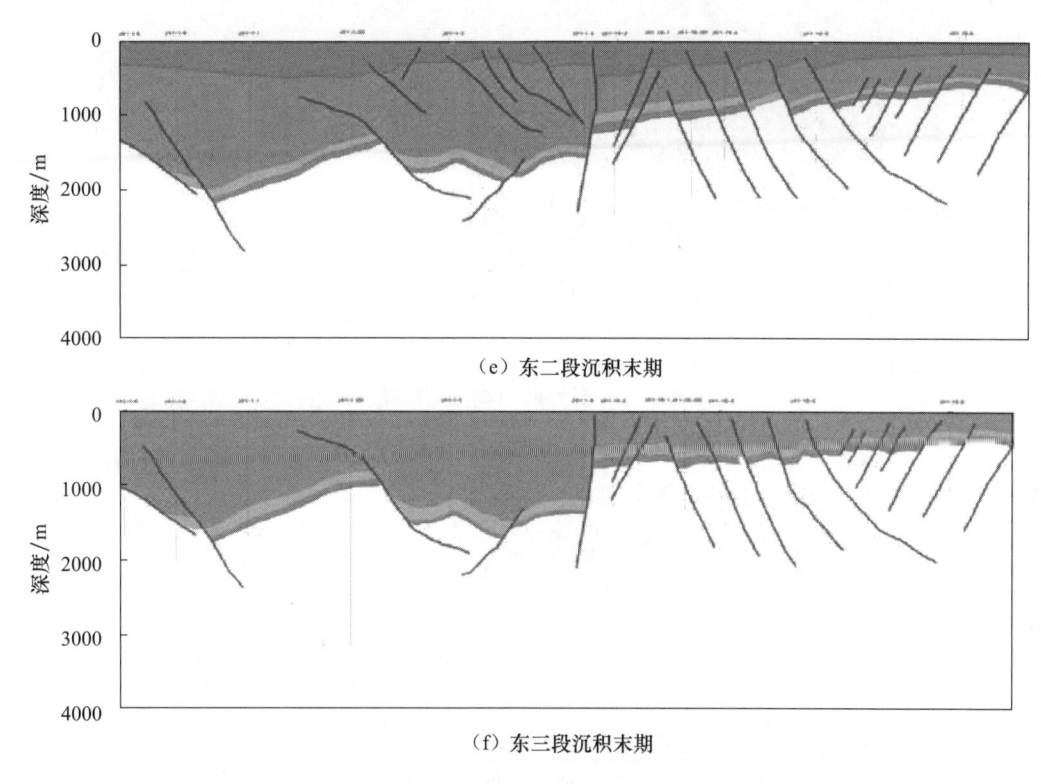

第 7 章　典型油气田成藏解剖及油气成藏规律

(e) 东二段沉积末期

(f) 东三段沉积末期

图 7-70　JX1-1 油田构造演化过程剖面

对其已经形成的圈闭的形态影响不大。结合烃源岩的生烃史来看，圈闭的形成时间早于烃源岩的生油时间，有利于该区油气的成藏。

图 7-71 给出了该油田三个关键时期的油气成藏过程。东三段沉积末期，JX1-1 油田附近的沙三下烃源岩达到生烃门限，开始生烃，主要生成成熟度较低的原油，向已经形成的沙河街组和东营组圈闭中运移。

由于东二段和东一段的沉积，沙三下烃源岩继续埋深，成熟度增加，烃源岩生成的烃类持续向圈闭中充注。由于东一段的抬升剥蚀，断层活动性强，大气水下渗，油气沿

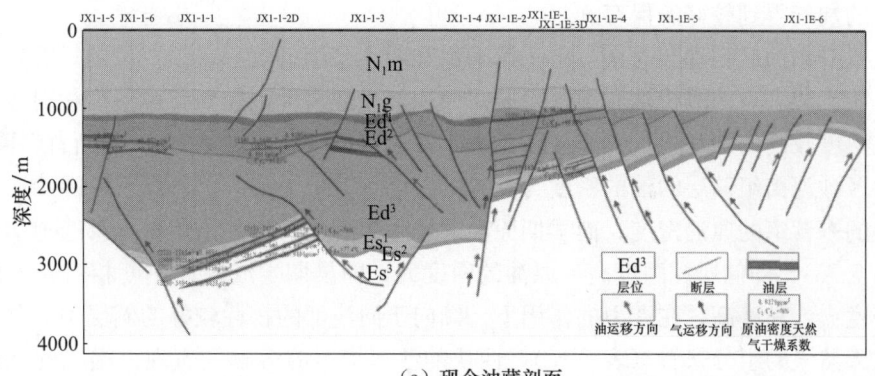

(a) 现今油藏剖面

(b) 东一段抬升剥蚀期

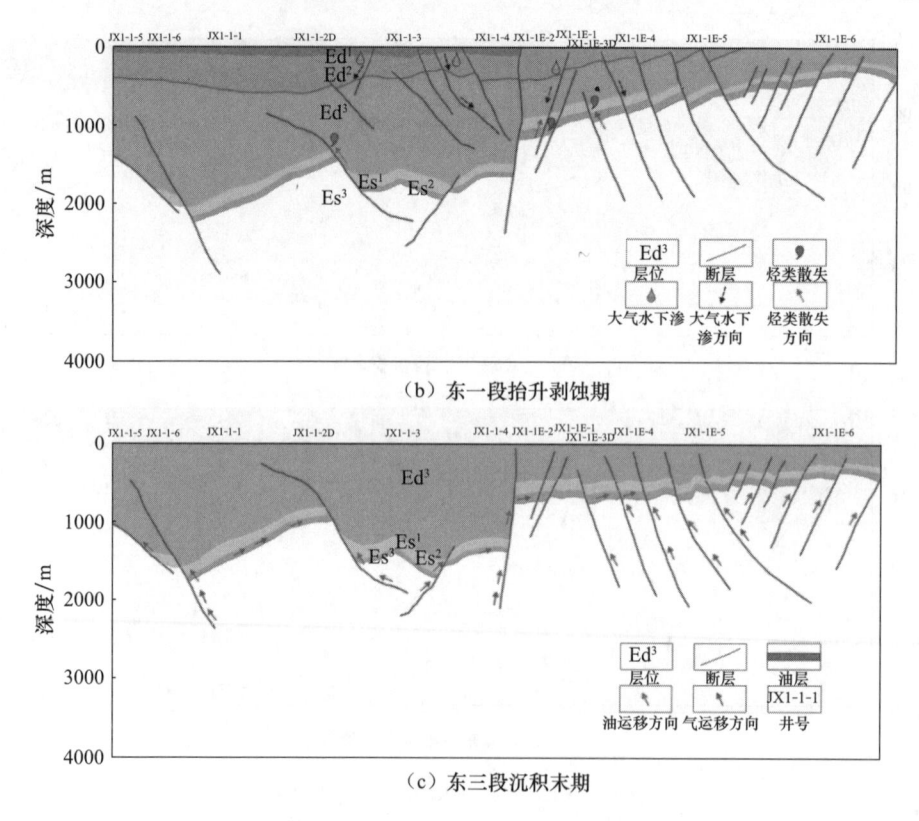

(c) 东三段沉积末期

图 7-71　JX1-1 油田油气成藏过程

断裂发生渗漏,早期充注的原油受到了生物降解作用,油气藏遭到破坏,原油的饱和烃色谱和该油田的水型为 NaHCO$_3$ 型水提供了有力的证据(图 7-72)。此时东块的油气破坏的深度至少为 1817~1850m(现今埋深),因为东块沙一段的 1817~1850m 的饱和烃色谱图上明显记录了这一特征。而西区的油气遭到破坏的深度至少为 1480.5~1485.5m(现今埋深),深度明显浅于东块。究其原因是,受走滑断裂的影响,东区东三段的泥岩盖层原始沉积厚度薄,且断裂发育,导致沙一段的油气遭到破坏;而西区的沙河街组的油气由于在较厚的东三段的泥岩盖层保护之下,断裂不如东块发育,沙河街组圈闭内早期充注的油气得到较好的保存。

从抬升剥蚀后到现今时期,由于馆陶组和明化镇组的沉积,沙三段的烃源岩持续埋深,开始生成大量的凝析油和湿气阶段。西块的烃源岩埋深较深,成熟度相对较高。生成的成熟度较高的油和湿气先充注至西块 1 井、2D 井和 3 井所在井区的断背斜圈闭中,现今西区沙河街组储层的油的密度为 0.8356~0.8759g/cm^3,明显低于东区沙河街组以及西块的东营组的原油密度;而早期原油的运移表现出明显的沿优势运移通道运移的特征(图 7-73),即储层孔隙度高,原油的密度大,即早期生成的成熟度相对较低的原油由于密度大,黏度高,在浮力的作用下,倾向于向浅部的物性较好的储层中运移。

从天然气的组分来看(表 7-15),西块的沙河街组的溶解气表现出湿气的特征,干燥系数为 77.4%~76.00%,为烃源岩生成的油气就近运移的结果,未出现明显的油气

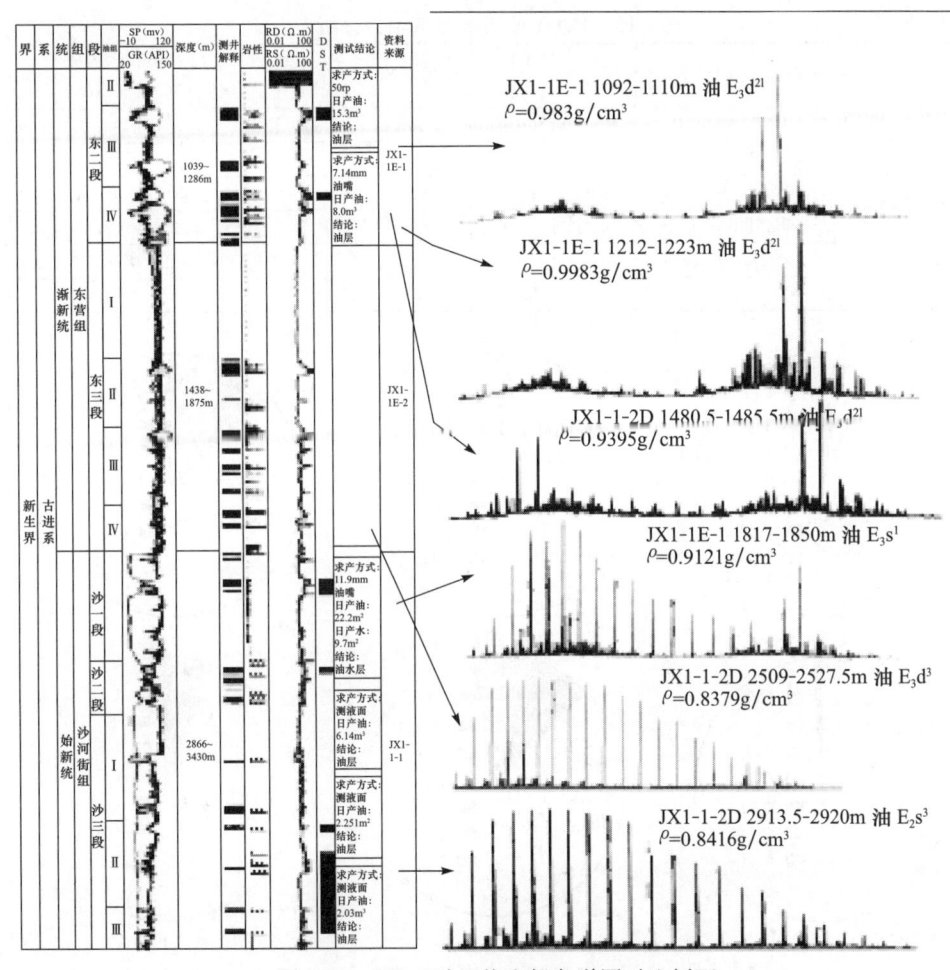

第 7 章 典型油气田成藏解剖及油气成藏规律

图 7-72 JX1-1 油田饱和烃色谱图对比剖面

分异作用，该井的东营组的溶解气的干燥系数为 93.03%，为深部的溶解气向浅部运移的而出现明显的分馏效应的结果。东区的沙河街组和东营组的天然气的干燥系数明显高于西区，表现出干气的特征。按照现今烃源岩的成熟度，还未达到干气生成阶段，此为西区深部烃源岩生成的油气向东块运移的过程当中出现的组分分异的结果，天然气中较轻的部分容易运移，较重的部分运移较为困难，因此表现出东块天然气的干燥系数高于西块，浅部高于深部（图 7-74）。

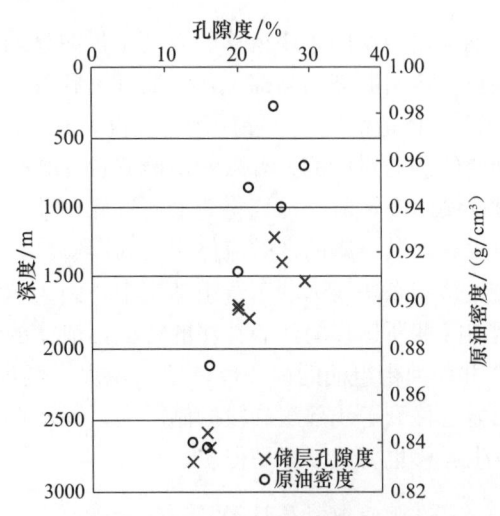

图 7-73 JX1-1 油田原油密度-深度-孔隙度关系图

表 7-15 JX1-1 油田天然气组分分析表

井号	深度/m	CO_2/%	N_2/%	CH_4/%	C_2H_7/%	C_3H_8/%	C_4H_{10}/%	C_5H_{12}/%	C1/C1+5/%	密度
JX1-1E-1	1817~1850	0	0.45	90.73	3.30	3.20	1.89	0.40	91.17	0.6388
JX1-1E-1	1212~1223	0	0.74	99.20	0.06	0	0	0	99.94	0.5572
JX1-1E-1	1092	0	0.82	99.13	0.05	0	0	0	99.95	0.5575
JX1-1-2D	2913.5~2920.0	1.39	0.91	73.07	9.60	7.19	3.30	1.25	77.40	0.8589
JX1-1-2D	2509.0~2527.5	0.60	0.97	72.88	10.02	7.20	3.91	1.89	76.00	0.8489
JX1-1-2D	1480.5~1485.5	0.28	0.53	89.27	3.39	1.22	1.26	0.82	93.03	0.7175

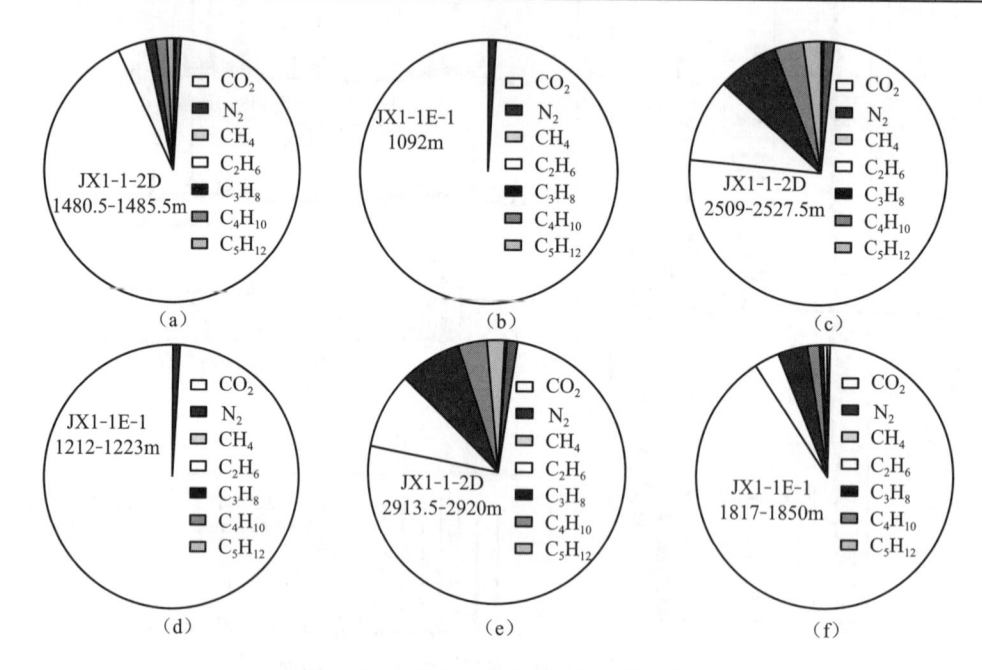

图 7-74 JX1-1 油田天然气组分饼状图

油气由西块向东块运移的效应是最明显的，其向东块运移的原因主要有两个，一是东块位于走滑断裂的高部位，为油气运移的有利指向区；二是西块沙河街组为断背斜背景下岩性-构造油气藏，圈闭闭合度高，1 井、2D 井区和 3 井的闭合高度在 720~840m，而断层的侧向封堵能力有限，不能封闭 720~840m 的油柱高度。当烃源岩生成的油气持续向圈闭充注时，油气将会沿断层侧向泄露，向浅部的储层运移。从该区的油气分布特点来看，其泄露的烃类流体主要为溶解气，油的泄露是有限的，而且泄露的油并没有大量运移到东块浅部的东营组储层中，因为东块东营组现今油的饱和烃色谱图上并没有表现出晚期所运移的油的补注的特征，泄露的油主要运移到东块沙河街组储层中，JX1-1E-1 井沙河街组油的饱和烃色谱表现出了两期油充注叠加的特征。沿断层泄露的溶解气明显运移到了浅部东二段的储层中，即使在东三段泥岩盖层的封盖之下，天然气沿断裂发生运移也要比油容易得多。

3. JX1-1 油田断层封闭与油气分布

根据该区的油藏剖面图和各油组的顶面或底面构造图，利用 FMT 测试结果和测井解释结果，确定了油气水流体界面，统计了该油田的油柱高度和充满度（图 7-75～图 7-78）。

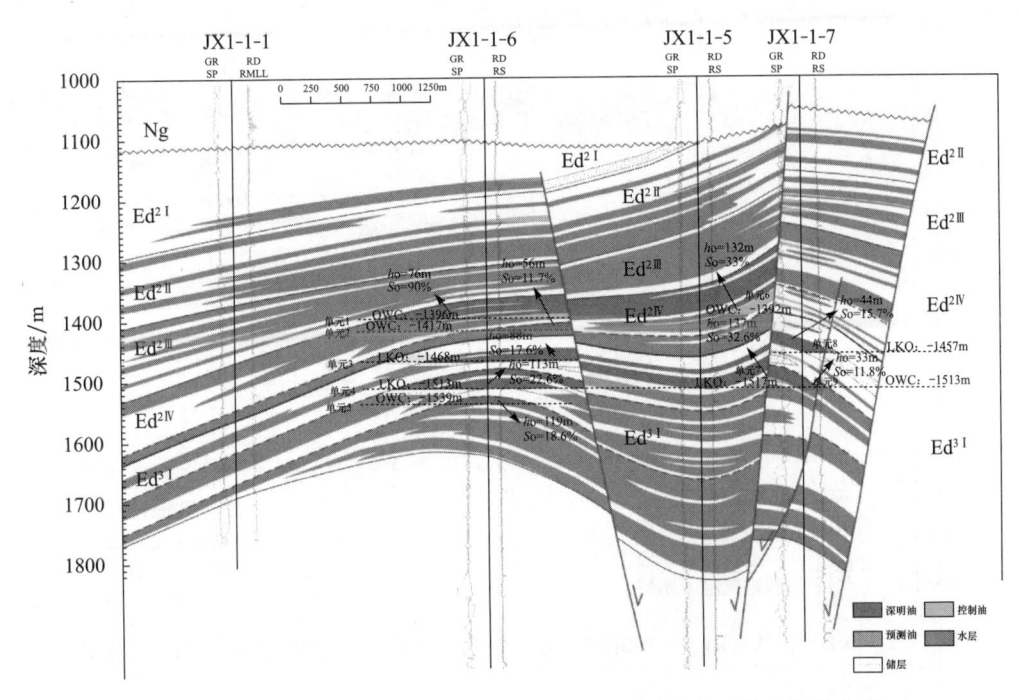

图 7-75　JX1-1 油田 1 井-6 井-5 井-7 井断层所能封闭的油柱和气柱高度

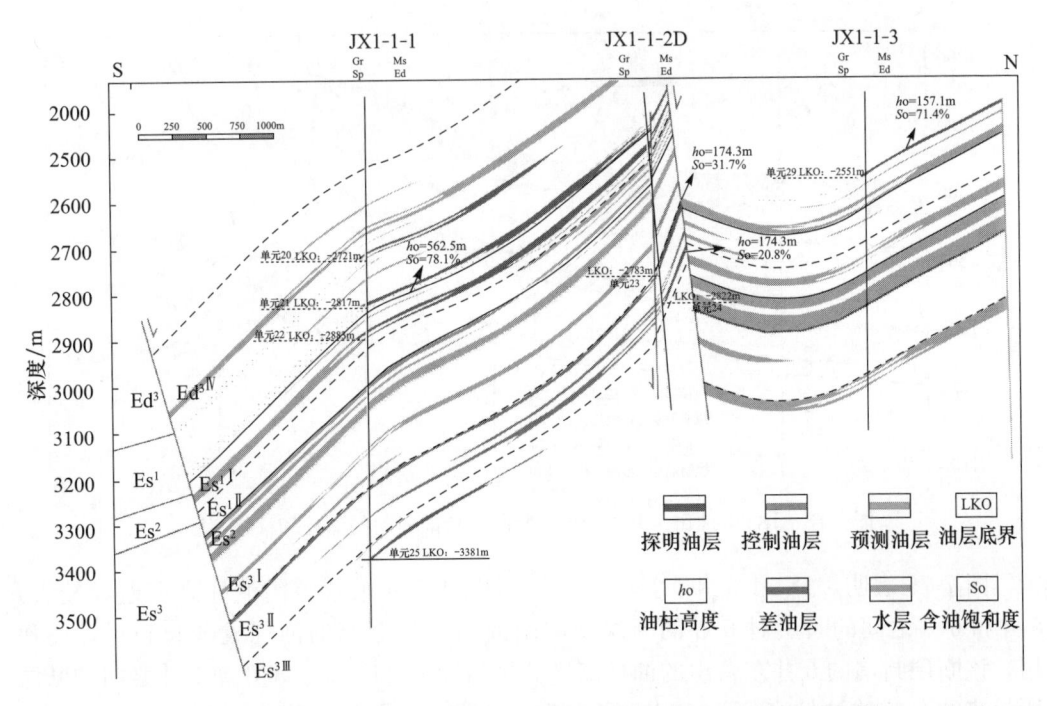

图 7-76　JX1-1 油田 1 井-2D 井-3 井断层所能封闭的油柱和气柱高度

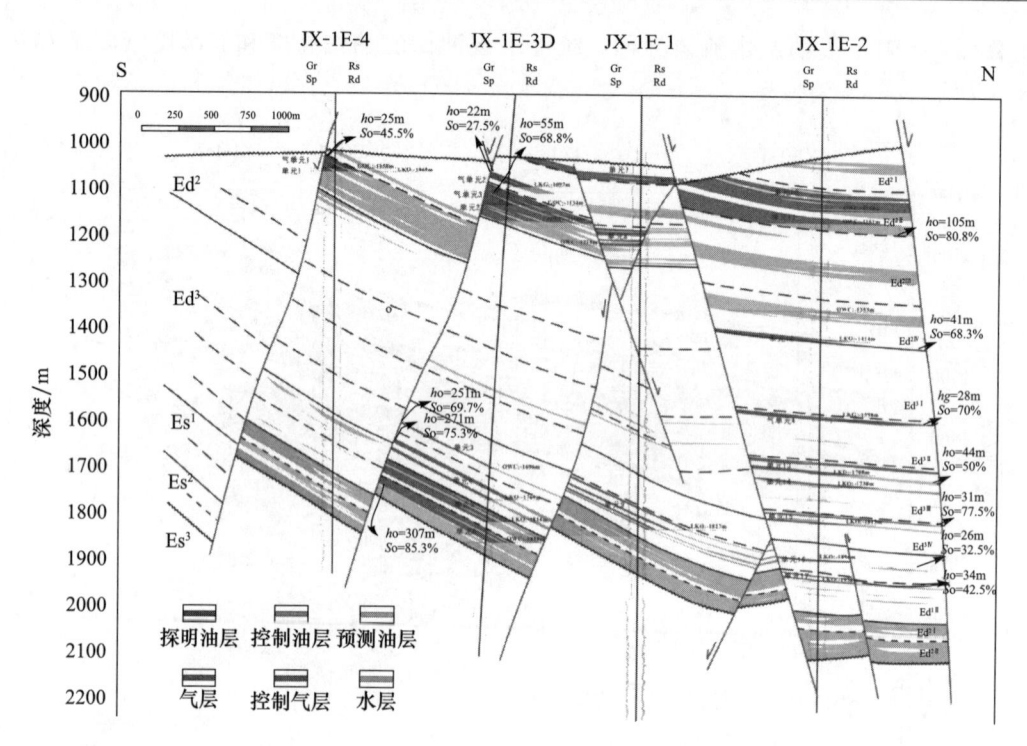

图 7-77 JX1-1 油田 1E-4 井-1E-3D 井-1E-1 井-1E-2 井断层所能封闭的油柱和气柱高度

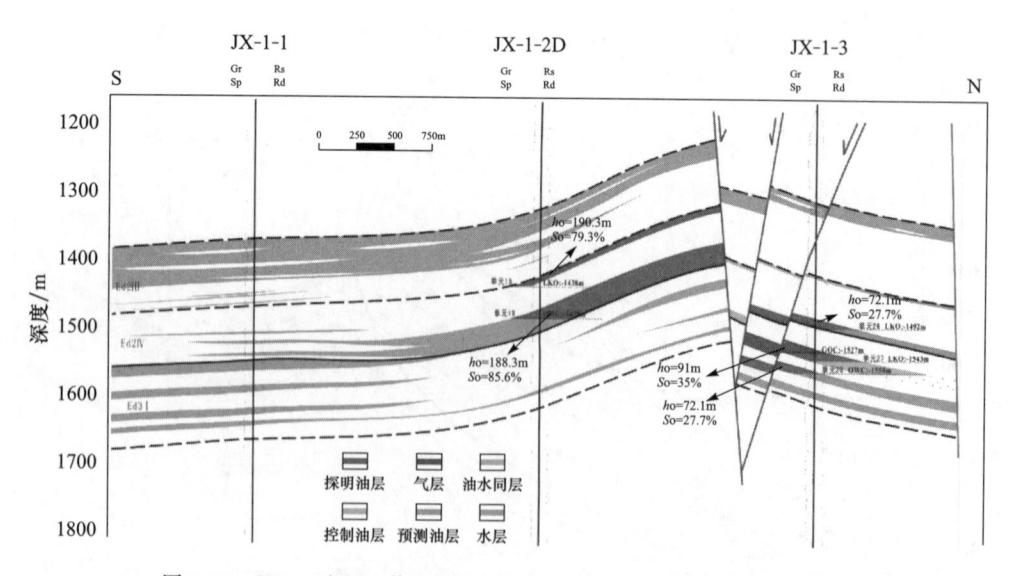

图 7-78 JX1-1 油田 1 井-2D 井-3 井断层所能封闭的油柱和气柱高度

图 7-75 表明，JX1-1-5 井、JX1-1-6 井、JX1-1-7 井东营组的油柱高度差异较大。5 井和 6 井之间的断层对 6 井的断块型圈闭或断背斜圈闭的油气成藏起到了重要作用，该断层封堵的 6 井东营组的油柱高度分别为 56m 和 88m。5 井和 7 井之间的断层所封堵的 5 井的油柱高度为 132m 和 137m，所能封堵的 7 井的油柱高度为 44m 和

33m。图 7-76 表明，JX1-1-1 井、2D 井、3 井之间的断层所能封堵的 JX1-1-1 井东三段的油柱高度可以达到 562.3m，该圈闭的充满度为 78.1%；JX1-1-2D 井东营组的油柱高度为 174.3m，充满度为 31.7%；JX1-1-3 井东营组的油柱高度为 157.1m，充满度为 71.4%。

图 7-77 为该油田东块的油藏剖面图及断层所能封闭的油柱高度。JX1-1E-3D 井东三段、沙一段、沙二段的油柱高度达，充满度高，油柱高度可以达到 307m，充满度可以达到 85.3%，表明断层对 JX1-1E-3D 井区的封堵能力强。JX1-1E-1 井沙一段的油柱高度为 266m，充满度为 83.1%。JX1-1E-4 井东二段、JX1-1E-2 井东营组和沙河街组的油柱高度和充满度与 3D 井和 1 井相比略差。

从西块的 JX1-1-2D 井、JX1-1-1 井、JX1-1-3 井的油柱高度分布（图 7-78）来看，JX1-1-2D 井东营组的油柱高度高，可以达到 190.3m，充满度也高，高达 85.6%；JX1-1-3 井的油柱高度相对较低，充满度也相对较低为 27.7%~35%。

JX1-1 油田各油组的油柱和气柱高度及充满度的分析表明，断层的封闭性对油气成藏具有明显的控制作用，断层的封闭性能控制了油气富集的程度。

7.2.4　LD27-2 油田油气成藏解剖

1. 烃源岩的生烃史

油源对比表明，LD27-2 地区油气主要来自东三段及沙一段烃源岩。该地区东二段及东一段沉积厚度较薄，在东一段沉积期下部东三段及沙一段烃源岩埋深可能还未达到生烃门限，该地区油气可能是晚期成藏。从 LD27-2-1 井热史演化模拟结果（图 7-79）可以看出，该井只钻遇了东二段烃源岩，早期埋藏较浅，从 5Ma 至今，东二段烃源岩

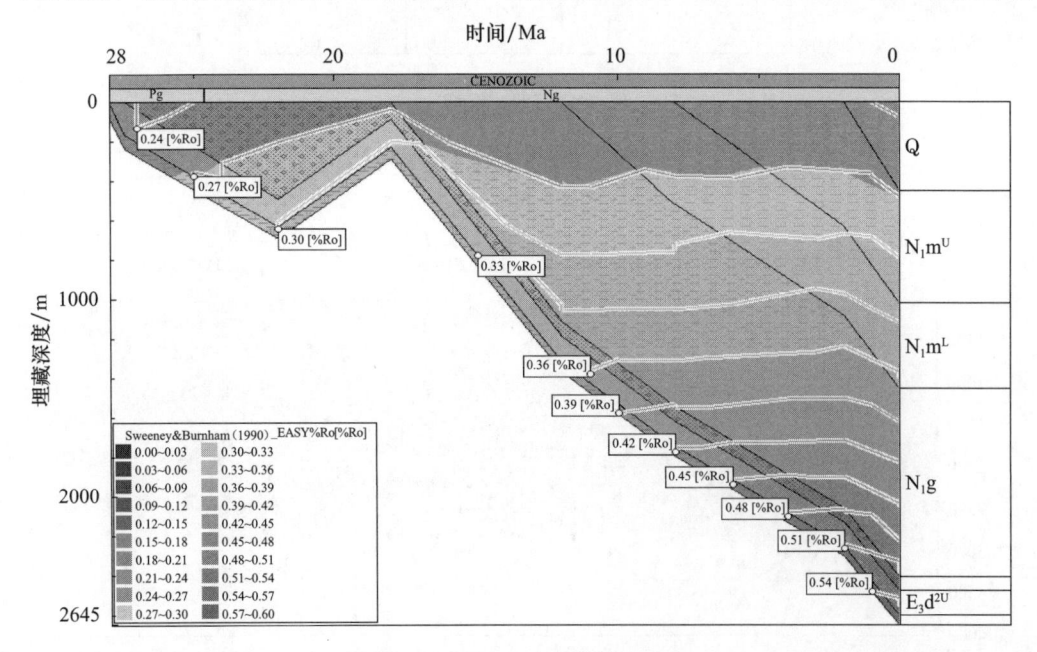

图 7-79　LD27-2-1 井源岩生烃史

开始进入生烃门限，现今其 Ro 超过了 0.6%，开始大量生烃，其下部的烃源岩成熟度更高，已具备大量生烃的能力。

2. 油气充注过程

通过对 LD27-2 地区油源对比、原油物理性质、原油成熟度和所测试井段的气油比等资料研究，LD27-2 地区至少有两期原油充注。

从 C_{29} 甾烷异构体成熟度参数图上可以看出（图 7-80），LD27-2 地区原油成熟度较低，而该地区东营组、馆陶组、明化镇组油藏内均有天然气产出（油藏溶解气），来源于成熟度相对较高的烃源岩。这说明，LD27-2 地区油气充注主要有两期，第一期充注的是来自于东三段烃源岩早期生成的低熟油；第二期为晚期生成的相对较高成熟度的油及原油伴生气（图 7-81）。

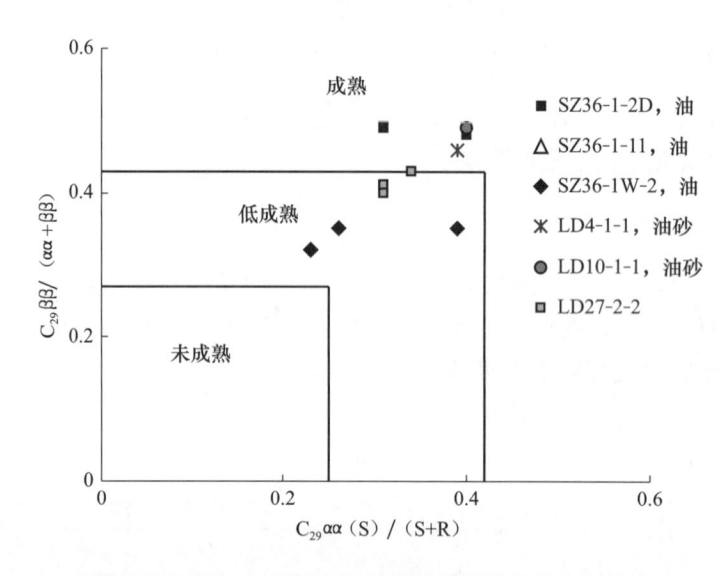

图 7-80　LD27-2-2 井原油 C_{29} 甾烷异构体成熟度参数图

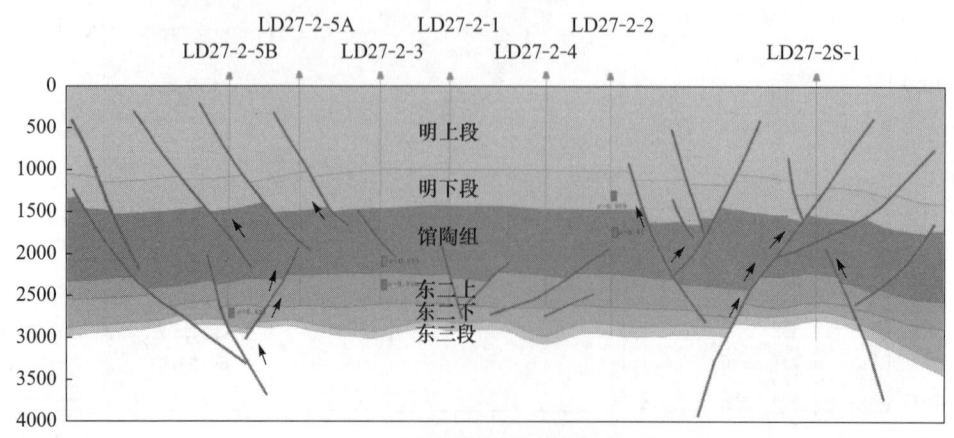

（a）晚期的油气成藏模式

(b) 早期的油气成藏模式

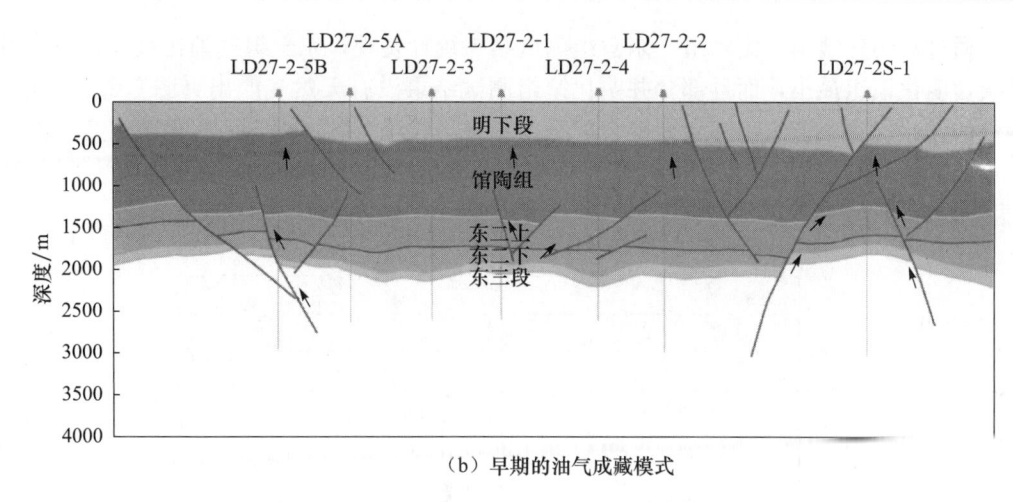

图 7-81 LD27-2 油田油气成藏模式

3. 油气分布规律

该油田的原油密度随着深度的增加而减小，表明原油是从下到上运移的，而且早期生成的油占据了构造高部位的圈闭，晚期生成的成熟度较高的轻质油在较深处聚集（图 7-82）。

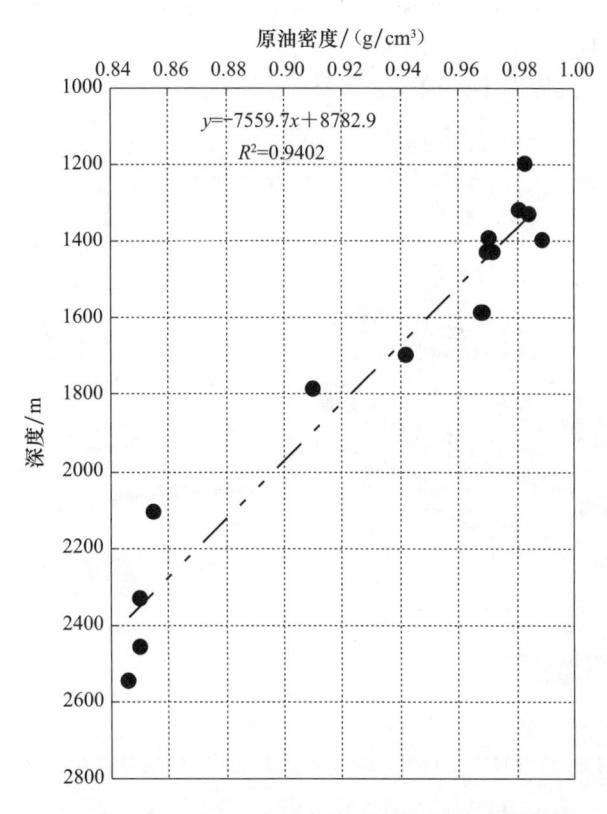

$y=-7559.7x+8782.9$
$R^2=0.9402$

图 7-82 LD27-2 油田原油密度与深度关系图

通过对明化镇组、馆陶组、东营组测试结果统计发现，东营组气油比最大，馆陶组其次，明化镇组最小，而且部分井明化镇组测试结果没有天然气产出（图7-83）。晚期生成的天然气在东营组内部大量聚集成藏，部分运移至馆陶组内，而明化镇组几乎没有聚集。天然气在三个层位不同程度的富集，受断层的封闭性和圈闭闭合高度所控制（图7-85～图7-87）。

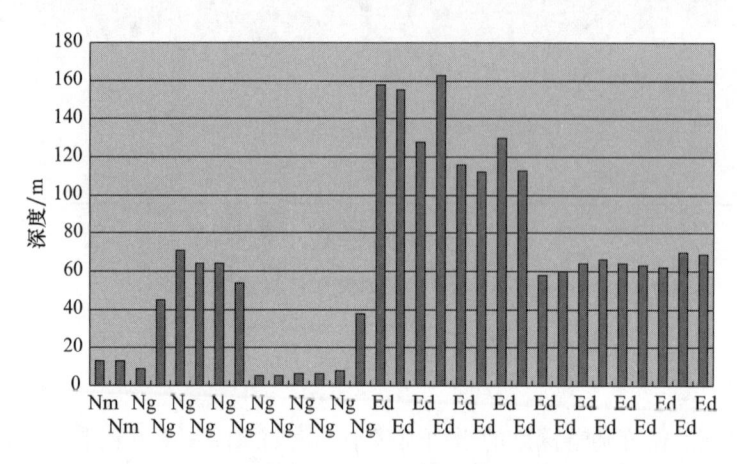

图 7-83　LD27-2 油田气油比分布直方图

如图 7-84 所示，LD27-2-1 井东营组油藏烃柱高度高，最大达到了 92m，断层的毛细管阻力大于 92m 烃柱高度所产生的浮力，封闭性强。而 LD27-2-4 井处的烃柱高度较小，圈闭充满度低，其原因不是油气充注不足，而是断层封闭性不好。

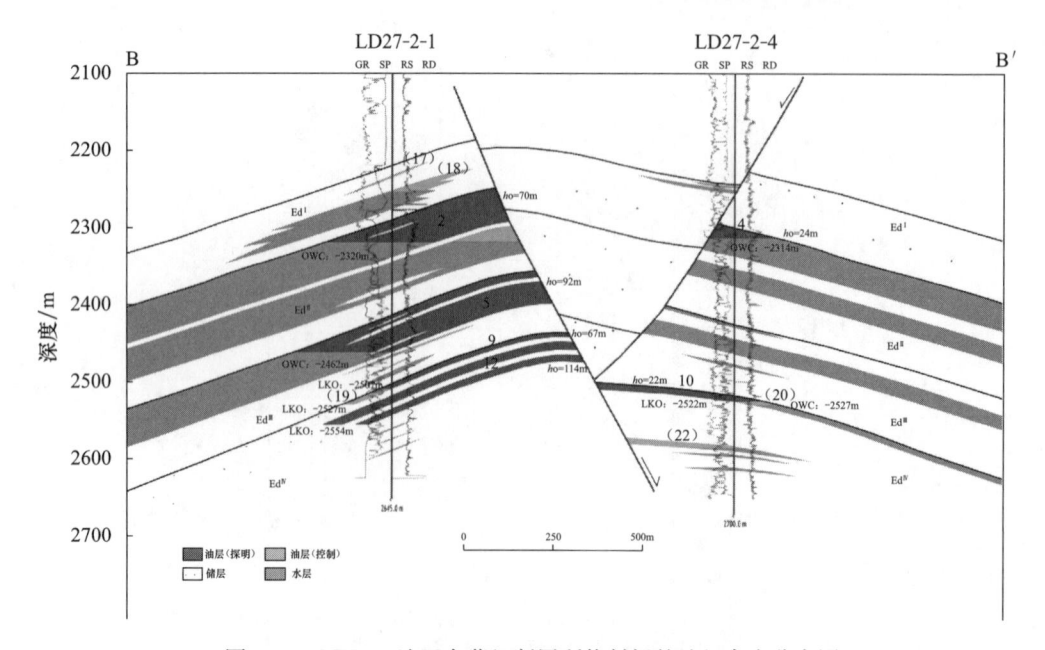

图 7-84　LD27-2 油田东营组断层所能封闭的油组高度分布图

早期生成的低熟油从东营组沿断层向上运移，在馆陶组、明化镇组都有聚集。浅部

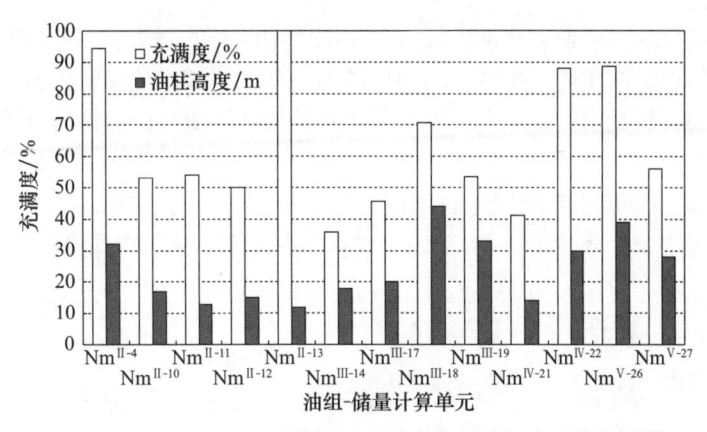

第 7 章 典型油气田成藏解剖及油气成藏规律

图 7-85 LD27-2 油田明化镇组油柱高度及圈闭充满度直方图

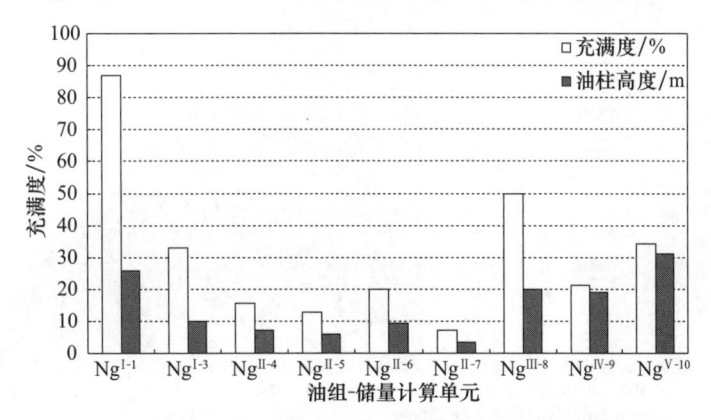

图 7-86 LD27-2 油田馆陶组油柱高度及圈闭充满度直方图

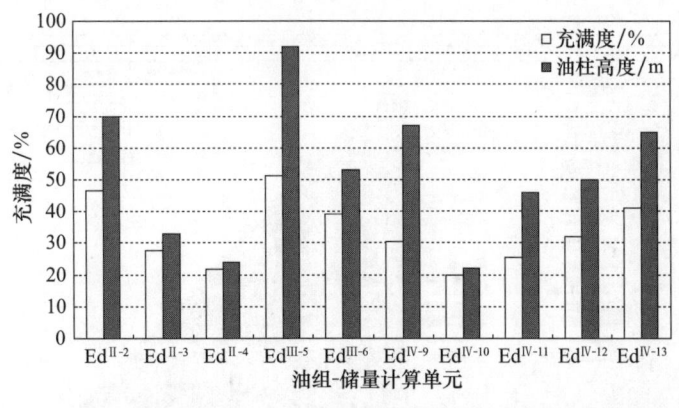

图 7-87 LD27-2 油田东营组油柱高度及圈闭充满度直方图

的油藏由于埋深较浅，受生物降解作用的影响，原油性质变差，密度和黏度都变大。晚期随着断层活动性减弱，封闭性变好，阻止了下部烃源岩生成的天然气向上运移。天然气主要在东营组内聚集成藏。明化镇组内部气油比较低的另一个原因，可能是明化镇组内的圈闭闭合高度较小，晚期生成的天然气在明化镇组内部没有形成连续的烃柱，所以没有足够的浮力去克服毛细管阻力和油气的界面张力，从而没能大规模聚集成藏。而且明化镇组圈闭内油气充满度较高，早期的原油已经占据了圈闭中的好的储集空间，晚期生成的天然气很难运移进明化镇组圈闭内。事实上，明化镇组原油的饱和烃色谱也表明，早期遭到生物降解的原油也没有接受东三段烃源岩晚期所生成的成熟度更高的原油的补注。

由于断层的封闭性控制着现今油气的富集，所以计算了部分断层的封闭性，包括断面的 SGR、CSP、SSF 和断面所能封闭的烃柱高度值，为分析断层的封闭性对流体分布的控制作用奠定基础。图 7-88～图 7-91 表明，同一断层在不同深度的封闭能力是有着

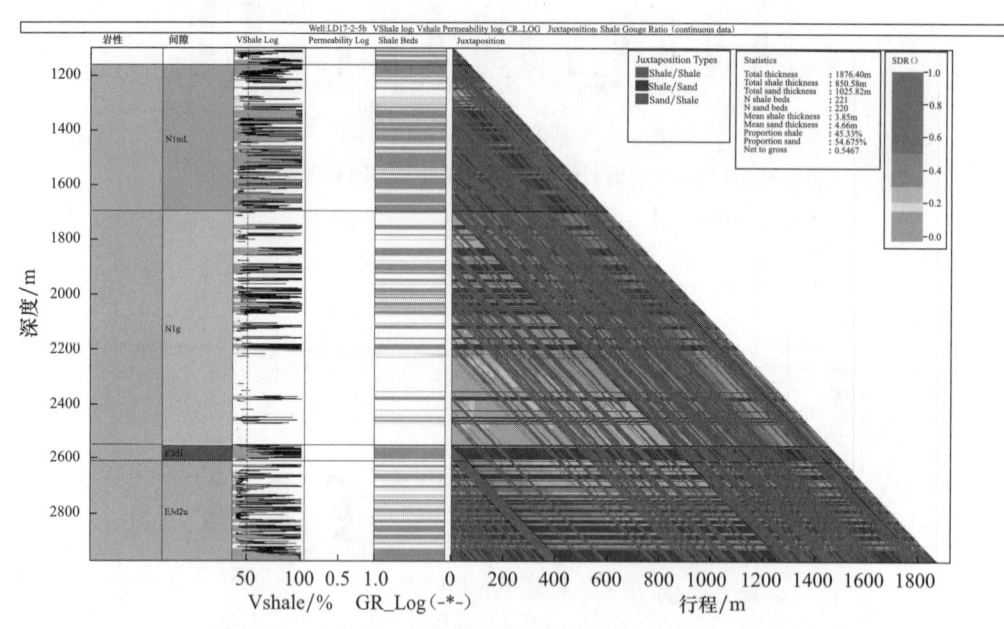

图 7-88　LD27-2 油田 LD27-2-5b 井 F_{26} 断层断面的 SGR 分布

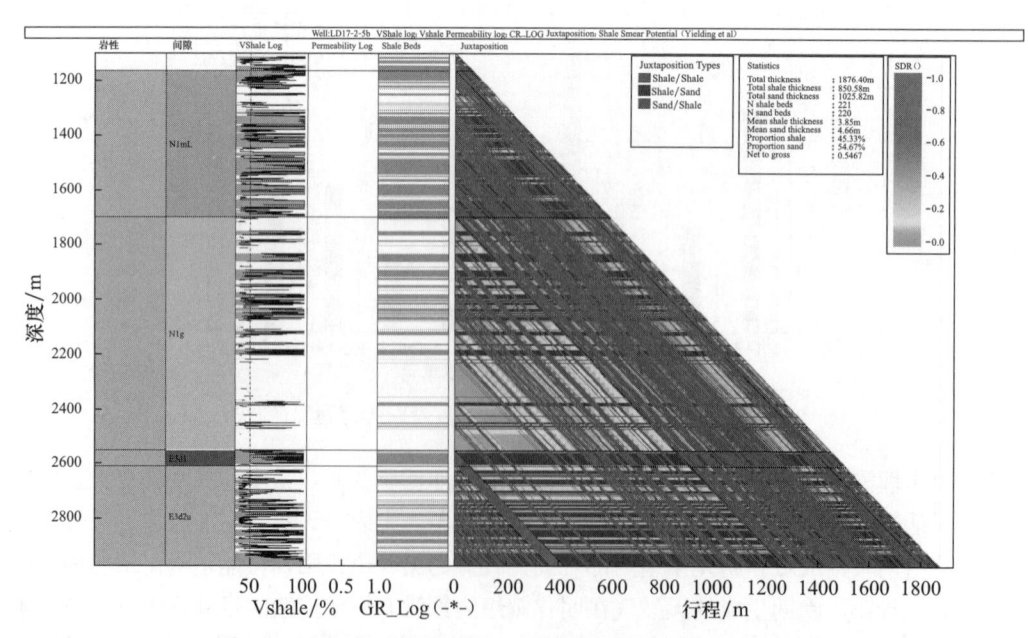

图 7-89　LD27-2 油田 LD27-2-5b 井 F_{26} 断层断面的 CSP 分布

明显的差异，所能封闭的烃柱高度差别非常明显，这也解释和证实了 LD27-2-1 井和 LD27-2-4 井的东营组油藏油组高度差别较大的原因。

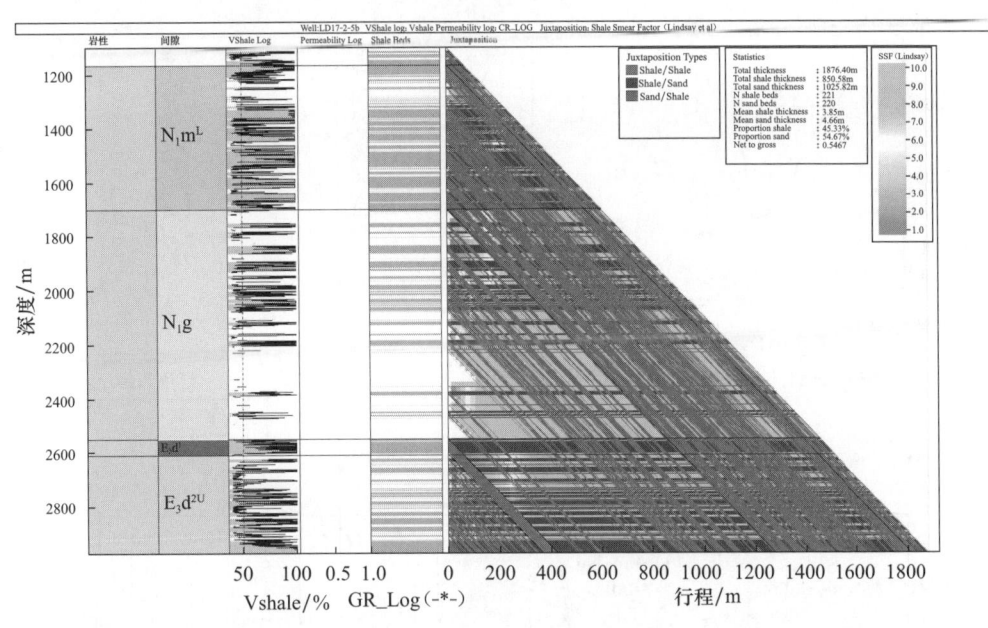

图 7-90 LD27-2 油田 LD27-2-5b 井 F$_{26}$ 断层断面的 SSF 分布

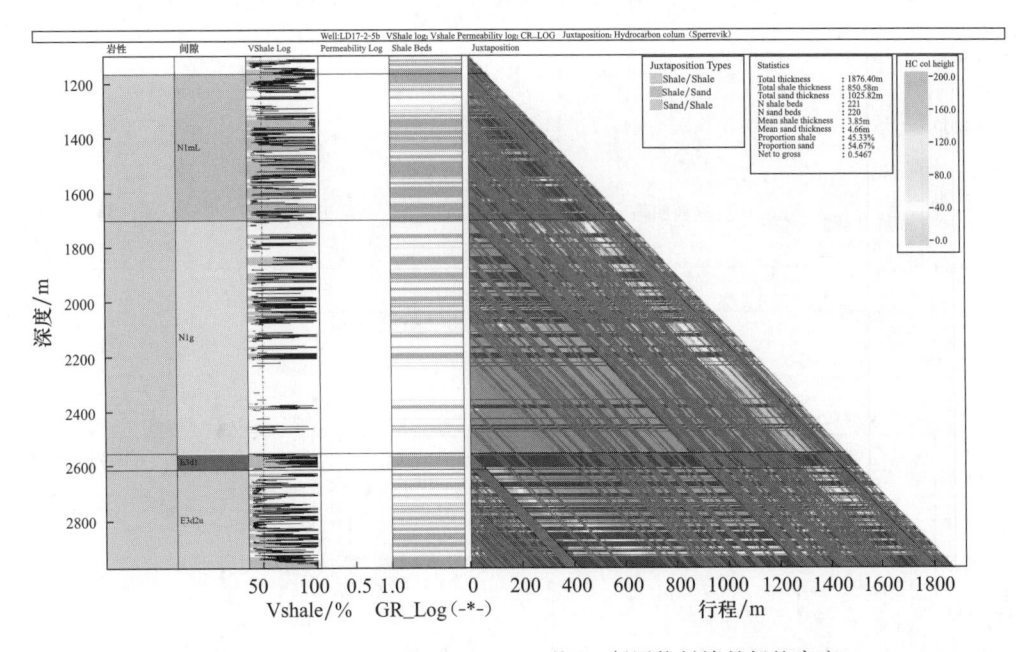

图 7-91 LD27-2 油田 LD27-2-5b 井 F$_{26}$ 断层能封堵的烃柱高度

7.3 辽东湾油气成藏模式及成藏规律

在对前面单个油气藏解剖的基础上，从北向南绘制了过辽中凹陷典型构造的油气藏大剖面图（图7-92～图7-95）。从以上四张辽东湾典型构造的油气藏剖面图上可以看出，辽东湾典型油气藏的成藏模式主要分为两种：凸起带的成藏模式和凹陷带的成藏模

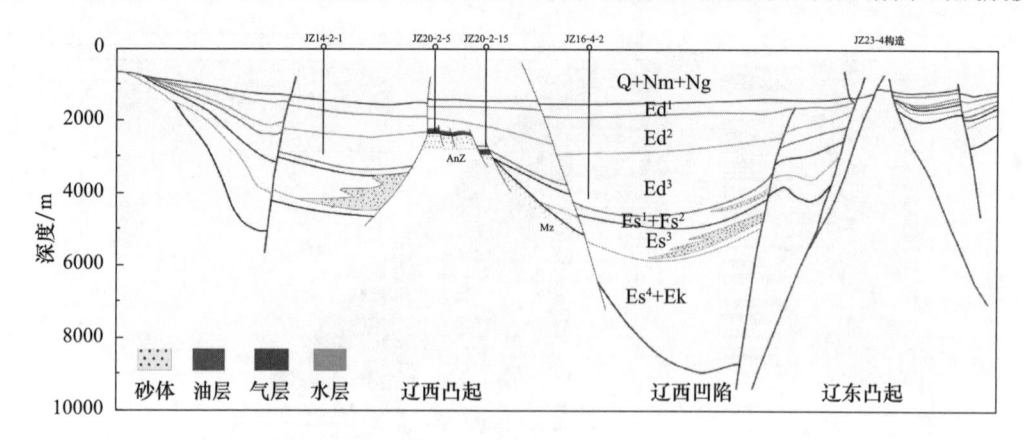

图7-92　JZ20-2油气藏剖面图

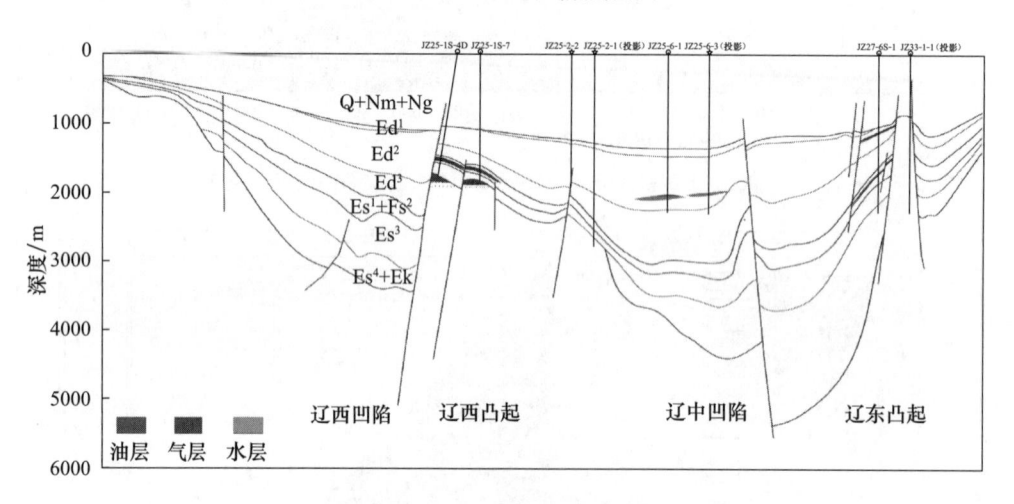

图7-93　JZ25-1-JZ31-6油气藏剖面图

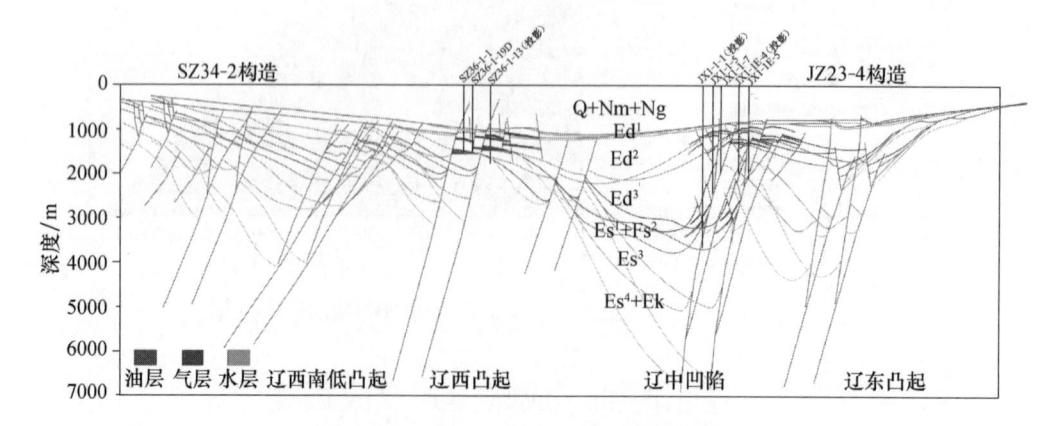

图7-94　SZ36-1-JX1-1油气藏剖面图

式。凸起带的油气成藏模式可以概括为"双洼联合接力供烃,高压泥岩双重封堵,油气复合叠层成藏"。遵循"接力供烃,油气'叠层'式成藏"的规律(图7-96)。而凹陷带的油气成藏模式概括为"烃源是'土壤',油气是'养分',排烃靠'树根',运移靠'树干',成藏在'树枝'"。遵循"走滑聚烃,油气'树丛'式成藏"的规律(图7-97)。

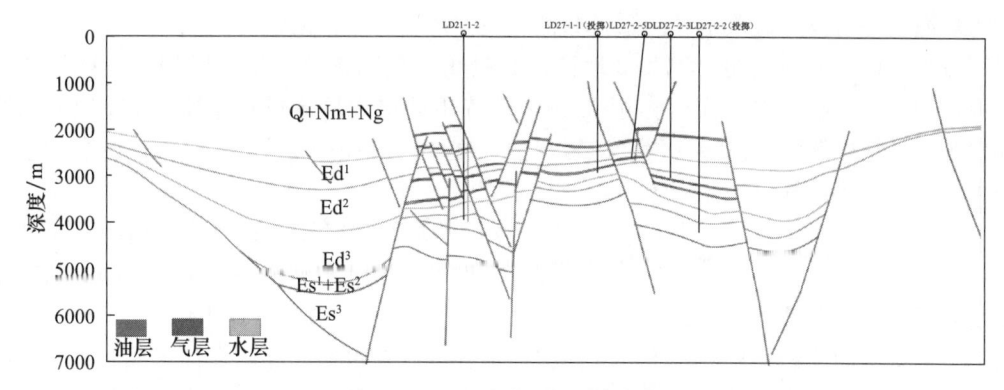

图 7-95　LD27-2 油气藏剖面图

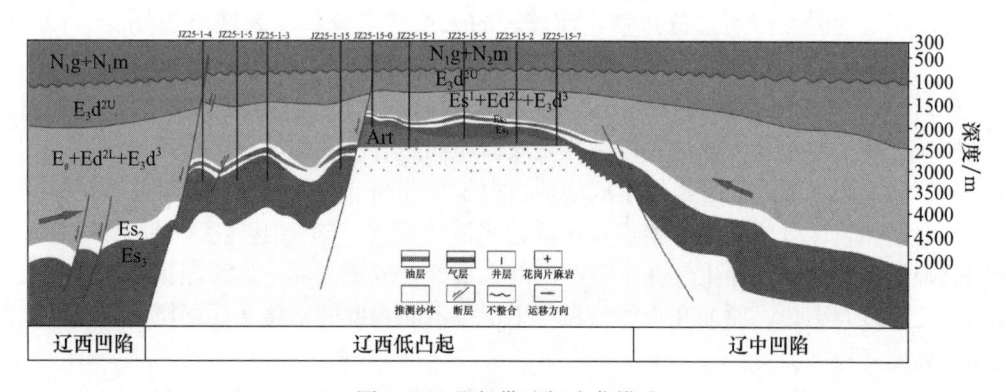

图 7-96　凸起带油气成藏模式

图 7-97　凹陷走滑断裂带成藏模式图

7.4 小 结

(1) JZ20-2 凝析气田的天然气类型属于热成因气。热史模拟结果表明，该地区东营组烃源岩一直没有进入生烃门限，其油气主要来自辽中凹陷北洼沙三段烃源岩，充注时间较晚。构造演化表明，JZ20-2 地区一直处于构造高部位，辽中凹陷沙三段烃源岩生成的油气主要沿不整合面运移至 JZ20-2 油气田储层内聚集成藏。JZ20-2N 地区的原油也是来自辽中凹陷北洼沙三段烃源岩，油气主要的充注期是在 5～0Ma，在东营组沉积末期也有少量油气充注。

(2) JX1-1 油田油气主要在走滑构造带两侧的高部位聚集，断裂的沟通使纵向上多个层位均有油气分布。该区原油物性随埋深的增加，原油密度减小，东二段的原油明显遭受到了生物降解的作用，且东块东二段油藏所受到的次生改造作用明显强于西块。该油田至少有两期原油的充注，晚期充注的原油并没有对早期充注的原油形成明显的改造和叠加作用，晚期生成的原油伴生气主要聚集在底部位的圈闭当中，原油伴生气及少量原油沿断层的泄漏点向高部位运移，使该区的天然气组分特征表现出明显的运移分馏效应。

(3) LD27-2 油田存在两期原油充注：第一期为东三段烃源岩生成的成熟度相对较低的原油；第二期主要为原油及原油伴生气。原油随着深度的增加，密度减小，表明原油是从下到上运移的，而且早期生成的油占据了构造高部位的圈闭，晚期生成的成熟度较高的原油在较深处的圈闭中聚集。东营组气油比最大，馆陶组其次，明化镇组最小，原因是晚期生成的原油伴生气在东营组内部大量聚集成藏，部分运移至馆陶组内，而明化镇组几乎没有聚集。原油和天然气在三个层位不同程度的富集，受断层的封闭性和圈闭闭合高度所控制。

(4) 辽东湾地区典型油气藏的成藏模式主要分为凸起带的成藏模式和凹陷带的成藏模式，凸起带的油气成藏模式可以概括为"双洼联合接力供烃，高压泥岩双重封堵，油气复合叠层成藏"，遵循"接力供烃，油气'叠层'式成藏"的规律；而凹陷带的油气成藏模式概括为"烃源是'土壤'，油气是'养分'，排烃靠'树根'，运移靠'树干'，成藏在'树枝'"，遵循"走滑聚烃，油气'树丛'式成藏"的规律。

第8章 油气成藏主控因素及勘探方向

8.1 辽东湾地区油气分布特征

辽东湾地区是渤海海域油气最富集的地区之一，止目前钻探发现有13个油气田，33个含油气构造（图8-1），并且油气呈北北东向展布。这些油气田及含油气构造的油气主要分布在古近系沙河街组三段，渐新统沙河街组一段、二段，东营组三段、二段、一段以及前第三系多套含油层系并且每个构造具有一个到多个同层位或不同层位的油气层。例如，SZ36-1油田在东二下段有多个同层位的油气层，JX1-1油田有沙三、沙二、沙一、东三段和东二下段五个层系的油气层。

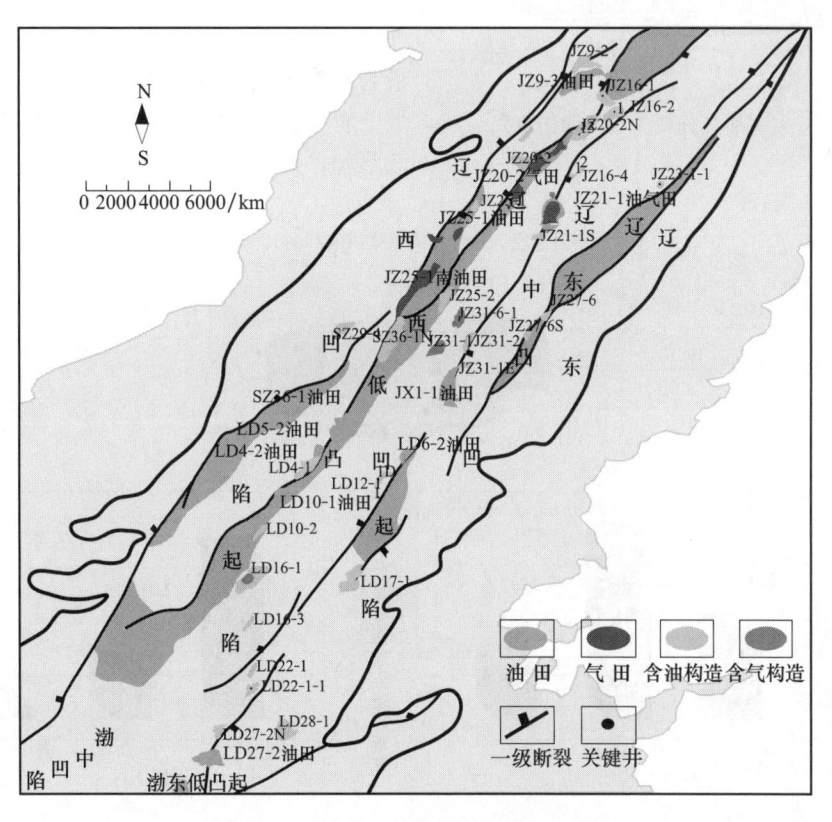

图8-1 辽东湾地区油气藏平面分布图

不同类型的油气藏其油气分布，油气储量规模也不相同，其平面和纵向分布具有以下特点。在平面上：①油多气少；原油中段最多，北段次之，南段最少；天然气由北至南逐渐减少；且油气大部分分布在辽西带；②油气主要分布郯庐断裂西支和东支附近；

③不同构造带油气富集程度明显不同，低凸起构造带及构造转换带最优；发育多种类型的油气藏，油气主要富集在半背斜和断块油气藏内；④油气多聚集于高地温梯度区、超压边缘地区。在纵向上：①从北向南，油气富集层位变新；②油气储量主要聚集在东营组。

8.1.1 油气平面分布特征

1. 油多气少、原油中多南北少、天然气北多南少

截至2009年10月，辽东湾地区获得各级石油地质储量约$23.007×10^8 m^3$，天然气$32401.53×10^8 m^3$，其中，探明石油地质储量$145353×10^4 m^3$，天然气$1487.67×10^8 m^3$。在已探明的油气地质储量中石油约占91%，天然气占9%（图8-2）。从不同的分段的油气分布上来看，不同段油气分布也有明显的不同，其中，原油主要集中在中部，其次是北部，南部最少；而天然气则由北向南逐渐减少（图8-3），以北部最为富集，占总储量的75%。从不同的分带上看，油气大多聚集在辽西凹陷和辽西低凸起，即辽西带（图8-4）。

图8-2 辽东湾油气分布图（石油当量）

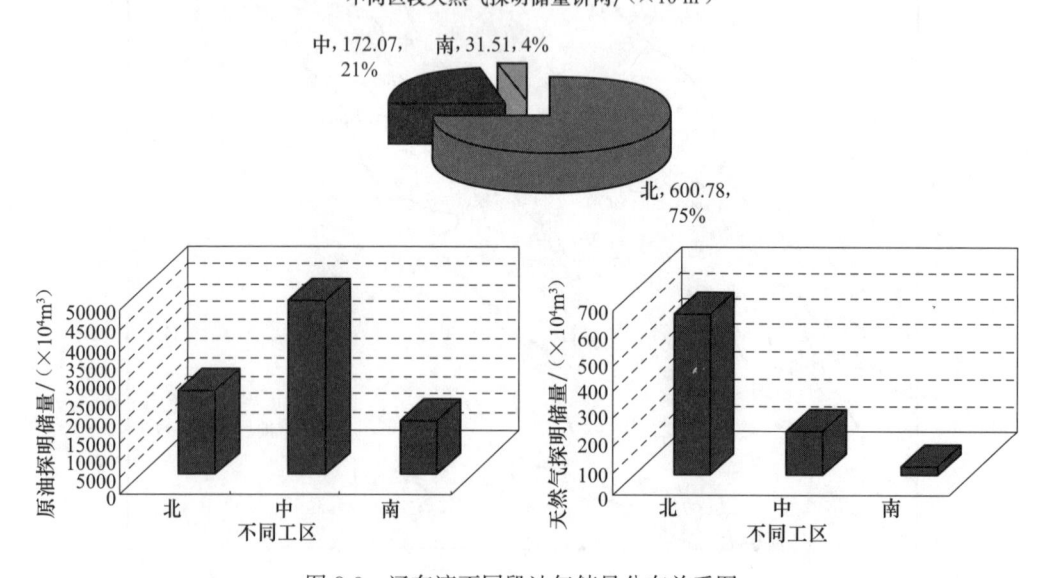

图8-3 辽东湾不同段油气储量分布关系图

2. 油气主要分布郯庐断裂西支附近

郯庐断裂在辽东湾地区分为东、西两支，其西支穿过辽西低凸起，东支经过辽中凹

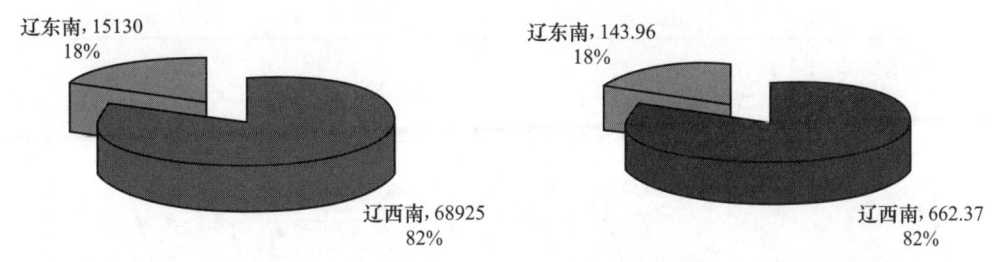

第 8 章 油气成藏主控因素及勘探方向

(a) 辽东湾地区不同区带原油探明储量/(×10⁴m³)
辽东南，15130，18%
辽西南，68925，82%

(b) 辽东湾地区不同区带天然气探明储量/(×10⁴m³)
辽东南，143.96，18%
辽西南，662.37，82%

图 8-4 辽东湾不同区带油气探明储量分布图

陷。目前已探明的油气大多分布在郯庐断裂附近，而且东、西两支断裂油气的分布差别较大。其中，郯庐西支附近的探明石油地质储量为 $60576.55×10^4 m^3$，占整个辽东湾石油探明储量的 78%，西支附近发现的天然气约为 $628.04×10^8 m^3$，约占整个辽东湾天然气探明储量的 86%（图 8-5）。由此可见，郯庐西支断裂对油气分布有着重要的影响作用。

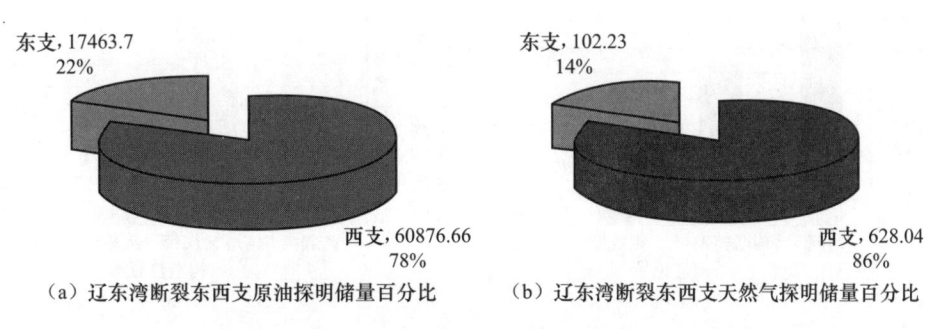

(a) 辽东湾断裂东西支原油探明储量百分比
东支，17463.7，22%
西支，60876.66，78%

(b) 辽东湾断裂东西支天然气探明储量百分比
东支，102.23，14%
西支，628.04，86%

图 8-5 辽东湾郯庐断裂东、西支油气储量分布图

3. 不同构造带油气富集程度明显不同

陆相断陷盆地有其特有的发育阶段和盆地形态，盆地的不同区带都有不同的成因及发育特点，因此形成了特有的油气藏。为了有效地探讨油气藏的分布特点，把渤海各构造单元划分为凸起、低凸起、缓坡、陡坡、凹中隆五种类型构造带，目前辽东湾坳陷在不同构造单元，发育不同的油气藏类型（图 8-6）。其中，辽东湾地区凹中隆构造带油气藏主要是分布在构造转换带上，因此，按照低凸起构造带、陡坡带、缓坡带和构造转换带对辽东湾已发现的 13 个油气田，33 个含油气构造油气藏类型和储量统计，发现不同的构造带油气的富集程度不同，以低凸起构造带最为富集，其次是构造转换带（图 8-7）。原油和天然气在不同的构造带富集程度略有不同。

通过统计辽东湾地区原油主要分布在低凸起构造带，约为 50%；其次为构造转换带（约为 38%）和陡坡带（约 9%）；缓坡带最少，约为 3%。辽东湾地区天然气主要聚集在构造转换带，达到 54%；其次是低凸起构造带（约 32%）和缓坡带（约 10%）；陡坡带最次，约为 4%（图 8-8）。

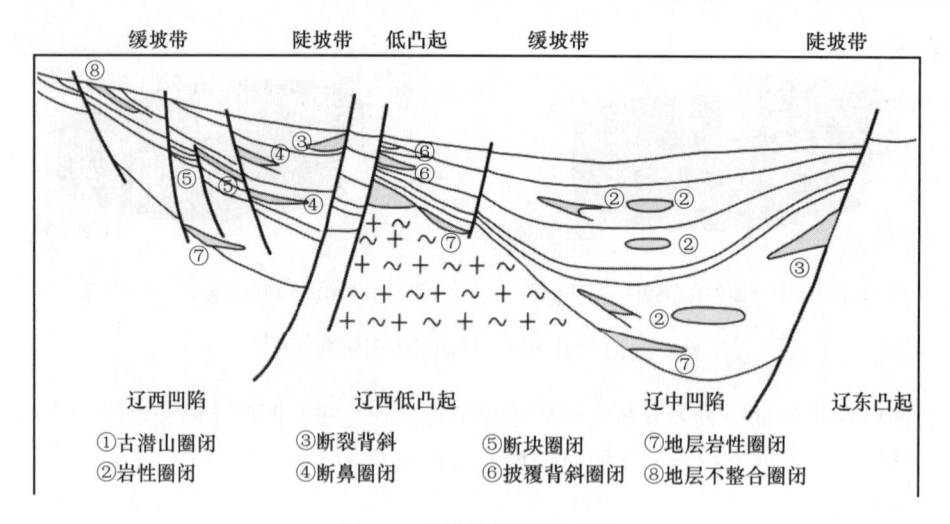

缓坡带　　陡坡带　低凸起　缓坡带　　　　　　陡坡带

辽西凹陷　　　　　辽西低凸起　　　　　辽中凹陷　　　辽东凸起
① 古潜山圈闭　　③ 断裂背斜　　⑤ 断块圈闭　　⑦ 地层岩性圈闭
② 岩性圈闭　　　④ 断鼻圈闭　　⑥ 披覆背斜圈闭　⑧ 地层不整合圈闭

图 8-6　辽东湾圈闭模式图

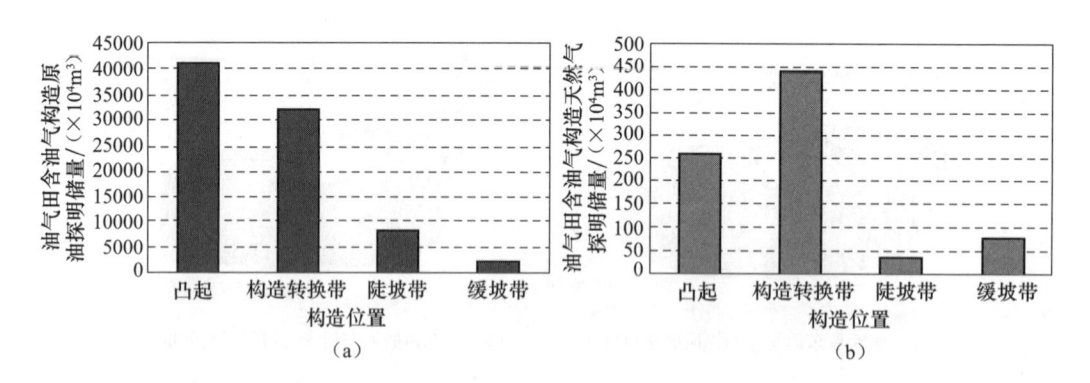

图 8-7　辽东湾不同构造带油气储量分布图

（a）不同构造带原油探明储量分布/（×10⁴m³）　　（b）不同构造带天然气探明储量分布/（×10⁸m³）

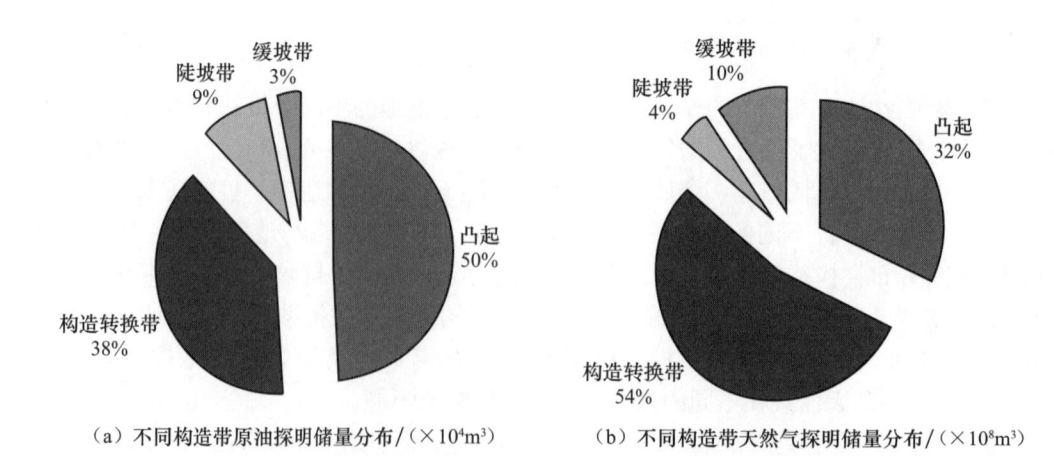

图 8-8　辽东湾不同构造带油气探明储量分布图

不同的构造带发育的油气藏类型不同。在凸起主体带主要发育半背斜、披覆背斜类、潜山类型油气藏等。如 JZ20-2、SZ36-1 等油田。在斜坡带主要发育断鼻、断块、

第 8 章 油气成藏主控因素及勘探方向

地层超覆、岩性油藏，如 SZ29-4 油气藏。在陡坡断裂带主要发育断块油藏、断鼻油藏、断裂背斜油藏等，如 LD6-2 油藏。在凹陷带发现了背斜油藏、断块油藏和一些岩性-构造油藏，如 JZ21-1 油气藏。

目前该区的油气藏主要分布在构造类型的油气藏中。其中，在半背斜油气藏中原油地质储量最高为 $47206.75 \times 10^4 \mathrm{m}^3$（图 8-9），占辽东湾整个坳陷原油地质储量的 58.12%，其次为断块型油气藏占 32.88%，断鼻油气藏占 6.39%，目前在断背斜、块断低潜山和岩性油气藏中发现的油气地质储量较少（图 8-10）。

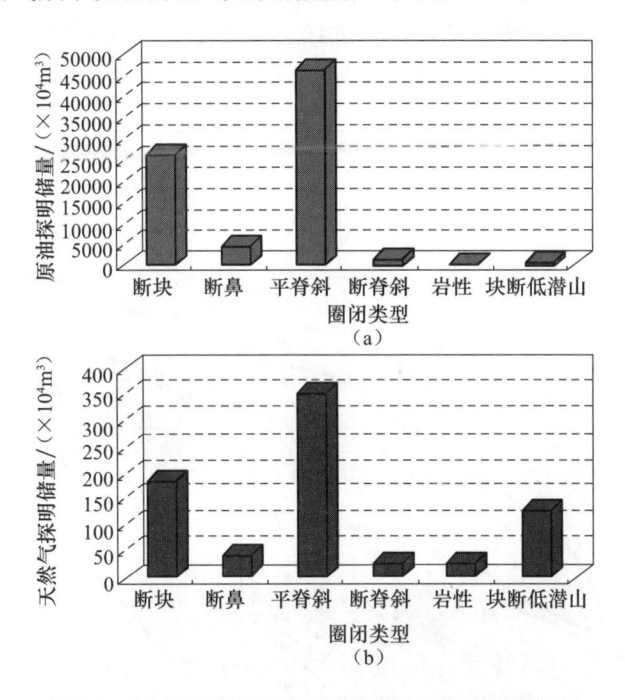

图 8-9 辽东湾不同类型油气藏油气探明储量分布图

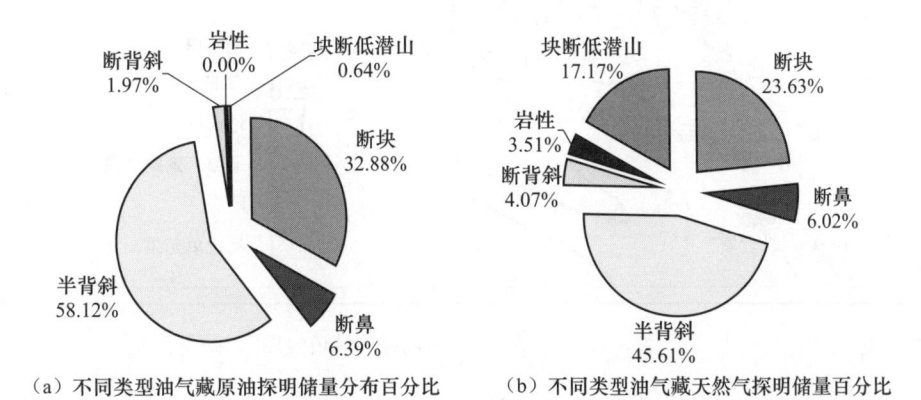

(a) 不同类型油气藏原油探明储量分布百分比　　(b) 不同类型油气藏天然气探明储量百分比

图 8-10 辽东湾不同类型油气藏油气探明储量分布百分比

同时，在半背斜油气藏中天然气的探明地质储量最高，约占 45.6%。与原油分布不同的是，天然气分布在块断低潜山油气藏中的含量明显增加，约为 17.2%；天然气在岩性油气藏也有了重大突破,约占 3.5% (图 8-10)。可见在岩性油气藏找气可能是辽东湾下一步的勘探方向。

4. 油气多聚集于高地温梯度区、超压边缘地区

辽东湾局部高地温梯度异常区沿辽西低凸起呈串珠状分布,其延伸方向与辽东湾地区 NE 向主断裂方向一致。从辽东湾现今地温等值线与油气藏关系图可以看出,该区目前已发现的大中型油气田多位于辽西低凸起高地温梯度区,如 JZ20-2、JZ25-1S、SZ36-1 等油气田。位于凹陷较低地温梯度区也发现了一些储量规模较小的油气田和含油气构造,如 JZ14-2、JZ21-1、LD22-1 等(图 8-11)。

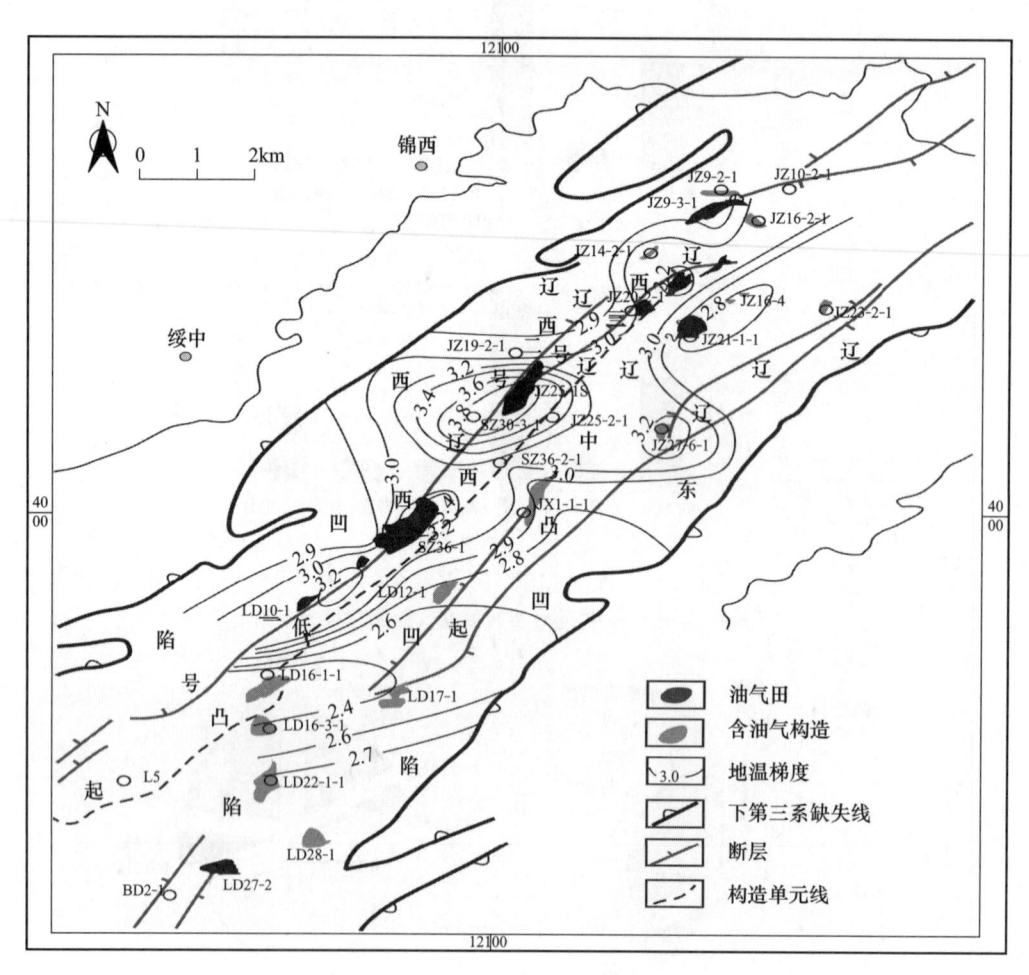

图 8-11 辽东湾现今地温梯度等值线图

从大量关于辽东湾深、浅层超压等值线与油气藏分布资料可以看出,不论是东营组油气藏还是沙河街组油气藏,都主要位于超压区的边缘或常压区,如 JZ9-3、JZ25-1S、SZ36-1、LD27-2 等;少数岩性油气藏或封闭条件非常优越的凝析气藏位于超压区内,如 JZ16-4、JZ21-1、JZ20-2 等。

8.1.2 油气纵向分布特点

1. 从北向南油气富集层位变新

渤海海域地区已发现的油气藏在垂向上表现出比较明显的规律性，最明显的规律是随着时代的变新，埋藏深度的变浅，所发现的油气资源越来越丰富。辽东湾从北向南到渤东低凸起倾末端，油气显示也具有从北向南油气富集层位变新，埋藏深度变浅的特点（图8-12）。

油田与含油气构造 地层	北部					中部				南部		
	JZ9-3	JZ20-2	JZ21-1	JZ25-1	JZ25-1S	JX1-1	SZ36-1	LD5-2	LD4-2	LD10-1	LD16-1	LD27-2
新近系 Nm^L												★
N$_1$g										★	★	
古近系 E$_3$d^1												
E$_3$d^{2u}		★	★				★	★		★		★
E$_3$d^{2l}	★	★		★			★	★	★	★		
E$_3$d^3	★					★	★					
E$_2$s^{1+2}	★	★		★	★	★						
E$_2$s^3	★	★		★	★							
潜山 Pre-E		★	★		★	★						

★ 主要油气显示层

图8-12 辽东湾主要含油气层位分布图

由图可知，辽东湾油气田主要分布在辽东湾北部和中部，南部勘探程度较低。目前在北部发现的油气田有JZ9-3油田、JZ9-3E油田、JZ20-2油气田、JZ21-1油气田、JZ25-1油田、JZ25-1S油田，其油气主要聚集在沙河街组；而中部发现的油气田有JX1-1油田、SZ36-1油田、LD5-2油田、LD6-2油田、LD4-2油田，其油气主要聚集在东三段和东二下段；而在南部目前仅发现了LD10-1油田、LD27-2（渤东低凸起倾末端），其油气主要聚集在东二下、东二上段，甚至在新近系馆陶组和明化镇组。

2. 油气储量主要聚集在东营组

目前辽东湾已发现的油气（主要考虑油气田）从纵向上看，其储量主要分布在东营组、沙河街和孔店组，东营组储量最大，约为$56319.37×10^4 m^3$（图8-13（a））。其中，有约68.51%的探明原油聚集在东营组（图8-13（b）），沙河街和孔店组的原油探明储量约占 24.56%，明化镇组的原油探明储量约占 6%，前第三系的原油探明储量最少。

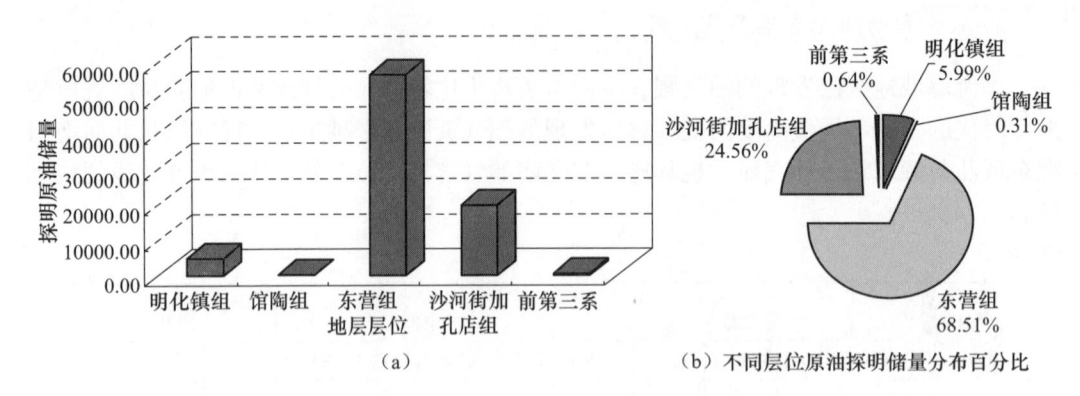

图 8-13 辽东湾探明原油储量纵向分布图

目前，辽东湾探明的天然气主要分布在沙河街组和东营组储层（图 8-14（a）），其中，东营组探明储量约占整个辽东湾探明天然气地质储量的 55.93%，沙河街和孔店组约占 31.29%，前第三系天然气储量较原油有较大的突破约占天然气总储量的 11.38%，而在新近系地层中发现的天然气最少（图 8-14（b））。

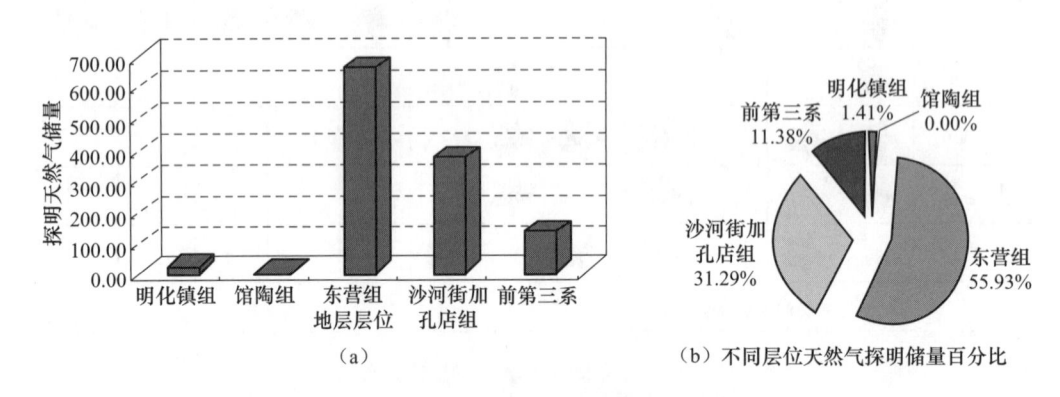

图 8-14 辽东湾探明天然气储量纵向分布图

8.2 油气成藏主控因素

辽东湾地区的油气分布受多种因素控制，包括有效烃源岩的分布、有效圈闭的规模、输导体系的类型、断裂的封闭性、储集层的物性、沉积相和砂体的展布等。输导层主要为砂体时，输导砂体的分布主要受沉积微相的控制，相应的油气藏往往也受沉积微相的控制；输导层主要为断裂时，主要受构造作用控制，相应的油气藏受构造控制明显。但实际上，油气藏的形成与分布往往受各种地质因素的控制，可能在某一方面的作用更明显，这一因素就是主控因素。

8.2.1 源岩对油气成藏的控制作用

1. 烃源岩演化程度决定了油多气少的差异性

辽中凹陷主要以Ⅱ型干酪根为主，具有中等的生油潜能，Ⅲ型干酪根含量较少，不利于生气。但是当达到一定的埋深和温度使有机质的成熟度演化达到中成熟～高成熟阶段时，可以生成热裂解凝析气。而辽中凹陷沙三段，沙一、二段和东三段都已经进入成熟阶段，并且三套烃源岩的 Ro 均大于 0.6%，进入生油门限。但是同一套烃源岩在不同的层位的演化程度也各不相同，沙三段烃源岩 Ro 大多为 0.7%，而在中北部沙三段烃源岩 Ro 已达 1.0%，且最高可达 1.5%，源岩进入中成熟-高成熟生成凝析气阶段，但分布范围有限（图 8-15）。而中南洼的烃源岩 Ro 都小于 0.7%，只达到中成熟阶段，主要生成重质-轻质油。辽中凹陷沙一、二段和东营组烃源 Ro 多大于 1.0%。辽西凹陷的演化程度低于辽中凹陷，目前仅有沙三段和沙一、二段成熟，也主要以生油为主。

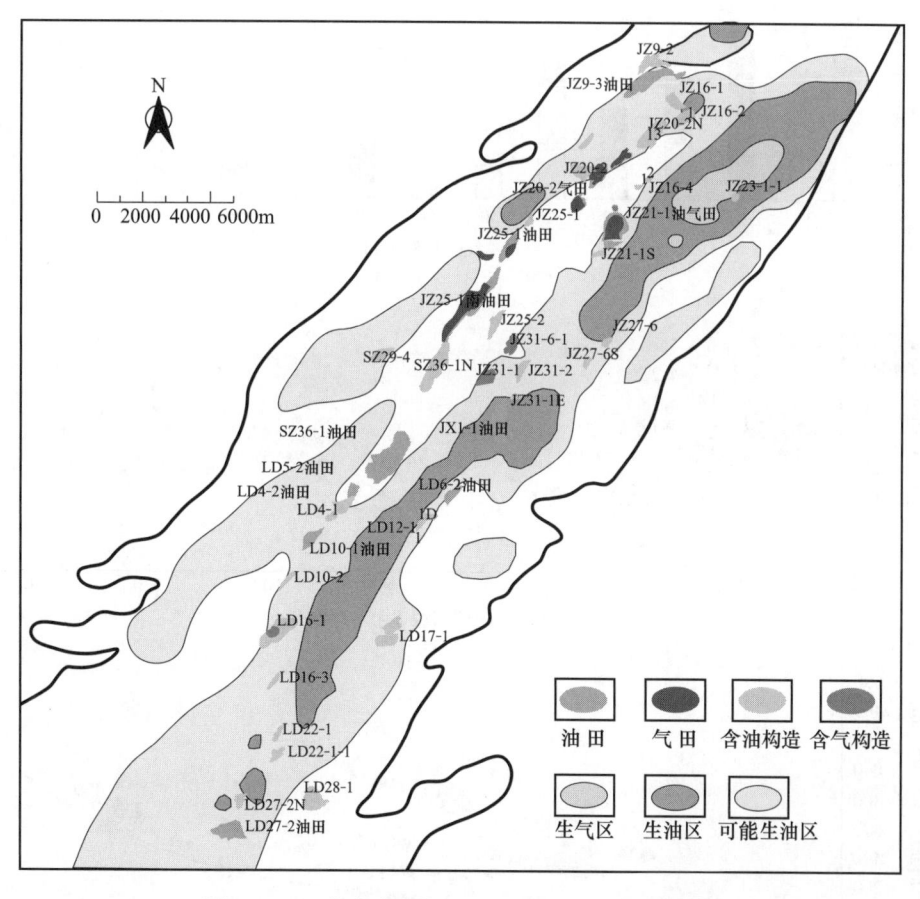

图 8-15　辽东湾沙河街组主力烃源岩与油气关系图

由此可以看出，由于辽东湾不同地区不同层位的烃源岩演化的程度不同，从而导致产生油、气也有差异。其中，凝析气主要产生于辽中凹陷沙三段中北部地区源岩，生气范围较小，而生油源岩的范围明显大于生气的范围，而其他源岩层和辽西凹陷沙河街组烃源岩主要以生油为主，决定了辽东湾具有油多气少的特征，同时由于天然气对盖层封闭性的要求更高，北部东营组巨厚的泥岩盖层封闭性较好，中、南部盖层封闭性变差，因此，源岩热演化程度和盖层的封闭性共同决定了天然气以北部为主，而中南部较少。

2. 生烃洼陷控制油气富集区的展布

大量勘探及地质研究实践表明，对我国陆相断陷盆地，油气具有就近聚集在生油有利区或邻近地带的特点，即"源控论"的观点，其实质就是油气运移距离较短，即油气主要富集于烃源洼陷周围。本次通过油源对比与油气运移的研究也证实了这点。庞雄奇等（2003）通过对中国大中型油气田（藏）与源岩的统计结果表明，国内外大中型油气田（藏）与源岩有密切的亲缘关系。所有的大中型油气田（藏）油气运移的距离不超过100km，无论是从油藏的个数还是储量均存在这一规律。同时最大油气藏的储量与烃源岩的生烃强度存在密切的关系，单位面积的生油强度不小于 $4.6 \times 10^4 t$（图 8-16）。

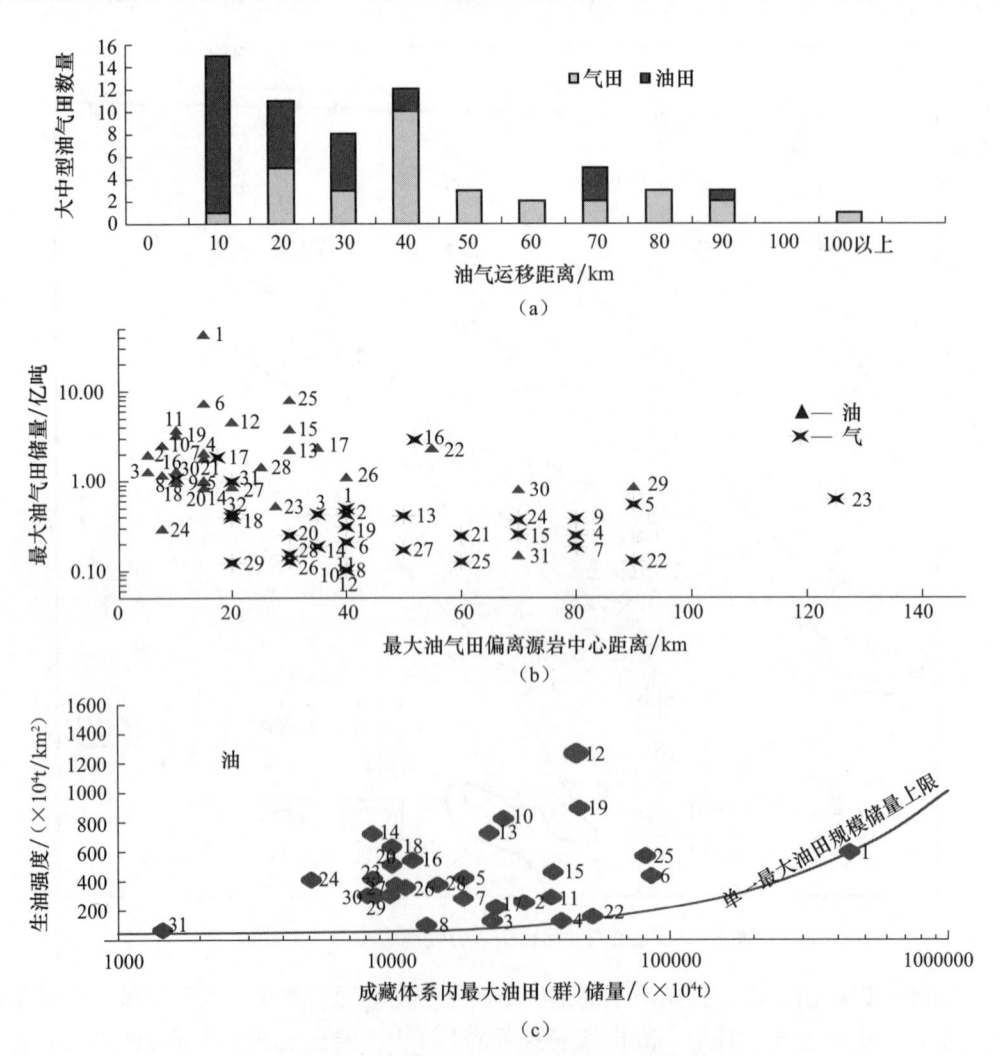

图 8-16 国内大中型油气田（藏）与源岩分布规律统计关系

本次研究也对辽东湾部分已钻圈闭与油源的距离以及储层的岩性和含油气情况进行了统计发现该区油气田大多紧邻生油中心（图 8-17），有的甚至在生油凹陷之中，如 JX1-1 油田和 LD6-2 油田。而离油源较远的圈闭一般多为失利构造，如 SZ36-2 构造。

8.2.2 圈闭对油气成藏的控制作用

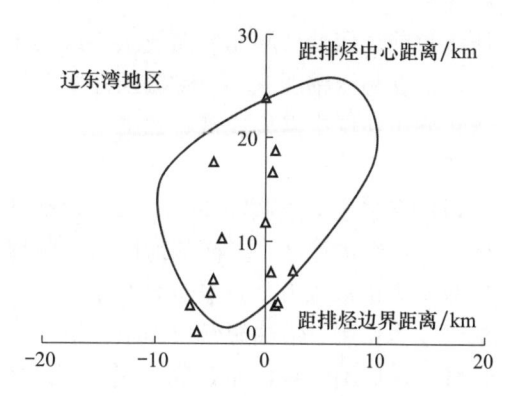

图 8-17 油气藏距离有效烃源岩的距离

由成藏条件分析辽东湾有沙三段、沙一段和东二段三套烃源岩，每套烃源岩的成熟度和演化程度各异。研究表明辽东湾沙三段烃源岩油气运移发生在东营组末期至今，而沙一和东三段烃源岩大规模油气运移从馆陶和明化镇组开始，此时沙河组和东营组的圈闭已经形成。

油气田勘探实践证明，生油层、储集层、盖层的有效匹配，是形成有效圈闭，特别是形成巨大油气藏必不可少的条件。

通过对辽东湾地区储集条件和生储盖组合的空间配置研究可知，辽东湾主要发育有中储盖组合和下储盖组合，而上储盖组合不发育。沙三段和沙一段生成的油气通过断裂及不整合面向下运移至潜山中，沙三段超压带可以对下部潜山中的油气形成超压封闭，因此，只要潜山储层发育，断裂侧封性好就能形成大规模的油气藏，同时沙一段的烃源岩层也能作为沙二段和沙三段的油气的盖层。而东三段超压又能对沙河街组的油气形成封闭，同时，由于东三段巨厚泥岩的超压作用阻止了下部的油气向上运移（图 8-18），

图 8-18 生储盖配置与油气藏关系示意图

▓ 表示超压；⊠ 表示地层缺失；┅┅ 表示泥岩盖层；
☆ 表示油田在不同层位发育的相对规模；▼ 表示井底；● 表示源岩

所以目前辽西低凸起北部油气主要聚集在沙河街组。

而在超压幅度变小，封盖条件变差处，通过断层沟通，油气才能穿越此套盖层，进入东营组储层中聚集成藏，如JZ9-3油田东二段油藏。另外，在辽中凹陷深洼部位，东三段烃源岩已成熟生烃，油气在东三段异常高压的强动力作用下或沿断层或直接进入东二段储层中聚集成藏，如JZ21-1、JZ16-4东营组油气藏。

在辽东湾地区中、南部地区东三段超压范围、幅度明显缩小，在辽西低凸起和斜坡区基本为正常压力，封盖能力变差，辽中南洼主力烃源岩沙三段生成的油气在异常高压的强动力作用下沿油源断层和东营组三角洲砂体组成的输导系统向浅部和侧向作长距离运移，形成油气藏，如SZ36-1东二段主力油藏。

总的来说，生烃洼陷的展布决定了油气富集区的展布，区域盖层的分布控制了油气聚集的层位，沉积相带的展布与储层的发育程度控制了油气藏的展布与富集，而生、储、盖之间相互有效的配置，即圈闭的有效性和规模大小则控制了油气富集区的展布和油气的分布层位。

8.2.3 断裂对油气成藏的控制作用

断裂活动作为构造运动的重要方式，不仅对油气的生成、运聚、成藏有重要的控制作用，而且在油气藏形成后对油气的保存有重要的影响。辽东湾主要发育两组断裂构造，即以四条NNE向的郯庐断裂带为主，另外，还发育了一些近EW向的断裂。其中，大多数断裂都是在继承或部分继承前新生代断裂系统的基础上发育起来的，基本上控制了新生代盆地的形成。辽东湾中、新生代主要有三期断层活动高峰期：中生代、沙河街组二、三段沉积期和东营期。其中，沙河街组三段沉积期是活动最强烈时期，而沙河街组四段孔店和沙河街组一段这两个时期以及馆陶期以来为活动较弱时期，不同活动强度的断裂控制油气运移距离和聚集规模（图8-19）。

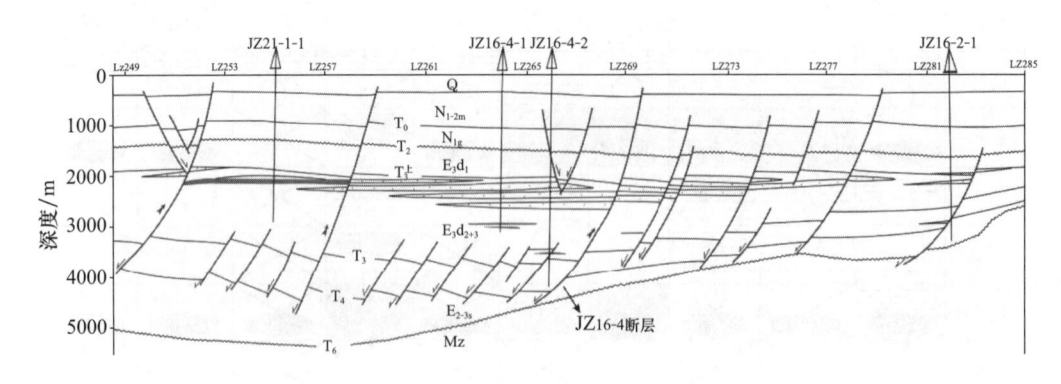

图8-19 LL57测线油气运聚剖面图

由辽东湾油藏与断裂关系图可以看出，目前，辽东湾油气藏大多分布在郯庐断裂带附近，可见断裂对油气有着明显的控制作用（图8-20），其对油气运聚和成藏的控制作用主要表现在以下几个方面。

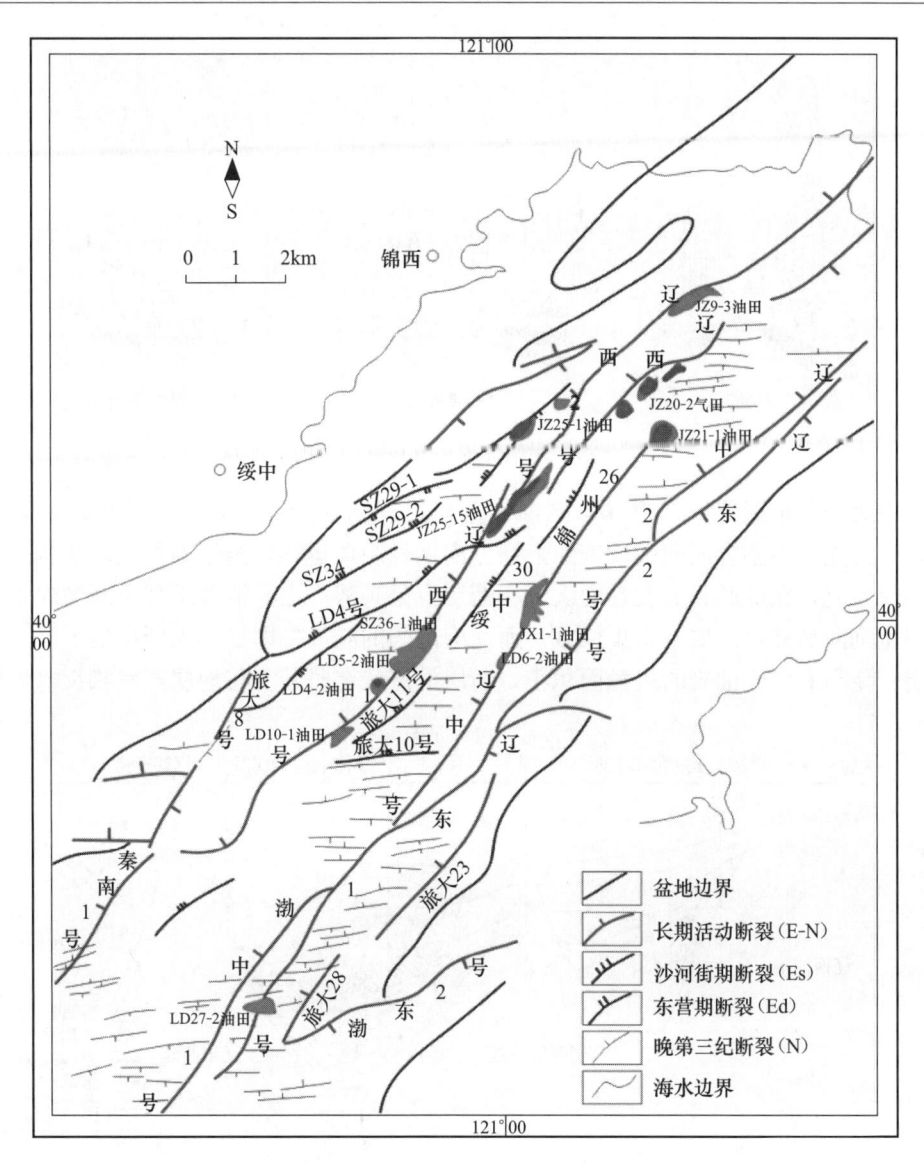

图 8-20　辽东湾油气藏与断裂关系图（刘震等，2006，有修改）

1. 断层产状与地层的组合控制油气运移指向

断陷盆地的生油中心和沉降中心基本吻合，略偏于主断层一侧。自生油层向邻近储集层排出油气后，理论上油气总是在浮力作用下寻求最短途径并做垂向或侧向运移，即油气有自凹陷中心垂直构造等高线边缘运移的规律，也就是油气运移指向古隆起区。但是由于断陷盆地中断块组合形式不同，油气运移指向古隆起区。陈发景等总结了断陷盆地存在的油气运移的三种油气运移模式（图 8-21），三种油气运移模式的共同特点是缓坡带和中央凸起区是油气运移的主要指向，而经主断层陡坡带陡坡一侧方向运移较少。

辽西低凸起不仅被辽西和辽中这两大生油凹陷所包围，而且还位于辽中凹陷的缓坡

(a) 双断式　　　　　(b) 同断式　　　　　(c) 地堑-地垒式

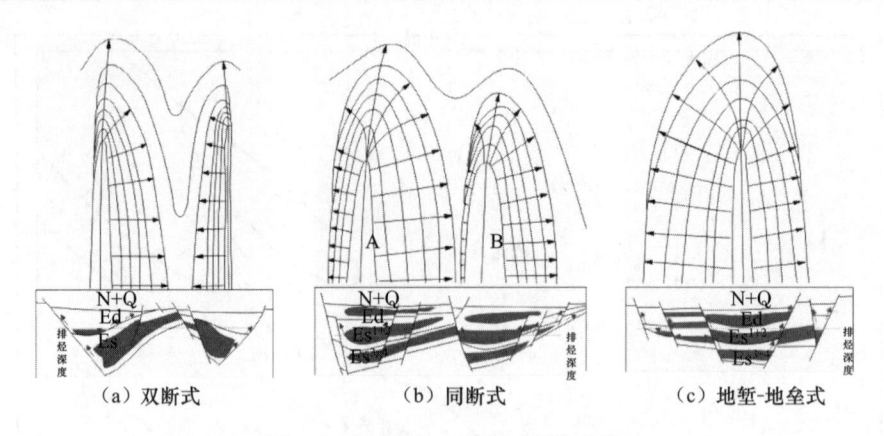

图 8-21　断陷盆地油气运移模式图

带，为中央凸起带低势区，由辽东湾油气运移示意图（图 8-22）可以看出，凹陷中生成的油气首先沿不整合面向缓坡带的上倾方向做长距离运移，至辽西低凸起的构造高部位，不仅如此，在低凸起上发育的次级小断层也是顺势产出，油气运移至断裂时也能沿该断裂做垂向运移至浅层中聚集成藏。而辽中凹陷的陡坡带即辽中大断层的下降盘，由于断层较陡与有效生油岩的接触面积小，断层的产状有时甚至与地层产状相反（如反向

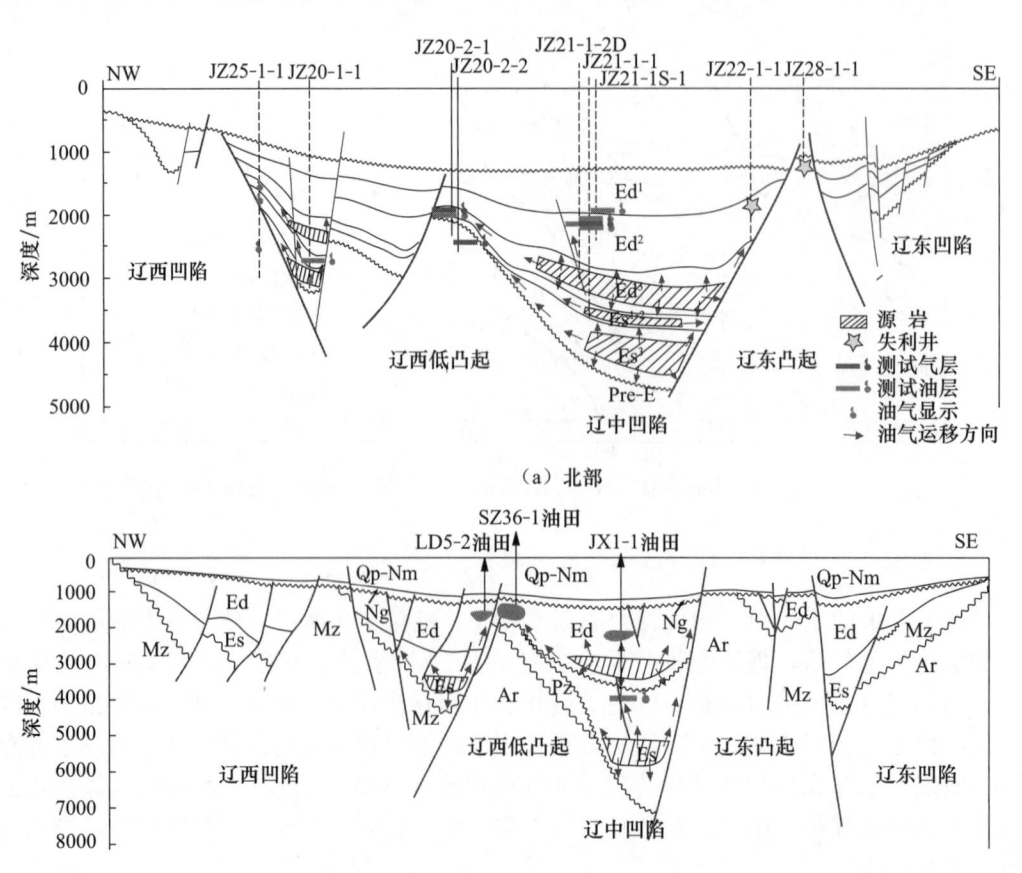

(a) 北部

(b) 中部

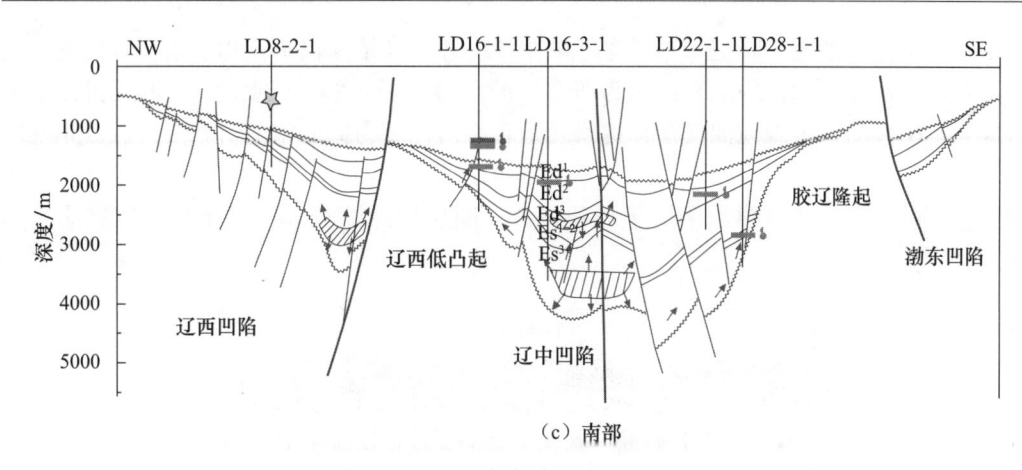

图 8-22 辽东湾油气运移示意图

正断层），则不是有利的油气指向区。因此，辽中凹陷陡坡带油气贫乏的原因除地质条件比较复杂，与箕状断陷的内部结构，即断层与地层的组合形式也有密切关系。

2. 断裂带走滑活动控制了油气东、西分异

郯庐断裂带在辽东湾分为东、西两支。东支由辽中 1~3 号、辽东 1~2 号、旅大 1~2 号断裂组成，以伸展走滑作用为主，控制辽东凸起的形成，将辽东凸起分为两段，呈"香肠状"。西支由秦南 1 号和辽西 1~4 号等断裂组成，以伸展拉张为主也具有走滑特征，控制辽西低凸起的形成，辽西 2 号断层为辽西低凸起的边界断层，为走滑性质的正断层，凸起沿断层呈狭长的"山脉状"分布。

走滑断层的主要特征：①断面陡立而狭窄；②沿走向断面倾向多变；③常无显著的垂直升降；④不同力学性质的构造在同一条断层共存；⑤复杂的"花状"剖面结构。

由此分析可以看出，郯庐断裂东、西两支断裂带的走滑活动强度明显不同，使二者通过地区的油气分布特点差异很大。东支是郯庐断裂带的主要分支，走滑更为明显，其通过地带有较多油气聚集在下部层位中。在辽东湾地区，因西支走滑活动较弱，辽西低凸起披覆层的东营组和新近系中有大量的油气聚集，发现了 SZ36-1 大油田和 JZ16-4、21-1、23-1 等一批含油气构造，探明石油储量数亿吨；东支走滑强烈，辽东凸起仅发现一些含油构造，尚未发现具有规模的油气藏。仅从储层发育情况看，整个辽东湾地区的东营期砂体都很发育，两个凸起带均有大型三角洲砂体覆盖，都有形成油气藏的储集条件。因此，辽西凸起和辽东凸起油气分布特点的差异，可能主要与郯庐断裂带东支和西支走滑活动强弱不同有关。例如，在辽河坳陷，东部凹陷的形成受辫状断裂带控制，为"强走滑弱伸展"成因凹陷，断层封闭性较好，浅层新近系没有发现油气藏；西部凹陷伸展作用较明显，断层封闭性相对较差，浅层新近系发现了近 2000 万吨储量。

此外，受 NNE 向郯庐断裂主断裂（东支）走滑作用的控制，在主断裂的西侧产生了一系列雁列式的 EW 向的次生调节断层，由于一般主干断裂的封闭性较好，次生调节断层为该区的油气运移的主要通道，其发育程度影响油气运移量的大小，而走滑断层则主要起到控制圈闭的作用。例如，LD6-2 构造，位于辽东湾海域辽东构造带中南段，位于辽中 1 号大断层下降盘，与辽中凹陷中洼毗邻。经钻探揭示该构造落实程度高，圈闭中等，经地震揭示辽中 1 号断裂为压扭性的断裂（图 8-23），通常情况下压扭性走滑断裂是封闭性的，很难为油气运移提供通道，目前在该构造的馆陶组和东二段，东三段多个层系均有油层发现，因此，推测 EW 向的次生调节断层是控制该区油气运移的主要通道，而辽中 1 号断裂由于属于压扭性质，断层侧封性较好，主要起到控制圈闭的作用。

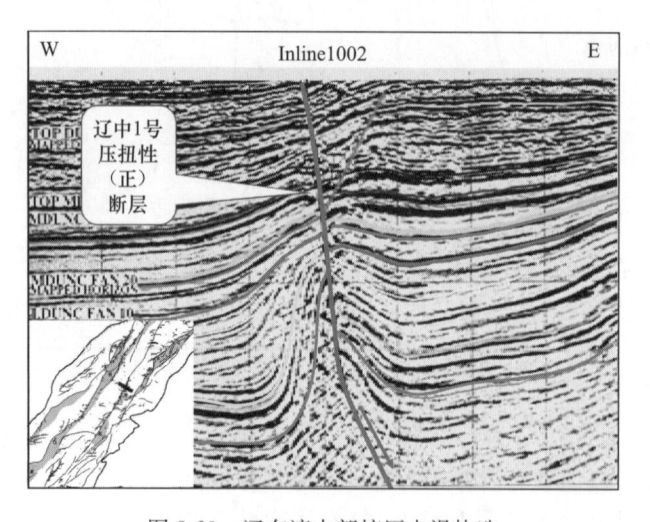

图 8-23　辽东湾中部挤压走滑构造

3. 断裂活动控制了油气聚集的层位

油气输导系统通常是由断裂、不整合面、砂体等因素共同组成，其中，断裂是最关键的因素。继承早期张性断层面的晚期再活动大断层，沟通了烃源层和储层，是晚期成藏的重要运移通道。断层的输导性与断层在油气运移时期的活动性有关。断层活动时期与油气运移时期的匹配关系决定了油气的运移与聚集。在油气运移期前活动，而后没有活动的断层，对油气起封堵作用，而不起输导作用，原生油藏得以保存；在油气运移期间仍然活动的断层，油气的运移聚集作用兼而有之，此时断层表现出运移的短期性和快速性以及封闭长期性的特点。断层起输导作用，油气沿断层发生运移，导致多层位含油和多油水体系。

油气的初次运移往往是伴随着油气的大量生成开始的。而油气的二次运移，应该是在主要生油期之后或同时所发生的第一次构造运动时期。因此，在不能准确确定油气运移时期时，可以通过研究油气生成史与断层活动史的关系，判断断层的输导性能。油气的运移能力取决于油气运移时期断层的活动特征。然而，辽东湾地区油气运移开始至今，断层的活动又是极不均衡的，某一段时期强，某一段时期弱，某一段时期又停止活动。断层活动的这种不均衡性导致了油气运移规律的不同，从而造成了不同层位的油气分布。下面以 Inline920 测线和 LL57 测线为例说明断裂活动对其油气成藏的影响。

(1) Inline920 测线

Inline920 测线是过 JZ25-1S 油田的一条测线。JZ25-1S 断裂系统：主要由近 NE 向展布的 1 号、2 号断层及其派生的一系列近东西向展布的次级断层组成；不同的断裂系统中断层的组合特征各不相同。JZ25-1S 断裂系统中断层平面组合均呈现雁列式特征（图 8-24），体现了扭动应力作用特征，也是该区受郯庐断裂影响的重要依据。

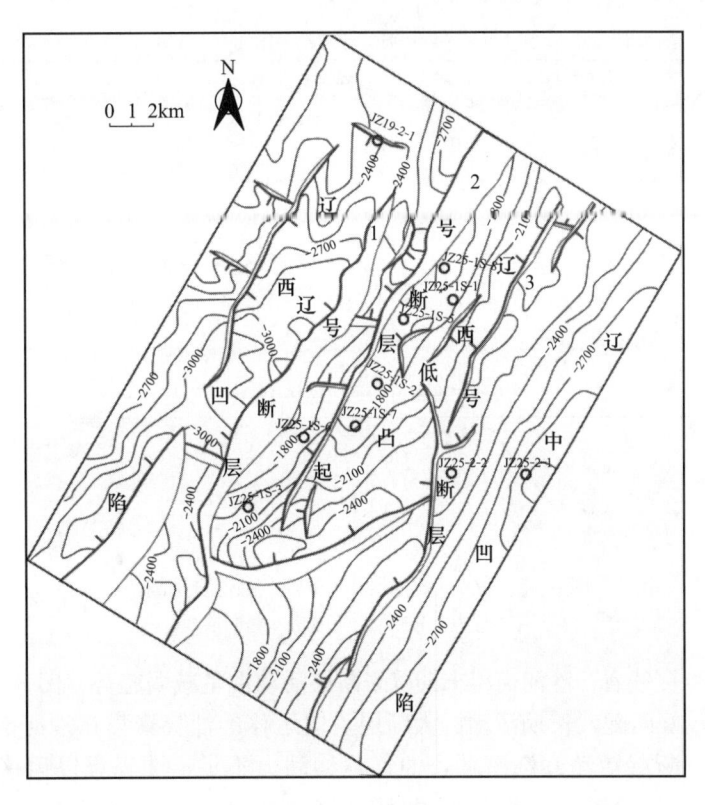

图 8-24 JZ25-1S 断裂系统（T_8）

JZ25-1S 地区东斜坡断层，多为早期发育的系列断层，在沙河街组末期基本上停止活动（图 8-25），主要起到复杂化油气运移通道的作用。而西部控制凹陷和凸起结构关系的 1 号和 2 号断层活动时间长，在油气运移时期断层的活动有利于辽西凹陷生成的油气沿断层向凸起运移，成为该区重要的油气输导通道。辽西凹陷沙河街组生成的油气沿着边界深部大断层垂向运移至储集层中聚集成藏。

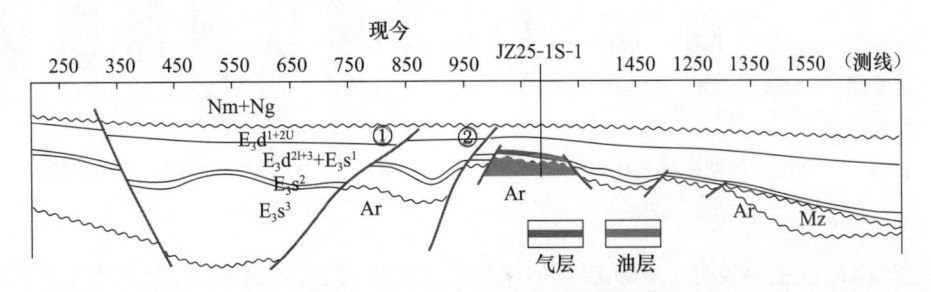

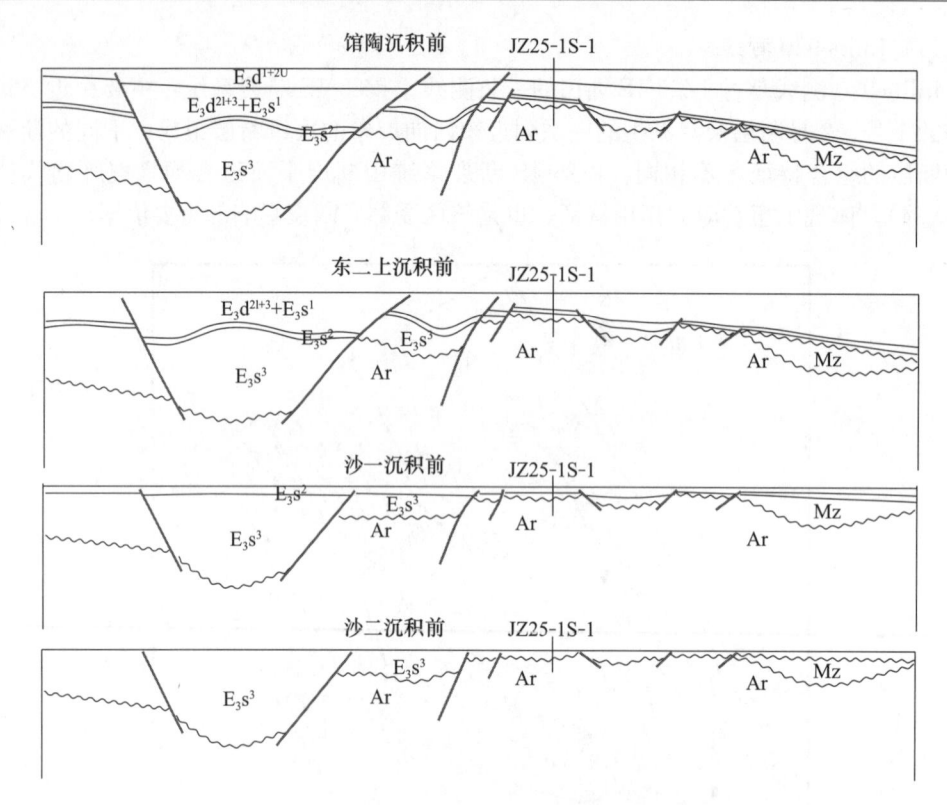

图 8-25 JZ25-1S 地区 Inline920 测线演化剖面
①代表1号断层；②代表2号断层

从 Inline920 测线看，沙河街组末期以来断层活动性呈减弱趋势（图 8-26 和图 8-27），与油气运移期较好匹配，长期活动的大断层垂向运移的油气聚集在沙河街组地层成藏，随着层位变浅，断层活动逐渐减弱，油气运移动力不足，油气难以运移至浅部地层，JZ25-1S 地区油气的聚集和分布特征能够说明这一点，该油气田的油气主要聚集在沙河街组地层中成藏，而浅层的馆陶组和明化镇组没有任何油气显示。

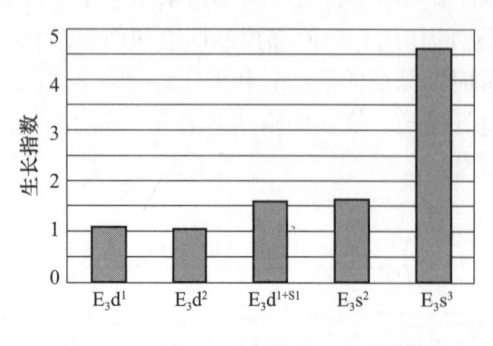

图 8-26 辽西1号断层生长指数特征

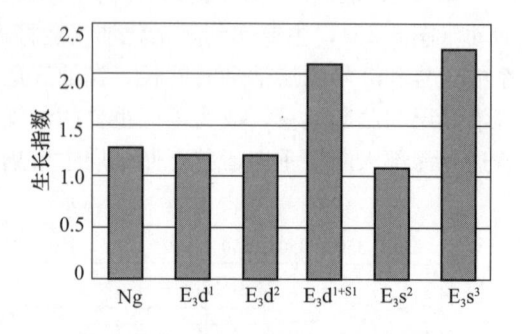

图 8-27 辽西2号断层生长指数特征

（2）LL57 测线

辽东湾地区主要发育三期断层：早期断层主要发育在沙河街组沉积末期至东营组沉

积早期；晚期断层主要发育在新近系沉积期，即馆陶末期至明化镇初期；持续活动断层从沙河街早期持续活动到第四纪，呈继承性发育（图8-28）。早期断层、晚期断层由于活动时间短且断穿的层位少强度小对本区的油气运移作用较小，只有长期持续活动断层才是油气运移的主要通道。因为辽中烃源岩主力生排期为东营组沉积期末期至明化镇期，而辽西凹陷的主力烃源岩排烃期为馆陶组末期到明化镇组开始大量排烃，早期断层活动时烃源岩尚未排烃，烃源岩排烃时早期断层已停止活动，趋向于封闭作用。晚期断层活动期虽然与主力生排期一致，但晚期断层一般规模较小，没有断达油源；若晚期断层与其他油源断层相接或断至已聚集的原生油气藏，则对油气能起到一定的输导或再分配作用。但是，由于在本区新近系馆陶组和明化镇组缺少很好的盖层，无法形成良好的储盖组合，因此，即使晚期断层能对油气起到一定的输导或再分配作用，也无法形成大规模的次生油气藏。因此，断层发育活动历史制约了断层的输导作用，从而制约了油气成藏。

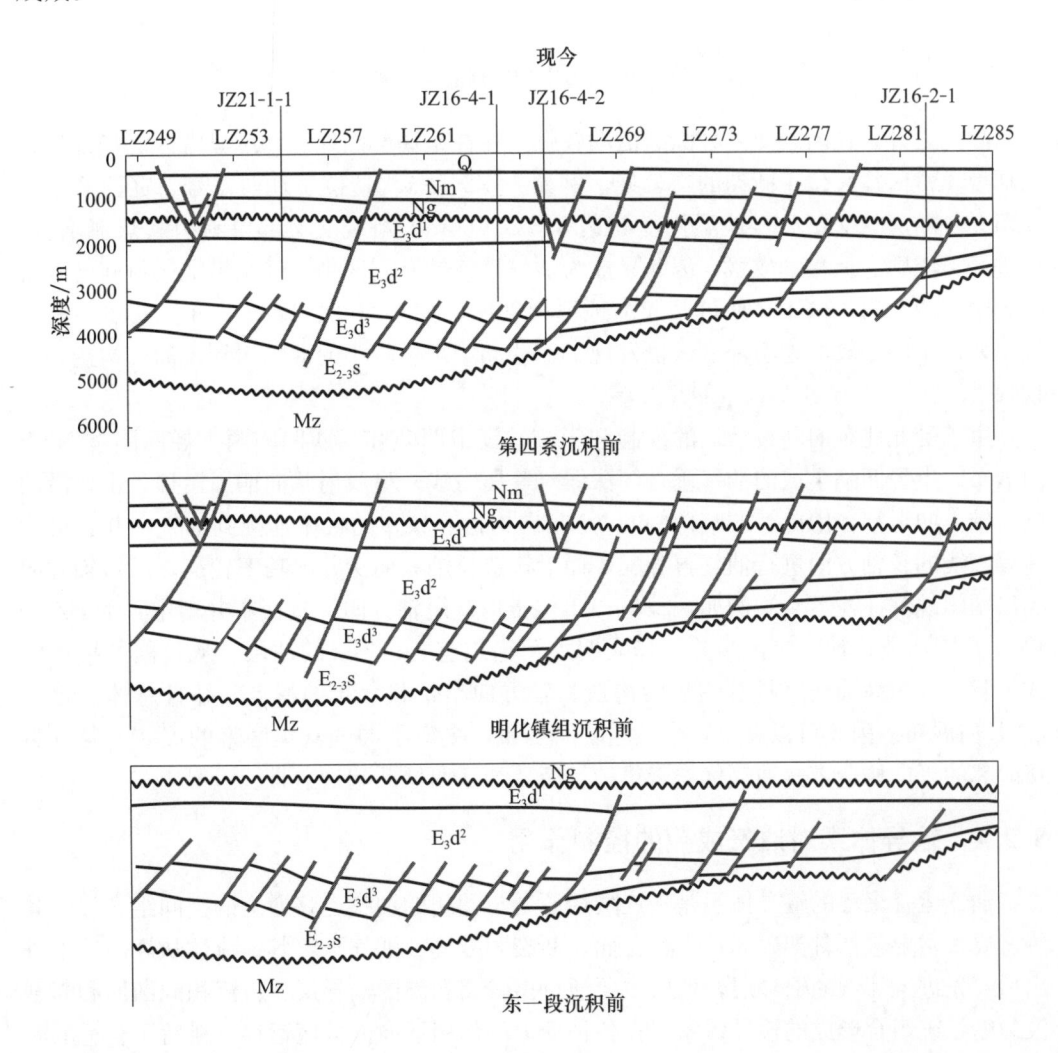

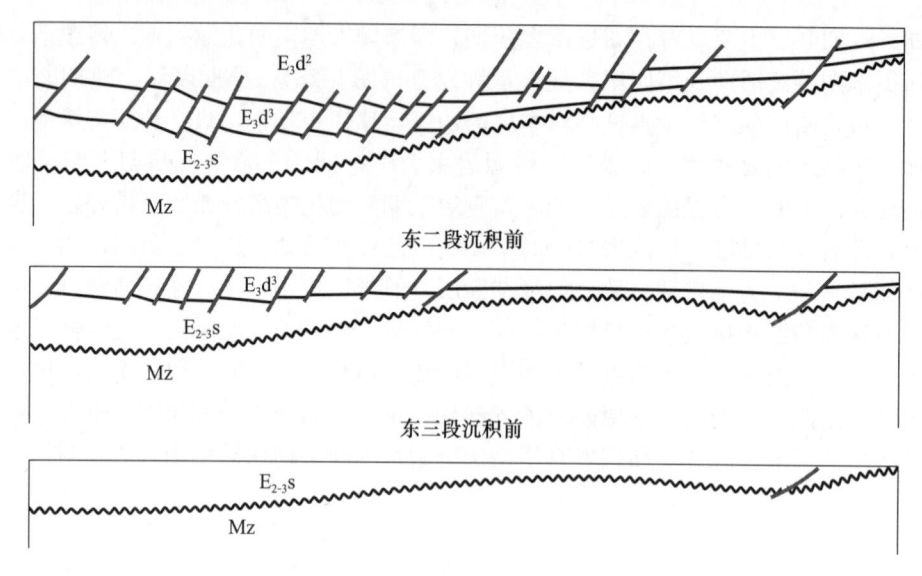

图 8-28 LL57 测线剖面发育图

除此之外，在断裂交叉处断裂活动较强，往往是局部高地温梯度异常区。局部高地温梯度异常区往往位于断裂的交叉处，例如，JZ25-1S 构造位于辽西 1 号、辽西 2 号和辽西 3 号断层的交汇处，地温梯度高达 3.8℃/100m。断裂交叉部位易引起热流增强，促进烃类成熟、运移和成藏，因此易成为油气聚集的有利区带。辽东湾地区目前已发现的大中型油气田多位于辽西低凸起高地温梯度区，如 JZ20-2、JZ25-1 南、SZ36-1 等油气田。位于凹陷较低地温梯度区也发现了一些储量规模较小的油气田和含油气构造，如 JZ14-2、JZ21-1、LD22-1、LD27-2 等。

由于受北北东向断裂活动的控制和影响，辽中凹陷和辽西凹陷两生烃凹陷呈 NNE 向展布。生烃凹陷生成的油气垂直等深线（等压力线）呈放射状向四周运移，主要沿凹陷短轴方向运移，因此，凹陷两侧的 NNE 向构造有较多的机率捕捉到油气，并且沿构造等高线的长轴方向进行油气再分配，而沿构造长轴方向探井成功率较高，沿短轴方向超出圈闭线就往往落空。例如，SZ30-3-1 位于构造短轴方向，致使本井落空，而 SZ36-1N-1 位于构造长轴方向，测井解释表明沙河街组有 4m/2 层的油层。从目前的勘探的成果看，辽东湾油气藏具有明显沿构造长轴方向呈带状分布的特点，并且总体上也呈 NNE 向展布。因此可以看出，生烃洼陷的展布，决定了油气富集区带的展布，与其直接毗邻的正向构造带是油气优先聚集的场所，如辽西低凸起构造带。

8.2.4 输导体系对油气成藏的控制作用

油气运移聚集的输导体系是指连接烃源岩与圈闭的油气运移通道的空间组合体，其静态要素主要包括骨架砂体、不整合面、断裂和裂缝。油气随着其他流体从烃源层中排出后，先进入邻近的输导层，然后主要通过由较高孔渗的输导层、古沉积间断面和断裂及裂缝系统组合形成的输导体系，在各种动力的作用下向低势区运移，滞留于合适的圈闭中形成油气藏。

第 8 章 油气成藏主控因素及勘探方向

砂体、断层、不整合面是辽东湾地区油气运移的基本要素，它们之间相互配合形成三类油气运移输导体系。以断层为垂向运移通道的油气藏常在断层带附近多层叠置，且断层多具有同生性质。例如，LD16-1 馆陶组油气藏，在同生断层作为油气通道的情况下，来自沙三段烃源岩的油气自下而上运移，在向上运移的过程中遇到合适的圈闭即可成藏（图 8-29）。

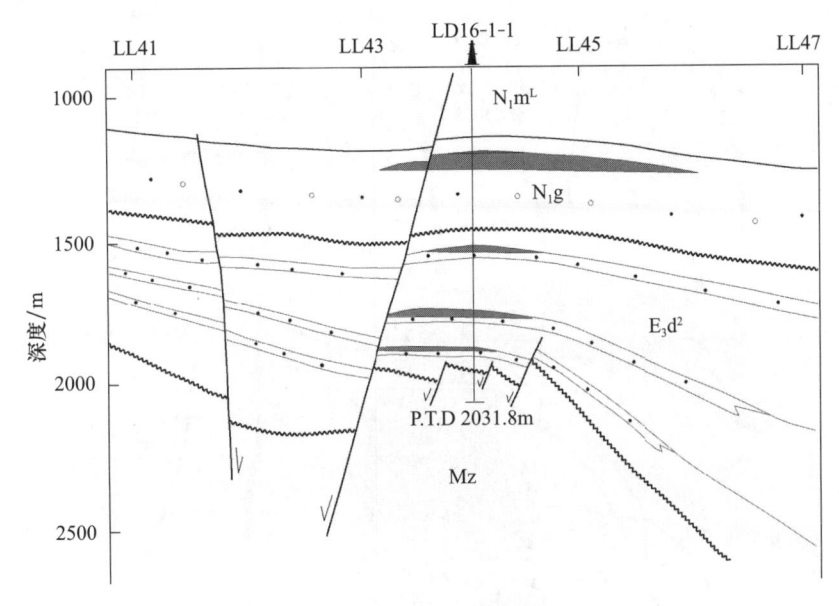

图 8-29　LD16-1 油藏剖面图

以断层-砂体为主要运移通道的油气藏常形成于断层一侧高孔渗的砂体中，影响其输导性能的主要因素为砂体和断层的展布及空间组合形式，如 SZ36-1 油田，其主力油藏油源主要来自辽中凹陷南洼，绥中三角洲向南推进形成的大型砂体（图 8-30）与油源断层配合构成主要输导体（图 8-31）。

以不整合面及砂体作为运移通道往往可使油气长距离运移形成各种地层油气藏，影响其输导性能的主要因素为不整合面孔隙的发育程度以及侧向的连通性，如 JZ25-1S 油气田的沙河街组和潜山油气藏（图 8-32）。

不同的油气输导体系决定了油气藏类型和分布规律，辽中凹陷北部不整合面发育，是寻找各类地层岩性油气藏的有利地带，中南部以断裂、砂体的复合输导为主，是寻找各类构造油藏的有利区带。

由上述分析可以看出，辽东湾地区已发现的各大中型油气田具有多生油凹陷供油、多期油气充注及多含有层系的特点。油气分布具有油多气少，油气横向、纵向分布不均的特点，其中，东营组东二段和沙河街组沙一二段是辽东湾重要的含油气层系。在平面上具有南北分段、东西分带的特点，油气大多分布在辽西低凸起和辽东低凸起中段及其围区，在辽中凹陷中的一些构造反转带上也有一定的发育。纵向上，在不同的地区油气的分布层位不同。北部和中部油气大多分布在沙河街组和东三、东二段地层中，潜山中也有一定量的分布；南部含油层位变新，油气分布在明化镇组、馆陶组及东营组中。

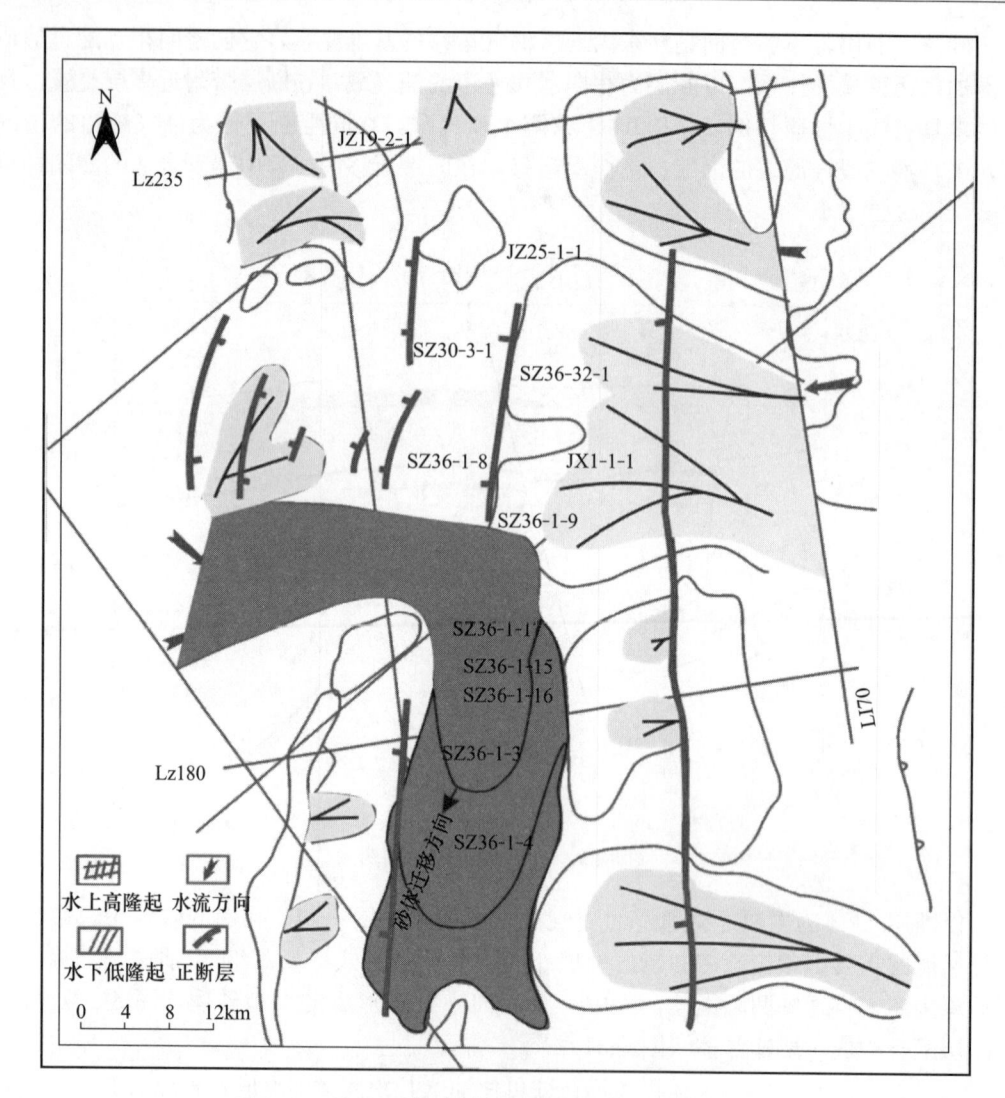

图 8-30　SZ36-1 油田及其围区东营组沉积砂体展布图

断裂对辽东湾的油气分布具有明显的控制作用。首先，断裂活动造成的三隆两凹的构造格局，使辽西低凸起是油气运移的重要指向，同时又由于辽东凹陷的强走滑和辽西凹陷的弱走滑使辽西和辽东凹陷油气聚集具有明显的分异。第二，由于渐新世走滑断裂与始新世伸展断裂的继承性发育段或渐新世走滑断裂在中新世以来继承性发育的地段是油气富集带，如辽西低凸起西断裂带和辽中凹陷中央走滑断裂带。第三，在新近纪断裂不活跃的辽东湾北部中部，油气主要封存在古近系及古潜山的储集层中；在新近纪断裂不活跃的南部地区油气主要富集在东营组、新近系的馆陶和明化镇组。

同时，输导体系、源岩和有效圈闭的发育及分布也对辽东湾地区油气的分布起到一定的控制。不同的油气输导体系决定了油气藏类型和分布规律，辽东湾地区北部不整合面发育，是寻找各类地层岩性油气藏的有利地带，中南部以断裂、砂体的复合输导为主，是寻找各类构造油藏的有利区带。以不整合面为主要运移通道的不整合式油气运

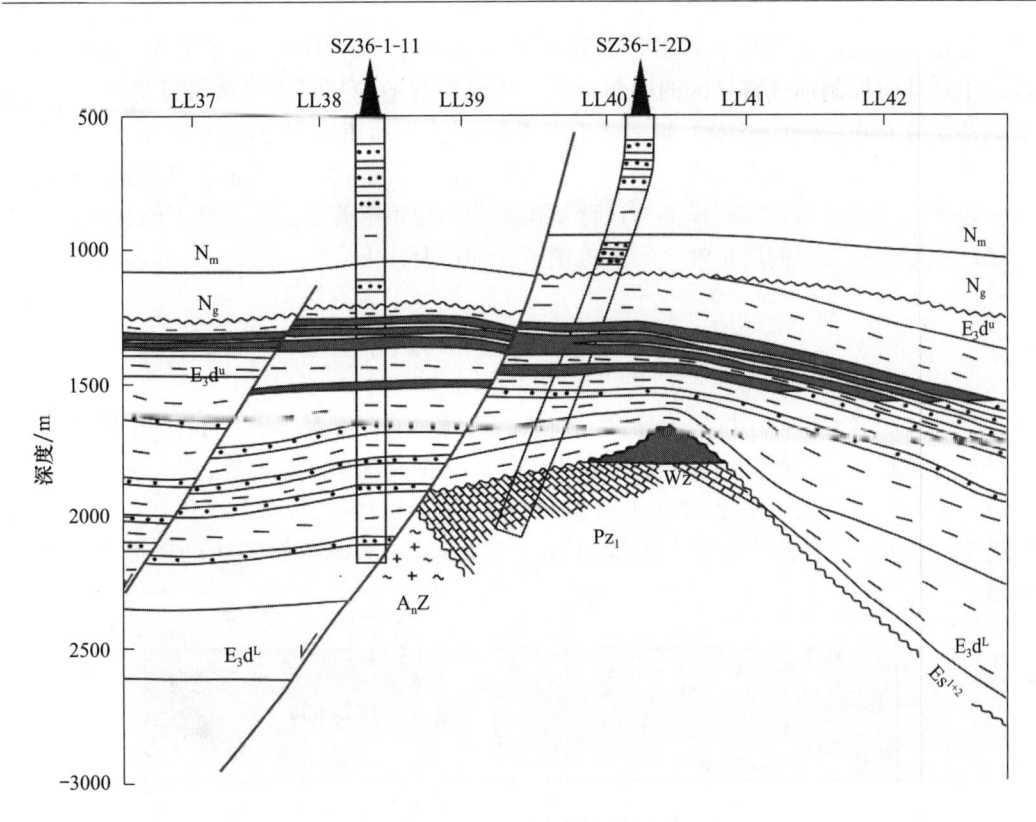

图 8-31 SZ36-1 西构造油藏剖面图

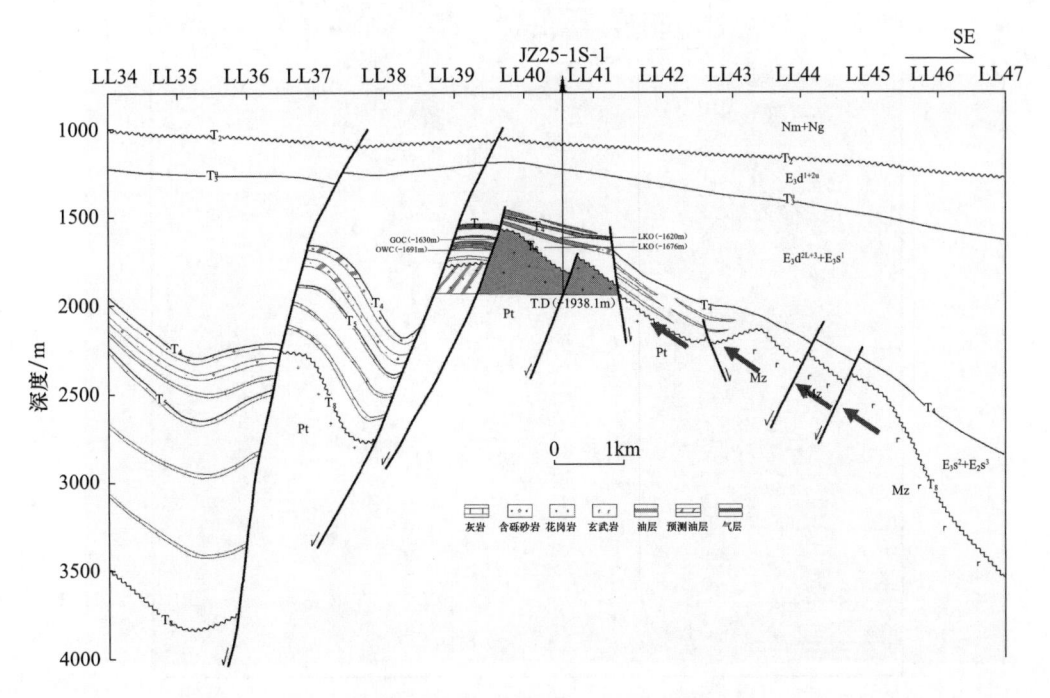

图 8-32 JZ25-1S 构造油气藏剖面图

移,是辽东湾辽西低凸起带的主要运移方式。烃源岩演化程度决定了油多气少的差异性,生烃洼陷控制油气富集区的展布,辽东湾已发现的油气藏大多数都紧邻生烃中心,有的甚至分布在生烃洼陷内,如JX1-1油田和LD6-2油田。有效圈闭控制油气的分布层位和油气藏规模,研究表明辽东湾沙三段烃源岩油气运移发生在东营组末期至今,而沙一段和东三段烃源岩大规模油气运移从馆陶和明化镇组开始,此时沙河组和东营组的圈闭已经形成,为不同层位油气聚集提供了有利场所。

8.3 油气勘探方向

根据烃源岩有机质丰度、成熟度、构造以及前述油气成藏的研究结果,同时结合失利井的分析指出了辽西低凸起北倾没端中深层、辽中北洼东部断坡带、辽中南洼中深层为下一步的勘探方向,确定JZ25-1构造带、JZ20-2N构造带、JZ17-23构造带、LD22-1构造带、LD27-1构造带为重点勘探目标(图8-33)。下面举例阐述勘探成效与勘探前景。

图8-33 辽东湾地区油气勘探方向目标区选择

8.3.1 LD22-1 构造-LD27-1 构造勘探成效

1. LD22-1 构造-LD27-1 构造石油地质条件

该区带主要的有利构造包括 LD27-1 构造、LD21-2 构造、LD21-1 构造、LD22-1S 构造和 LD22-1 构造。邻区的 LD27-2 构造已经在东营组、馆陶组、明化镇组获得了勘探突破，均获得油气（图 8-34）。LD27-1 构造的 LD27-1-1 井在明化镇组获得低产油层和水层，勘探效果不理想（图 8-35）。LD22-1 构造的 1 井和 2 井在沙河街组和东营组二段、沙河街组发现有油层，浅层未获得突破，而深层的沙河街组虽然获得了油气流，但充满度较低（图 8-36 和图 8-37）。通过对各井的失利原因分析，浅层失利的主要原因为：①圈闭不在油气运移的主要指向上，如 LD22-1S-1 井（图 8-38）；②馆陶组缺乏类似 LD27-2 构造的细砂岩段；③明化镇组下段盖层不发育，泥岩少，缺乏有效的盖层（图 8-39）。

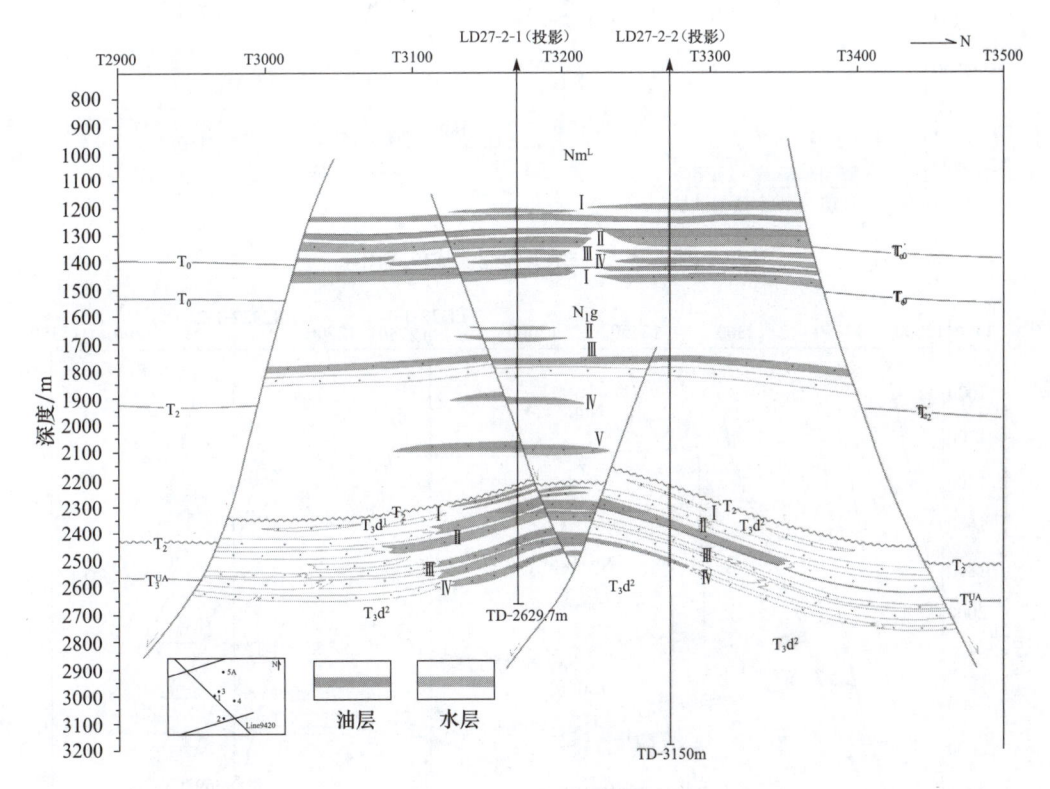

图 8-34　LD27-2 构造油藏模式图

深层油气充注程度低的原因，主要是圈闭类型差和有效圈闭面积小。LD22-1 构造主要为断背斜圈闭，断块型的圈闭（图 8-40），这种类型的圈闭受断层侧封的影响因素大，勘探风险高。LD22-1S 构造沙三段油藏的充满度只有 25%，圈闭所在的断块为断层的上升盘，其圈闭的上倾方向被断层下降盘遮挡，由于岩性对接，致使圈闭的范围变小，闭合高度低，圈闭的有效性受到影响（图 8-41 和图 8-42）。

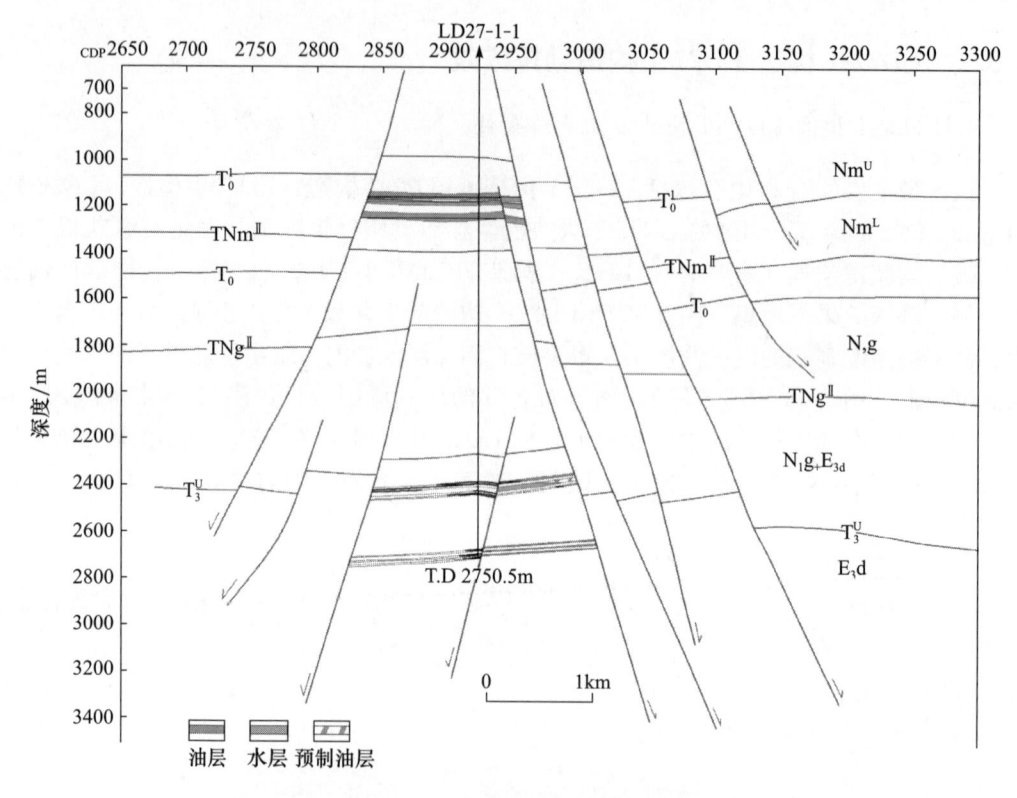

图 8-35 LD27-1 构造油藏模式图

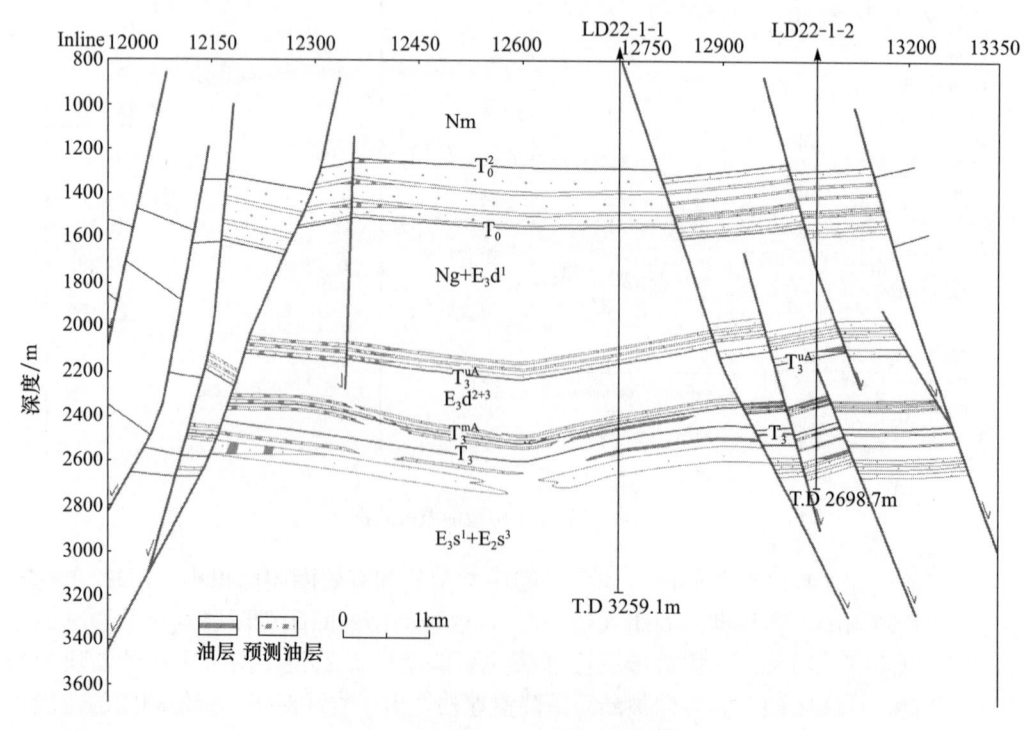

图 8-36 LD22-1 构造油藏模式图

第 8 章　油气成藏主控因素及勘探方向

井名 层位	LD22-1-1	LD22-1-2	LD22-1S-1
N_1g		见油层	☆
E_3d^1		☆▬	☆▬
E_3d^2	☆	☆▬	☆
E_3d^3	☆▬		☆
E_3s^1	☆		☆
E_2s^3	☆▬	☆	☆▬

图 8-37　LD22 构造区含油气层位分布图
☆表示荧光显示；▬表示油

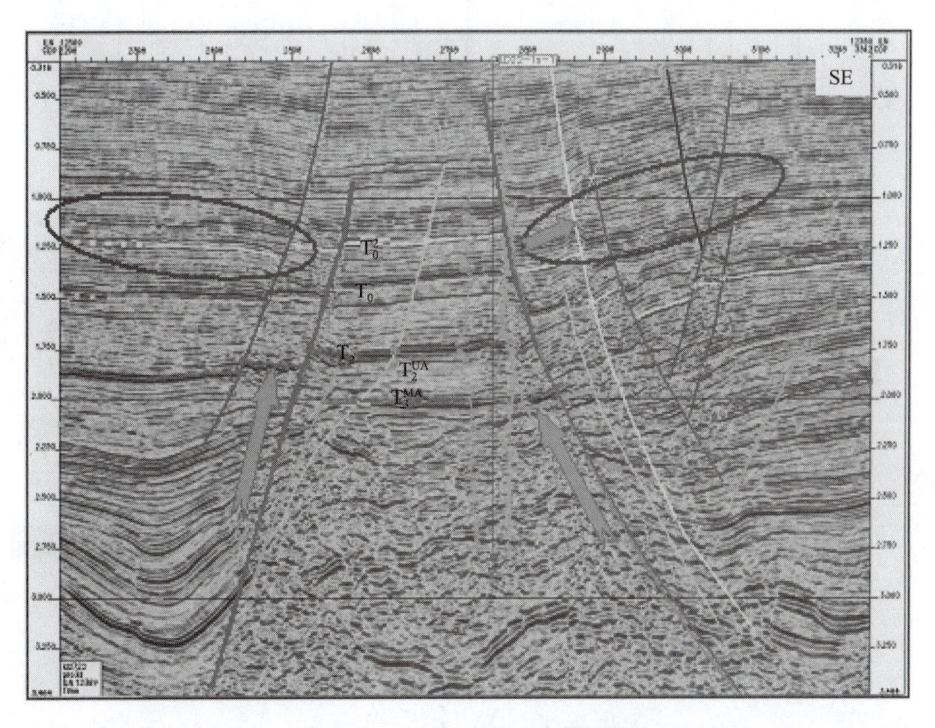

图 8-38　过 LD22-1S-1 井地震剖面

该区带为东营组、沙河街组复式油气成藏，东营组、沙河街组储层发育，油气充满度低主要原因是圈闭类型较差，有效圈闭面积小，产能较低的主要原因是储层物性较差；新近系失利主要原因是油气运移和侧封不理想；其次馆陶组、明下段泥岩盖层条件相对缺乏；鉴于上述原因，对于浅层新近系的勘探，应主要寻找处于油气运移区带上的、构造闭合高度大的有效圈闭或构造-岩性复合圈闭；对该构造带深层沙河街组的勘探，应注意圈闭类型好、且有储层发育，闭合高度大的有效圈闭。

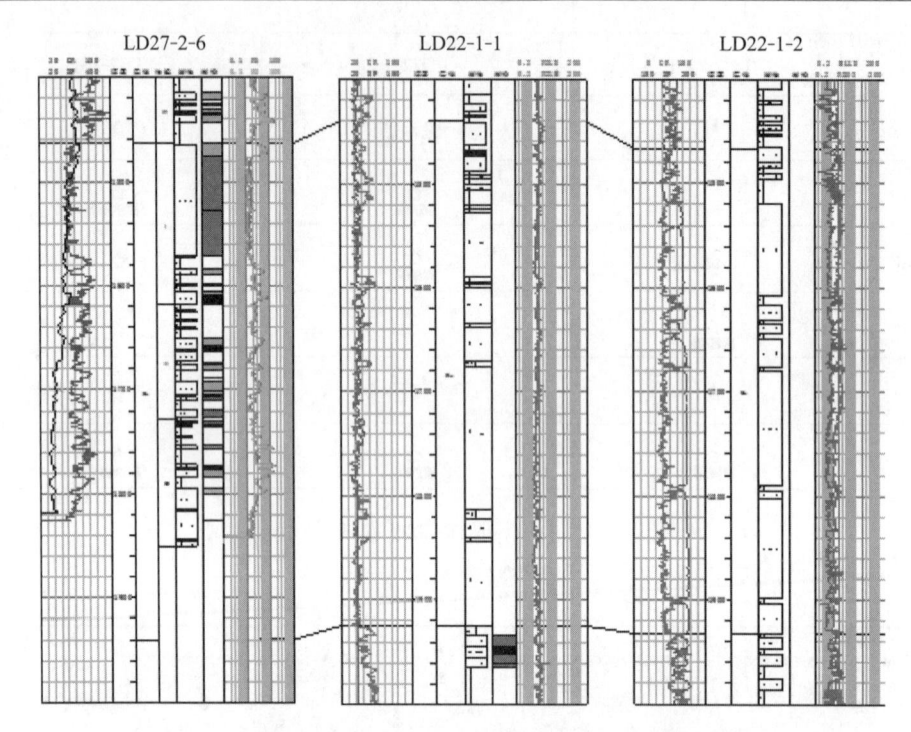

图 8-39 LD27-2-6-LD22-1-1-LD22-1-2 馆陶组连井对比剖面

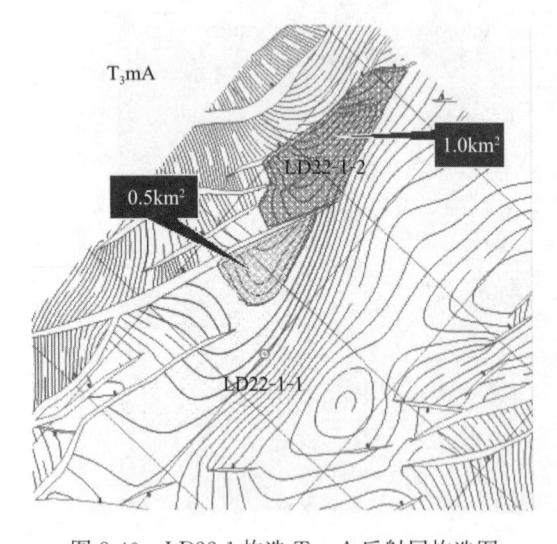

图 8-40 LD22-1 构造 T_3mA 反射层构造图

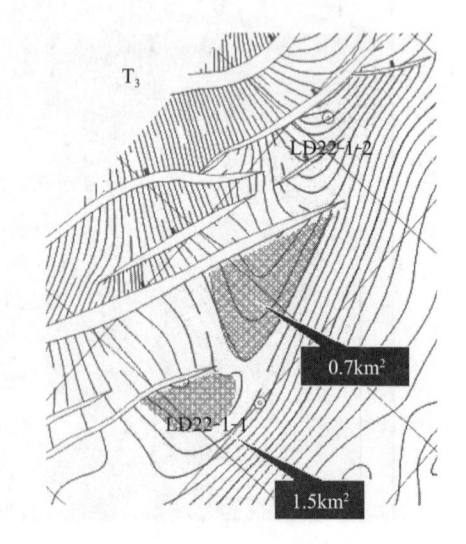

图 8-41 LD22-1 构造 T_3 反射层构造图

2. 实际勘探效果

(1) LD21-1 构造勘探历程

辽中南洼过去 20 年钻探的古近系目标主要分布于郯庐断裂的中央反转带，如 LD22-1、LD27-2、LD27-1、LD22-1 南和 LD21-3 等构造。晚期中央反转带新构造运动活跃，油气分布表现为复式成藏的特征，新近系发现的储量所占比例较大。面对古近系

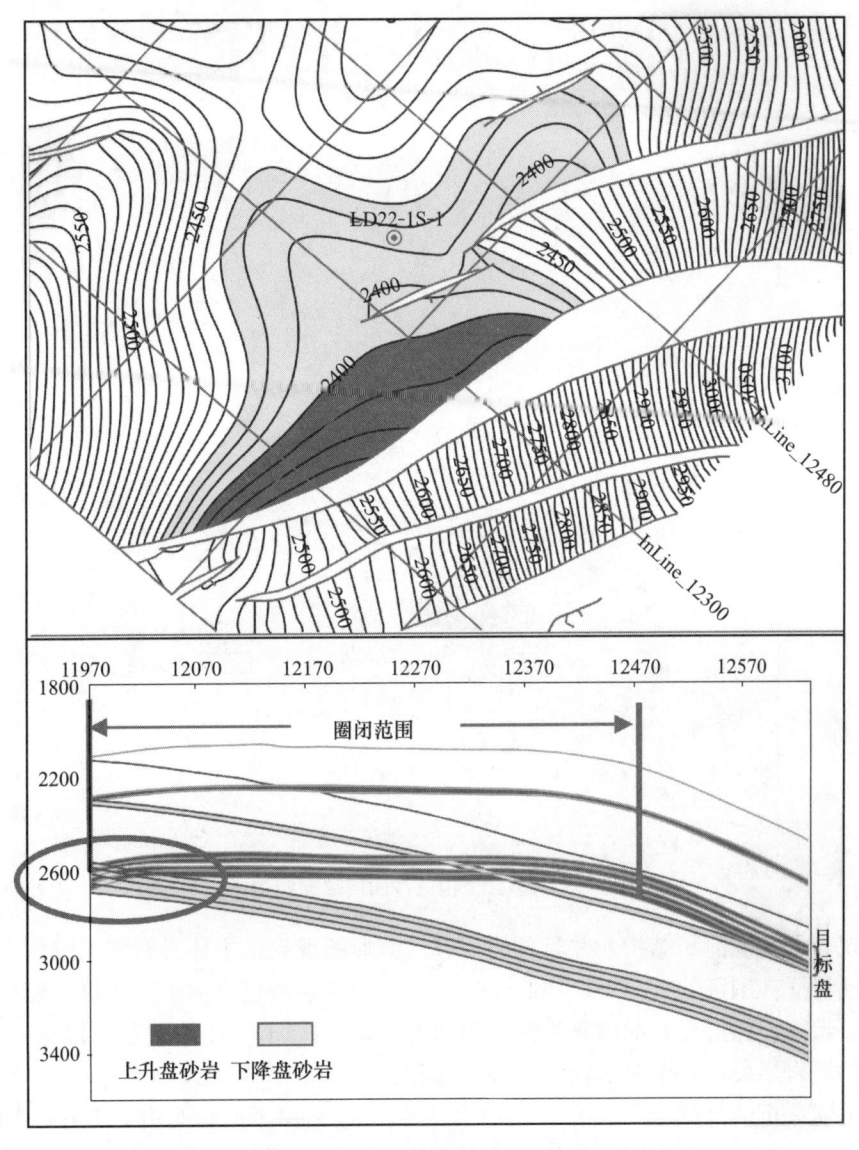

第 8 章 油气成藏主控因素及勘探方向 · 283 ·

图 8-42 LD22-1S 构造圈沙一段顶面构造度及断层岩性对接示意图

勘探的困难仍然坚持了在古近系寻找优质油气藏的信念，并及时转变思路，积极探索新层系。根据综合研究成果，本次工作中优选了 LD21-1 构造作为重点评价目标。

LD21-1 构造沙四段发育受控于三组北北东向走滑断层控制具有反转成因的断块圈闭群，平面上被中部走滑断层分为东西两盘，并被走滑派生断层复杂化，构造背景与圈闭条件有利。经过三维地震资料精细解释和成图，证实 LD21-1 构造落实程度高，圈闭面积较大，其中，首先勘探的东盘 2 号块其圈闭规模最大，总面积为 10.1km^2 （图 8-43），埋藏深度为 4300~4600m。

对于深层勘探而言，储层研究是关键。根据三维地震和围区钻井分析认为，LD21-1 构造沙四段发育一套物源来至于辽西低凸起的辫状河三角洲或扇三角洲沉积体，在剖

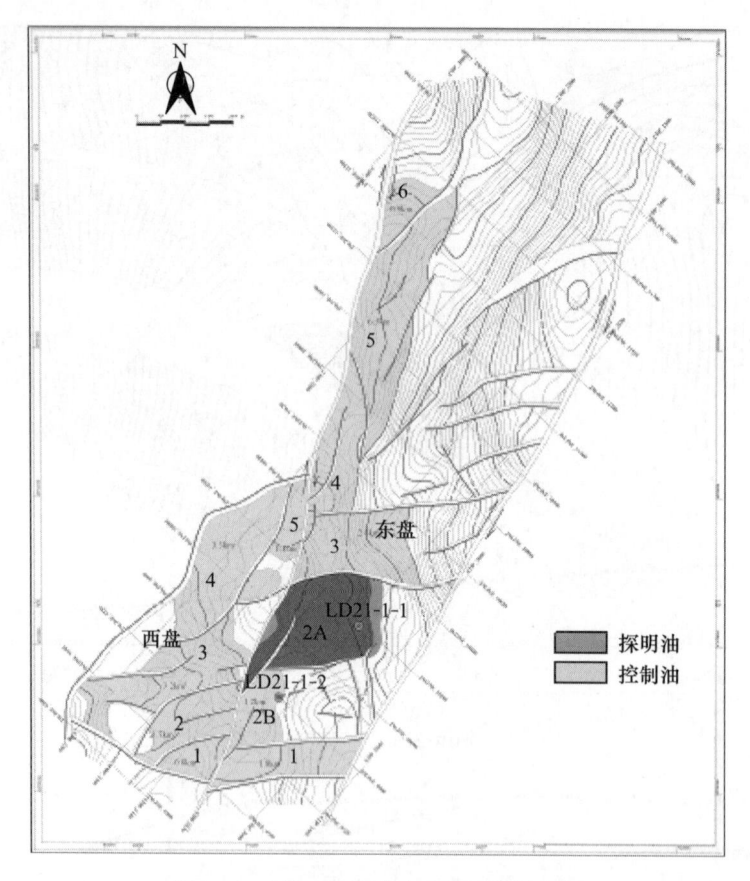

图 8-43　LD21-1 构造沙四段顶面构造图

面上表现为大角度前积结构，并且具明显有局部加厚现象，主体具有强振幅、高能量的地震属性特征。围区的 LD22-1-1 和 LD22-1-2 井相应层段也已揭示到了这套储层，并且发育明显超压，保持良好的储集物性。周边对比认为，LD21-1 构造东下段-沙三段为一套厚层的泥岩层段，对于深部油气的保存有利。

在上述分析的基础上，2009~2010 年在该构造钻探了两口探井，其中，LD21-1-1 井首钻成功，首次在辽中凹陷新的目的层系沙四段取得重大发现。

（2）钻探成果

LD21-1-1 井完钻井深 3895m，完钻层位为沙四段下部。该井进入东营组下段之后油气显示逐步加强，最终在沙四段取得重大发现，这是辽东湾第一次在沙四段取得突破。LD21-1-1 井储层总厚度达 90.2m，其中，油层 26.3m/8 层。针对 3675~3682m 井段进行测试，折日产油 16.8~44.6m^3，平均 29.0m^3。LD21-1-2 井在沙四段钻遇储层厚度达到 56m，但因所处构造位置低，均为水层。

根据钻后的综合分析可知，LD21-1 构造沙四段油气藏总体上为构造层状油气藏模式（图 8-44），是由多套油水系统构成的超压轻质油气藏。地面原油密度平均为 0.83g/cm^3，地层压力系数为 1.67~1.68，为超压油藏，表现出古近系油藏较强的油气充注和良好的保存条件。根据储量计算结果，LD21-1 构造东盘 2 号块沙四段三级石油地质储量为

1278.4×10⁴m³，溶解气为 15.98×10⁸m³，其中，探明石油地质储量为 642×10⁴m³。由于 1 井和 2 井所在的东盘的 2 号断块，占总圈闭面积的不到 10%，所以其剩余资源量规模较为可观，剩余潜在石油资源量总体规模达到 4234.9×10⁴m³，总体油藏储量加资源量规模达到 5513.3×10⁴m³。LD21-1 构造是一个潜在的商业性发现，可以作为本区下步工作的重点。

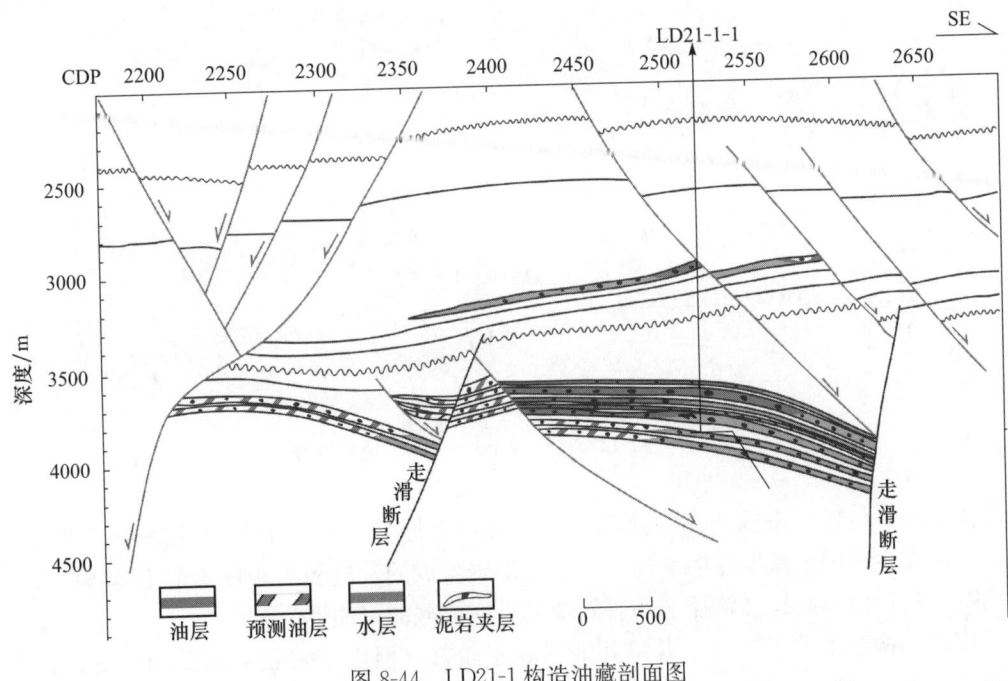

图 8-44　LD21-1 构造油藏剖面图

3. 勘探启示

LD21-1 沙四段油气藏的发现具有重要的意义：首次在辽中凹陷沙四段获得规模性优质油气发现，揭示了本区深层勘探的新层系，拓宽了本区的勘探领域；证实沙四段辫状河三角洲储层具备较好的孔渗条件，预示着本区深部储层具有较大的勘探潜力，加深了本区的勘探门槛，增加了本区深层勘探的信心；表明辽中南洼郯庐断裂主断裂带周缘晚期断裂活动较弱的地区是寻找古近系优质油气藏的有利地区，为今后深层勘探指明了方向。

8.3.2　JZ17-23 构造带的勘探前景

该构造带位于辽中凹陷的北部，目前该构造带的勘探效果也不理想，但在靠近辽东低凸起的陡坡带上的 JZ23-1-1 构造的东二上段获得两层油气发现（图 8-45），其中，1566～1582m，测试获油 48.56m³/d，获气 1399m³/d；在 1608.0～1611.5m 井段获油 3.76m³/d，水 0.3m³/d，展示了该区良好的勘探前景（图 8-46）。该井的油气源主要来自于辽中凹陷北洼，可能主要来自于沙三段烃源岩，东三段烃源岩对其贡献有限。

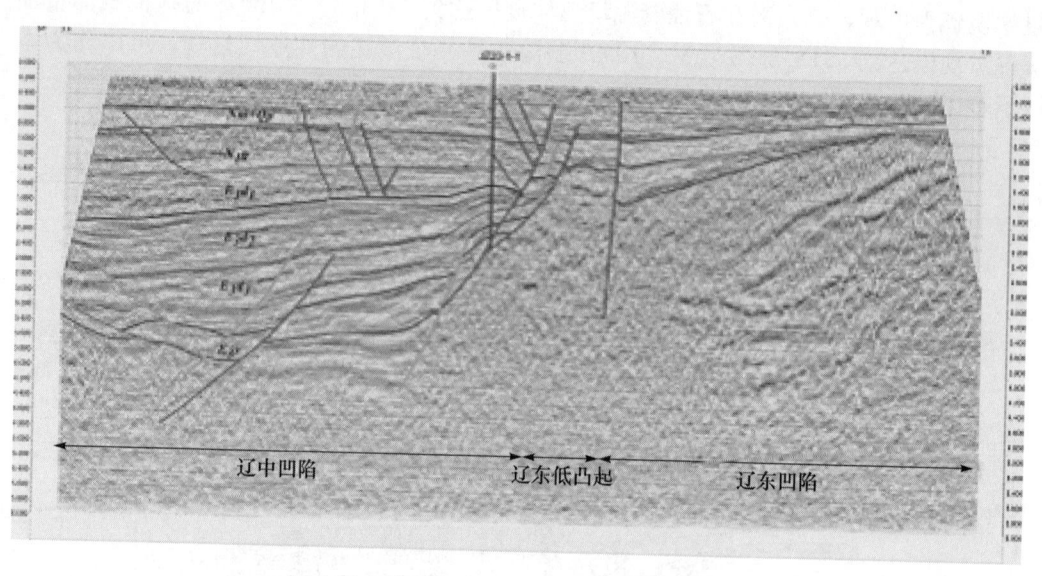

图 8-45 过 JZ23-1-1 井 Inline10072 地震剖面

由于该井位于辽东低凸起的西部的陡坡带，原油主要来自于辽中北洼沙三段烃源岩，说明在主要的成藏期辽中北洼沙三段烃源岩生成的油气极有可能沿着 NW-SE 方向该构造运移，位于此运移路径上的有效圈闭具有成藏的可能性。

JZ23-1 构造上的 JZ23-1-2 井该井油气显示较好，但由于未钻在圈闭的高部位而未能获得油气，例如，JZ23-1-2 井 T_3^{UA} 反射层距离该层的构造高点 300m，T_3^M 反射层上，距离构造高点高度 450m（图 8-47）。

JZ16-4 构造的 1 井和 2 井分别在东一段和东三段获得油气发现，而该构造就位于近生烃凹陷的油气运移的有效路径上，从而说明该区具有较大的勘探潜力。

该区带上的 JZ22-1-1 井东三段的湖底扇岩性体钻井有较好的荧光显示，但由于钻前岩性厚度的预测偏薄，实钻的厚度偏大，导致岩性圈闭不存在，致使该井失利。但证实了该区存在岩性圈闭的可能性，而且砂体较发育，也有可能存在构造-岩性的油气藏（图 8-48）。

该区带上的 JZ18-2-1 井失利的主要原因是圈闭形成的时间晚，晚于该区烃源岩的主要生排烃期，另外一个原因是 JZ17-2 构造带浅层缺乏有效油气运移断层（图 8-49）。

从图 8-49 和图 8-50 中可以发现，JZ17-3-1 井、JZ23-1-2 井位于圈闭之外，未钻在圈闭高点上，勘探效果不佳。而 JZ17、JZ23 构造靠近辽东凸起的陡坡带上圈闭类型好，发育半背斜或断鼻构造（图 8-51）。同时从已经钻探获得油气发现的 JZ23-1-1 井的情况来看，该区储层发育，储盖组合条件好，走滑调节断层发育，油气运移通畅（图 8-52），具有形成高丰度油气藏的基础。

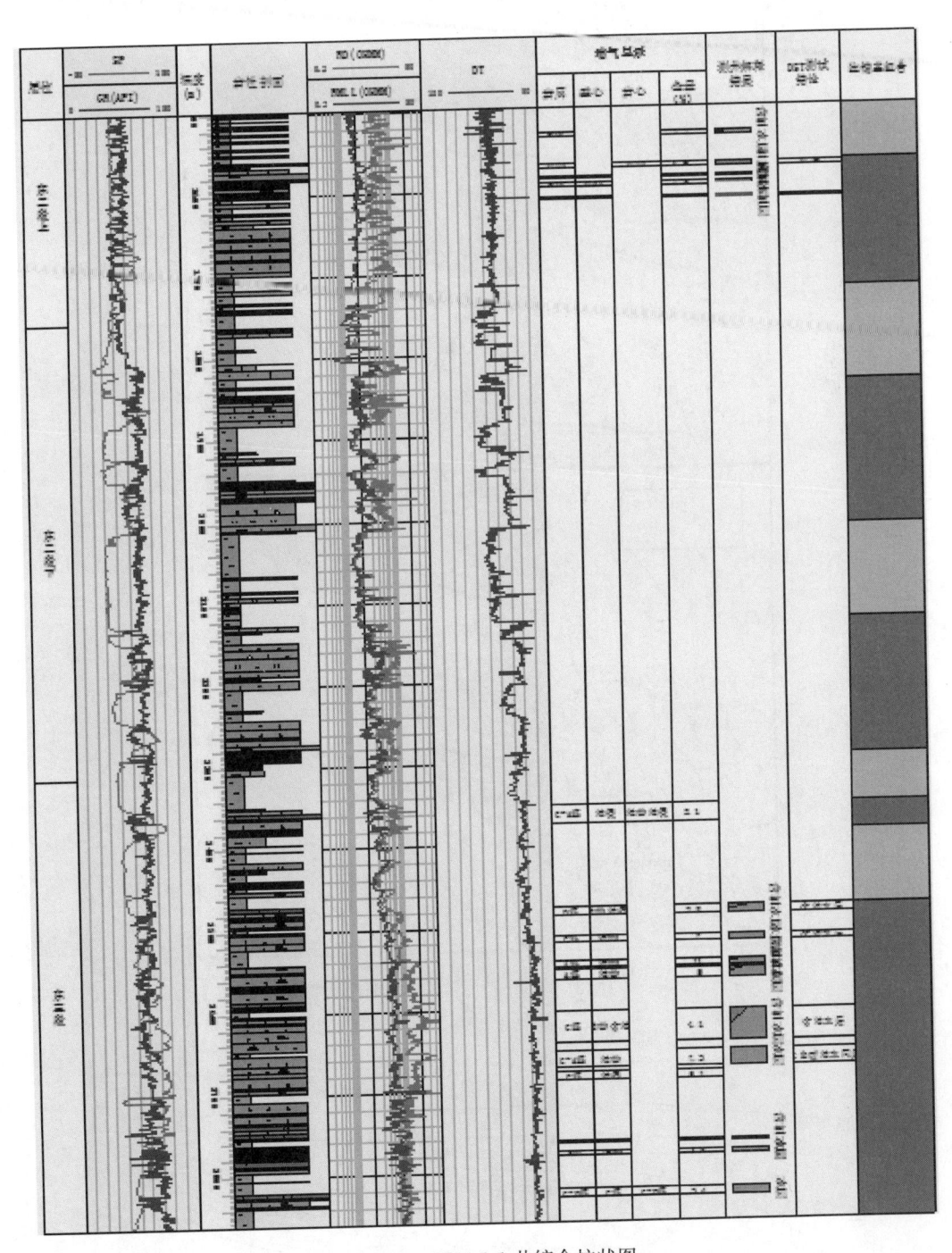

图 8-46 JZ23-1-1 井综合柱状图

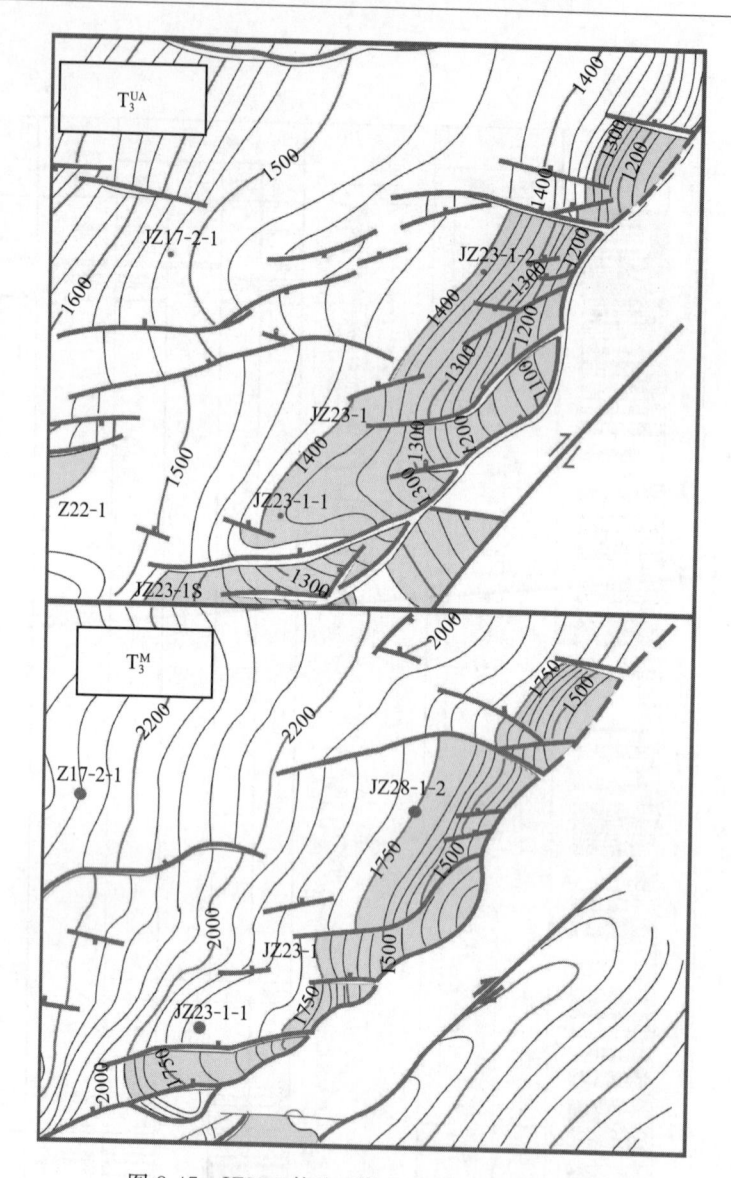

图 8-47 JZ23-1 构造 T_3^{UA} 和 T_3^M 反射层构造图

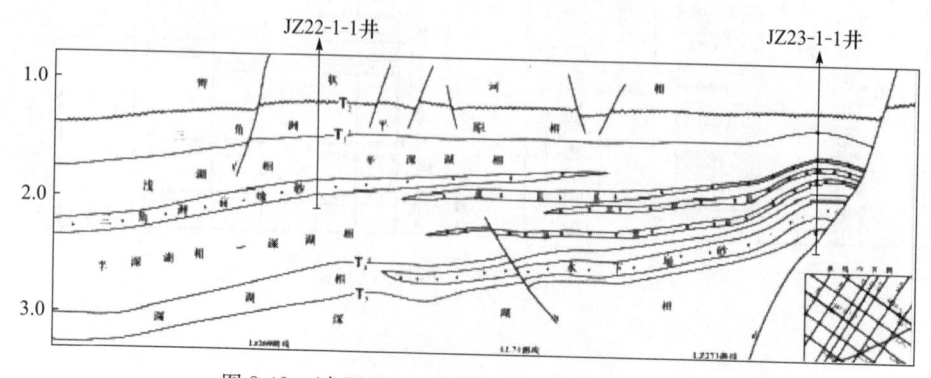

图 8-48 过 JZ22-1-1 井和 JZ23-1-1 井地质剖面图

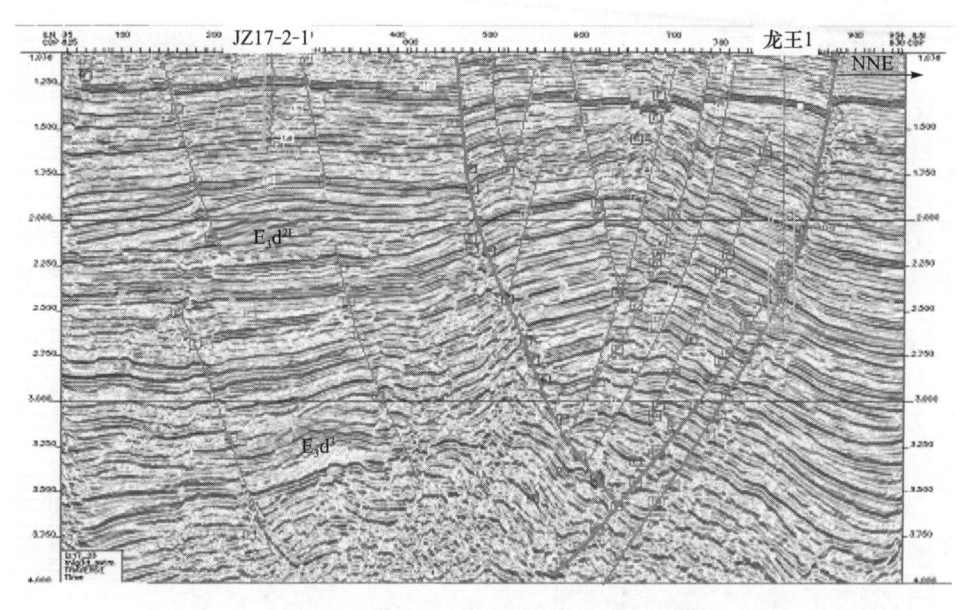

第8章 油气成藏主控因素及勘探方向

图 8-49 过龙王 1 井-JZ17-2-1 井地震剖面

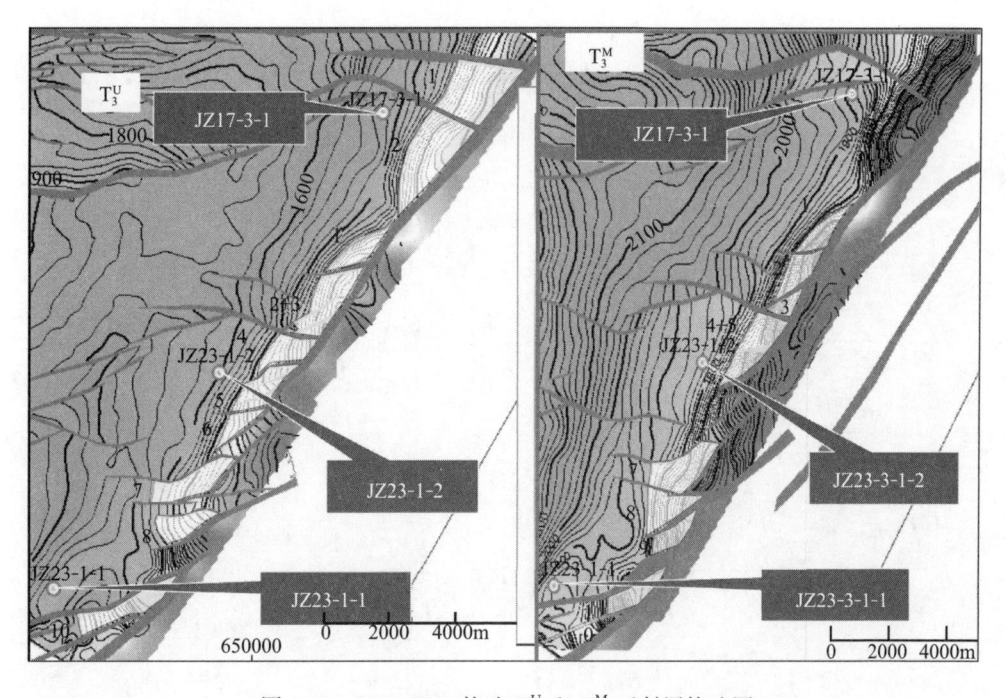

图 8-50 JZ17-JZ23 构造 T_3^U 和 T_3^M 反射层构造图

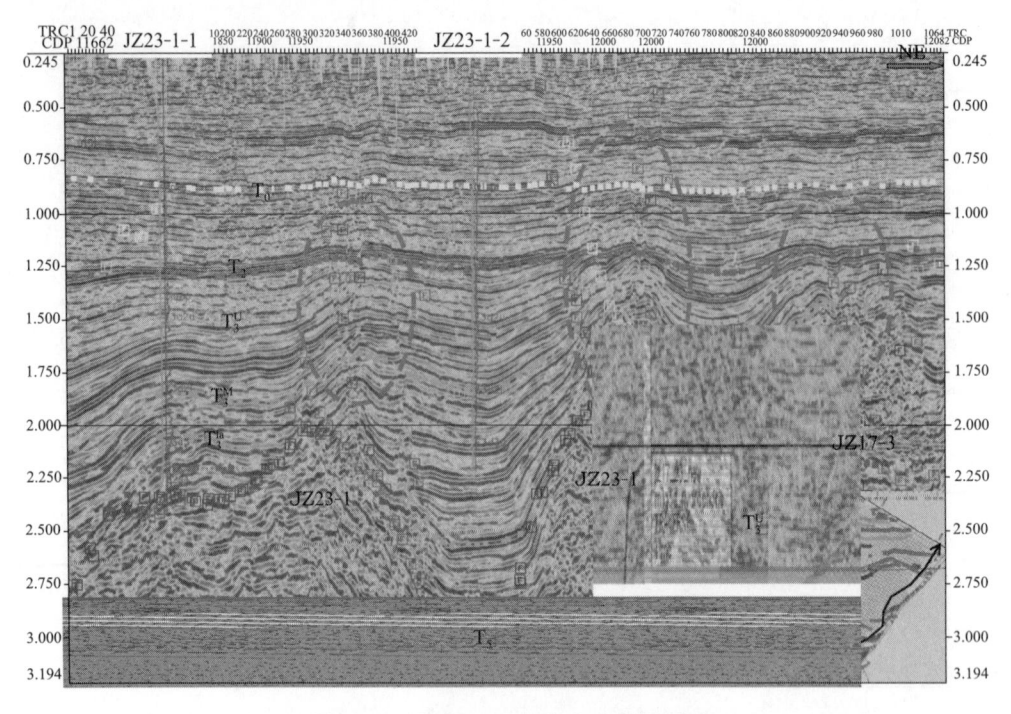

图 8-51 过 JZ17-JZ23 构造地震剖面图

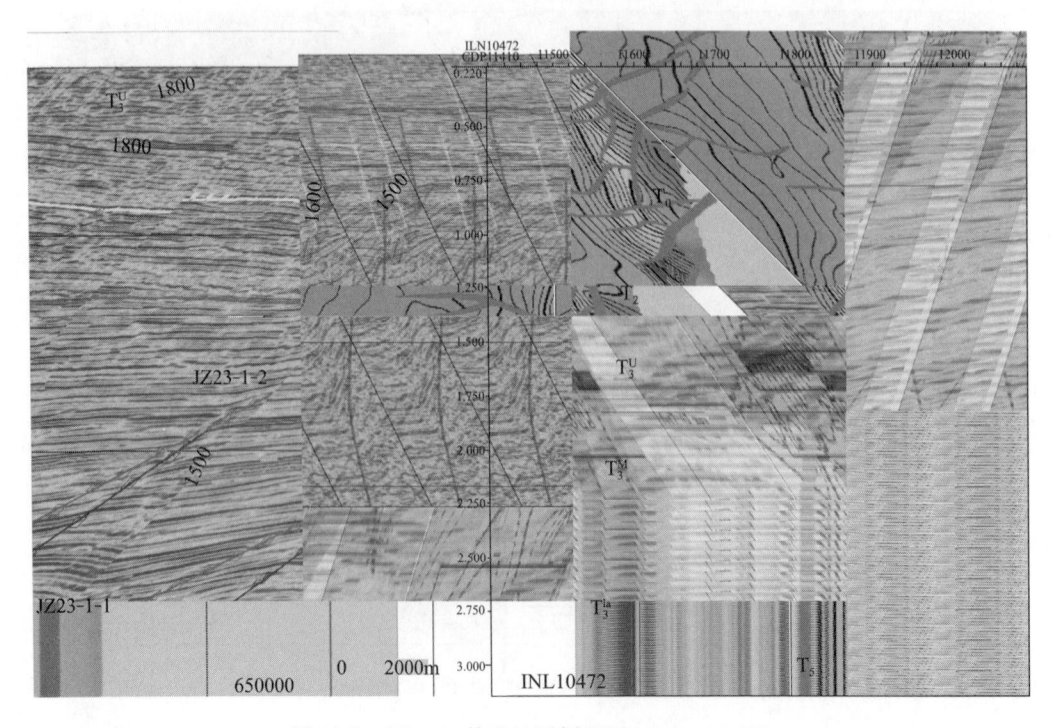

图 8-52 JZ17-23 构造地震剖面图（Inline10472）

8.4 小　　结

（1）辽东湾地区油气在平面上的分布特征：①油多气少；原油中部最多，北部次之，南部最少；天然气由北至南逐渐减少；且油气大部分分布在辽西凸起带；②油气主要分布郯庐断裂西支和东支附近；③不同构造带油气富集程度明显不同，低凸起构造带及构造转换带最优；发育多种类型的油气藏，油气主要富集在半背斜和断块油气藏内；④油气多聚集于高地温梯度区、超压边缘地区。在纵向上的分布特征：①从北向南，油气富集层位由老变新；②油气储量主要聚集在东营组。

（2）辽东湾地区油气成藏主要受以下因素控制：①烃源岩演化决定油气藏的烃类流体性质；②生油洼陷控制油气富集区的展布；③圈闭的有效性控制油气的分布层位和油气藏规模；④断裂体系控制油气的运聚和侧向封堵；⑤输导体系控制油气藏的类型和分布。

（3）根据辽东湾地区油气成藏模式和油气成藏规律，考虑油气成藏的主控因素，同时结合失利井的分析指出了辽西低凸起北倾末端中深层、辽中北洼东部断坡带、辽中南洼中深层为下一步的油气勘探方向；JZ25-1构造带、JZ20-2N构造带、JZ17-23构造带、LD22-1构造带、LD27-1构造带为重点勘探目标。

参 考 文 献

蔡希源，刘传虎. 2005. 准噶尔盆地腹部地区油气成藏的主控因素 [J]. 石油学报, 26 (5)：1-4.

查明，汪旭东，曲江秀，等. 2012. 东营凹陷古近系超压顶界面分布特征及其影响因素 [J]. 中国石油大学学报, (3)：20-25.

陈斌，邹华耀，于水，等. 2005. 渤中凹陷油气晚期快速成藏机理研究——以黄河口凹陷 BZ34 断裂带为例 [J]. 石油天然气学报（江汉石油学院学报），27 (16)：821-824.

陈冬霞，庞雄奇，翁庆萍，等. 2003. 岩性油藏三元成因模式及初步应用 [J]. 石油与天然气地质, 24 (3)：228-232.

陈广坡，徐国盛，赵志刚，等. 2009. 二连盆地赛汉塔拉凹陷三维区古生界潜山储层特征及其影响因素 [J]. 石油地球物理勘探, (1)：64-69.

陈清华，刘泽容. 1994. 辽东湾盆地南部下第三系构造岩相分析 [J]. 石油大学学报，(2)：9-13.

程远忠，陈振银，李国江，等. 2001. 大港油田板桥古潜山油气成藏条件探讨 [J]. 江汉石油学院学报, 23 (2)：80-83.

崔海峰，张年春，郑多明，等. 2009. 塔里木盆地牙哈断裂构造带寒武系白云岩潜山储层预测 [J]. 石油与天然气地质, (1)：116-121.

崔云江，吕洪志. 2008. JZ25-1 南油气田裂缝性潜山储层测井评价 [J]. 中国海上油气, (2)：92-95.

戴金星. 1992. 各类天然气的成因鉴别 [J]. 中国海上油气（地质），6 (1)：11-19.

戴金星. 1999. 我国天然气资源及其前景 [J]. 天然气工业, 19 (1)：3-6.

邓津辉，武强，魏刚，等. 2009. 辽东湾海域锦州 27 构造区局部异常超压成因机制 [J]. 天然气地球科学, (6)：930-934.

邓津辉，周心怀，魏刚，等. 2008. 郯庐走滑断裂带活动特征与油气成藏的关系——以金县地区为例 [J]. 石油与天然气地质, (1)：102-106.

邓毅林，吕磊，张静，等. 2012. 北非 NK 地区上白垩统灰岩裂缝油藏成藏因素 [J]. 西南石油大学学报, (2)：24-28.

邓运华，王应斌. 2012. 黄河口凹陷浅层油气成藏模式的新认识及勘探效果——来自 BZ28-2S 油田勘探历程的启示 [J]. 中国石油勘探, (1)：25-29.

董焕忠. 2011. 海拉尔盆地乌尔逊凹陷南部大磨拐河组油气来源及成藏机制 [J]. 石油学报, (1)：62-69.

杜春国，郝芳，邹华耀. 2007. 断裂输导体系研究现状及存在的问题 [J]. 地质科技情报, 26 (1)：51-56.

杜栩，郑洪印，焦秀琼. 1995. 异常压力与油气分布 [J]. 地学前缘, 2 (3-4), 137-148.

范存堂，冯有良，付瑾平. 2002. 东营凹陷潜山成藏条件及成藏规律分析 [J]. 油气地质与采收率, (4)：35-37.

付广，吕延防，付小飞，等. 2004. 断陷盆地断源盖时空匹配关系对油气成藏的控制作用 [J]. 油气地质与采收率, 11 (5)：17-20.

付广，吕延防，杨勉. 1999. 油气运移通道及其对成藏的控制 [J]. 海上油气地质, 4 (3)：24-28.

付广，薛永超，付晓飞. 2001. 油气运移输导系统及其对成藏的控制 [J]. 新疆石油地质, 22 (1)：24-26.

付立新，杨池银，肖敦清. 2007. 大港千米桥潜山储层形成对油气分布的控制 [J]. 海相油气地质, (2)：33-38.

付晓飞，王洪宇，孙源，等. 2011. 大庆长垣南部浅层气成因及成藏机制 [J]. 地球科学（中国地质大学学报），(1)：93-102.

高长海，查明. 2007. 柴达木盆地北缘冷湖南八仙构造带油气成藏条件及成藏模式 [J]. 中国石油大学学报, (4)：1-7.

高岗，黄志龙，高兴友，等. 2005. 宋芳屯油田芳 3 区块葡萄花储层特征及其影响因素 [J]. 西北地质, 38 (2)：

76-81.

巩福生, 王军芝. 1989. 渤海北域早白垩世地层及介形虫化石组合 [J]. 地质论评, 35 (5): 430-437.

古俊林, 朱桂生, 李永林. 2012. 滨里海盆地Sagizski区块盐上层系成藏条件及分布规律研究 [J]. 中国石油勘探, (2): 57-61.

关平, 刘文汇, 徐永昌, 等. 2003. 原油单体烃碳同位素组成模型的建立及应用 [J]. 自然科学进展, 13 (7).

郭良川, 刘传虎. 2002. 潜山油气藏勘探技术 [J]. 勘探地球物理进展, 25 (1): 19-25.

郝雪峰, 宗国洪, 熊伟, 等. 2002. 陆相断陷盆地成藏组合体成藏模式探讨——以东营凹陷梁家楼油田为例 [J]. 油气地质与采收率, (5): 11-13.

何登发. 2007. 不整合面的结构与油气聚集 [J]. 石油勘探与开发, 34 (2): 142-149.

贺屯波, 李才, 中浩. 2010. 渤中21-2潜山储层地震预测技术应用研究 [J]. 石油地质与工程, (2): 54-57.

侯贵廷, 钱祥麟, 宋新民. 1998. 渤海湾盆地形成机制研究 [J]. 北京大学学报 (自然科学版), 34 (4): 503-509.

胡朝元, 孔志平. 2002. 油气成藏原理 [M]. 北京: 石油工业出版社.

黄保纲, 汪利兵, 赵春明, 等. 2011. JZS油田潜山裂缝储层形成机制及分布预测 [J]. 石油与天然气地质, (5): 710-717.

黄成刚, 黄思静, 陈启林, 等. 2005. 桩西、埕岛地区古潜山储层受大气水影响的地球化学证据 [J]. 断块油气田, (4): 1-4.

姜建群, 胡建武. 2000. 含油气系统中流体输导体系的研究 [J]. 新疆石油地质, 21 (3): 193-196.

姜培海. 2001. 辽西低凸起油气成藏的主要控制因素及勘探潜力 [J], 油气地质与采收率, 8 (4): 24-27.

姜雪, 徐长贵, 邹华耀, 等. 2011. 辽西低凸起与辽中凹陷油气成藏期次的异同 [J]. 地球科学 (中国地质大学学报), (3): 555-564.

将助生, 罗侠, 潘贤庄, 等. 2000. 苯、甲苯碳同位素组成作为气源对比新指标的研究 [J]. 地球化学, 29 (4): 410-415.

蒋恕, 蔡东升, 朱光辉, 等. 2007. 辽东湾盆地辽中凹陷隐蔽油气藏成藏模拟 [J]. 石油实验地质, (5): 506-511.

蒋恕, 蔡东升, 朱筱敏, 等. 2006. 辽中凹陷中深层储层主控因素研究 [J]. 石油天然气学报 (江汉石油学院学报), (5): 35-37.

蒋恕, 蔡东升, 朱筱敏, 等. 2007. 辽东湾地区孔隙演化的机理 [J]. 地球科学 (中国地质大学学报), (3): 366-372.

蒋恕, 蔡东升, 朱筱敏, 等. 2007. 辽河坳陷辽中凹陷成岩作用与中深层孔隙演化 [J]. 石油与天然气地质, (3): 362-369.

蒋恕, 蔡东升, 朱筱敏, 等. 2007. 辽中凹陷中深层储层质量评价及隐蔽砂体成藏条件分析 [J]. 中国海上油气, (4): 224-228.

雷宇, 王风琴, 刘红军, 等. 2011. 鄂尔多斯盆地中生界页岩气成藏地址条件 [J]. 天然气与石油, (6): 49-54.

冷济高, 杨克明, 杨宇. 2011. 川西坳陷孝泉—丰谷构造带须家河组超压与天然气成藏关系研究 [J]. 石油实验地质, (6): 574-579.

李宏义, 姜振学, 董月霞, 等. 2010. 冀东油田南堡2号构造古潜山成藏条件及模式 [J]. 断块油气田, (6): 678-681.

李美俊, 任平, 焦运景, 等. 2000. 碳同位素类型曲线在辽河盆地油源对比中的应用 [J]. 特种油气藏, 7 (2): 11-13.

李丕龙. 2002. 济阳坳陷油气复式聚集模式 [M]. 北京: 石油工业出版社.

李全, 林畅松, 吴伟, 等. 2011. 辽中凹陷东营组高精度层序地层及沉积体系 [J]. 西南石油大学学报, (2): 43-50.

李群, 肖晓光, 刘军峰, 等. 2012. 马岭油田南部原油地球化学特征及其成藏模式 [J]. 中国有色金属学报, (3): 795-801.

李世银, 钟建华, 孙钰, 等. 2007. 东濮凹陷濮卫环洼带油气成藏条件及成藏规律 [J]. 油气地质与采收率, (2): 28-30.
李潍莲, 刘震, 刘俊榜, 等. 2010. 辽东湾地区辽西低凸起油气田成藏地质条件的差异 [J]. 石油与天然气地质, (5): 664-670.
李相博, 刘显阳, 周世新, 等. 2012. 鄂尔多斯盆地延长组下组合油气来源及成藏模式 [J]. 石油勘探与开发, (2): 172-180.
李宗飞, 魏喜, 王仁厚. 1998. 辽河盆地西部凹陷曙103古潜山储层研究 [J]. 特种油气藏, (3): 12-17.
梁宏斌, 降栓奇, 杨桂茹, 等. 2002. 冀中坳陷北部天然气类型、成藏模式及成藏条件研究 [J]. 中国石油勘探, (1): 17-33.
梁书义, 刘克奇, 蔡忠贤. 2005. 油气成藏体系及油气输导子体系研究 [J]. 石油实验地质, 27 (4): 327-332.
梁兴, 叶熙, 张介辉, 等. 2011. 滇黔北坳陷威信凹陷页岩气成藏条件分析与有利区优选 [J]. 石油勘探与开发, (6): 693-699.
刘海艳, 王占忠, 刘兴周. 2009. 海外河地区变质岩潜山储层特征研究 [J]. 断块油气田, (6): 37-39.
刘为付, 于晓玲. 2004. 胜利油区车古20潜山储层岩石物理特征 [J]. 断块油气田, (4): 4-7.
刘小红, 张寿, 先远莲, 等. 2002. 常规测井技术评价东濮凹陷古潜山储层 [J]. 断块油气田, (5): 83-85.
刘小平, 吕修祥, 解启来, 等. 2010. 松辽盆地十屋断陷深层油气成藏过程与模式 [J]. 现代地质, (6): 1132-1139.
刘玉华, 王祥. 2011. 含油气盆地超压背景下油气成藏条件述评 [J]. 断块油气田, (1): 55-58.
刘泽容, 信荃麟, 邓俊国, 等. 1998. 断块群油气藏形成机制和构造模式 [M]. 北京: 石油工业出版社.
刘泽容, 张晋仁. 1993. 油藏评价和预测 [M]. 北京: 石油工业出版社.
刘震, 贺维英, 韩军, 等. 2000. 准噶尔盆地东部地温地压系统与油气运聚成藏的关系 [J]. 石油大学学报, 24 (4): 15-20.
刘震, 曾宪斌, 张万选. 1997. 沉积盆地地温与地层压力关系分析 [J]. 地质学报, 7 (2): 180-185.
刘震, 张万选, 曾宪斌, 等. 1996. 含油气盆地地温—地压系统浅析 [J]. 天然气地球科学, 7 (1): 34-38.
刘震, 赵阳, 金博, 等. 2006. 沉积盆地岩性地层圈闭成藏主控因素分析 [J]. 西安石油大学学报, 21 (4): 1-5.
刘震. 1997. 储层地震地层学 [M]. 北京: 地质出版社.
柳广弟, 高志先. 2003. 油气运聚单元分析: 油气勘探评价的有效途径 [J]. 地质科学, 38 (3): 307-314.
柳广弟, 郑玉凌. 2000. 油气成藏动力场模型及其应用 [J]. 石油勘探与开发, 27 (2): 11-13.
柳永军, 朱文森, 杜晓峰, 等. 2012. 渤海海域辽中凹陷走滑断裂分段性及其对油气成藏的影响 [J]. 石油天然气学报, (7): 6-10.
龙鹏宇, 张金川, 李玉喜, 等. 2012. 重庆及其周缘地区下古生界页岩气成藏条件及有利区预测 [J]. 地学前缘, (2): 221-233.
鲁兵, 陈章明, 关德范, 等. 1996. 断面活动特征及其对油气的封闭作用 [J]. 石油学报, 17 (3): 33-37.
吕丁友, 杨明慧, 周心怀, 等. 2009. 辽东湾坳陷辽西低凸起潜山构造特征与油气聚集 [J]. 石油与天然气地质, (4): 490-496.
吕明久. 2010. 泌阳凹陷下二门油田烃类包裹体特征及油气成藏期次分析 [J]. 石油天然气学报, (6): 32-36.
吕延防, 李国会, 王跃文, 等. 1996. 断层封闭性的定量研究方法 [J]. 石油学报, 17 (3): 39-45.
罗佳强, 沈忠民. 2005. 主运移通道控烃论 [J]. 成都理工大学学报, 32 (3): 221-230.
罗霞. 2007. 高精度三维地震资料在低位序潜山储层预测中的应用——以沾化地区为例 [J]. 石油物探, (5): 501-504.
罗晓容. 2003. 油气运聚动力学研究进展及存在问题 [J]. 天然气地球科学, 14 (5): 337-346.
罗啸泉, 周维奎, 杨健彬. 2012. 龙门山中段前缘金马侏罗系油气成藏条件分析 [J]. 天然气技术与经济, (1): 24-28.
马行陟, 庞雄奇, 孟庆洋, 等. 2011. 辽东湾地区深层烃源岩排烃特征及资源潜力 [J]. 石油与天然气地质, (2): 251-258.

毛凯楠, 解习农, 肖敦清, 等. 2010. 歧口凹陷歧深地区古近系多层超压体系特征 [J]. 特种油气藏, (6): 38-41.

聂明龙, 汪卫光, 明海会. 2012. 成藏模式在岩性圈闭预测与评价中的应用——以 GS 地区为例. 石油地质与工程 [J], (3): 22-24.

潘钟祥. 1980. 基岩油藏 [M]. 武汉地质学院北京研究生部,

庞雄奇, 李丕龙, 金之钧, 等. 2003. 油气成藏门限研究及其在济阳坳陷中的应用 [J]. 石油与天然气地质, 24 (3): 204-209.

饶华, 李建民, 孙夕平. 2009. 利用分形理论预测潜山储层裂缝的分布 [J]. 石油地球物理勘探, (1): 98-103.

单俊峰, 陈振岩, 张卓, 等. 2005. 辽河坳陷西部凹陷西斜坡古潜山的油气运移条件 [J], 现代地质, 19 (2): 274-278.

石万忠, 陈红汉, 何生. 2007. 库车坳陷构造挤压增压的定量评价及超压成因分析 [J]. 石油学报, (6): 59-65.

首皓, 黄石岩. 2006. 渤海湾盆地济阳坳陷潜山油藏分布规律及控制因素 [J]. 地质力学学报, (1): 31-36.

苏艾国, 程克明, 何忠华, 等. 1995. 吐哈盆地台北凹陷煤成烃特征及形成 [J]. 地球化学, 24 (2): 128-137.

覃雨璐, 张晓宝. 2012. 构造活动对渤中 34 区块油气成藏的影响 [J]. 天然气地球科学, (1): 60-67.

汤良杰, 金之钧, 庞雄奇. 2000. 多期叠合盆地油气运聚模式 [J]. 石油大学学报, 24 (4): 67-70.

汤艳杰, 陈福坤, 彭澎. 2010. 中国盆地火山岩特性及其与油气成藏作用的联系 [J]. 岩石学报, (1): 185-194.

田世澄, 毕研鹏. 2000 论成藏动力学系统 [M]. 北京: 地震出版社.

田世澄, 陈建渝, 张树林, 等. 1996. 论成藏动力学系统 [J]. 复式油气田, 1 (1): 31-34.

田世峰, 高长海, 查明. 2012. 渤海湾盆冀中坳陷潜山内幕油气成藏特征 [J]. 石油实验地质, (3): 272-276.

童享茂, 李德同. 1999. 应力对流体及油气二次运移作用的几种模式 [J]. 石油大学学报, 23 (2): 14-17.

万桂梅, 汤良杰, 周心怀, 等. 2009. 渤中坳陷及邻区构造分带变形特征 [J]. 海洋地质与第四纪地质, (2): 67-74.

万志峰, 夏斌, 林舸, 等. 2010. 超压盆地油气地质条件与成藏模式——以莺歌海盆地为例 [J]. 海洋地质与第四纪地质, (6): 91-97.

王冰洁, 何生, 王静. 2012. 东营凹陷水化学场成因及其与超压系统耦合关系 [J]. 中国石油大学学报, (3): 54-64.

王锋, 肖贤明, 陈永红, 等. 2006. 渤中坳陷埕北 30 潜山储层流体包裹体特征与成藏时间研究 [J]. 海相油地质, (2): 47-51.

王根照, 夏庆龙. 2009. 渤海海域天然气分布特点、成藏主控因素与勘探方向 [J]. 中国海上油气, (1): 15-18.

王建功, 段书府, 王天琦, 等. 2010. 贝尔凹陷潜山储层的地球物理响应特征及勘探方向 [J]. 石油地球物理勘探, (5): 731-736.

王军, 董臣强, 罗霞, 等. 2003. 裂缝性潜山储层地震描述技术 [J]. 石油物探, (2): 179-185.

王俊明, 肖建玲, 周宗良, 等. 2003. 碳酸盐岩潜山储层垂向分带及油气藏流体分布规律 [J]. 新疆地质, (2): 210-213.

王敏芳. 2003. 琼东南盆地超压特征及超压体与油气分布的关系 [J]. 海洋石油, (1): 15-22.

王茹. 2006. 胜坨油田两期成藏地球化学特征及成藏过程分析 [J]. 天然气地球科学, (1): 133-136.

王元君, 王峻, 周心怀, 等. 2008. 辽东湾辽中凹陷中部古近系东营组震浊积岩特征研究 [J]. 矿物岩石, (3): 84-89.

王兆云, 赵文智, 何海清. 2002. 超压与烃类生成相互作用关系及对油气运聚成藏的影响 [J]. 石油勘探与开发, (4): 12-15.

王振峰, 裴健翔. 2011. 莺歌海盆地中深层黄流组高压气藏形成新模式——DF14 井钻获强超压优质高产天然气层的意义 [J]. 中国海上油气, (4): 213-217.

王宗礼, 徐晓峰, 林世国, 等. 2011. 塔里木盆地油气成藏模式及新区新领域勘探方向分析 [J]. 天然气地球科学, (1): 73-80.

魏斌, 张凤山, 卢毓周, 等. 2003. 裂缝型储层流体类型识别技术——以辽河盆地大民屯凹陷中—新元古界潜山储层为例[J]. 海相油气地质: 93-98.

魏海泉, 夏斌, 侯树杰, 等. 2012. 济阳坳陷车西地区地层超压的展布特征及成因机制分析[J]. 大地构造与成矿学, (1): 39-43.

邬光辉, 李洪辉, 张立平, 等. 2012. 塔里木盆地麦盖提斜坡奥陶系风化壳成藏条件[J]. 石油勘探与开发, (2): 144-153.

吴孔友, 查明, 洪梅. 2003. 准噶尔盆地不整合结构的地球物理响应及油气成藏意义[J]. 石油实验地质, 25 (4): 328-332.

吴楠, 刘显凤. 2007. 油气输导体系研究述评[J]. 断块油气田, 14 (3): 4-6.

吴伟, 林畅松, 周心怀, 等. 2012. 辽中凹陷高精度层序地层格架划分与沉积相研究[J]. 石油地球物理勘探, (1): 133-141.

吴小红, 吕修祥, 加东辉, 等. 2009. 辽中凹陷东营组重力流发育机制及沉积构成[J]. 西南石油大学学报, (4): 18-23.

吴元燕, 吕修祥. 1995. 利用含油气系统认识油气分布[J]. 石油学报, 22 (4): 17-22.

肖永军, 柳忠泉, 王德喜, 等. 2010. 长岭断陷查干花地区营城组火山岩成藏主控因素分析[J]. 石油地球物理勘探: 163-166.

肖永军, 徐佑德, 王德喜. 2009. 长岭断陷东部火山岩气藏成藏条件及成藏模式[J]. 天然气地球科学, (4): 538-543.

谢玉洪, 刘平, 黄志龙. 2012. 莺歌海盆地高温超压天然气成藏地质条件及成藏过程[J]. 天然气工业, (4): 19-23.

谢玉洪, 张迎朝, 李绪深, 等. 2012. 莺歌海盆地高温超压气藏控藏要素与成藏模式[J]. 石油学报, (4): 601-609.

邢厚松, 李君, 孙海云, 等. 2012. 塔里木盆地塔西南与库车山前带油气成藏差异性研究及勘探建议[J]. 天然气地球科学, (1): 36-45.

邢云. 1993. 北部湾涠10-3N碳酸盐岩潜山储层研究[J]. 石油勘探与开发, (6): 100-108.

徐立恒. 2012. 中国南方中、古生界海相碳酸盐岩成藏多样性探讨[J]. 中国石油勘探, (1): 14-18.

徐田武, 曾溅辉, 魏刚, 等. 2008. 辽东湾地区油气运移输导体系特征及意义[J]. 西南石油大学学报, 30 (5): 69-72.

许赛男, 徐锦绣, 别旭伟. 2010. 利用斯通利波流体移动指数估算变质岩潜山储层渗透率的新方法[J]. 中国海上油气, (2): 95-98.

薛永安, 刘廷海, 王应斌, 等. 2007. 渤海海域天然气成藏主控因素与成藏模式[J]. 石油勘探与开发, (5): 521-528.

杨显成, 时华星. 2012. 东营凹陷沙四下亚段超压环境与油气成藏[J]. 石油地质与工程, (2): 6-8.

杨显成. 2005. 东营凹陷天然气成藏及分布主控因素分析[J]. 断块油气田, 12 (4): 11-13.

姚亚明, 刘池阳, 何明喜, 等. 2005. 焉耆盆地博湖坳陷油气成藏的主控因素及成藏模式[J]. 新疆石油天然气, 1 (3): 1-6.

易士威, 杜金虎, 杨海军, 等. 2012. 塔里木盆地下古生界成藏控制因素及勘探思路[J]. 中国石油勘探, (3): 1-8.

易士威, 赵淑芳, 范炳达, 等. 2010. 冀中坳陷中央断裂构造带潜山发育特征及成藏模式. 石油学报, (3): 361-367.

殷秀兰, 李思田. 2000. 底辟区构造分析及热流体运移模拟——以莺歌海盆地DF1-1为例[J]. 地学前缘, 7 (3): 81-89.

余川, 包书景, 秦启荣, 等. 2012. 川东南地区下志留统页岩气成藏条件分析[J]. 石油天然气学报, (2): 41-45.

张玲, 史建忠, 游秀玲. 2005. 缝洞型潜山油藏储量计算方法研究[J]. 石油大学学报, (6): 11-15.

张卫海, 查明, 曲江秀. 2003. 油气输导体系的类型及配置关系[J]. 新疆石油地质, 24 (2): 118-120.

参 考 文 献

张宪游. 2009. 海拉尔盆地潜山油藏测井裂缝预测 [J]. 断块油气田, (1): 118-120.

张义杰, 曹剑, 胡文瑄. 2010. 准噶尔盆地油气成藏期次确定与成藏组合划分 [J]. 石油勘探与开发, (3): 257-262.

张照录, 王华, 杨红. 2000. 含油气盆地的输导体系研究 [J]. 石油与天然气地质, 21 (2): 133-135.

赵卫卫, 李得路, 查明. 2012. 陆相断陷盆地砂岩透镜体油藏成藏过程物理模拟 [J]. 石油实验地质, (4): 438-444.

赵文智, 何登发, 池英柳, 等. 2001. 中国复合含油气系统的基本特征与勘探技术 [J]. 石油学报, 22 (1): 6-13.

赵文智, 何登发. 1999. 石油地质综合研究指导论 [M]. 北京: 石油工业出版社.

赵永斌, 张伟, 任雪. 2003. 运用地震技术预测燕南古潜山储层特征 [J]. 特种油气藏: 24-25.

赵忠新, 王华, 郭齐军, 等. 2002. 油气输导体系的类型及其输导性能在时空上的演化分析 [J]. 石油实验地质, 24 (6): 527-536.

中国石油学会石油地质委员会. 1987. 基岩油气藏 [M]. 北京: 石油工业出版社.

周廷全, 陈俊侠. 2011. 济阳坳陷桩西古潜山储层裂缝的分形特征 [J]. 中国石油大学学报, (5): 1-5.

周心怀, 史浩, 孙书滨, 等. 2006. 综合地震属性分析在JZS油气田太古界变质岩潜山储层预测中的应用 [J]. 石油地球物理勘探, (5): 541-545.

周兴熙. 2001. 库车油气系统成藏作用与成藏模式 [J]. 石油勘探与开发, (2): 8-10.

周英杰. 2006. 裂缝性潜山油藏表征与预测 [M]. 北京: 石油工业出版社.

朱峰, 高霞, 吕玉珍. 2009. 辽东湾地区古近系储层质量分析 [J]. 石油天然气学报, (2): 30-34.

祝厚勤, 庞雄奇. 2007. 东营凹陷岩性油藏成藏期次与成藏过程 [J]. 地质科技情报, 26 (1): 65-70.

宗奕, 邹华耀, 于开平. 2010. 辽东湾地区古近系烃源岩热演化模拟 [J]. 天然气工业, (7): 21-24.

左银辉, 邱楠生, 李建平, 等. 2009. 渤海盆地辽东湾地区古近系烃源岩成熟演化模拟 [J]. 现代地质, (4): 746-754.

Akrout D, Ahmadi R, Mercier E, et al. 2012. Natural hydrocarbon accumulation related to formation overpressured interval: study case is the Saharan platform (Southern Tunisia) [J]. Arabian Journal of Geosciences, 5 (4): 849.

Azmy K, Veizer J, Wenzel B, et al. 1999. Silurian strontium isotope stratigraphy [J]. GSA Bull., 111 (4): 475-483.

Bredehoeft J D, Wesley J B, Fouch T D. 1994. Simulations of the origin of fluid pressure, fracture generation, and the movement of fluids in the Uinta basin, Utah [J]. AAPG Bulletin, 78 (11): 1729~1747.

Burnham A K, Sweeney J J. 1990. Evaluation of a sample method of vitrinite reflectance based on chemical kinetics [J]. AAPG Bulletin, 74 (4): 1559-1570.

Cai X. 2009. Overpressure development and oil charging in the central Junggar basin, northwest China: implication for petroleum exploration [J]. Science in China Series D: Earth Sciences, 52 (11): 1791.

Cao Q, Ye J, Qing H, et al. 2011. Pressure evolution and hydrocarbon migration-accumulation in the Moliqing fault depression, Yitong basin, Northeast China [J]. Journal of Earth Science, 22 (3): 351.

Chen B, Zhang C, Luo M, et al. 2009. Hydrocarbon accumulation model of the Cretaceous in southern China [J]. Science in China Series D: Earth Sciences, 52: 77.

Chen D, Pang X, Zhang S, et al. 2008. Control of facies/potential on hydrocarbon accumulation: a geological model for lacustrine rift basins [J]. Petroleum Science, 5 (3): 212.

Curiale J A. 1986. Origin of solid bitumens, with emphasis on biological marker esults [J]. Organic Geochemistry, 10: 559-580.

Dahl B, Speers G C. 1986. Geochemical characterization of a tarmat in the Oseberg Field Norwegian Sector, North Sea [J]. Organic Geochemistry, 10: 547-558.

Demaison G, Huizinga B J, 1991. Genetic classification of petroleum systems [J]. AAPG Bulletin, 75 (10):

1626-1643.

Demaison G. 1984. The generative basin concept, in Demaison G., and Murris R. J., eds., Petroleum geochemistry and basin evaluation [J]. AAPG Memoir 35, 1-14.

Dow W G. 1972. Application of oil correlation and source rock data to exploration in Williston basin (abs) [J]. AAPG Bulletin, 56: 615.

Downey M W. 1984. Evaluating seals for hydrocarbon accumulations [J]. AAPG Bulletin, 68: 1752-1763.

DuanY, Wu B X Zhang H, et al. 2006. Geochemistry and genesis of crude oils of the Xifeng oil field in the Ordos basin [J]. Acta Geologica Sinica, 80 (2): 301-310.

Eadington P J. 1991. Fluid history analysis- a new concept for prospect evalution [J]. The APEA journal, 31: 282-294.

Fan R. 2001. Noble gas constraints on hydrocarbon accumulation and groundwater flow in the central area of Western Sichuan Basin [J]. Science in China Series E: Technological Sciences, 44: 181.

Gao G, Land L S. 1991. Geochemistry of cambro-ordovician Arbuckle limestone, Oklahoma: implications for diagenetic 18O alteration and secular 13C and 87Sr/86Sr variation. Geochim [J]. Cosmochim. Acta., 55: 2911-2920.

Gao Y, Liu L, Liu H, et al. 2010. Application of an analytic hierarchy process to hydrocarbon accumulation coefficient estimation [J]. Petroleum Science, 7 (3): 337.

Garven G. 1989. A hydrogeologic model for the formation of the giant oil sands deposits, of the western [227] Canada Sedimentary basin [J]. American Journal of Science, 289: 105-166.

George S C, Llorca S M, Hamilton P J. 1993. An intergrated analytical approach for determining the origin of solid bitumens in the McArthur basin, northerm Australia [J]. Organic Geochemistry, 21: 235-248.

George S C, Herbert V, Manzur A, et al. 2007. Biomarker evidence for two sources for solid bitumens in the Subu wells: implications for the petroleum prospectivity of East Papuan Basin [J]. Organic Geochemistry, 38: 609-642.

Guoping B. 2007. Main controls on hydrocarbon accumulation in the paleozoic in central Saudi Arabia [J]. Petroleum Science, 4 (2): 10.

Hanson A D, Zhang S C, Moldowan J M, et al. 2000. Molecular organic geochemistry of the Tarim basin, Northwest China [J]. American Association of Petroleum Geologists Bulletin, 84: 1109-1128.

Hao F, Zhou X, Zou H, et al. 2012. Petroleum charging and leakage in the BZ25-1 field, Bohai Bay basin [J]. Journal of Earth Science, 23 (3): 253.

Hood A, Gutjahr C C M, Heacock R L. 1975. Organic metamorphism and the generation of petroleum. organic metamorphism and the generation of petroleum [J]. American Association of Petroleum Geologists Bulletin, 59 (6): 986-996.

Huang L, Liu C, Zhou X, et al. 2012. The important turning points during evolution of Cenozoic basin offshore the Bohai Sea: evidence and regional dynamics analysis [J]. SCIENCE CHINA Earth Sciences, 55 (3): 476.

Hubbert M K. 1953. Entrapment of petroleum under hydrodynamic conditions [J]. AAPG Bulletin, 37: 1954-2026.

Hunt J M. 1990. Generation and migration of petroleum from abnormally pressured fluid compartments [J]. AAPG, 74 (1): 1-12.

Hwang R S, Teerman S, Carlson R. 1998. Geochemical comparison of reservoir solid bitumens with diverse origins [J]. Organic Geochemistry, 29: 505-518.

Jiang Z, Dong Y, Li H, et al. 2008. Limitation of fault-sealing and its control on hydrocarbon accumulation—An example from the Laoyemiao Oilfield of the Nanpu Sag [J]. Petroleum Science, 5 (4): 295.

Jiang Z, Li L, Song Y, et al. 2010. Control of neotectonic movement on hydrocarbon accumulation in the Kuqa Foreland Basin, west China [J]. Petroleum Science, 7 (1): 49.

Khain V, Polyakova I. 2008. Large and giant hydrocarbon accumulations in the transitional continent-ocean zone [J]. Geotectonics, 42 (3): 163.

Khandelwal M, Kankar P. 2011. Prediction of blast-induced air overpressure using support vector machine [J]. Arabian Journal of Geosciences, 4 (3): 427.

Kuang S, Wu Z, Zhao L. 2011. Accumulation and risk assessment of polycyclic aromatic hydrocarbons (PAHs) in soils around oil sludge in Zhongyuan oil field, China [J]. Environmental Earth Sciences, 64 (5): 1353.

Lafuerza S, Sultan N, Canals M, et al. 2009. Overpressure within upper continental slope sediments from CPTU data, gulf of Lion, NW Mediterranean Sea [J]. International Journal of Earth Sciences, 98 (4): 751.

Lee G, Kim B, Chang S, et al. 2004. Timing of trap formation in the southwestern margin of the Ulleung Basin, East Sea (Japan Sea) and implications for hydrocarbon accumulations [J]. Geosciences Journal, 8 (4): 369.

Lee M K, Bethke C M. 1994. Groundwater flow, late cementation, and petroleum accumulation in the Permian Lyons Sandstone, Denver basin [J]. AAPG bulletin, 78: 217-237.

Lerche I, Yarzab R F, Kendall. 1984. Determination of paleoheat flux from vitrinite reflectance data [J]. American Association of Petroleum Geologists Bulletin, 68 (11): 1704-1717.

Leythaeuser D, et al. 1988. Geochemical effects of primary migration of petroleum in Kimmeridge source rocks from Brace fild arda [J]. Geochimica et Cosmochmica Acta, 52: 701-713.

Li S, Ren J, Xing F, et al. 2012. Dynamic processes of the Paleozoic Tarim basin and its significance for hydrocarbon accumulation——a review and discussion [J]. Journal of Earth Science, 23 (4): 381.

Li Y, Wang C, Li Y, et al. 2010. The Cretaceous tectonic event in the Qiangtang Basin and its implications for hydrocarbon accumulation [J]. Petroleum Science, 7 (4): 466.

Liu S, Song Y, Zhao M. 2005. Influence of overpressure on coalbed methane reservoir in south Qinshui basin [J]. Chinese Science Bulletin, 50: 124.

Losh S, L Walter, P Meulbroek, et al. 2002. Reservoir fluids and their migration into the South Eugene Island Block 330 reservoirs, offshore Louisiana [J]. AAPG Bulletin, 86 (8): 1463-1488.

Lu S, Chen F, Li J, et al. 2012. Identification of the lower limit of high-quality source rocks and its relation to hydrocarbon accumulation—Taking the Beier Sag in the Hailaer Basin as an example [J]. Petroleum Science, 9 (1): 10.

Luo X, Liu L, Li X. 2006. Overpressure distribution and pressuring mechanism on the southern margin of the Junggar basin, northwestern China [J]. Chinese Science Bulletin, 51 (19): 2383.

Lü X, Jin Z, Pi X, et al. 2000. Hydrocarbon accumulation and distribution in lower Paleozoic carbonates in Tarim Basin [J]. Science in China Series D: Earth Sciences, 43 (5): 501.

Lü X, Xie Q, Yang N, et al. 2007. Hydrocarbon accumulation in deep fluid modified carbonate rock in the Tarim Basin [J]. Chinese Science Bulletin, 52: 184.

Ma Y S, Guo X S, Guo T L, et al. 2007. The Puguang gas field-dNew giant discovery in the mature Sichuan basin, SW China [J]. AAPG Bulletin, 91: 627-643.

Macgregor D S. 1996. Factors controlling the destruction or preservation of giant light oilfield [J]. Petroleum Geoscience, 2: 197~217.

Magoon L B, Dow W G. 1994. The petroleum system: from source rock to trap [A]. AAPG Memoir 60.

Magoon L B. 1987. The petroleum system—a classification scheme for research, resource assessment, and exploration (abs) [J]. AAPG Bulletin, 71 (5): 587

Mandal K, Kang S H, Choi M, et al. 2007. Component overpressure growth and characterization of high-resistivity CdTe crystals for radiation detectors [J]. Journal of Electronic Materials, 36 (8): 1013.

Mello U T, Karner G D. 1996. Development of sediment overpressure and its effect on thermal maturation [J]: application to the gulf of Mexico Basin [J]. AAPG Bulletin, 80 (9): 1367-1396.

Meng Q, Pang X, Gao J. 2008. The multi-factor recombination and processes superimposition model for hydrocarbon accumulation: application to the Silurian in the Tarim Basin [J]. Petroleum Science, 5 (1): 13.

Moldowan J M, Seifert W K, Gallegos E J. 1985. Relationship between petroleum composition and depositional environment of petroleum source rocks [J]. American Association of Petroleum Geologists Bulletin, 69: 1255-1268.

Munn M J. 1909. Studies in the application of the anticlinal theory of oil and gas accumulation [J]. Economic Geology, 4: 141-157.

Naeser N D, McCulloh T H. 1989. Thermal History of Sedimentary Basin. Springer-Verleg.

Nollet S, Hilgers C, Urai J. 2005. Sealing of fluid pathways in overpressure cells: a case study from the Buntsandstein in the Lower Saxony Basin (NW Germany) [J]. International Journal of Earth Sciences, 94 (5): 1039.

Osborne M J, Swarbrick R E. 1997. Mechanisms for generating overpressure in sedimentary basins: a reevaluation [J]. AAPG, 81: 1023-1041.

Palacas J G. 1984. Petroleum geochemistry and source rock potential of carbonate rock [J] s. AAPG Studies in Geology 18.

Pang X, Meng Q, Jiang Z, et al. 2010. A hydrocarbon enrichment model and prediction of favorable accumulation areas in complicated superimposed basins in China [J]. Petroleum Science, 7 (1): 10.

Pang X, Tian J, Pang H, et al. 2010. Main progress and problems in research on Ordovician hydrocarbon accumulation in the Tarim Basin [J]. Petroleum Science, 7 (2): 147.

Perrodon A, Masse P. 1984. Subsidence, sedimentation and petroleum systems [J]. Journal of Petroleum Geology, 7 (1): 5-26.

Peters K E, Clifford C W, Moldowan J M. 2005. The biomarker guide//Biomarkers and Isotopes in Petroleum Exploration and Earth History. Cambridge University Press.

Peters K E, Fraser T H, Welly A, et al. 1999. Geochemistry of crude oils from Eastern Indonesia [J]. American Association of Petroleum Geologists Bulletin, 83 (12): 1927-1942.

Peters K E, Moldowan J M. 1993. The Biomarker Guide: Interpreting Molecular Fossils in Petroleum and Ancient Sediments. NJ: Prentice Hall.

Pi X, Xie H, Zhang C, et al. 2002. Mechanisms of abnormal overpressure generation in Kuqa foreland thrust belt and their impacts on oil and gas reservoir formation [J]. Chinese Science Bulletin, 47: 85.

Punanova S, Vinogradova T. 2006. Prediction of the phase state of hydrocarbon accumulations in the Mesozoic deposits of northwestern Siberia [J]. Geochemistry International, 44 (9): 912.

Roy D, Ray G, Biswas A. 2010. Overview of overpressure in Bengal basin, India [J]. Journal of the Geological Society of India, 75 (4): 644.

Rubinstein I, Sieskind O, Albrecht P. 1975. Rearranged steranes in a shale; occurrence and simulated formation [J]. Journal of Chemical Society Perkin, 1: 1833-1835.

Schneider F, Hay S. 2001. Compaction model for quartzose sandstones application to the Garn Formation, Haltenbanken, Mid-Norwegian Continental Shel [J] f. Marine and Petroleum Geology, 18 (7): 833-848.

Seifert W K, Moldowan J M. 1978. Application of steranes, terpanes and monoaromatics to the maturation, migration and source of crude oils [J]. Geochimica et Cosmochimica Acta, 42: 77-95.

Shi G. 2008. Basin modeling in the kuqa depression of the tarim basin (western China): a fully temperature-dependent model of overpressure history [J]. Mathematical Geosciences, 40 (1): 47.

Sinninghe Damstè J S, Kenig F, Koopmans M P, et al. 1995. Evidence for gammacerane as an indicator of water column stratification [J]. Geochimica et Cosmochimica Acta 59: 1895-1900.

Song W H, 1996. Research on reservoir-forming conditions of large- and medium-sized gas fields of the Leshan-Longnusi paleo-high: Natural Gas Industry, v. 16. Supplementary Issue, 13-26.

Song Y, Xia X, Hong F, et al. 2002. Abnormal overpressure distribution and natural gas accumulation in foreland basins, Western China [J]. Chinese Science Bulletin, 47: 71.

Spivak T, Grabenko V. 1989. Multidimensional statistical methods used for prediction of hydrocarbon accumulations in Turkmenistan [J]. Mathematical Geology, 21 (6): 625.

Tissot B P, Welte D H. 1984. Petroleum Formation and Occurrence. New York: Springer-Vevlag Berlin Heidelberg.

Tissot B, Deroo G, Hood A. 1978. Geochemical study of the Uinta Basin; formation of petroleum from the Green River Formation. Geochimica et Cosmochimica Acta42 (10): 1469-1486.

Wang Q, Liu J, Cong B. 1999. Could tectonic overpressure cause ultrahigh-pressure metamorphism [J]. Chinese Science Bulletin, 44 (24): 2295.

Wang Z, Liu L, Yang H, et al. 2010. Characteristics of Paleozoic clastic reservoirs and the relationship with hydrocarbon accumulation in the Tazhong area of the Tarim Basin, West China [J]. Petroleum Science, 7 (2): 192.

Waples D W, Machihara T, 1990. Application of sterane and triterpane biomarkers in petroleum exploration [J]. Bulletin Canadian Petroleum Geology 38: 357-380.

Waples D W. 1980. Time and temperature in petroleum formation; application of Lopatin's method to petroleum exploration [J]. American Association of Petroleum Geologists Bulletin, 64 (6): 916-926.

Wen H J, Qiu Y Z, Yao L B, et al. 2000. Organic geochemistry and biomakers of some Lower Cambrian high-selenium formations in China [J]. Geochimica, 29 (1): 28-35.

Xiang C, Pang X, Yang W, et al. 2010. Hydrocarbon migration and accumulation along the fault intersection zone——a case study on the reef-flat systems of the No. 1 slope break zone in the Tazhong area, Tarim Basin [J]. Petroleum Science, 7 (2): 211.

Xie H, Guo Q, Li F, et al. 2011. Prediction of petroleum exploration risk and subterranean spatial distribution of hydrocarbon accumulations [J]. Petroleum Science, 8 (1): 17.

Xie Q, Guan S, Jiao D, et al. 2008. Relationship between components of inclusion and hydrocarbon accumulation in the Yunlong Depression, Chuxiong Basin [J]. Petroleum Science, 5 (4): 314.

Yang Z, He S, Wang F, et al. 2009. Carbonate cementation-dissolution in deep-seated sandstones near the overpressure top in central Junggar Basin, Xinjiang, NW China [J]. Chinese Journal of Geochemistry, 28 (1): 86.

Yu Y, Chen D, Pang H, et al. 2011. Control of facies and fluid potential on hydrocarbon accumulation and prediction of favorable Silurian targets in the Tazhong Uplift, Tarim Basin, China [J]. Petroleum Science, 8 (1): 24.

Zhang Q. 2002. Deep overpressure gas accumulation [J]. Chinese Science Bulletin, 47: 78.

Zhang Z, Qin L, Qiu N, et al. 2010. Combination and superimposition of source kitchens and their effects on hydrocarbon accumulation in the hinterland of the Junggar Basin, West China [J]. Petroleum Science, 7 (1): 59.

Zhao J, Li Q. 2002. Timing and history of marine hydrocarbon accumulation in Tarim craton [J]. Chinese Science Bulletin, 47: 120.

Zhao M J, Zhang S C et al. 2006. Geochemistry and Genesis of bitumen in Paleo-oil reservoir in the Nanpanjiang Basin, China [J]. Acta Geologica Sinica, 80 (6): 893-901.

Zhao X, Jin F, Wang Q, et al. 2011. Hydrocarbon accumulation principles in troughs within faulted depressions and their significance in exploration [J]. Petroleum Science, 8 (1): 1.

Zhu W, Zhong K, Li Y, et al. 2012. Characteristics of hydrocarbon accumulation and exploration potential of the northern South China Sea deepwater basins [J]. Chinese Science Bulletin, 57 (24): 3121.

Zou C, Hou L, Tao S, et al. 2012. Hydrocarbon accumulation mechanism and structure of large-scale volcanic weathering crust of the Carboniferous in northern Xinjiang, China [J]. SCIENCE CHINA Earth Sciences, 55 (2): 221.

Zou C, Tao S, Zhang X, et al. 2009. Geologic characteristics, controlling factors and hydrocarbon accumulation mechanisms of China's Large Gas Provinces of low porosity and permeability [J]. Science in China Series D: Earth Sciences, 52 (8): 1068.

Zou H, Wang H, Hao F, et al. 2007. Rapid hydrocarbon accumulation mechanism in later period in Kelasu thrust belt in Kuqa depression [J]. Science in China Series D: Earth Sciences, 50 (8): 1161.

索 引

B
包裹体　205
背斜油藏　259
不整合输导　130

C
侧向封闭性　138
沉积凹陷　2
沉积特征　3
成藏模式　205
成熟度展布　36
稠油油藏　56
储层物性　114
储盖组合　196
次级构造单元　1

D
地层温度　106
地层压力　95
地构造格局　3
地温-地压系统　106
地温场　87
地温梯度　87
地压场　93
地质储量　18
断层封闭性　138
断层活动速率　136
断层输导　127
断块油藏　259

F
封闭机制　126

H
含油气储层　112
含油气构造　1

J
继承性发育　158
聚集系数　46

K
勘探方向　278
勘探前景　196
孔隙度　112

L
辽东湾　1
裂陷期　51
邻源高压　202
陆相断陷盆地　257

M
门限深度　31

N
凝析气藏　196

P
排烃门限　50
排烃系数　46

Q
欠压实　121
区域性盖层　121
圈闭　262

S
三角洲沉积体系　6
砂体输导体系　133
渗透率　112
生烃动力　199
生物标志化合物　69
生物降解　67
生油窗　39
生油高峰期　39
生油门限　37
输导体系　127

T
郯庐断裂带　2
探明储量　60
探明地质储量　259

索　引

J

烃源岩　19

W

物性封闭　121

X

下生上储　52
新生古储　52

Y

岩性-构造油气藏　242
岩性油气藏　53
异常高压　95
异常流体压力　122
油气层　220

油气成藏　143
油气充注　180
油气分布　220
油气运聚成藏　60
油气资源量　50
有机质丰度　19
有机质类型　27
右旋走滑正断层　165

Z

自生自储　52
自源高压　202
走滑逆断层　165